岩石工程节理力学

唐志成 夏才初 焦玉勇 刘泉声 著

科学出版社
北京

内 容 简 介

本书介绍岩石节理的成因、露头自然特征与参数采集方法，形貌测试与描述方法，闭合变形与本构模型，剪切位移与本构模型，摩擦机理与峰值剪切强度准则，直剪试验颗粒离散元模拟方法，剪切速率效应与尺度效应，以及充填颗粒物的剪切运移破碎过程分析等内容。

本书可供岩土工程技术人员，以及地质工程、土木工程、矿山、水利水电工程、能源、交通等领域的科研人员和研究生阅读参考。

图书在版编目（CIP）数据

岩石工程节理力学/唐志成等著. —北京：科学出版社，2023.2
ISBN 978-7-03-073947-6

Ⅰ.①岩… Ⅱ.①唐… Ⅲ.①岩石工程-节理岩体-力学 Ⅳ.①TU751

中国版本图书馆 CIP 数据核字（2022）第 226836 号

责任编辑：孙寓明/责任校对：高 嵘
责任印制：赵 博/封面设计：苏 波

科学出版社 出版
北京东黄城根北街 16 号
邮政编码：100717
http://www.sciencep.com
固安县铭成印刷有限公司印刷
科学出版社发行 各地新华书店经销
*
开本：787×1092 1/16
2023 年 2 月第 一 版 印张：15
2024 年 3 月第二次印刷 字数：353 000

定价：118.00 元

（如有印装质量问题，我社负责调换）

PREFACE

前言

我国的基础建设仍然方兴未艾，交通、能源和矿山等领域有规模庞大的岩体工程。岩体在长期的地质构造作用下往往包含尺度不一的节理，其存在对岩体的力学性质产生显著的影响，理解岩石节理的力学性质是进一步理解岩体力学性质的前提。过去六十多年，国内外学者对岩石节理的力学性质进行了系统的研究且取得了十分可喜的进展；近年来，更是将新的测试技术、力学理论和机器学习等引入岩石节理力学性质研究当中。因此，系统总结和评述已有的工作和研究成果是出版本书的初衷之一。初衷之二在于本人长期从事岩石节理力学性质方面的研究工作且有了一些新的认识，乐于总结成册与同行分享、交流。

全书共 10 章。第 1 章简要介绍岩石节理形成原因、自然特征与参数采集、本书研究方法与内容，第 2 章介绍形貌测试方法与技术，第 3 章介绍形貌参/函数，第 4 章介绍形貌尺度效应与各向异性，第 5 章介绍闭合变形与本构模型，第 6 章介绍剪切位移与本构模型，第 7 章介绍摩擦机理与峰值剪切强度准则，第 8 章介绍颗粒流数值直剪试验方法，第 9 章介绍剪切速率效应与尺度效应，第 10 章介绍颗粒剪切运移破碎。

本书核心内容是本人在夏才初教授指导下攻读博士学位期间完成的，得到国家自然科学基金面上项目“柱状节理岩体的扰动力学特性和分析方法研究”（40972178）的资助。本人参加工作后，相继获得了国家自然科学基金项目“考虑三维形貌和接触状态影响的节理力学特性及三维颗粒流数值仿真”（41402247）、“充填岩石节理的剪切力学模型和颗粒运移破碎过程的宏细观研究”（41672302）和“岩石节理高温剪切破坏机理及热力耦合峰值剪切强度准则研究”（42177165）的资助，它们均为研究工作和本书内容提供了强有力的支持。此外，本书相关的研究工作还得到了国家自然科学基金重点项目“深埋超长输水隧洞钻爆法开挖段软弱围岩工程灾害的形成机制及防控研究”（41731284）、国家自然科学基金重点国际（地区）合作研究项目“武汉城市地下空间工程地质灾害的孕育机理与云模式预警研究”（41920104007）、国家自然科学基金重大专项“川藏铁路深埋超长隧道工程灾变机制及防控方法”（41941018）和中国地质大学（武汉）中央高校基本科研业务费专项资金杰出人才培育基金的支持，在此表示感谢！博士研究生张志飞完成了数值试验相关内容的全部工作，硕士研究生唐宇、张玉丰、李勇毅和巫卓伦参与了部分数据处理和插图绘制，中国地质调查局地质环境监测院冯振正高级工程师、南昌大学张小波副教授审阅并校核部分章节，在此一并表示感谢！本书第 3 章、第 5 章、第 6 章和第 7 章的核心内容由著者合作完成，其余内容由本人完成。

本书参阅了国内外相关专业领域的大量文献资料，在此向所有作者表示由衷的感谢！

本书是这些年来研究成果的阶段性总结，也是下一步工作的开端，希望本书能够起到抛砖引玉的作用，成为服务于岩体工程建设的有力工具。虽然已谨慎地总结和评述已有的研究成果，但限于水平，难免存在疏漏之处，敬请读者批评指正。

唐志成

2022 年 6 月

CONTENTS

目录

第1章 绪论

国际岩石力学与工程学会（International Society for Rock Mechanics and Engineering，ISRM）将岩石节理定义为“单个或成组出现的打破岩体连续性的不连续面，且在平行于不连续面的方向上没有明显的移动”（ISRM，1978）。一般地，将岩石矿物颗粒间的不连续面称为微观裂隙，将尺度达数米甚至数千千米的不连续面称为断层，而用于力学试验的岩石节理的尺度多介于5～300 mm。而是否产生“明显的移动”则与观测尺度有关。节理是地壳上部岩体中发育最为广泛的一种构造，是油气资源、地下水等流体储集场所和运移通道，是影响工程岩体变形和稳定的关键因素。

1.1 形成原因

1.1.1 地质成因

按地质成因，岩石节理可分为原生节理、构造节理和次生节理。原生节理主要指在岩体形成过程中产生的不连续面，如图1.1所示，包括岩浆岩冷却收缩形成的节理面，沉积

（a）柱状节理

（b）层理

（c）片理

图1.1 原生节理

岩体内的层理面、不整合面，变质岩体内的片理、片麻理构造面等。除岩浆岩中的原生节理外，一般原生节理多为非开裂式，且有一定的黏聚力。构造节理指在岩体形成后，经地壳运动过程岩体内产生的各种破裂面，如图 1.2 所示，如新层面、错动面和劈理等。构造节理是岩体内最主要的不连续面。次生节理指在外力作用下产生的不连续面，如图 1.3 所示，如风化裂隙、卸荷裂隙等，多为张节理，表面粗糙，产状不规则。表 1.1（杜时贵，1999）列出了岩石节理的类型及其主要特征等。

（a）白鹤滩水电站层间错动面

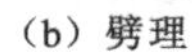

（b）劈理

图 1.2　构造节理

（a）风化裂隙

（b）卸荷裂隙（甑字岩）
冯振博士提供

图 1.3　次生节理

表 1.1　岩石节理的地质成因、主要特征及工程地质评价

地质成因类型		地质类型	主要特征			工程地质评价
			产状	分布	性质	
原生节理	沉积岩	1.层理层面 2.软弱夹层 3.不整合面、假整合面 4.沉积间断面	一般与岩层产状一致，属层间结构面	海相岩层中分布稳定，陆相岩层中呈交错状，易尖灭	层面、软弱夹层较为平整，不整合面和沉积间断面多由碎屑和泥质物质组成且不平整	国内外很多坝基滑动及滑坡由这类结构面造成，如马尔巴塞拱坝的破坏、维昂特大滑坡等
	岩浆岩	1.侵入岩与围岩接触面 2.岩脉、岩墙接触面 3.原生冷凝节理	岩脉受构造结构面控制，原生节理受岩体接触面控制	接触面延伸较远，而原生节理短小密集	接触面可具熔合及破裂两种不同的特征，原生节理一般为张裂面，较粗糙不平	一般不造成大规模的岩体破坏，但是有时与构造断裂配合，也可形成岩体的滑移

续表

地质成因类型		地质类型	主要特征			工程地质评价
			产状	分布	性质	
原生节理	变质岩	1.千枚理 2.板理 3.片理 4.片麻理 5.片岩软弱夹层	产状与岩层或构造线方向一致	片理短小且分布极密，板理延伸较稳定	结构面平直光滑，千枚理表面较粗糙	对岩体工程稳定性有一定的影响，但影响程度相对较小
构造节理		1.节理 2.断层 3.羽状裂隙 4.劈理 5.层间错动面	产状与构造线呈一定关系，层间错动与岩层一致	张性断裂较短小，剪性断裂延展较远，压性断裂规模巨大	张性断裂不平整，常有次生充填，呈锯齿状；剪切断裂较平直，具羽状裂隙；压性断层有断层泥	对岩体稳定性影响很大，常造成坝基或坝肩岩体失稳、边坡滑移破坏、地下硐室的塌方和冒顶等
次生节理		1.卸荷裂隙 2.风化裂隙 3.风化夹层 4.泥化夹层 5.次生夹泥	受地形、临空面产状和原有结构面产状控制	横向不连续，多透镜状，延展性较差，且主要在地表风化带内发育	一般为泥质物充填，其水理性质很差	在天然斜坡或人工边坡上造成危害，对坝基、坝肩及浅埋隧道稳定性不利

1.1.2 力学成因

任何岩石节理都是在一定的力学条件下形成的，从应力角度考察，直接形成节理的应力只有剪应力、张应力两种，对应产生的节理称为剪节理、张节理。

1. 剪节理

剪节理是在剪切面上发展而成的，理论上成对出现，自然界的实际情况也经常如此，不过成对的两组剪节理的发育程度可能不同。剪节理的峰值摩擦角一般为30°～50°，残余摩擦角一般为20°～40°。剪节理的主要特征如下（徐开礼和朱志澄，1989）。

（1）产状较稳定，沿走向延伸较远；当穿过岩性差别显著的不同岩层时，其产状可能发生改变，反映出岩性对剪节理的方位有一定的控制作用。

（2）表面平直光滑，这是由其受力特点决定的。在砾石、角砾岩或含有结核的岩层中，剪节理同时切过胶结物及砾石或结核，由于沿剪节理面可以有少量的位移，可通过被错开的砾石确定节理两侧岩壁的相对移动方向。

（3）剪节理面上常有剪切滑动时留下的擦痕，可用于判断节理两侧岩壁的相对移动方向。擦痕常表现为一系列细而密、较均匀且彼此平行的线条，或者为一系列相间排列的擦脊和擦槽。擦痕是剪节理运动过程中由被压碎的岩石细屑在岩层面上碾磨刻划而成的。仔细观察，可以见到擦痕的一端粗而深，另一端细而浅。用手触摸，较光滑方向指示对盘的运动方向（但并不十分可靠）；也可用以自粗而深的一端至细而浅的一端指示对盘的运动方向。但擦痕两端的粗细深浅有时并不明显，比较可靠的方法是利用擦痕面上出现的阶步和反阶步判断。阶步是剪节理顺擦痕方向因局部阻力差异或间歇性运动的顿挫而形成的垂直于擦痕的小台阶，阶步的形态特征是将其放平后在剖面上呈不对称的缓波状曲线，与风成波痕相似，可用较陡坡的倾向指示对盘的相对运动方向。反阶步形态与阶步形态大致相似，但二者的显著区别是反阶步的缓坡和陡坡并不是以圆滑曲线连续过渡，而是以开口的折线连接。

（4）一般发育较密，节理间距较小，常密集成带，硬而厚的岩层中的节理间距大于软而薄的岩层，发育疏密也与应力状态有关。

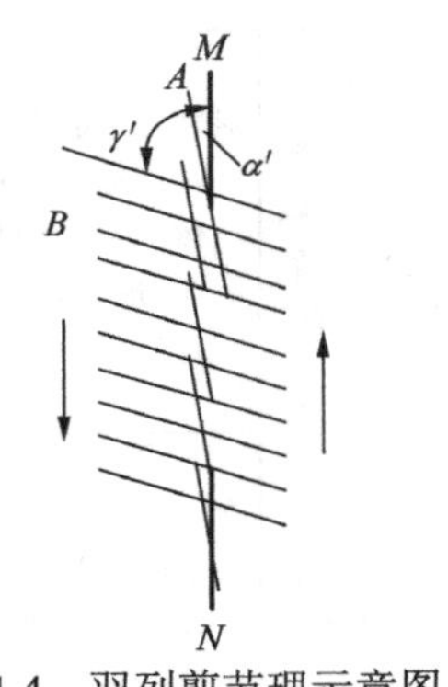

图 1.4　羽列剪节理示意图

（5）主剪节理两侧常伴有羽状微裂面（羽列现象），往往一条剪节理并非只有单一的一条节理，而是由若干条方向相同、首尾相接的小节理呈羽状排列而成。图 1.4（徐开礼和朱志澄，1989）所示为剪切试验形成的两组羽列剪节理 *A* 与 *B*：*A* 组羽列微剪裂面与主剪裂面 *MN* 的夹角为 α'，一般为 10°～15°，相当于内摩擦角的一半；*B* 组羽列微剪裂面与 *MN* 的夹角为 γ'。与主裂面的锐夹角指示本盘运动方向。天然岩石常见的是 *A* 组微剪裂面，*B* 组常常不发育。

（6）剪节理的张开度较小，常呈闭合状，但风化或地下水的溶蚀作用可以扩大节理的张开度。

（7）典型的剪节理常常组成共轭 X 形剪节理系。X 形剪节理发育良好时，将岩石切割成菱形、棋盘格式，如图 1.5 所示。共轭 X 形剪节理的交线表示主应力 σ_2 的方向，两组节理的夹角平分线分别表示主应力 σ_1 和 σ_3 的方向。根据莫尔-库仑强度准则，X 形剪节理的锐夹角平分线与主应力 σ_1 的方向一致。在实际应用中，一般通过观察剪节理的剪切方向来确定其反映的应力方位。

2. 张节理

张节理是某方向上的拉应力超过岩石的抗拉强度而形成的垂直于张应力方向的破裂面，如图 1.6 所示。张节理的峰值摩擦角一般为 40°～50°，残余摩擦角一般为 30°～45°。张节理的主要特征如下（夏才初和孙宗颀，2002；徐开礼和朱志澄，1989）。

图 1.5　共轭 X 形剪节理

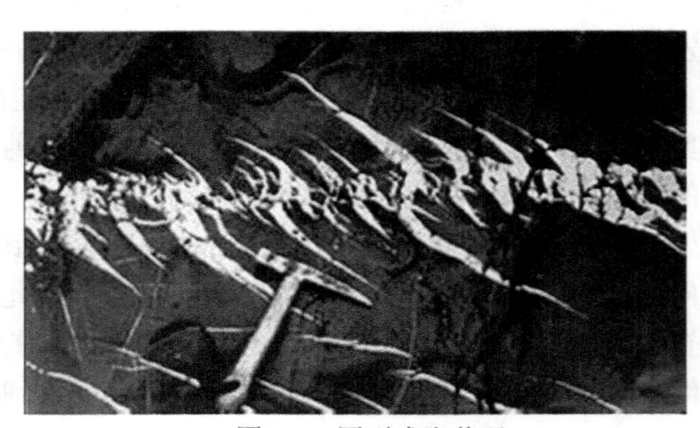

图 1.6　雁列式张节理

（1）产状不甚稳定，往往延伸较短，单条节理短而弯曲，常侧列产出。

（2）面壁粗糙不平，无擦痕。

（3）在胶结不太坚实的砾岩或砂岩中，张节理往往绕砾石或粗砂粒而过。

（4）多呈开口状，宽度变化大，常被岩脉充填。

（5）一般发育稀疏，节理间距较大，而且即使局部地段发育较多，也是稀疏不均的，很少密集成带。

（6）有时呈不规则的树枝状或网络状，有时也追踪共轭X形剪节理形成锯齿状张节理、单裂或共轭雁列式张节理，有时也呈放射状或同心圆状组合形式。

（7）张节理是在垂直于节理面的张应力作用下形成的，其垂线指示主应力σ_3的方向。在上拱作用下形成的张节理，总体上常排列成放射状或同心圆状。

剪节理和张节理的特征是在一次变形中形成的节理所具有的特征。若岩石或岩层经历多次变形，早期节理的特点在后期变形中可能被改造或被破坏。即使在同一次变形中，各种因素干扰，也会使节理不具备上述典型特征，因此在鉴别节理的力学性质时，需要注意三点：①必须选取未受后期改造的节理；②不能单纯依据个别露头上节理的特点，而应对区域内许多测点或露头上节理的特点进行分析比较；③鉴别节理的力学性质应结合与节理有关的构造和岩石的力学性质进行分析。由于构造变形作用的递进发展和相应转化，会发生应力的转向或变化，常出现一种节理兼具两类节理性质的特征或过渡特征，表现为张剪性节理。

1.2 自然特征与参数采集

岩石节理成因复杂，露头的自然特征（如开闭状态、充填状态和表面形态等）会发生变化。部分岩石节理由于胶结等作用形成具有一定强度的充填物，黏聚力有所增加；而有些经过地下水滑蚀、风化等作用，黏聚力减小甚至完全丧失。岩石节理的自然特征是决定岩体强度和变形的重要因素，准确识别露头特征并对其参数进行采集分析，是岩体力学性质分析的基础工作。露头的自然特征、表征参数或描述见表1.2。

表1.2 露头的自然特征、表征参数或描述

自然特征		表征参数或描述
空间分布特征	产状	走向、倾向、倾角
	密度	线密度、体密度、间距
	连续性	贯通程度、线连续性系数、面连续性系数、迹长
形态		起伏度、粗糙度、起伏差、起伏角
张开度		闭合、裂开、张开
充填与胶结		未充填或硅质、铁质、钙质、泥质充填等

1.2.1 自然特征

1. 产状

产状表示岩石节理的空间方位，通常假设岩石节理为平面，用走向、倾向和倾角表示其产状，如图 1.7（吴顺川 等，2021）所示。走向为岩石节理与水平面交线的方向；岩石节理上与走向线垂直并指向下方的直线称为倾向线，倾向线在水平面上投影的方向为倾向；倾角为岩石节理与水平面的夹角。由于走向和倾向是相互垂直的，结构面的产状通常用倾向和倾角两个参数表示。

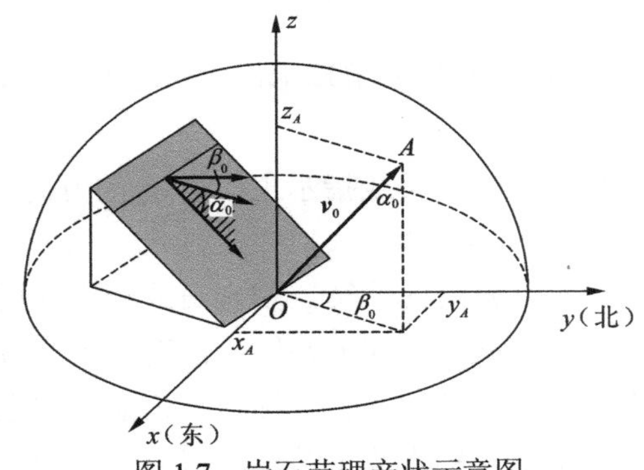

图 1.7 岩石节理产状示意图

在岩石节理的统计分析中，一般采用赤平极射投影直接对产状进行二维定量图解分析。假设岩石节理的倾向为 β_0（$0° \leqslant \beta_0 \leqslant 360°$）、倾角为 α_0（$0° \leqslant \alpha_0 \leqslant 90°$），在空间坐标系中，规定 z 轴为竖直向上，x 轴为正东方向，y 轴为正北方向，结构面的单位法向量 $\boldsymbol{v}_0$ 可表示为

$$\boldsymbol{v}_0=(\sin\alpha_0\sin\beta_0, \sin\alpha_0\cos\beta_0, \cos\alpha_0) \tag{1.1}$$

2. 密度

1）线密度

密度是反映岩石节理发育密集程度的指标，常用线密度、体密度、间距等表征。线密度 K_{J0}（单位：条/m）指同组岩石节理沿其迹线的垂直方向单位长度上的数量。若以 L' 表示测线长度，n_j 为测线长度内的岩石节理数量，则

$$K_{J0} = n_j/L' \tag{1.2}$$

若沿测线存在多组岩石节理（J1、J2、…），测线上的线密度为各组岩石节理线密度之和：

$$K_{J0}= K_{J1}+K_{J2}+\cdots \tag{1.3}$$

实际测定岩石节理的线密度时，测线长度可取 20～50 m。若测线不能沿岩石节理迹线的垂直方向布置，当测线与结构面迹线夹角为 α_1、实际测线长度为 L' 时，如图 1.8 所示，则有

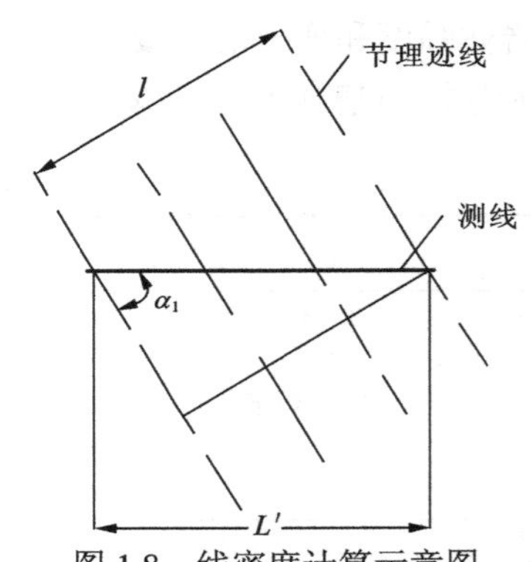

图 1.8 线密度计算示意图

$$K_{J0} = n_j/(L'\sin\alpha_1) \tag{1.4}$$

岩石节理密集程度按线密度分类，见表 1.3。

表 1.3　岩石节理密集程度按线密度分类

密集程度	线密度/（条/m）
疏	<1
密	1～10
非常密	10～100
压碎（或糜棱化）	100～1000

2）体密度

体密度 J_v（单位：条/m^3）指岩体单位体积内岩石节理的数量。根据《工程岩体分级标准》(GB/T 50218—2014)，在统计 J_v 时，应针对不同的工程地质岩组或岩性段，选择有代表性的出露面或开挖岩壁进行统计，有条件时宜选择两个正交岩体壁面进行统计，体密度可按式（1.5）计算，与岩体完整性相关，见表 1.4。

$$J_v = \sum_{i=1}^{n_0} K_{Ji} + K_0, \quad i = 1, 2, \cdots, n_0 \tag{1.5}$$

式中：n_0 为统计区域内节理组数；K_{Ji} 为第 i 组岩石节理的线密度；K_0 为每立方米岩体内的非成组节理条数。

表 1.4　体密度与岩体完整性的关系

完整性	体密度/（条/m^3）
完整	<3
较完整	3～10
较破碎	10～20
破碎	20～35
极破碎	≥35

3）间距

间距指同组岩石节理法线方向上的平均距离，即岩石节理间距 d_j 为线密度 K_{J0} 的倒数，可按式（1.6）计算。根据 ISRM 的推荐，间距可按表 1.5 描述，并可采用直方图、间距频数曲线图和密度图表示。

$$d_j = L'/n_j = 1/K_{J0} \tag{1.6}$$

表 1.5　ISRM 推荐的岩石节理间距分级

分级	间距/m
极窄	<0.02
很窄	0.02～0.06
窄	0.06～0.2

续表

分级	间距/m
中等	0.2～0.6
宽	0.6～2
很宽	2～6
极宽	≥6

3. 连续性

连续性指某一平面内岩石节理的面积范围或大小，也称为延展性或延续性，反映岩石节理贯通岩体的程度，可分为三类：①非贯通，较短，不能贯通岩体；②半贯通，有一定长度，尚不能贯通整个岩体；③贯通，长度贯通整个岩体，岩体破坏通常受该类节理控制。一般采用连续性系数定量描述连续性，可分为面连续性系数和线连续性系数。工程中一般采用出露面连线长度进行粗略估算。若测线长度为 L'，测线与考虑的岩石节理迹线重合且完全贯通岩体，如图 1.9（吴顺川 等，2021）所示，则岩石节理的线连续性系数 K_L 可采用式（1.7）计算。岩石节理的迹线长度（即迹长）在工程中易于测量，ISRM 建议采用迹长评价结构面的连续性，并推荐了相应的分级标准，见表 1.6。

$$K_L = \sum l_i / L' \tag{1.7}$$

式中：l_i 为第 i 个节理的长度。

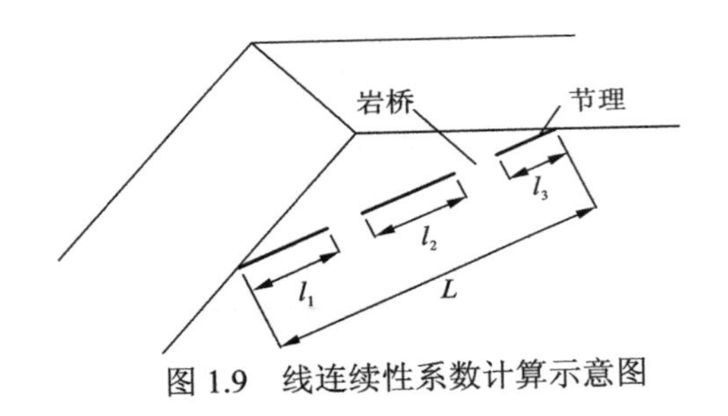

图 1.9　线连续性系数计算示意图

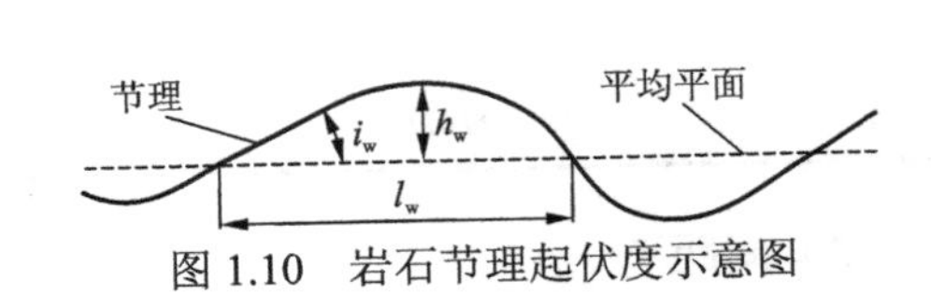

图 1.10　岩石节理起伏度示意图

表 1.6　ISRM 推荐的岩石节理连续性分级

连续性	迹长/m
连续性很差	<1
连续性差	1～3
连续性中等	3～10
连续性好	10～20
连续性很好	≥20

4. 形态

形态指岩石节理相对于其平均平面凹凸不平的程度（ISRM 称其为“粗糙程度”），ISRM（1978）将其进一步区分为起伏度和粗糙度。起伏度表征宏观起伏特征，粗糙度表征粗糙等级。起伏度可用起伏差与起伏角表征。如图 1.10（吴顺川 等，2021）所示，起伏差指岩石节理波峰（或波谷）与平均平面的高差 h_w。起伏角 i_w 指岩石节理与平均平面的夹角，根据起伏差 h_w 与半波长 l_w 计算，见式（1.8）。粗糙度相关介绍详见本书第 2 章和第 3 章。根据 ISRM（1978），岩石节理起伏度可分为 3 级：平直型、波浪型和台阶型；岩石节理粗糙度也可分为 3 级：光滑型、平坦型、粗糙型。因此，岩石节理可综合采用起伏度和粗糙度叠加进行描述。

$$i_w = \arctan(2h_w / l_w) \tag{1.8}$$

5. 张开度

张开度（又称隙宽），指岩石节理面壁之间的垂直距离。通常，岩石节理两壁面不是紧密接触的，而是呈局部接触或点接触，接触点大部分位于起伏或锯齿状的凸起点。接触面积减少，抗剪强度降低。当岩石节理张开且被其他介质充填时，其剪切强度由二者共同决定。张开度在一定程度上反映岩体的“松散度”，张开度越大，岩体越“松散”。ISRM 推荐的岩石节理张开度分级见表 1.7。

表 1.7 ISRM 推荐的岩石节理张开度分级

类型	状态	张开度/mm
闭合节理	很紧密	<0.10
	紧密	0.10～0.25
	部分张开	0.25～0.5
裂开节理	张开	0.5～2.5
	中等宽的	2.5～10
	宽的	>10
张开节理	很宽的	10～100
	极宽的	100～1 000
	似洞的	>1 000

6. 充填与胶结

闭合节理可分为弱胶结闭合节理和压力愈合闭合节理两类。弱胶结闭合节理包括层理、片理等，易开裂；压力愈合闭合节理常在高地应力作用下愈合成假胶结状态，故又称隐节理；隐节理在风化、卸荷和振动等外力作用下可继续开裂，成为显节理，例如，爆破法开挖隧洞和边坡时，洞壁和边坡的节理增加，河谷斜坡上常见倾向河谷的缓倾角节理。

充填特征主要指节理的充填物性质和充填厚度等。充填物分为有胶结充填物和非胶结充填物两种。胶结充填有硅质、铁质、钙质和岩脉充填等；非胶结充填节理的充填物主要是泥质材料。当含膨胀性矿物（如蒙脱石、高岭石、绿泥石、绢云母、蛇纹石、滑石等）较多时，其力学性能最差；当含非润滑性质的矿物（如石英和方解石等）较多时，其力学性能较好。充填物的性状主要是指充填物粒度或颗粒大小、含水量、渗透系数、超固结比等。按充填物的厚度可分为 4 种类型。①薄膜充填：节理面壁附着一层 2 mm 以下的薄膜，由风化矿物和应力矿物等组成，如黏性矿物、绿泥石、绿帘石、蛇纹石、滑石等。虽然很薄，但由于充填矿物性质不良，可明显地降低节理的剪切强度；②断续充填：充填物的厚度小于节理的形态高差，充填物在节理内不连续，形成断续充填，其力学性质取决于节理面的形态及充填物和岩石的力学性质；③连续充填：充填物的厚度稍大于节理的形态高差，其力学性质取决于充填物和岩石的力学性质；④厚层充填：充填物厚度大到数十厘米到数米，形成一个软弱带，其破坏有时表现为岩体沿接触面滑移，有时则表现为软弱带本身的破坏。

1.2.2 参数采集

岩石节理的采集参数包括类型、产状、迹长、形态特征、充填胶结特征、张开度等。采集方法可分为人工采集法和信息化采集法。人工采集法主要包括测线法、测窗法、露头测绘与平硐测绘；信息化采集法主要包括钻孔电视法、数字摄影测量法等。人工采集法直观、简单，但现场工作量较大；信息化参数采集工作量较小、数据丰富。

1. 测线法与测窗法

现场岩石节理测量常采用测线法或测窗法。如图 1.11（吴顺川 等，2021）所示。测线法是在露头表面布置一条测线，采用罗盘、量尺沿着测线逐一测量与测线相交的岩石节理自然特征参数，包括节理在测线上的位置、产状、迹长、张开度等，通过对测量数据进行统计和分析，计算岩石节理的密度、平均迹长、优势方位等。测窗法是指在露头表面布置一定区域的窗口，测量该窗口内所有节理特征参数，根据测窗形状可分为矩形测窗法和圆形测窗法。与测线法相比，测窗法减小了节理方向和大小的采样偏差，在迹长采集与迹长均值计算上更有优势。

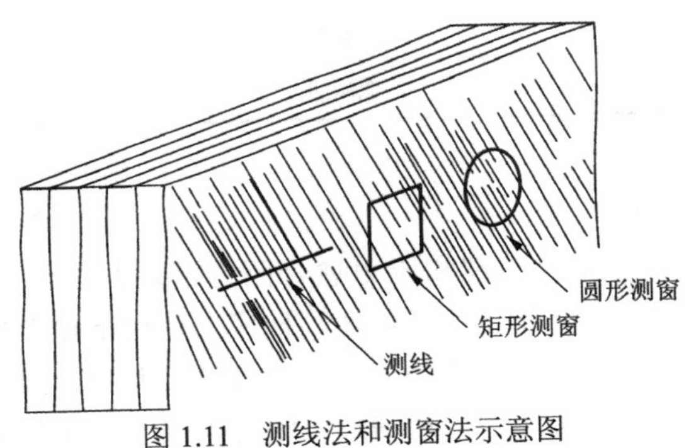

图 1.11 测线法和测窗法示意图

2. 露头测绘与平硐测绘

露头测绘利用地表露头岩层来获取岩石类型和岩体结构特征等信息。图 1.12（吴顺川 等，2021）所示为水平沉积岩层中的地层露头。在该露头中，可较清晰地看出各分层的地质特征，可通过开挖探槽或探井采集结构面的特征参数。图 1.13（吴顺川 等，2021）所示为地表开挖的探槽。

图 1.12 水平地层露头

图 1.13 地表探槽开挖

平硐测绘的主要目的是了解覆盖层的厚度、性质，风化壳分带、软弱夹层分布、断层破碎带，岩溶发育情况、滑坡体结构及潜在滑动面等。主要包括：①地层岩性划分；②岩石风化特征及其随深度变化；③岩层产状要素及其变化，如节理裂隙组数、产状、穿切性、延展性、张开度、间距等；④水文地质情况。如图 1.14（吴顺川 等，2021）所示，平硐测绘能直接观察到地层结构，测量结果较为准确且便于素描，可不受限制地采取原状岩土试样，并可同时进行大型原位测试。但平硐测绘耗费资金多且测绘周期长。

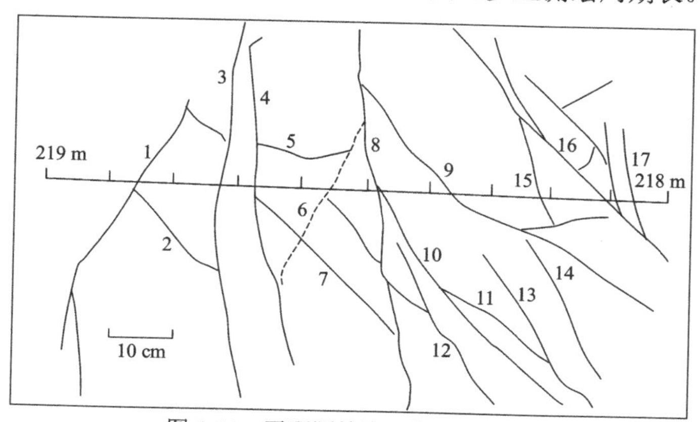

图 1.14 平硐测绘岩石节理迹线图

3. 钻孔电视法

钻孔电视法是测量钻孔内壁地层岩性及构造分布发育的一种测量方法。钻孔电视法的基本原理是将摄像头和带有自动调节光圈的广角镜头装入防水承压舱内，放入需测量的钻孔内，拍摄孔壁四周岩体的全景图像，测量人员可实时观看，同时由录像机记录整个测量过程，如图 1.15（吴顺川 等，2021）所示。对节理影像数据进行分析，可得出其特征参数。钻孔电视法可以直观详细地反映岩体信息，具有观测精度高、定位准确、便于分析岩石节理特征信息、浏览方便、成果可数字化存储等优点，有广泛的适用性。但是钻孔电视法一般要求钻孔处于无水或清水状态，有时难以满足；对光源系统要求较高，光亮不均匀时会引起条纹现象。

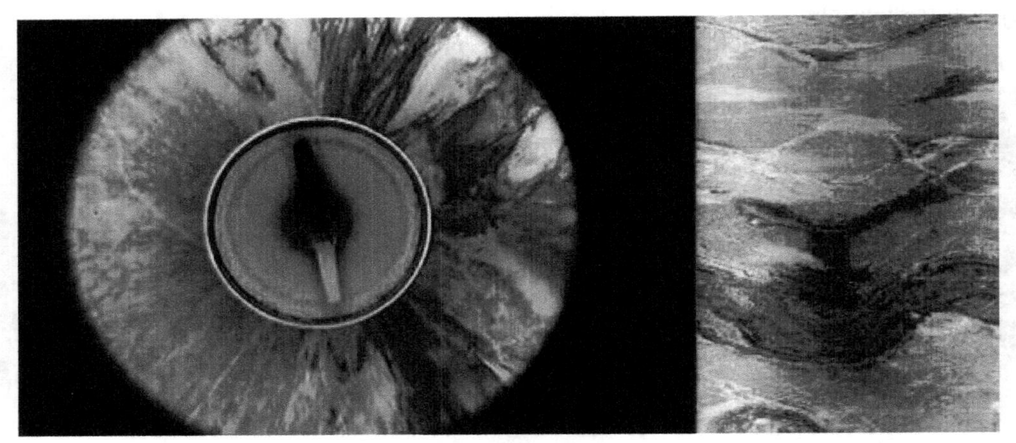

图 1.15　钻孔全景与钻孔图像

4. 数字摄影测量法

数字摄影测量法是利用电荷耦合器件（charge-coupled device，CCD）或互补金属氧化物半导体（complementary metal oxide semiconductor，CMOS）感光传感器获取三维物体的二维图像，将不同方向拍摄的多幅二维数字图像，通过实际空间坐标系和数字影像平面坐标之间的转换关系，匹配计算得到被摄影像的大量同名点，以此得出数码相机的内、外方位元素参数，最终通过多光线前方交会并结合严密平差等算法，生成被摄物体的三维点云坐标数据，由此生成三维网格模型的一种非接触测量方法，如图 1.16（吴顺川 等，2021）所示。数字摄影测量法对一些较高的岩体露头、陡峭的边坡结构面测量具有显著优势，可实现结构面快速、直观及准确的测量，具有广泛的适用性。与激光扫描、无人机拍摄相比，数字摄影测量法成本更低且设备便于携带；相对于人工测量，数字摄影测量法直接通过三维数字模型进行采样，可以避免测量人员主观因素导致的误差。

图 1.16　数字摄影测量法与赤平极射投影

1.3 研究方法与内容

岩石工程节理力学是研究岩体中节理的变形、强度和渗流等物理力学性质及其对岩体力学性质和岩体工程稳定性作用的岩体力学分支（夏才初和孙宗颀，2002）。主要的研究方法包括试验研究、理论分析和数值模拟/试验等，研究内容主要包括六个方面。

（1）形貌描述方法：粗糙度评价方法及参数。

（2）闭合变形性质：闭合变形性质及本构模型。

（3）剪切变形性质：剪切位移性质及本构模型。

（4）峰值剪切强度：峰值剪切强度准则。

（5）剪切破坏过程：剪切破坏机理和形貌损伤演化过程。

（6）剪切-渗流性质：剪切-渗流耦合水力学性质及模型。

本书着重讨论前五个方面的内容，岩石节理剪切-渗流性质方面的内容不做叙述，感兴趣的读者可查阅相关的文献资料。

第2章 形貌测试方法与技术

岩体的力学性质在很大程度上受包含于其中的节理的影响，而节理的表面形貌是影响岩石节理力学性质的关键。只有考虑形貌影响的力学模型（闭合变形模型、峰值剪切强度准则等）才能准确体现节理的力学行为。准确测试岩石节理的形貌特征是研究其力学机理、建立力学模型的前提。工程实践中碰到的不同尺度的岩石节理表面形貌的测试方法和技术均有报道，总体上可分为接触式测试技术和非接触式测试技术两大类。接触式测试技术往往只能进行剖面线测量，通过组合剖面线获得岩石节理的三维形貌；非接触式测试技术可以方便地对岩石节理的三维形貌进行整体测试。

2.1 室内测试方法与技术

2.1.1 接触式测试技术

接触式测试技术利用单根或多根测试探针，与被测岩石节理表面接触后，通过探针针尖感触被测表面的高差起伏，并与参考线/面的坐标比较以获取节理形貌的二维/三维离散坐标数据，探针针尖的运动轨迹与岩石节理形貌的高差起伏一致。一般地，接触式测试技术可分为机械探针式和针梳两类。

机械探针式表面形貌测试仪最初是机械工程中用于测试零部件表面粗糙度的工具，后被用于测试岩石节理的表面形貌。Weissbach（1978）研制的机械探针式表面形貌测试仪由支架、两个位移传感器、两个步进电机和丝杠滑块等组成，如图 2.1 所示。水平位移传感器用来记录采样点的水平位置，垂直位移传感器用来记录岩石节理表面形貌的高差起伏；采样间距介于 0.03～0.5 mm，可用于测量平面尺寸为 410 mm×280 mm 的岩石节理的表面形貌；测试精度受机械、位移传感器、放大器和模/数转换器等各部件精度的影响。夏才初和孙宗颀（1995）以机械探针式表面形貌测试仪的原理和结构为基础，根据智能仪器的原理和设计思想，用微机作为形态仪控制、测试和记录的核心，研发了 RSP-I 型智能岩石表面形貌测试仪。图 2.2 是 Develi 等（2001）研发的岩石节理表面形貌测试仪实物图，由力学测试系统、探针循环系统和计算机控制系统组成，能够获取岩石节理的三维形貌坐标，自带数据处理软件，提供形貌坐标云图，并可以对形貌进行分形分析。该类测试技术对岩石节理的形貌有一定的损伤（特别是软弱岩石节理），且易出现卡针、针尖磨损等，测试准度和精度难以保持一致。随着技术的发展，机械探针式表面形貌测试仪已很少使用。

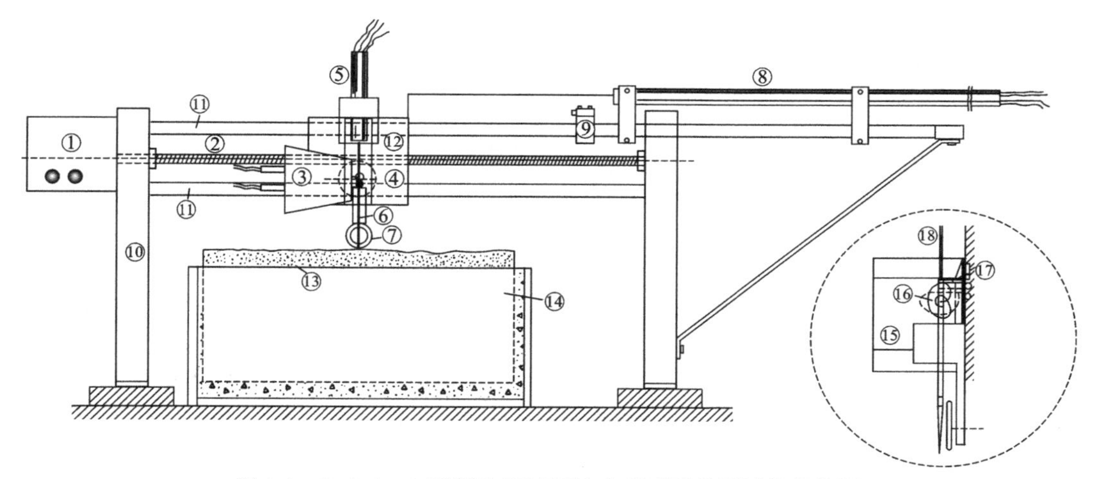

图 2.1　Weissbach 研制的机械探针式表面形貌测试仪结构图

①水平步进电机；②精密丝杠；③竖向步进电机；④偏心轮；⑤垂直位移传感器；⑥触针；⑦滚动盘；⑧水平位移传感器；⑨限位开关；⑩支架；⑪导向杆；⑫节理试件；⑬剪切盒；⑭滑块；⑮偏心盘；⑯偏心接触件；⑰传感器；⑱套管

Barton 和 Choubey（1977）采用如图 2.3 所示的针梳仪测试岩石节理的形貌。针梳仪是一种最简便的岩石节理形貌测试工具，由一组密集的直径约为 0.5 mm 的钢针用两块金属板固定而成，中间衬以橡胶板，钢针能在金属板中灵活地移动，但不易滑出。探针与岩石节理表面接触，复制其形貌；再与 10 条标准剖面线比较确定岩石节理的粗糙度系数(joint roughness coefficient，JRC)。针梳仪的制作成本低廉且操作简单，在描述小尺度岩石节理的形貌特征中被大量使用，特别是在早期的研究中。

图 2.2　Develi 等研发的岩石节理机械探针式表面形貌测试仪实物图

1、2、3—步进电机；4—探针；5—岩石节理；6—x 轴方向螺杆；7—y 轴方向螺杆；8—仪器控制单元

图 2.3　针梳仪

接触式测试技术的局限主要有：①以点或线的采集方式获取数据，测试精度往往取决于触针的直径与间距；②受到整体设计尺寸限制，不适用于野外大范围岩石节理粗糙度测试，且测试速度较慢；③由于探针需要和岩石节理进行物理接触，探针存在磨损问题，不适用于软弱岩石节理的形貌测试；④大部分接触式测试装置只能获取岩石节理的剖面线信息，难以全面体现其形貌的三维特征。

2.1.2 非接触式测试技术

非接触式测试技术在数据采集过程中测试设备不需要和岩石节理形貌产生直接接触，主要有激光扫描、数字近景摄影测量、结构光扫描等。

1. 激光扫描

激光扫描属于光学方法和机械方法的结合，将激光探头安装在机械移动平台上，探头分为点光源和线光源，根据光源类型不同，机械移动平台也有较大差别。点光源形貌测试仪的工作原理与机械探针式表面形貌测试仪有一定近似，只是将机械探针换成了激光探头。激光探头每次发射一个光点到被测物体表面，测定被测物体表面上的点距离标准面的高度，然后通过机械平台的移动来实现对整个岩石节理形貌的测量，光点直径对测量结果影响很大。线光源将光点变成了由若干光点组成的光带，一次可以测出一条轮廓线，然后依靠机械平台在 x 方向上的移动来实现对整个面的测量。线光源的激光扫描形貌测试仪，只能逐条测量，理论上要布置与点距相等的测线间距才能获得整个面上的数据，较为费时。无论用点光源还是线光源，测试精度受机械平台、移动间距及光点直径的影响。相对而言，利用面光源测试岩石节理形貌是一种比较理想的方式。激光扫描形貌测试仪的测试精度往往很高，图 2.4 为 Kulatilake 等（2006）采用的点光源测试设备，精度为 3 μm，试验中采用的分辨率约为 0.33 mm。

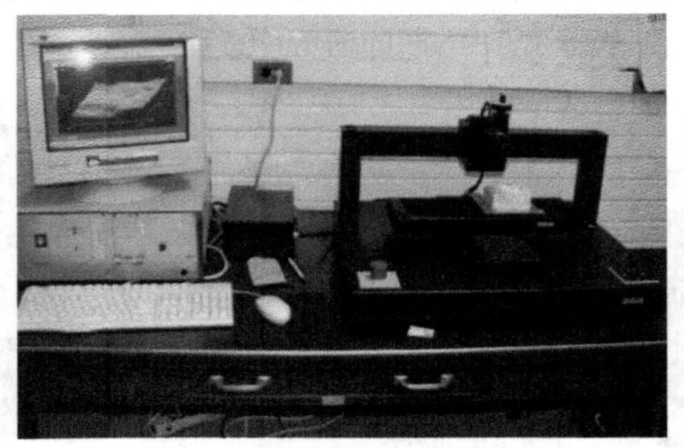

图 2.4 点光源的激光扫描形貌测试仪

2. 数字近景摄影测量

采用数码相机获取岩石节理的数字图像，基于共线条件方程和共面条件方程，建立影像坐标和物方坐标关系模型，运用三角网数学运算重构岩石节理的三维形貌。一般地，采用数字近景摄影测量法评价岩石节理粗糙度包含 5 个步骤。

（1）确定岩石节理三维形貌数字图像的方位。

（2）点云数据三维旋转。

（3）网格化三维形貌解译。

（4）生成岩石节理三维形貌，提取二维剖面线。

（5）估算粗糙度参数。

在获取有效图像前，需要对摄影测量相机进行标定，包括：标定类型和尺寸，选择摄像环境，设置相机参数，确定相机高度、水平距离，处理故障，校验标定质量等。

3. 结构光扫描

将一系列不同宽度的光栅条纹投射在被测岩石节理表面，受表面形貌高低起伏影响形成变形条纹，变形条纹由左右摄像头捕捉并经匹配计算，进而获取测试节理形貌的三维坐标，经过计算得到相关的形貌参数。典型的测试设备有同济大学夏才初等（2008）研制的基于双目成像原理的 TJXW-3D 型便携式岩石三维表面形貌测试仪。该设备的硬件部分包括机头、机架和计算机；软件是岩石表面形貌测试仪控制软件和岩石表面形貌分析计算软件。机头为光学测量结构，是形貌测试仪的核心部件（包括 2 个高精度的工业 CCD 摄像头、2 个工业镜头和数字光栅投影装置）；机架包括云台和三脚架，用来调节形貌测试仪相对于被测物体的距离和角度；计算机内置了数据采集卡。单次形貌测试的最大范围约为 400 mm×300 mm，测试时间约 10 s，分辨率为 0.02 mm。

非接触式测试技术及设备的优点主要有：①能快速、高效地获取岩石节理形貌的空间几何信息，每秒所能采集的数据点数以万计，大大缩短了数据采集周期；②测试设备不需要和岩石节理进行物理接触，岩石节理形貌不存在损伤、仪器本身不存在损耗，适用于软弱岩石节理的形貌测试；③测试精度高，目前通行的测试设备的精度可达到微米级。

非接触式测试技术及设备的局限主要有：①测试设备价格相对昂贵，试验成本高；②数据采集周期短，但需要花费大量的时间对原始数据进行预处理，包括去噪、拼接、坐标转换等，数据处理时间远远超过形貌测试耗费的时间；③测试准度和精度在很大程度上受环境因素影响，如湿度、温度等。

2.2　现场测试方法与技术

2.2.1　接触式测试技术

1. 圆盘倾斜仪法

在现场将不同直径的圆盘放在岩石节理表面的不同位置，测量其倾向和倾角，得到不同基线长度下的表面粗糙度。图 2.5（a）（Hoek and Bray，1983）所示为圆盘倾斜仪测量倾向和倾角示意图，把所测得的倾向和倾角以极点形式画在等面积投影网上，将距离中心最远的极点连接起来形成一个封闭的极点等密线，每个圆盘所测数据绘一幅图，这些封闭的极点等密线综合在一幅等值线图上，如图 2.5（b）（Hoek and Bray，1983）所示。沿着可能滑动的方向作一剖面，与不同直径的圆盘量测所得的极点等密线相交，以其交点的粗糙度角与圆盘直径为纵、横坐标，就可绘出圆盘直径与有效粗糙度角的关系曲线，如图 2.5（c）（Hoek and Bray，1983）所示。节理表面的面积至少是最大圆盘面积的 10 倍，且最大圆盘至少应在 25 个不同位置上量测。圆盘直径越小，量测结果越离散，因此较小直径的圆盘应在更多位置上量测记录。在清晰可见的被测节理表面上放置一把米尺进行拍照，以取得表征最大、中等和最小粗糙度的照片。对于给定的圆盘尺寸，可以绘出任何可能滑动方向的最大粗糙度角。最大粗糙度角的正切值乘以所给定的基线长度（圆盘直径），得到在剪切位移等于基线长度条件下的垂直节理方向的位移。用这种方法分析不同基线长度（圆盘直径）时的情况，可得到剪胀曲线。有效应力较低时，坚硬岩石节理的形貌在剪切过程中几乎不损坏，上述方法可给出一个逼真的剪切过程。该方法适用于具有大型露头的岩石节理面，但只能大致提供剖面的倾斜角度信息，不便于提供尺寸信息。

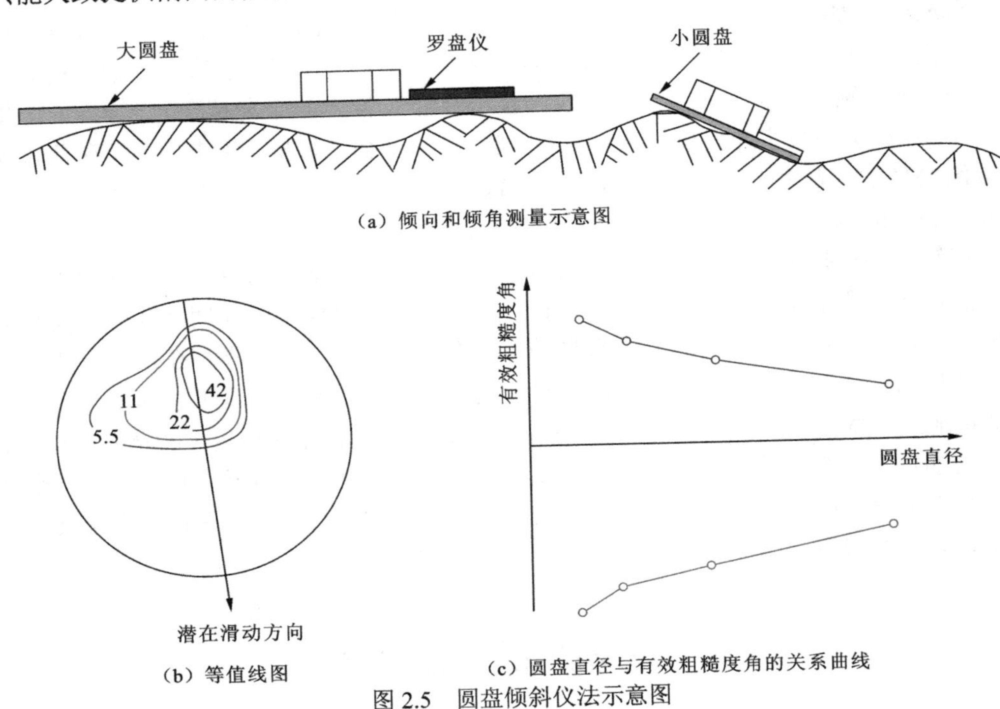

图 2.5　圆盘倾斜仪法示意图

2. 剖面线法

如图 2.6 所示，将 2 m 长的直尺放在岩石节理表面上，并取可能的滑动方向。它将与节理面上包括最高点在内的许多点接触，该直尺即为剖面线的参考基线。沿直尺方向（记为 X 方向）按一定采样间隔逐点记录直尺到节理表面的垂直（记为 Y 方向）距离，一般精确到毫米。将每一(X, Y)的数据记录下来，得到一个岩石节理某一剖面表面形态的高差变化数据，将相关的数据用相同的比例尺绘于图上，并将剖面线参考基线的方位角和倾角记录在图上（并不一定与节理的产状相同）。采用上述方法记录最小、最常见和最大的表面形态变化的剖面线图，记录在同一页面上以便比较。若上述三个剖面是从一个节理组的不同节理面上获取的，则可表征该节理组整体的形貌特征；若不是从同一节理面上获取的，则可表征该节理面的形貌特征。

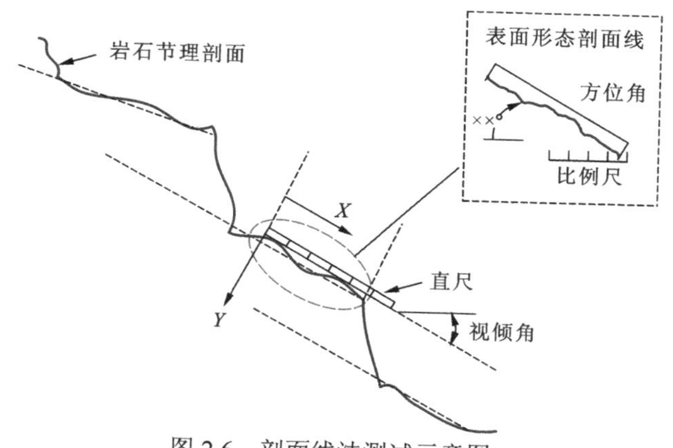

图 2.6　剖面线法测试示意图

采样间距视岩石节理的测量长度和形貌特征而定（固定的采样间距可能导致遗漏对剪切强度有意义的小台阶和凸点），一般取总测量长度的 2%就足以得到较好的岩石节理形貌。用于测量垂直距离的尺应做成尖锥形，以便记录形貌的细微之处。当测量较大范围的节理时，可用拉紧拉直的金属线代替直尺。但该方法有一定的安全隐患，特别是在陡坡上。

若配合使用纵剖面测绘仪或针梳仪等测量仪器，可大大提高测量精度和速度。纵剖面测绘仪是测量表面高度变化的机械仪器，当其触头在岩石节理表面移动时，机械结构记录岩石节理的形貌特征。使用针梳仪时，将其置于测线上并垂直于岩石节理，轻轻压下钢针使之与节理的表面形态完全接触，测定针梳金属板的倾角。将针梳仪的剖面线描在坐标纸上，并标上金属板中心线的位置，得到相对于金属板中心线的剖面线，如图 2.7（Kim et al., 2013）所示。由于尺度一般不大，在测试大尺度岩石节理的形貌时会存在系统误差。针梳仪简单廉价，但精度低，测量费时；普通的触针仪往往因岩石表面形态起伏太大而难以测试，适合测试起伏幅值较大的轮廓的触针仪，又因较陡的起伏会阻止触针的水平运动而使测量失效。

图 2.7　针梳法获取现场岩石节理的粗糙剖面

测量大尺寸的岩石节理形貌时，可先测量一级起伏度，在拉紧拉直的金属线上等间距分成若干段，在每个分段位置用尺测量其到节理表面的垂直距离，测得的高度给出了形貌的一级起伏度的信息，在每个分段内再进一步用纵剖面测绘仪或针梳仪等测量仪器进行测量。用纵剖面测绘仪和针梳仪进行分段测量时，要保证各分段都以拉紧拉直的金属线为数据参考线是较困难的，但只要各分段测量线首尾相接，并测量记录各分段的倾角，就可以将各分段的测量数据都转换到相对于同一参考线，见现场分段测量法。

3. 分段测量法

岩石节理在现场往往延伸较长，而测试工具的量程总是有限的，因此，用剖面线法或其他方法在现场测量节理的表面形态时，只能进行分段测量。在形貌参数计算时，各测量数据必须都是相对同一参考线而言的。在分段测量时，各段的参考线是任意选定的，但可以测定它们相对于水平面的倾角，从而计算各段参考线间的夹角；另外，前一分段的终点即为后一分段的起点。如此，不同分段数据点的相对位置就能完全确定，从而可根据各分段参考线之间的几何关系，把各分段的数据点转换成相对于同一参考线的数据坐标。一般地，可做如下处理：①各分段参考线通过该分段的起始点；②取过第一分段起始点，以所测全部分段参考线倾角的均值为起点的倾斜线作为岩石节理形貌数据的总参考线；③将数据进行转换后再作坡度修正，使之都相对其最小二乘中心线（夏才初和孙宗颀，2002）。

设第 i 分段第 j 个数据点为 $z_j(i), i=1,2,\cdots,n, j=1,2,\cdots,m$ ，则上述方法的实现步骤如下。

（1）令每一个分段的参考线通过该分段的起始点，即

$$z_j(i)=z_j(i)-z_j(1) \tag{2.1}$$

（2）令前、后分段首尾相接，将数据修正到以过第一分段起始点所测的几个分段的参考线平均倾角为倾角的倾斜线 O_1O_1' 为平均参考线，即

$$z_j(i)=z_j(i)+(i-1)\Delta\tan[\theta_j-\overline{\theta}+z_j(0)] \tag{2.2}$$

$$z_j(0)=z_{j-1}(n_j-1) \tag{2.3}$$

$$z_j(0)=0 \tag{2.4}$$

式中：Δ 为采样间距；θ_j 为 j 分段参考线的倾角；$\overline{\theta}$ 为所测全部分段参考线倾角平均值。

（3）将数据修正到以全部数据的最小二乘中心线 OX 作为高度坐标的总参考线，即

$$z_j(i)=z_j(i)-b_1-k_\Delta i,\quad i=1,2,\cdots,n \tag{2.5}$$

式中：b_1 为平均参考线上第一个数据相对于总参考线 O_1O_1' 的距离；k_Δ 为平均参考线在单位采样间隔内相对于总参考线的增量；n 为整条剖面线的数据总量。

经此处理后的数据序列均值为零。在现场测量节理形貌前，先量好待测节理的产状，然后在节理面上沿预定方向（一般为倾向、走向或可能滑动方向）画一条测线，再按所采用的表面形态测试工具的长度将其分为若干段，依次首尾相接进行测量，并须测量记录每一分段参考线的倾角，以作修正用。

2.2.2 非接触式测试技术

用于野外现场的三维激光扫描仪机身设计紧凑，配有专门的保护箱、移动充电电池和三脚支架，便于随身携带开展野外测量工作，多用于识别岩体结构面的产状、迹长、间距等。Tam（2008）采用德国 Leica 公司生产的 Cyrax 三维激光扫描仪在香港某自然露头处采集了长 6～8 m 的岩石节理的粗糙度数据，如图 2.8 所示。Mah 等（2013）采用 Neptec Design Group 开发的激光相机系统（laser camera system，LCS）对加拿大某镍矿地下硐室侧壁的

表面形态进行了数据采集。Feng 等（2003）运用 Leica TCRM 1102 型全站仪对野外大尺度岩石节理的粗糙度进行了测试，并分析了倾斜角、粗糙度、物体表面反射率及被测物体与全站仪间距 4 个因素对测量结果的影响。全站仪精度低于室内激光扫描仪（全站仪精度为 1 mm），但仍可以捕捉岩石节理的整体粗糙度特征，可用于野外现场大范围数据采集工作，现场测试场景如图 2.9 所示。

图 2.8　自然露头岩石节理三维激光扫描工作图

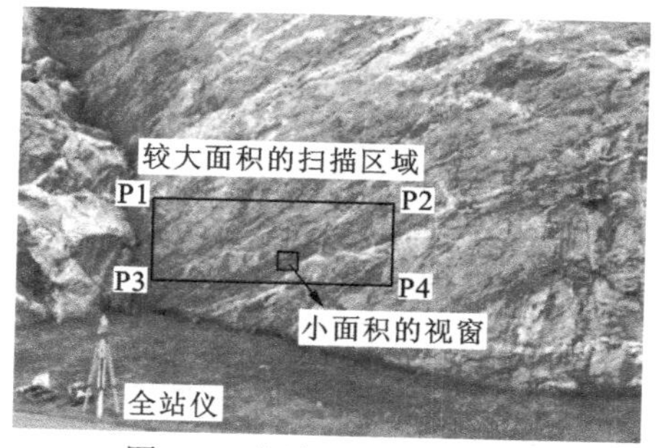

图 2.9　大地测量全站仪工作图

2.3　数据修正

在计算岩石节理二维剖面线的形貌参数时，各测试点的数据必须是相对同一参考面而言的，并要进行零均值处理。对圆形试件，测量过圆心并相互成 45° 角的 4 条剖面线，并以圆心作为修正时参考点，如图 2.10（a）所示；对矩形试件，平行边长布置至少 3 根侧线，并在垂直方向布置至少 1 根测线，如图 2.10（b）（夏才初和孙宗颀，2002）所示。对于不规则试件，在试件的待剪切方向按一定间距至少布置 3 根平行测线，并在垂直位置布置至少 1 条测线，以作坡度修正，如图 2.11（夏才初和孙宗颀，2002）所示。

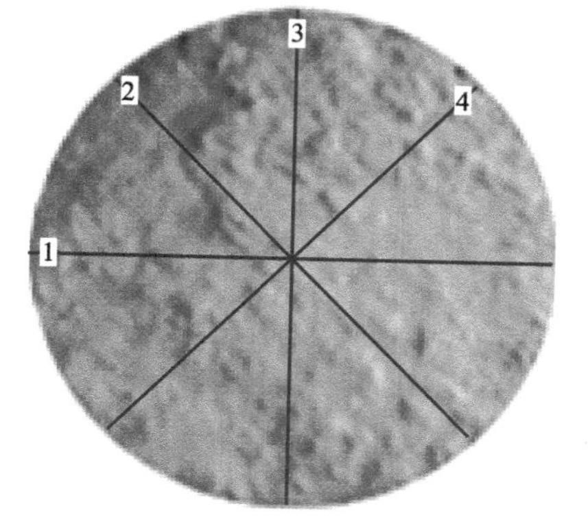

（a）圆形试件

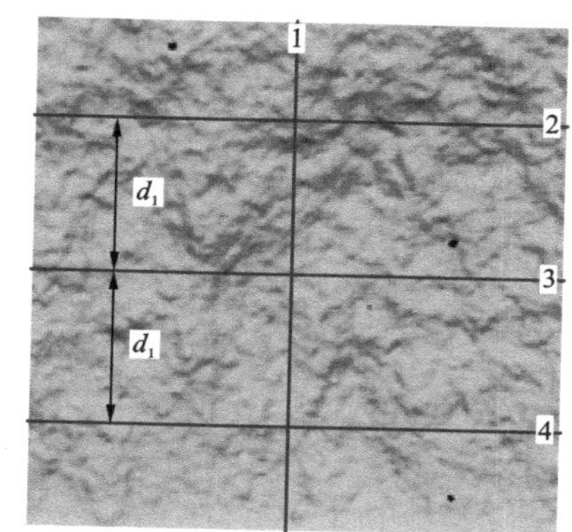

（b）矩形试件

图 2.10　数据修正布线示意图

根据夏才初等（1993a），基于最小二乘原理的剖面线坡度修正方法的具体步骤如下。

（1）用最小二乘法求各剖面线（包括修正线）的中心线参数 b_1、k_Δ。

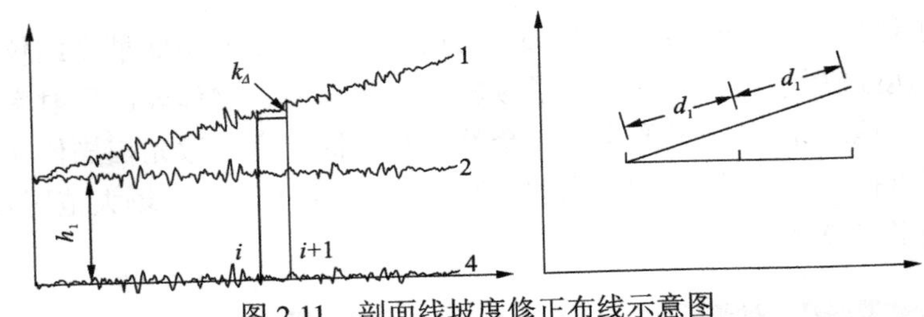

图 2.11　剖面线坡度修正布线示意图

$$b_1 = \frac{2(2n+1)\sum_{i=1}^{n} z(i) - 6\sum_{i=1}^{n} iz(i)}{n(n+1)} \tag{2.6}$$

则中心线方程为

$$z_c(i) = b_1 + k_\Delta i \tag{2.7}$$

（2）以剖面线第一点为基准点，把它的中心线旋转到与参考线平行：

$$z(i) = z(i) - k_\Delta i \tag{2.8}$$

（3）根据修正剖面线的坡度 k_Δ/Δ，把各条剖面线的中点移到过第一条剖面线中点且与参考平面平行的平面上：

$$z(i) = z(i) - \frac{d_1 k_\Delta}{\Delta} \tag{2.9}$$

式中：d_1 为剖面线间距。

对于圆形试件，把各剖面线的中点（圆心）移到过第一条剖面线的中点（圆心）并与参考面平行的平面上：

$$z(i) = z(i) - z(im) \tag{2.10}$$

式中：$z(im)$ 为圆心坐标。

（4）将经过上述修正的数据进行最小二乘修正，并以中心线作为高度坐标参考线。

第3章 形貌参/函数

形貌参/函数表征岩石节理表面采样点之间的空间几何关系，恰当地表征岩石节理的形貌特征是预测其力学响应的前提，一般可分为统计参/函数和分形参/函数两大类。三维粗糙度指标能够很好地描述形貌的各向异性，能够相对直观地展示形貌对剪切属性的影响。节理粗糙度系数是最常用的形貌参数，常用于定量评估岩石节理的粗糙程度。

3.1 统计参/函数

在岩石节理形貌学研究中，常把形貌高度看作一个随机变量 z，在任一高度间隔 z、$z+\mathrm{d}z$ 间的概率密度定义为形貌全坐标高度分布密度函数：

$$\varphi(z)=\lim_{\mathrm{d}z\to\infty}\frac{P(\xi<z+\mathrm{d}z)-P(\xi<z)}{\mathrm{d}z} \tag{3.1}$$

式中：$P(\xi<z)$ 为随机变量 ξ 小于 z 的概率。

如图 3.1 所示，以平均高度线为 X 轴，曲线上各点高度为 z。概率密度分布曲线的绘制方法为：由不同高度 z 作等高线，计算 X 轴线以上或 X 轴线以下各交割线段长度 L_i 的总和 $\sum L_i$，计算比值 $\sum L_i/L$；用这些比值绘制高度分布直方图。如果选取非常多的 z 值，根据直方图可以描绘出一条光滑曲线，即形貌高度的概率密度分布曲线。

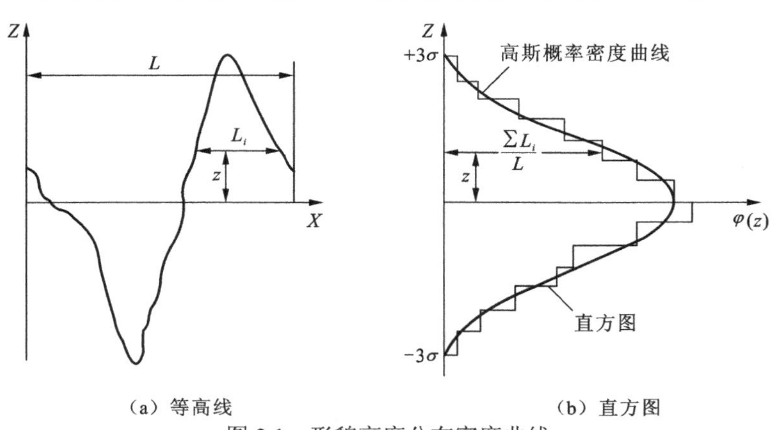

（a）等高线　（b）直方图

图 3.1　形貌高度分布密度曲线

σ为均方差

形貌全坐标高度分布密度函数 $\varphi(z)$ 能较完整地描述形貌的高度特征，正态分布是描述岩石节理高度分布最常用的分布密度函数，其中标准正态分布函数为

$$\varphi(z)=\frac{1}{\sqrt{2\pi}}\exp\left(-\frac{x^2}{2\sigma^2}\right) \tag{3.2}$$

岩石节理形貌的高度分布也可用高度分布密度函数的各阶相关矩来描述，分布密度函数的 n 阶相关矩定义为

$$M_n=\int_{-\infty}^{\infty} z^n\varphi(z)\mathrm{d}\varphi\mathrm{d}z \tag{3.3}$$

研究中最常用的是它的一阶绝对相关矩及二、三、四阶相关矩，并由此定义了一些常用的形貌参/函数，详细内容可参考《工程岩体节理力学》（夏才初和孙宗颀，2002），部分参数借鉴或直接采用了摩擦学等领域的研究成果，与岩石节理形貌描述的侧重点略有出入。本节仅对岩石节理形貌描述中常用的统计参数进行介绍，且按习惯性叫法（并不是严格按照参数的几何属性）进行简单的分类。

3.1.1 高度参数

1. 中心线平均高度

取样长度 L 内，测量剖面线上各点到剖面中心线偏距绝对值的总和算术平均值为中心线平均（center line average，CLA）高度，计算公式（Tse and Cruden，1979）为

$$\mathrm{CLA}=\frac{1}{L}\int_0^L|y|\,\mathrm{d}x \tag{3.4}$$

式中：y 为取样点偏离中心线的距离；$\mathrm{d}x$ 为取样间距。

中心线一般取剖面线的最小二乘线。中心线平均高度反映了取样长度内岩石节理形貌随机分布高度偏离概率分布中心的绝对值平均情况，其幅值并不能真实反映岩石节理形貌的离散性和波动性。

2. 高度均方根

取样长度 L 内，测量剖面线各点到中心线距离平方和的平均值的平方根为高度均方根（root mean square，RMS），计算公式（Tse and Cruden，1979）为

$$\mathrm{RMS}=\left[\frac{1}{n}\int_0^n y^2\mathrm{d}x\right]^{\frac{1}{2}} \tag{3.5}$$

式中：n 为取样点数量。

高度均方根与每一测点从中心线到形貌轮廓的高度偏差有关，也对其中较大和较小的高度值较为敏感，故它比中心线平均高度更能反映岩石节理形貌的离散性和波动性。

据夏才初和孙宗颀（2002），只含粗糙度的岩石节理，其中心线平均高度与高度均方根成正比，比值与高度分布密度函数的形式有关；只含起伏度的岩石节理，其中心线平均高度、高度均方根与起伏度的幅值、形状有关，并与起伏度的幅值成正比；对于由粗糙度、起伏度复合形成的岩石节理，中心线平均高度、高度均方根既与起伏度的幅值、形状有关，也与粗糙度的高度均方根有关，均方根高度是粗糙度分量和起伏度分量均方根高度的几何

平均，但高度特征参数与起伏度频率无关。

Reeves（1985）的研究表明某些岩石节理形貌参数之间还有特定的联系，对于某些高度分布密度函数，如正态分布，CLA 和 RMS 之间有式（3.6）所示的线性关系；若形貌高度分布不对称，由于高度均方根对较大和较小的高度较为敏感，则二者之间的比值随之减小。

$$\mathrm{RMS} = 1.25\mathrm{CLA} \tag{3.6}$$

3.1.2　坡度参数

1. 坡度均方根

取样长度 L 内，坡度均方根 Z_2 为形貌曲线一阶导数的均方根，计算公式（Myers，1962）为

$$Z_2 = \sqrt{\frac{1}{L}\int_0^L \left(\frac{\mathrm{d}y}{\mathrm{d}x}\right)^2 \mathrm{d}x} \tag{3.7}$$

离散表达式为

$$Z_2 = \sqrt{\frac{1}{n-1}\sum_{i=1}^{n-1}\left(\frac{y_{i+1}-y_i}{\Delta}\right)^2} \tag{3.8}$$

岩石节理面坡度均方根的计算公式（Belem et al.，2000）为

$$Z_2 = \sqrt{\frac{1}{L_x L_y}\int_0^{L_x}\int_0^{L_y}\left[\left(\frac{\partial z(x,y)}{\partial x}\right)^2 + \left(\frac{\partial z(x,y)}{\partial y}\right)^2\right]\mathrm{d}x\mathrm{d}y} \tag{3.9}$$

式中：L_x、L_y 分别为沿 x、y 方向的投影长度。

离散表达式（Belem et al.，2000）为

$$Z_2 = \sqrt{\frac{1}{(n_x-1)(n_y-1)}\left[\frac{1}{\Delta x^2}\sum_{i=1}^{n_x-1}\sum_{j=1}^{n_y-1}\frac{(z_{i+1,j+1}-z_{i,j+1})^2+(z_{i+1,j}-z_{i,j})^2}{2} + \frac{1}{\Delta y^2}\sum_{j=1}^{n_y-1}\sum_{i=1}^{n_x-1}\frac{(z_{i+1,j+1}-z_{i+1,j})^2+(z_{i,j+1}-z_{i,j})^2}{2}\right]} \tag{3.10}$$

式中：n_x、n_y 分别为沿 x、y 方向的取样数量；Δx、Δy 分别为沿 x、y 方向的取样间距。

坡度均方根表示形貌形状变化程度的统计参数，有时也用角度的形式来表示，称为坡角均方根角 φ_1，计算公式为

$$\varphi_1 = \tan^{-1} Z_2 \tag{3.11}$$

2. 曲率均方根

取样长度 L 内，曲率均方根 Z_3 是形貌曲线二阶导数的均方根，计算公式（Myers，1962）为

$$Z_3=\sqrt{\frac{1}{L}\iint_0^L\left(\frac{d^2z}{dx^2}\right)^2dx} \tag{3.12}$$

离散形式的计算公式为

$$Z_3=\sqrt{\frac{1}{(n-2)\varDelta^4}\sum_{i=1}^{n-2}(z_{i+2}-2z_{i+1}+z_i)^2} \tag{3.13}$$

3. 正反向差异系数

取样长度 L 内，正反向差异系数 Z_4 是指沿剖面线正向的距离总和与沿剖面线负向的距离总和的差值除以剖面线总长度，计算公式（Myers，1962）为

$$Z_4=\frac{\sum(\Delta x_i)_+-\sum(\Delta x_i)_-}{L} \tag{3.14}$$

式中：$\sum(\Delta x_i)_+$、$\sum(\Delta x_i)_-$ 分别为正、负坡所对应的剖面线基线长度之和。

各向同性岩石节理的形貌正反向差异系数为零，负值表明在整个测量范围内，负坡度的基线长比正坡度的基线长占更大的比例，即负坡度较缓。应用于节理的剪切强度性质时，当形貌正反向差异系数不为零，则说明该节理的表面形貌是各向异性的，正、反两个方向的剪切强度不一样。

4. 峰点密度和峰点平均曲率半径

在岩石节理的摩擦理论和闭合变形理论模型分析中，常用到峰点密度η和峰点平均曲率半径$\bar{\beta}$，计算公式分别为

$$\eta=\left(\frac{n_p}{n\varDelta}\right)^2 \tag{3.15}$$

$$\bar{\beta}=\sqrt{\frac{1}{n_p}\sum_{i=1}^{n_p}\beta_i^2} \tag{3.16}$$

式中：n_p为岩石节理峰点的数量；β_i为第 i 个峰点的曲率半径。

据夏才初和孙宗颀（2002），只含粗糙度的岩石节理，坡度均方根、曲率均方根与均方差成正比，并随相关距离 l 的增大而近似负指数衰减；峰点密度与均方差无关；只含起伏度的岩石节理，坡度均方根、曲率均方根与起伏度的幅值成正比，因而也与起伏度的高度均方根成正比，近似与起伏度频率 f 的平方根成正比（说明 Z_2、Z_3 对高频分量敏感，对低频分量不敏感），起伏度峰点密度与起伏度频率 f 的平方成正比，波浪形起伏度的峰点平均半径与起伏度的幅值 A 成反比；对由粗糙度、起伏度复合形成的岩石节理，坡度均方根、曲率均方根分别为粗糙度分量和起伏度分量对应特征参数的几何平均。

3.1.3 角度参数

如图 3.2 所示，沿剖面线某一方向，角度参数可分为剖面线平均倾角θ_p、正向平均倾

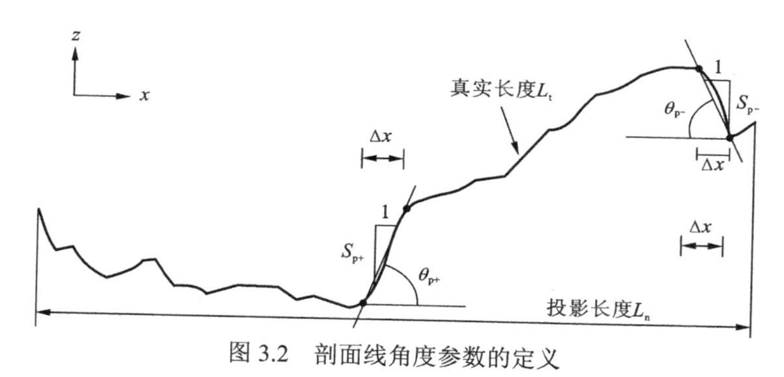

图 3.2　剖面线角度参数的定义

角 θ_{p+} 和负向平均倾角 θ_{p-}，且$-90°<\theta_p$，θ_{p+}，$\theta_{p-}<90°$，计算公式（Belem et al.，2000）分别为

$$\theta_p = \tan^{-1}\left[\frac{1}{L}\int_0^L\left|\frac{dz(x)}{dx}\right|dx\right] \tag{3.17}$$

$$\theta_{p+} = \tan^{-1}\left[\frac{1}{l(\Omega_+)}\int_{\Omega_+}\left(\frac{dz(x)}{dx}\right)_+ dx\right] \tag{3.18}$$

$$\theta_{p-} = \tan^{-1}\left[\frac{1}{l(\Omega_-)}\int_{\Omega_-}\left(\frac{dz(x)}{dx}\right)_- dx\right] \tag{3.19}$$

式中：Ω_+、Ω_- 分别对应 $dz(x)/dx$ 为正、负的微分线段的集合；$l(\Omega_+)$、$l(\Omega_-)$ 分别对应 Ω_+、Ω_- 集合内的微分线段的总长度。

上述三个公式的离散形式（Belem et al.，2000）分别为

$$\theta_p = \tan^{-1}\left(\frac{1}{n_x-1}\sum_{i=1}^{n_x-1}\left|\frac{z_{i+1}-z_i}{\Delta x}\right|\right) \tag{3.20}$$

$$\theta_{p+} = \tan^{-1}\left(\frac{1}{M_{x+}}\sum_{i=1}^{M_{x+}}\left[\left(\frac{\Delta z}{\Delta x}\right)_+\right]_i\right) \tag{3.21}$$

$$\theta_{p-} = \tan^{-1}\left(\frac{1}{M_{x-}}\sum_{i=1}^{M_{x-}}\left[\left(\frac{\Delta z}{\Delta x}\right)_-\right]_i\right) \tag{3.22}$$

式中：M_{x+}、M_{x-} 分别为正向微分线段 $(\Delta z/\Delta x)_+$、负向微分线段 $(\Delta z/\Delta x)_-$ 的数量。

Yu 和 Vayssade（1991）定义了剖面线平均倾角的标准偏差 SD_i，计算公式为

$$SD_i = \tan^{-1}\sqrt{\left(\frac{1}{L}\int_0^L\left(\frac{dy}{dx}-\tan i_{ave}\right)^2 dx\right)} \tag{3.23}$$

式中：i_{ave} 为剖面线平均倾角。

粗糙岩石节理面网格化后如图 3.3 所示，单个离散网格的倾角 α_k 定义为该网格外法线 $\boldsymbol{n}$ 与 z 轴的锐夹角，则岩石节理三维平均倾角 θ_s 的离散计算公式（Belem et al.，2000）为

$$\theta_s = \frac{1}{m}\sum_{i=1}^{m}(\alpha_k)_i \tag{3.24}$$

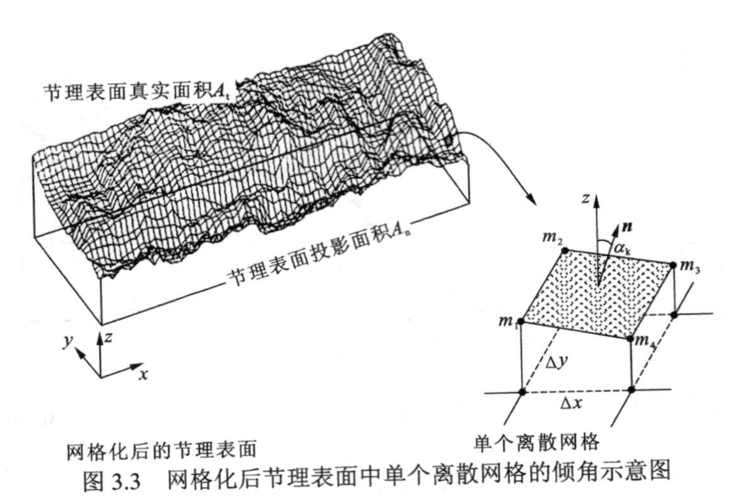

图 3.3　网格化后节理表面中单个离散网格的倾角示意图

3.1.4　空间变化参/函数

1. 自相关函数

采样间距对绘制直方图和分布曲线有显著影响，自相关函数（autocorrelation function，ACF）可表达相邻轮廓的关系和轮廓曲线的变化趋势。对剖面线而言，自相关函数是各点高度与该点相距固定间距处的点的高度乘积的数学期望值。在取样长度 L 内，对连续函数的剖面线，自相关函数的积分形式（Tse and Cruden，1979）为

$$\mathrm{ACF}=\frac{1}{L}\int_0^L z(x)z(x+D_x)\mathrm{d}x \tag{3.25}$$

式中：$z(x)$为采样点 x 处的高度；D_x 为滞后距离。

当 $D_x=0$ 时，$\mathrm{ACF}=\mathrm{RMS}^2=\sigma^2$。自相关函数的衰减表明点与点之间的相关性随间距的增加而减小，反映形貌中随机分量的变化情况；自相关函数的振荡反映形貌中周期性分量的变化情况。

2. 结构函数

结构函数（structure function，SF）与名义平面无关，能够通过部分剖面信息分析节理形貌特征，计算公式（Tse and Cruden，1979）为

$$\mathrm{SF}=\frac{1}{L}\int_0^L [f(x)-f(x+D_x)]^2\mathrm{d}x \tag{3.26}$$

Z_2、Z_3 与标准自相关函数 $\rho(\cdot)$、高度均方根 Z、采样间距 $\varDelta$ 密切相关（Reeves，1985）：

$$Z_2=\frac{Z_1}{\varDelta}\sqrt{2[1-\rho(\varDelta)]} \tag{3.27}$$

$$Z_3=\frac{Z_1}{\varDelta^2}\sqrt{2[3-4\rho(\varDelta)+\rho(2\varDelta)]} \tag{3.28}$$

对平稳随机的岩石节理，结构函数和自相关函数存在一定的关联性（夏才初和孙宗颀，2002）：

$$\mathrm{SF}(\varDelta)=2\sigma^2[1-\rho(\varDelta)]=2[\sigma^2-\mathrm{ACF}(\varDelta)] \tag{3.29}$$

部分形貌参数之间存在某种联系，但没有特定的表达式，如 Z_3 和峰点平均曲率半径 $\bar{\beta}$。此外，有一些参数从几何角度出发并没有联系，但对岩石节理而言，由于物理条件的限制，二者之间又存在某些统计意义上的联系（夏才初和孙宗颀，2002）。

3. 粗糙度指数

对如图 3.2 所示的二维剖面线而言，粗糙度指数 R_{L} 定义为剖面线的真实长度 L_{t} 与其投影长度 L_{n} 的比值：

$$R_{\mathrm{L}}=\frac{L_{\mathrm{t}}}{L_{\mathrm{n}}} \tag{3.30}$$

离散表达式（Belem et al.，2000）为

$$R_{\mathrm{L}}\approx\frac{1}{L}\int_0^L\sqrt{1+\left(\frac{\mathrm{d}z(x)}{\mathrm{d}x}\right)^2}\mathrm{d}x \tag{3.31}$$

对如图 3.3 所示的三维节理面而言，糙度指数 R_{S} 定义为节理的真实面积 A_{t} 与其投影面积 A_{n} 的比值（Belem et al.，2000）：

$$R_{\mathrm{S}}=\frac{A_{\mathrm{t}}}{A_{\mathrm{n}}} \tag{3.32}$$

离散表达式为

$$R_{\mathrm{S}}\approx\frac{\Delta x\Delta y\sum_{i=1}^{n_x-1}\sum_{j=1}^{n_y-1}\sqrt{1+\left(\frac{z_{i+1,j}-z_{i,j}}{\Delta x}\right)^2+\left(\frac{z_{i,j+1}-z_{i,j}}{\Delta y}\right)^2}}{(n_x-1)\Delta x(n_y-1)\Delta y} \tag{3.33}$$

4. 曲折系数

如图 3.4 所示，Belem 等（2000）将岩石节理面的曲折系数 T_{S} 定义为该节理的真实面积 A_{t} 与节理 4 个角点确定的平直平面面积 A_{p} 的比值，计算公式为

$$T_{\mathrm{S}}=\frac{A_{\mathrm{t}}}{A_{\mathrm{p}}}=\frac{A_{\mathrm{t}}}{A_{\mathrm{n}}}\cos\phi \tag{2.34}$$

式中：ϕ 为节理表面 4 个角点形成的平面或剖面线端点连线形成的直线外法线与 z 轴的锐夹角。

同理，剖面线的曲折系数 T_{L} 可定义为节理剖面线的真实长度 L_{t} 与剖面线两个端点连线形成的线段的长度 L_{p} 的比值，计算公式为

$$T_{\mathrm{L}}=\frac{L_{\mathrm{t}}}{L_{\mathrm{p}}}=\frac{L_{\mathrm{t}}}{L_{\mathrm{n}}}\cos\phi \tag{3.35}$$

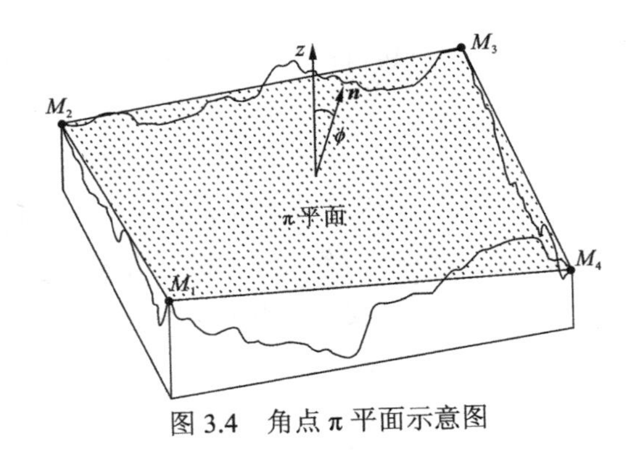

图 3.4 角点 π 平面示意图

3.1.5 统计参数的局限性

上述统计参数除峰点密度和峰点平均半径外，其他参数多用于构建岩石节理剪切强度模型/强度准则等，特别是坡度均方根 Z_2 和角度参数，但其数值的大小与采样间距密切相关。一般地，采样间距越大，计算得到的统计参数值越小（张建明 等，2015），如图 3.5 所示。在应用统计参数评价岩石节理的形貌特征时，须明确采样间距，以便比较。

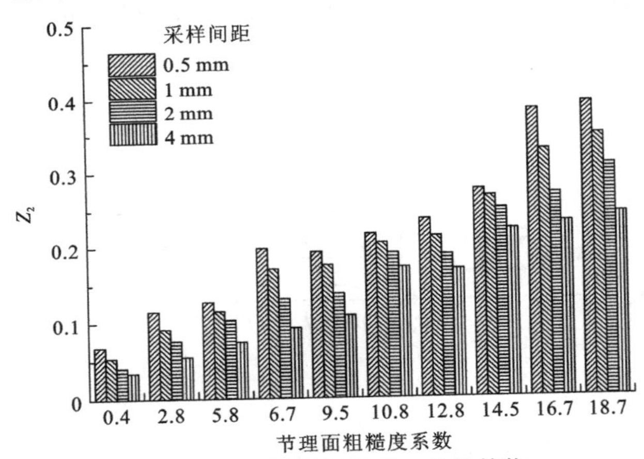

图 3.5 不同采样间距下 Z_2 的计算值

统计参数往往局限于岩石节理形貌的某一特征。如高度参数既不能反映岩石节理的坡度、形状或出现频率及点与点的相互关系的信息，也不能反映形貌高度的变化规律。如图 3.6 所示，几条剖面线的中心线平均高度或高度均方根均相同，但其形貌具有很大的差异。以常用的坡度均方根 Z_2 为例，只关注平均倾角信息而忽略了高度特征（Zhang et al., 2014），如图 3.7 所示，三个典型剖面具有相同的坡度均方根值，但形貌具有明显的差异。若仅以 Z_2 作为评价岩石节理粗糙度的标准，显然是不全面的。

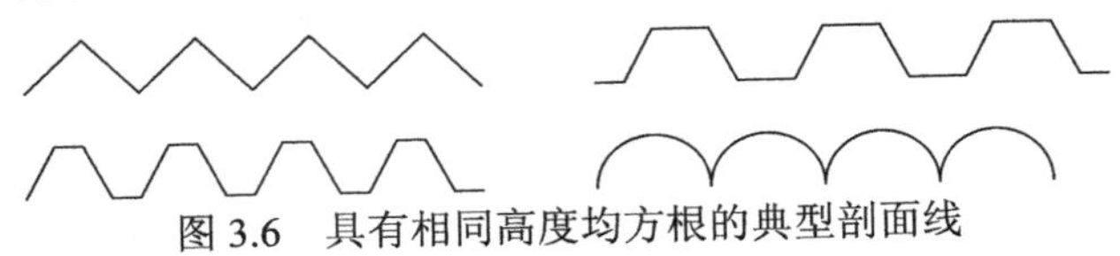

图 3.6 具有相同高度均方根的典型剖面线

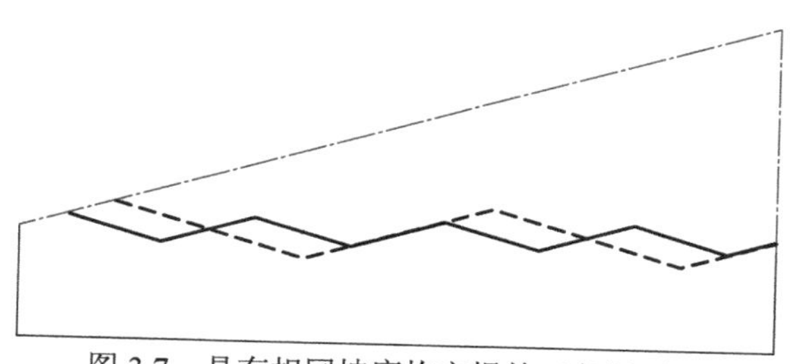

图 3.7 具有相同坡度均方根的三条剖面线

3.1.6 关于峰点特征的进一步分析

岩石节理形貌的峰点特征参数主要用于估算法向荷载作用下节理上、下两个面的接触，多为基于 Hertz 接触理论的闭合变形理论模型所需要的参数，包括峰点数量（密度）、平均曲率半径、平均高度及其标准偏差等。恰当的峰点确定方法是定量描述这些参数的前提。以岩石节理的剖面线（2D）为例，如图 3.8 所示，多以三点法确定峰点（Greenwood，1984），个别学者采用五点法确定峰点，但目前还未见学者采用七点法确定剖面线的峰点。

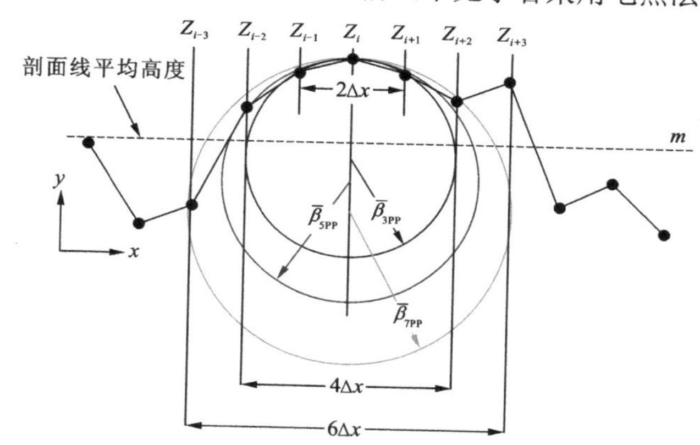

图 3.8 岩石节理剖面线的峰点确定方法（三点法、五点法和七点法）

Δx 为采样间距；$\bar{\beta}$ 为峰点平均曲率半径，下标 3PP、5PP、7PP 分别表示三点法、五点法和七点法；m 为剖面线平均高度

三点法判别岩石节理剖面线峰点的条件为

$$Z_i > Z_{i-1}, Z_{i+1} \tag{3.36}$$

式中：Z_i 为 i 点处剖面线的高度。

以此类推，五点法、七点法判别岩石节理剖面线峰点的条件为

$$\text{五点法：} Z_i > Z_{i-2}, Z_{i-1}, Z_{i+1}, Z_{i+2} \tag{3.37}$$

$$\text{七点法：} Z_i > Z_{i-3}, Z_{i-2}, Z_{i-1}, Z_{i+1}, Z_{i+2}, Z_{i+3} \tag{3.38}$$

此外，Poon 和 Bhushan（1995）对三点法进行了更为严格的限制，认为峰点与邻近两点的差值须大于某一判别临界值 m_0（平直节理，m_0=10%RMS；粗糙节理，m_0≤10%RMS，可视具体情况选择），记为 M3PP。

$$\min(\Delta Z_{i-1}, \Delta Z_{i+1}) > m_0 \tag{3.39}$$

式中：ΔZ_{i-1}、ΔZ_{i+1} 分别为峰点 Z_i 与邻近两点 Z_{i-1}、Z_{i+1} 的高差。

为选择合理的判别峰点的方法，同时考虑岩石节理的形貌一般包含粗糙度和起伏度（ISRM，1978），因此采用如图 3.9 所示的三条剖面线进行峰点特征分析，其中：剖面线 I 仅含粗糙度、剖面线 II 既含粗糙度又含起伏度、剖面线 III 以起伏度为主。剖面线 I、II 和 III 的平均高度分别为 1.68 mm、3.52 mm 和 8.65 mm，坡度均方根分别为 2.01 mm、4.24 mm 和 10.32 mm。

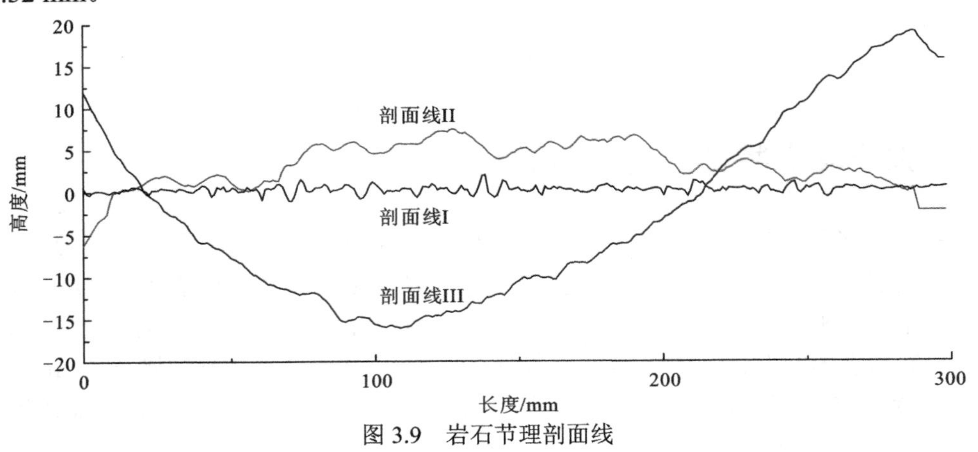

图 3.9　岩石节理剖面线

采用三点法、五点法和七点法确定剖面线的峰点，计算峰点数量、峰点平均曲率半径和峰点平均高度。如图 3.10 所示，峰点数量随剖面线平均高度的增大而减少：三点法确定的峰点数量从 82 个（剖面线 I）减少到 41 个（剖面线 III），降低了 50%；五点法确定的峰点数量从 39 个（剖面线 I）减少到 27 个（剖面线 III），降低了 31%；而七点法确定的峰点数量变化较小，约为 25 个。这一变化规律表明：当进行比较的坐标点越多时，随平均高度增加，对峰点数量的影响越弱。这与其他学者关于固体表面峰点数量的研究成果是一致的（Zavarise et al.，2004；Poon and Bhushan，1995）。如图 3.11 所示，随岩石节理剖面线平均高度的增加，三种方法确定的峰点平均曲率半径均有所变小。三点法确定的峰点平均曲率半径变化最不明显，剖面线 I 为 0.52 mm、剖面线 III 为 0.44 mm，降低约 15.4%，波动幅度最小。五点法确定的峰点平均曲率半径从 0.95 mm（剖面线 I）降低到 0.63 mm（剖面线 III），降低约 33.7%。七点法确定的峰点平均曲率半径从 0.81 mm（剖面线 I）降低到 0.59 mm（剖面线 III），降低约 27.2%。与五点法、七点法相比较，三点法得到的峰点平均曲率半径绝对差值对剖面线平均高度较低的剖面线 I 而言最大，并随平均高度增加而变小。此外，峰点平均曲率半径的标准偏差受剖面线平均高度的影响较小，三点法计算峰点平均曲率半径得到的标准偏差值随剖面线平均高度增加略有减小，五点法、七点法得到的标准偏差值随剖面线平均高度增加几乎保持不变，但与峰点平均曲率半径的比值明显增加。偏差比值增加，说明该方法易产生较大的计算偏差，从这一角度出发，三点法在确定峰点平均曲率半径时优于五点法、七点法。如图 3.12 所示，剖面线平均高度增加，峰点平均高度也增加。对同一剖面线而言，三种方法得到的峰点平均高度几乎相同，偏差值在 6%以内。这说明峰点的高度特征几乎不受判别方法的影响。剖面线 I 的峰点平均高度约为 1.47 mm，略低于剖面线平均高度；但对剖面线 III 而言，峰点平均高度约为 9.5 mm，大于剖面线平均高度。图 3.13 为峰点平均高度与剖面线平均高度的函数关系图，可看出它们具有很

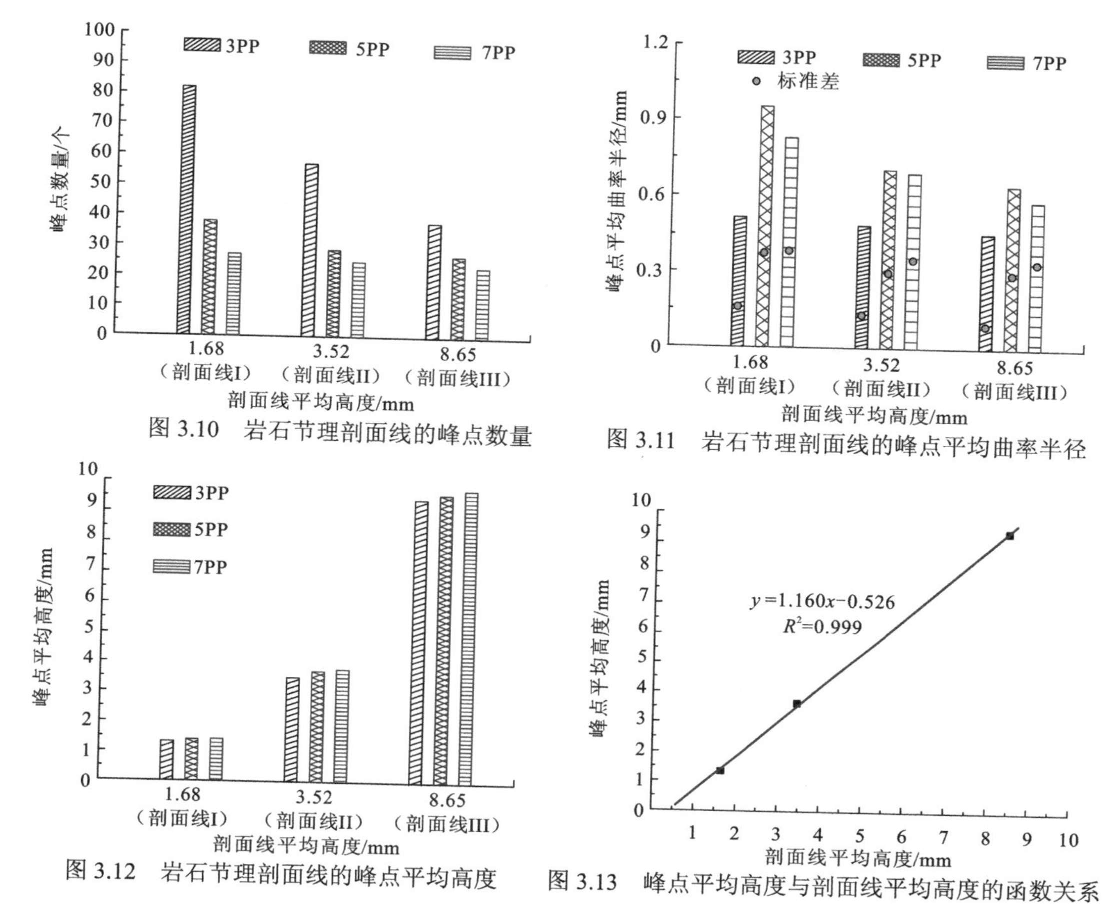

图 3.10　岩石节理剖面线的峰点数量

图 3.11　岩石节理剖面线的峰点平均曲率半径

图 3.12　岩石节理剖面线的峰点平均高度

图 3.13　峰点平均高度与剖面线平均高度的函数关系

好的线性相关性（$R^2=0.999$）。从峰点数量、峰点平均曲率半径的变化规律可以大致认为在描述岩石节理的峰点特征时，三点法是优于五点法和七点法的。

图 3.14 所示为采样间距 Δx 分别为 0.1 mm、0.2 mm、0.4 mm 和 1.0 mm 时岩石节理剖面线峰点数量随剖面线平均高度的变化规律。采样间距增加，三条剖面线的峰点数量均减少。对于剖面线 I，当采样间距为 0.1 mm 时，峰点数量为 81 个，当采样间距增大到 1.0 mm 时，峰点数量减少到 36 个，降低约 55.6%；对于剖面线 II，当采样间距为 0.1 mm 时，峰点数量为 58 个，当采样间距增大到 1.0 mm 时，峰点数量减少到 21 个，降低约 63.8%；对于剖面线 III，当采样间距为 0.1 mm 时，峰点数量为 41 个，当采样间距增大到 1.0 mm 时，峰点数量减少到 12 个，降低约 70.7%。随剖面线平均高度的增加，采样间距的影响越明显。在上述 4 种采样间距条件下获得的峰点数量均随岩石节理剖面线平均高度的增加而降低，与前人的研究成果保持一致（Zavarise et al.，2004；Poon and Bhushan，1995），从这一点看，这 4 种采样间距均可用于确定岩石节理剖面线的峰点。图 3.15 所示为采样间距 Δx 分别为 0.1 mm、0.2 mm、0.4 mm 和 1.0 mm 时岩石节理剖面线的峰点平均曲率半径随剖面线平均高度的变化规律。当采样间距从 0.1 mm 增加到 1.0 mm 时，峰点平均曲率半径急剧变大。对剖面线 I 而言，采样间距为 1 mm 时的峰点平均曲率半径约为采样间距为 0.1 mm 时的 13 倍；随剖面线平均高度增大，最大、最小峰点平均曲率半径之间的比值有所降低，如

剖面线 III 比值降低至 8 左右。当采样间距分别为 0.1 mm、0.2 mm、0.4 mm 时，随剖面线平均高度增加，采样间距对峰点平均曲率半径的影响不甚明显；但当采样间距为 1.0 mm 时，随剖面线平均高度增加，峰点平均曲率半径明显变小。Swan 和 Zongqi（1985）报道的岩石节理剖面线的峰点平均曲率半径介于 2.80～16.7 mm；Xia 等（2003）报道的岩石节理剖面线的峰点平均曲率半径介于 4.64～15.85 mm（采样间距为 0.4 mm）；也有峰点平均曲率半径大于 20 mm 的报道（Swan，1983）。图 3.16 所示为采样间距 Δx 分别为 0.1 mm、0.2 mm、0.4 mm 和 1.0 mm 时岩石节理剖面线的峰点平均高度随剖面线平均高度的变化规律。对同一剖面线而言，当采样间距从 0.1 mm 增加至 1.0 mm 时，峰点平均高度仅有小幅增加；对平直节理剖面线而言（剖面线 I），增加幅度几乎可以忽略不计，但对于较为粗糙的节理，如剖面线 III，约有 0.5 mm 的变化幅度。

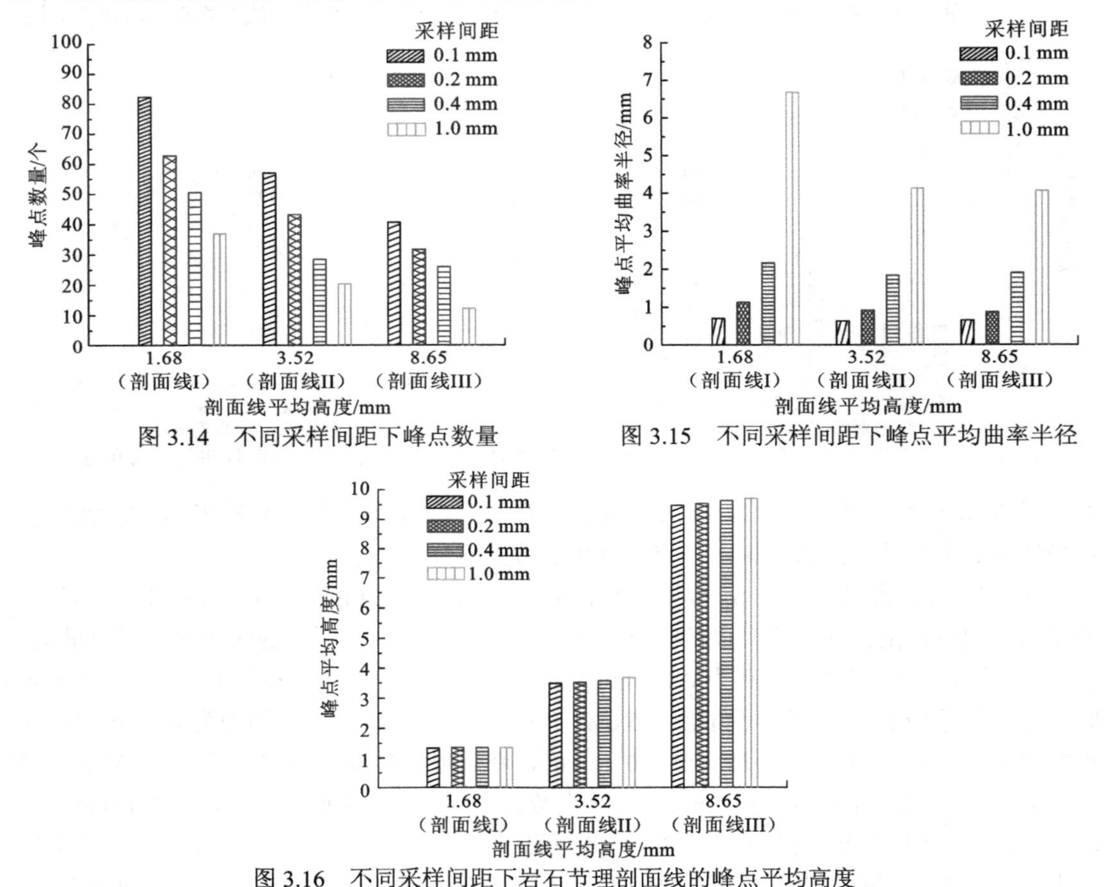

图 3.14　不同采样间距下峰点数量

图 3.15　不同采样间距下峰点平均曲率半径

图 3.16　不同采样间距下岩石节理剖面线的峰点平均高度

图 3.17 为不同判别临界值下岩石节理剖面线的峰点数量随剖面线平均高度的变化规律（Δx=0.1 mm）。对于同一剖面线，判别临界值增大，峰点数量减少；对于同一判别临界值，剖面线平均高度增加，峰值数量减少，与之前的研究结果一致。当判别临界值不大于 2%RMS 时，剖面线 I、II 的峰点数量几乎不受影响；当判别临界值大于 2%RMS 时，其对峰点数量的影响越来越明显。对剖面线 III 而言，峰点数量随判别临界值的增大而变少。图 3.18 所示为归一化的峰点数量（用判别临界值为 0%RMS 做归一化处理）随岩石节理剖

面线平均高度的变化趋势（Δx=0.1 mm），这一变化趋势说明判别临界值对粗糙节理峰点数量的影响更为明显，而平直节理受其影响较小。当判别临界值为 5%RMS、10%RMS 时，归一化峰点数量与剖面线平均高度呈较为明显的线性关系。图 3.19 所示为不同判别临界值下岩石节理剖面线的峰点平均曲率半径随剖面线平均高度的变化规律（Δx=0.1 mm）。对于剖面线 I，不同判别临界值条件下获得的峰点平均曲率半径差异较小，原因可能在于其 RMS 较小，从而得到较小的判别临界值。随剖面线平均高度增加，判别临界值对峰点平均曲率半径的影响越来越明显，特别是当判别临界值大于 2%RMS 时。判别临界值越大，获得的峰点平均曲率半径越小：对于剖面线 II，判别临界值从 0%RMS 增加到 10%RMS 时，峰点平均曲率半径约降低 45%（从 0.51 mm 降低至 0.28 mm）；对于最为粗糙的剖面线 III，峰点平均曲率半径约降低 57%（从 0.44 mm 降低至 0.19 mm）。因此，节理越粗糙，判别临界值对峰点平均曲率半径的影响越明显。图 3.20 所示为不同判别临界值下岩石节理剖面线的峰点平均高度随剖面线平均高度的变化规律（Δx=0.1 mm）。对三种具有不同剖面线平均高度的岩石节理剖面线，判别临界值对峰点平均高度的影响较小（对最为粗糙的剖面线 III，变化幅度仅在 5%以内）。但有一个明显的趋势：随判别临界值的增大，峰点平均高度略有增加，特别是对较为粗糙的剖面线而言。综合而言，选择某一确定的峰点判别临界值可能显得过于宽泛，不能很好地体现岩石节理剖面线的峰点空间特征。

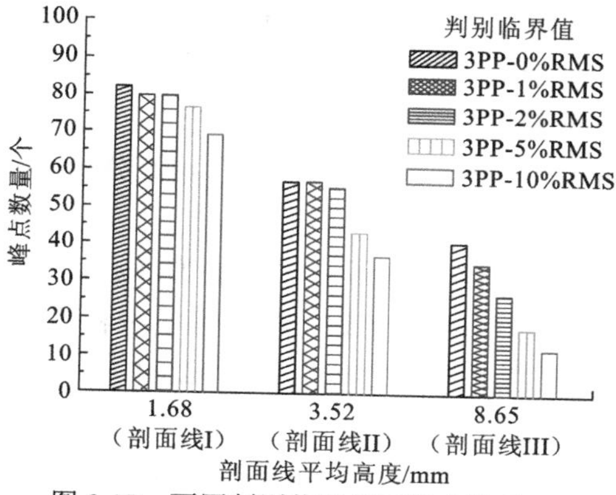

图 3.17　不同判别临界值下峰点数量

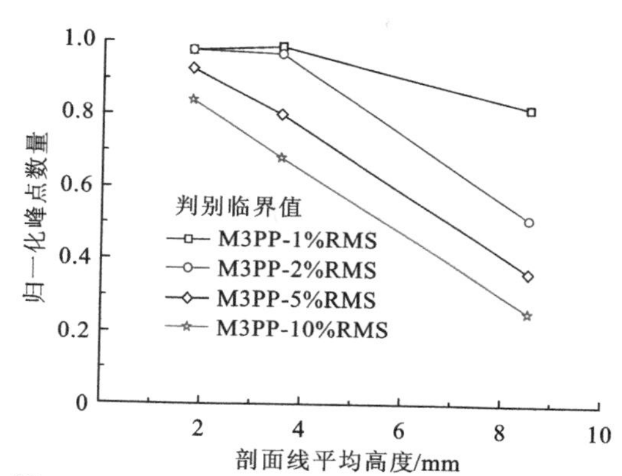

图 3.18　不同判别临界值下归一化峰点数量

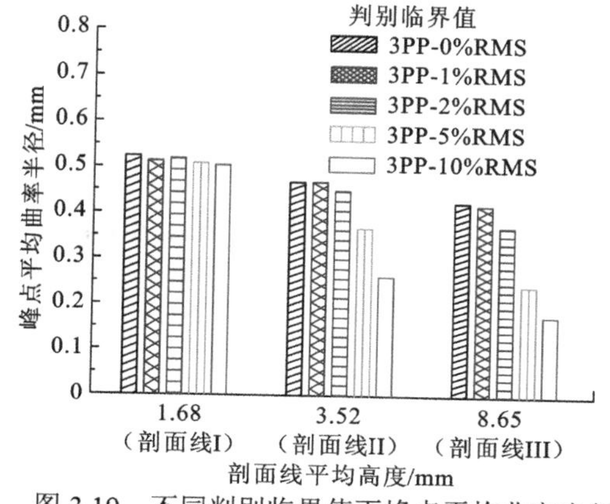

图 3.19　不同判别临界值下峰点平均曲率半径

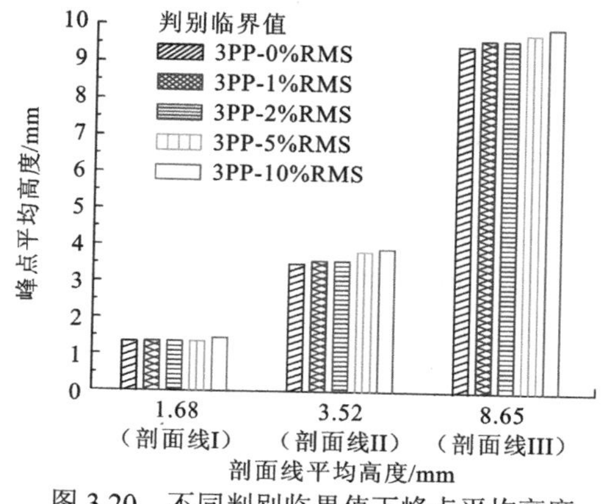

图 3.20　不同判别临界值下峰点平均高度

上述仅对岩石节理的二维剖面线的峰点特征进行了分析，与三维节理面相比，基于剖面线获得的参数可能会略显粗糙，难以全面表征峰点的整体空间特征，但能够从规律上提供一个基本认识。

3.2 分形参/函数

在欧几里得空间中研究几何对象时，人们习惯于整数维数，线、面、体通常被看成一维、二维和三维的几何体。而分形理论把维数视为分数，即分形维数（简称分维或分数维）可以为任一正实数。1967 年，Mandelbrot 发表题为 *How long is the coast of Britain? Statical self-similarity and fractional dimension*（《英国海岸线有多长？静态自相似和分形维数》）的论文，标志着分形思想的萌芽；1975 年，“fractal（分形）”一词正式出现。虽然还难以给出“分形”的确切定义，但“部分与整体以某种形式相似的形”可视为分形，有自相似（self-similar）分形和自仿射（self-affine）分形之分，分形维数 D 的确定方法主要包括码尺法、计盒维数法、变量图法、频谱法、粗糙度-长度法等（Kulatilake et al.，1997）。岩石节理形貌的分形特征也有自相似分形和自仿射分形之分（谢和平，1996）。Brown 和 Scholz（1985a）是最早研究岩石节理自相似分形特征的学者，认为单独采用分形维数不能很好地描述其形貌特征。而 Mandelbrot（1985）发展的自仿射分形分析方法被认为是一种更为合适地描述岩石节理形貌特征的方法，该方法考虑了形貌各向异性的方向性（放大节理剖面时，若要保持相同的粗糙程度，则在 x、y 方向须采用不同的放大倍数，而自相似分形分析方法采用相同的放大倍数）。Carr 和 Warriner（1989）最先将分形维数 D 与节理粗糙度系数 JRC 相联系。对岩石节理剖面线而言，常用码尺法、h-L 法和计盒维数法等确定其分形维数，现简要介绍其基本原理和计算方法。更为详细的关于岩石节理分形特征的分析方法，特别是自相似分形和自仿射分形的区别等，可查阅相关文献（Zhao et al.，2018；Li and Huang，2015；Ge et al.，2014；Yang et al.，2011；Kulatilake et al.，2006；Yang et al.，2001a；Kulatilake and Um，1999；Xie et al.，1999；Kulatilake et al.，1998；Kulatilake et al.，1997；Shirono and Kulatilake，1997；谢和平，1996，1995；Odling，1994；Power and Tullis，1991；Lee et al.，1990；Carr and Warriner，1989；Brown and Scholz，1985a）。

3.2.1 码尺法

码尺法（对应的英文有 Compass-walking、Divider、Yardstick 和 Stick-measuring 等），最初由 Mandelbrot（1967）提出，是确定分形维数最基本的方法。用不同的最小测量标度 r_i 度量岩石节理剖面线的长度，得到不同的度量长度 L_D，二者之间函数关系可表达为

$$L_D = N_{r_i} r_i^D \tag{3.40}$$

式中：N_{r_i} 为采用测量标度 r_i 时完成剖面线长度测试所需要的量测次数。

设 L_D=1，且两边取以 10 为底的对数，则有 $D = -\lg N_{r_i} / \lg r_i$。在实际计算节理面的分

形维数时，一般以采样间距的整数倍为最小标度，依次用不同的最小测量标度 r_i 度量剖面线的长度，得到若干数据对：$(r_i, N_{r_i})(i=1,2,\cdots,n)$，如图 3.21（Lee et al.，1990）所示，数据对在双对数图上的斜率即为节理剖面线的分形维数：

$$D=-\frac{\Delta \lg N_{r_i}}{\Delta \lg r_i} \tag{3.41}$$

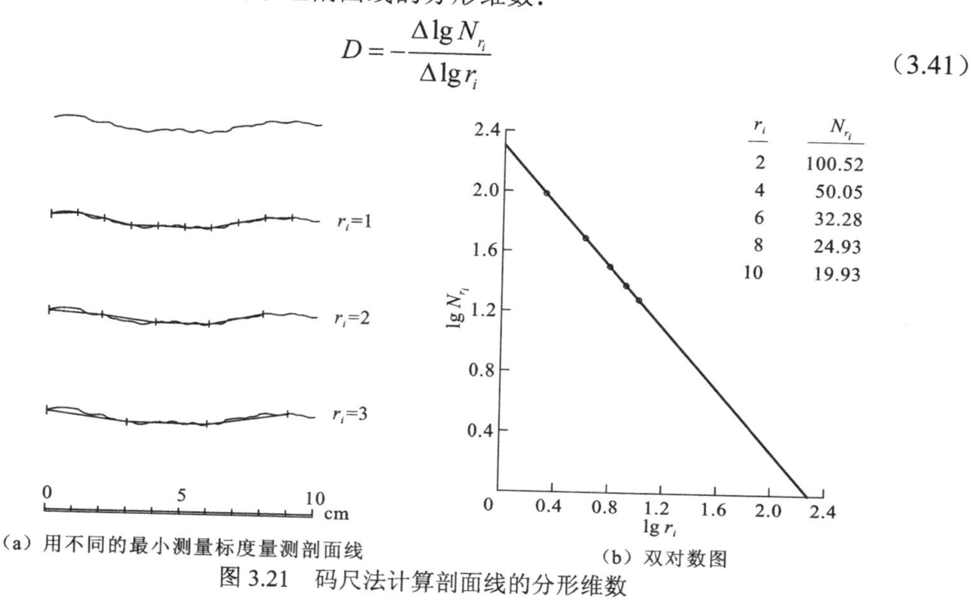

（a）用不同的最小测量标度量测剖面线　（b）双对数图

图 3.21　码尺法计算剖面线的分形维数

当采用的最小测量标度 r_i 不是采样间距的整数倍时，剖面线的度量长度 $L_{\mathrm{D}}=N_{r_i}r_i+\Delta r_i$，$\Delta r_i$ 为最后一次量测时长度值小于 r_i 的剩余长度，则有 $D=-\Delta\lg[N_{r_i}+(\Delta r_i/r_i)]/\Delta\lg r_i$（Bae et al.，2011）。码尺法确定的分维值很小，对应 JRC=18～20 的标准剖面线，D=1.013 435，并且所量测的分维值受码尺的尺度范围影响（谢和平，1995），其原因主要为：①自然分形一般不是自相似的；②精确的分维测量结果应当在适当小的码尺尺度范围内获得，而一般岩石节理形貌测量仪的分辨率非常有限，尺度范围难以达到“适当地小”，因此也导致很小的分维值（谢和平，1996）。

3.2.2　*h-L* 法

h-L 法最初由 Xie 和 Pariseau（1994）提出。如图 3.22（a）所示，量测确定岩石节理剖面线中凸起体的平均基线长度 $\overline{L}$、平均高度 $\overline{h}$，可由式（3.42）确定其分形维数。Li 和 Huang（2015）提出更为简易的计算 $\overline{L}$、$\overline{h}$ 的方法，如图 3.22（b）所示。

$$\begin{cases} D=\dfrac{\lg 4}{\lg(2\{1+\cos[\tan^{-1}(2\overline{h}/\overline{L})]\})} \\ \overline{h}=\dfrac{1}{N}\sum\limits_{i=1}^{N}h_i \\ \overline{L}=\dfrac{1}{N}\sum\limits_{i=1}^{N}L_i \end{cases} \tag{3.42}$$

式中：N 为凸起体数量；h_i 为第 i 个凸起体高度；L_i 为第 i 个凸起体基线长度。

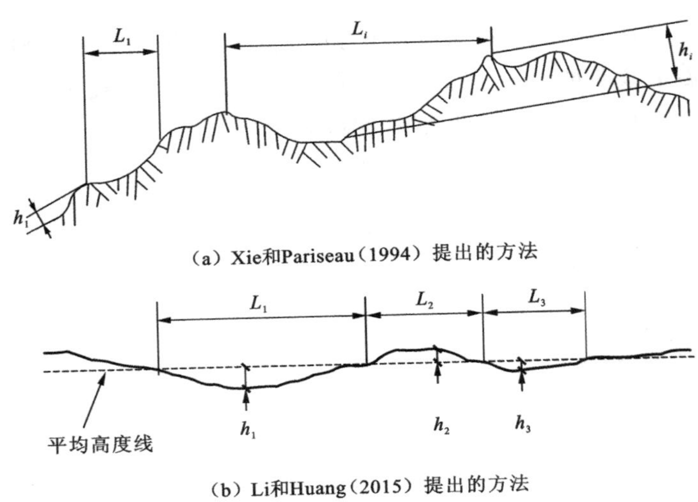

(a) Xie和Pariseau (1994) 提出的方法

(b) Li和Huang (2015) 提出的方法

图 3.22 凸体的基线长度和高度确定方法

3.2.3 计盒维数法

取边长为 r_i 的正方形小盒子覆盖岩石节理剖面线，由于剖面线是不规则曲线，有些小盒子覆盖了曲线的一部分，而另有部分盒子不会覆盖在剖面线上，确定非空小盒子的数量 N_{r_i}。盒子尺寸越小，覆盖剖面线所需要的盒子数目越多，当 $r_i \to 0$ 时，得到真实的分形维数 D。理论上的计算公式见式（3.43），但在具体的计算中往往只能取有限数量的 r_i。与码尺法类似，将系列数据对 $(r_i, N_{r_i})(i=1,2,\cdots,n)$ 绘制于双对数坐标中，然后采用最小二乘法拟合直线段，直线的斜率即为所求的分形维数。

$$D = -\lim_{r_i \to 0} \frac{\lg N_{r_i}}{\lg r_i} \tag{3.43}$$

3.3 三维粗糙度指标

Grasselli 等（2002）通过分析岩石节理上、下两个面在直剪试验过程中的可能接触，并结合 Yeo 等（1998）、Yang 和 Chiang（2000）的试验总结出两点规律：①剪切过程中的可能接触面积与剪切方向密切相关，只有面向剪切方向的部分才有可能产生接触摩擦，从而形成剪切抵抗力，而背向剪切方向的区域产生分离；②剪切破坏往往发生在具有较陡倾角的区域。如图 3.23（Grasselli et al.，2002）所示，岩石节理的三维形貌离散成微元网格后，每一微元网格对剪切的影响主要受其倾角 θ 及剪切方向 α 的影响。考虑每一微元网格的倾向不一定与剪切方向重合，因此只有微元网格倾角 θ 在剪切方向 α 上的分量才对剪切强度有所贡献，记为视倾角 θ^*（本质上同其他学者提到的“有效倾角”），三者之间的函数关系（Grasselli et al.，2002）为

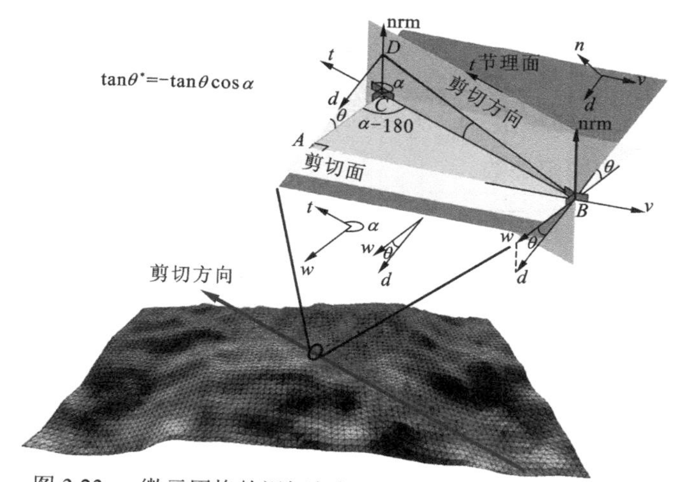

图 3.23　微元网格的视倾角与倾角、剪切方向的几何关系

$$\tan\theta^* = -\tan\theta\cos\alpha \tag{3.44}$$

Grasselli 等（2002）引入临界视倾角 θ^*_{cr}，$0 \leqslant \theta^*_{cr} \leqslant \theta^*_{max}$（$\theta^*_{max}$ 为所有微元网格视倾角的最大值），搜索视倾角 θ^* 大于该临界视倾角 θ^*_{cr} 的微元网格并累加其面积，该累加面积与岩石节理总面积相比，记为接触面积比 A_{θ^*}，逐步增大临界视倾角，得到系列数据对 (θ^*, A_{θ^*})，如图 3.24（Tatone and Grasselli，2009）所示，二者之间关系一般为如式（3.45）所示的高次抛物线函数。沿某一方向的参数 A_0 和 θ^*_{max} 可由形貌数据直接计算，参数 C 在一定程度上体现节理的粗糙程度，式（3.45）确定的形貌函数曲线如图 3.25（Tatone and Grasselli，2009）所示。Grasselli 等（2002）采用参量 θ^*_{max}/C 作为评价粗糙度的指标，但该参量不适用于平直节理和齿状节理（Xia et al.，2014）。

图 3.24　不同临界视倾角对应的接触面积比

$$A_{\theta^*}=A_0\left(\frac{\theta^*_{\max}-\theta^*}{\theta^*_{\max}}\right)^C \tag{3.45}$$

式中：A_0 为最大可能接触面积比，即 $\theta^*_{\mathrm{cr}}=0$ 时对应的微元网格总面积与节理总面积之比，一般在 0.45～0.55；C 为回归参数。

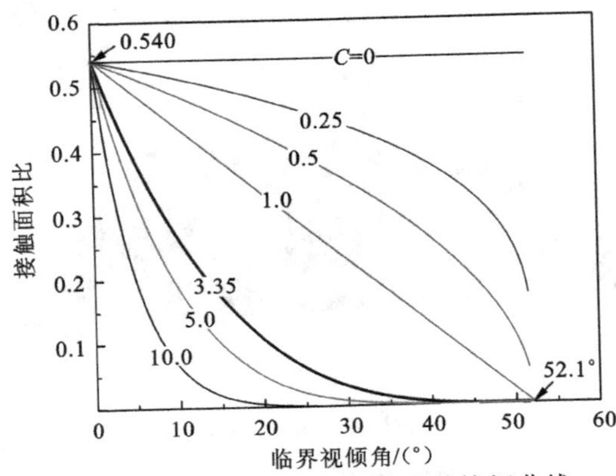

图 3.25　式（3.45）确定的形貌特征曲线

对式（3.45）在 $[0,\theta^*_{\max}]$ 内积分（Tatone and Grasselli，2009），得到该函数曲线与坐标轴形成的封闭区域的面积 $A_0\theta^*_{\max}/(1+C)$：

$$A_0\int_0^{\theta^*_{\max}}\left(\frac{\theta^*_{\max}-\theta^*}{\theta^*_{\max}}\right)^C\mathrm{d}\theta^*=-A_0\left(\frac{\theta^*_{\max}}{1+C}\right)\times\left(1-\frac{\theta^*}{\theta^*_{\max}}\right)^{1+C}\Bigg|_0^{\theta^*_{\max}}=A_0\left(\frac{\theta^*_{\max}}{1+C}\right) \tag{3.46}$$

Tatone 和 Grasselli（2009）以此作为评价岩石节理三维形貌的粗糙程度，称为三维粗糙度指标（3D roughness metric）。由于没有采用任何平均化的处理，各参数均是依据岩石节理三维形貌的高程数据确定，且考虑了形貌的几何特征对剪切性质的潜在影响，该方法确定的参数被部分学者视为描述岩石节理三维形貌特征的最佳参数（Yang et al.，2011），确定的三维粗糙度指标被众多学者接受（Chen et al.，2021；Wong et al.，2021；Huang et al.，2020；Li et al.，2020；Magsipoc et al.，2020；Gui et al.，2019；Tian et al.，2018；Johansson and Stille，2014；Xia et al.，2014）。此外，Tatone 和 Grasselli（2010）借鉴上述三维方法并作适当修改用以描述岩石节理二维剖面线的形貌特征。

对岩石节理而言，形貌的精确描述还依赖于采样间距。不同采样间距下节理三维形貌参数的变化如图 3.26 所示，具体值见表 3.1，参数 $\theta^*_{\max}/(1+C)$ 与采样间距的函数关系见式（3.47）。采样间距越小，越能精确描述岩石节理的细观特征，但过小的采样间距会大幅度增加采样点数目，从而增加计算机处理时间。此外，过小的采样间距易造成局部采样点平面坐标的重合，处理数据时会造成不必要的麻烦。大部分学者在研究岩石节理的力学性质时选择的采样间距介于 0.1～1 mm。

$$\frac{\theta^*_{\max}}{1+C}=-a_2\ln\left(\frac{\Delta}{L_2}\right)+b_2 \tag{3.47}$$

式中：a_2、b_2 为回归系数；L_2 为试件沿取样方向的长度。

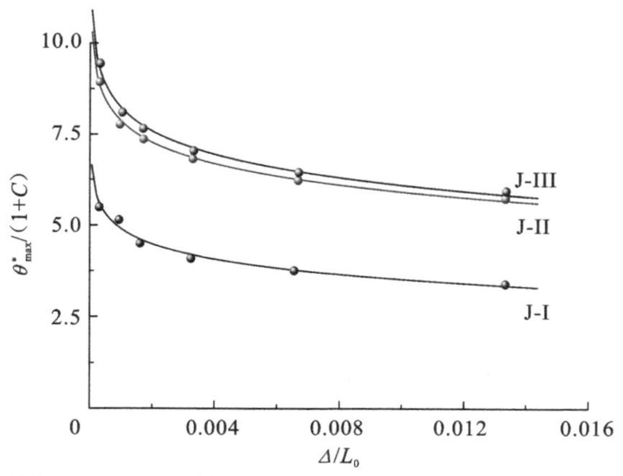

图 3.26　不同采样间距下节理三维形貌参数的变化

表 3.1　不同采样间距下节理的三维形貌参数

节理	采样间距 =0.1 mm				采样间距 =0.3 mm				采样间距 =0.5 mm			
	A_0	θ^*_{max}	C	$\theta^*_{max}/(C+1)$	A_0	θ^*_{max}	C	$\theta^*_{max}/(C+1)$	A_0	θ^*_{max}	C	$\theta^*_{max}/(C+1)$
J-I	0.499	73.0	12.20	5.51	0.499	59.0	10.50	5.13	0.500	54.0	11.10	4.47
J-II	0.504	87.2	8.76	8.93	0.504	69.3	8.01	7.69	0.505	60.3	7.17	7.38
J-III	0.687	88.4	8.42	9.42	0.688	68.7	7.48	8.10	0.688	61.2	6.96	7.69

节理	采样间距 =1.0 mm				采样间距 =2.0 mm				采样间距 =4.0 mm			
	A_0	θ^*_{max}	C	$\theta^*_{max}/(C+1)$	A_0	θ^*_{max}	C	$\theta^*_{max}/(C+1)$	A_0	θ^*_{max}	C	$\theta^*_{max}/(C+1)$
J-I	0.499	45.3	10.00	4.10	0.498	38.2	9.21	3.74	0.500	30.2	7.86	3.41
J-II	0.503	51.4	6.51	6.84	0.504	44.6	6.10	6.27	0.504	41.4	6.20	5.75
J-III	0.688	52.3	7.07	7.02	0.686	47.3	6.30	6.45	0.685	40.3	5.71	6.01

3.4　节理粗糙度系数

JRC 是挪威学者 Barton（1973）提出的，用以表征岩石节理的粗糙程度对其剪切强度的贡献，最初由直剪试验结果反算确定和建议了一个确定 JRC 的粗略方法：粗糙起伏的张节理、剪节理和层理面等，JRC=20；光滑起伏的层理面、非平直的页理等，JRC=10；光滑平直节理，JRC=5；完全平直的节理，JRC=0。为进一步明确 JRC 的概念并确定 JRC，Barton 和 Choubey（1977）用针梳法获取了 136 组岩石节理表面形貌的剖面线（大部分岩石节理都获取了 3 条剖面线），并以 JRC 对岩石节理的粗糙程度分类，确定了 10 个粗糙度层级，即 0～2，2～4，…，18～20，对应的 10 条典型粗糙剖面线如图 3.27 所示，粗糙剖面线对应的岩石节理如图 3.28 所示。

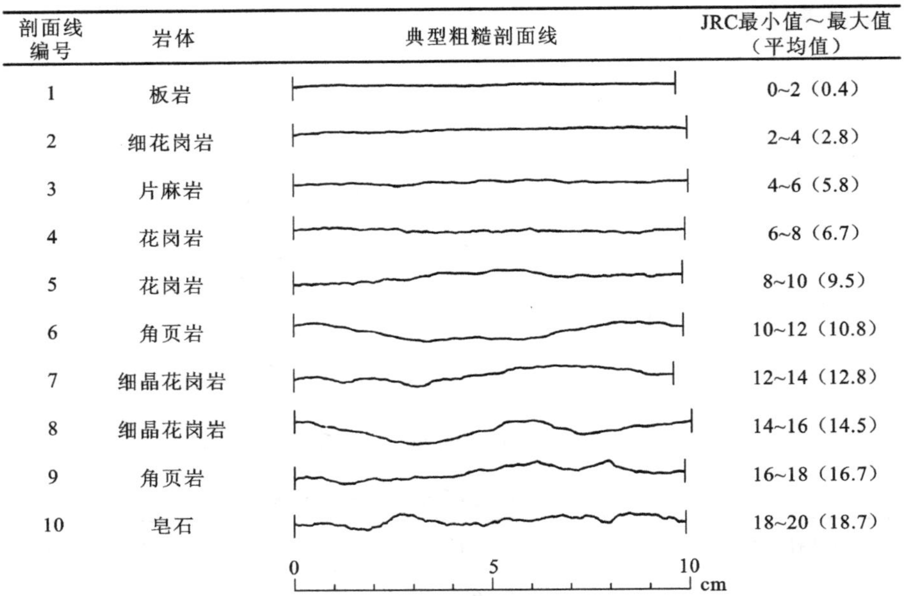

剖面线编号	岩体	典型粗糙剖面线	JRC最小值～最大值（平均值）
1	板岩		0~2（0.4）
2	细花岗岩		2~4（2.8）
3	片麻岩		4~6（5.8）
4	花岗岩		6~8（6.7）
5	花岗岩		8~10（9.5）
6	角页岩		10~12（10.8）
7	细晶花岗岩		12~14（12.8）
8	细晶花岗岩		14~16（14.5）
9	角页岩		16~18（16.7）
10	皂石		18~20（18.7）

0　5　10 cm

图 3.27　10 条典型粗糙剖面线

图 3.28　10 条典型粗糙剖面线对应的岩石节理

3.4.1　试验法确定 JRC

作为评价岩石节理粗糙程度的参量，Barton 和 Choubey（1977）建议采用倾斜试验（tilt test）、推/拉试验（push or pull test）确定 JRC，也有部分学者采用与 10 条典型粗糙剖面线比较确定 JRC。此外，低法向应力条件下的剪切强度可用于确定 JRC，考虑评价岩石节理粗糙度的主要目的是用于估算其剪切强度（ISRM，1978），因此不再介绍该方法。

1. 倾斜试验

如图 3.29（Barton，2013）所示，将岩石节理放置在倾斜仪上，记录节理的上半岩块开始出现滑动的倾角α_2。该倾角受节理表面形貌和上半岩块自重应力 σ_0 的共同影响。因此，

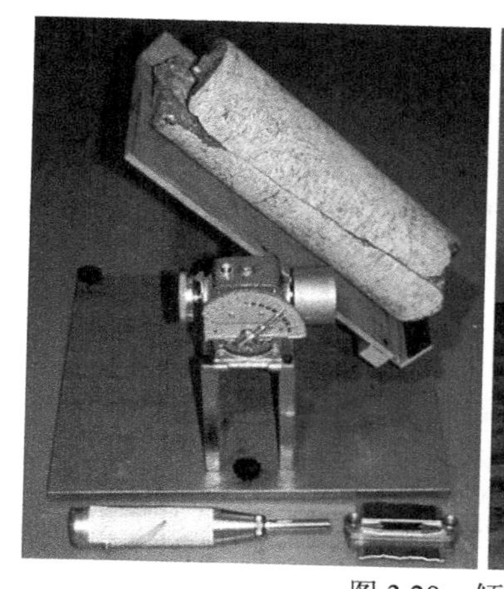

图 3.29 倾斜试验

倾角α_2是自重应力作用下剪切发生时作用于节理面上的剪切应力和法向应力的函数。从而可根据 JRC-JCS[①]剪切强度准则确定 JRC，计算公式见式（3.48）～式（3.50）。Barton 和 Choubey（1977）建议每一倾斜试验至少重复 3 次，且应在干燥条件下进行。若节理较粗糙，则α_2较大，当大到一定程度时，上半节理就会翻倒，影响试验结果，如此则不应使用倾斜试验，推拉试验是较好的选择之一。

$$\alpha_2 = \arctan\left(\frac{\tau_0}{\sigma_0}\right) = \text{JRC}\lg\left(\frac{\text{JCS}}{\sigma_0}\right) + \varphi_r \tag{3.48}$$

$$\text{JRC} = \frac{\alpha_2 - \varphi_r}{\lg(\text{JCS}/\sigma_0)} \tag{3.49}$$

$$\sigma_0 = \gamma_{\text{rock}} h_{\text{joint}} \cos^2 \alpha_2 \tag{3.50}$$

式中：τ_0为自重作用下产生的剪切应力；φ_r为岩石节理的残余摩擦角；γ_{rock}为岩石的容重；h_{joint}为节理上半岩块的高度。

2. 推/拉试验

岩石节理处于水平（也可呈一定的角度），沿平行于节理面的方向推/拉上半岩块，利用上半岩块的自重应力σ_0和推/拉上半岩块施加的力τ_0，根据 JRC-JCS 剪切强度准则计算 JRC。对于每一节理，至少重复进行三次试验。采用推/拉试验确定 JRC 时，其上限值应为 20，过于粗糙的，不推荐使用该方法。

本质上，倾斜试验、推/拉试验均是低法向应力条件下的摩擦试验，考虑上半岩块自重产生的应力极低，因此认为试验过程不会对节理表面产生磨损。但对软弱岩石节理、风化或其他蚀变情况的岩石节理，采用倾斜试验或推/拉试验时须注意表面磨损。

3. 比较法

获取岩石节理形貌的剖面线，与图 3.27 所示的 10 条典型粗糙剖面线逐一进行比较确

① JCS 为节理面抗压强度（joint compressive strength）。

定 JRC 值。比较法简单、易于操作，且被 ISRM（1978）建议为描述岩石节理粗糙度的方法。该方法的不足之处主要表现在具有较强的主观性（Xia et al.，2014；Hong et al.，2008；Beer et al.，2002；Kulatilake et al.，1995），且难以表征岩石节理形貌的各向异性。比较法采用节理表面形貌中的一条或数条剖面线与典型粗糙剖面线比较，挑选出的剖面线难以完全表征节理面的三维形貌特征，从而易得到偏低的 JRC 值（Xia et al.，2014；Hong et al.，2008；Kulatilake et al.，1995）。

3.4.2 计算法确定 JRC

采用倾斜试验、推/拉试验能够较为准确地确定选定方向的 JRC，然而考虑岩石节理沿任意方向滑动的可能性，对每一方向进行倾斜试验或推/拉试验则显得费时费力，而且对软弱岩石节理而言，可能对表面造成一定的损伤。随着高精度非接触式形貌测试技术的发展及软件测试能力的进步，一次扫描获取岩石节理形貌三维点云数据在技术上已经十分成熟（一般地，仅需 10 s 左右便可完成面积约 200 mm×200 mm 的形貌测试），通过编程处理，在相关的计算软件（如 MATLAB）中网格化重构其三维形貌便可分析任意方向的参数。目前，多采用统计参数和分形参数计算 JRC，其中以坡度均方根 Z_2 和分形维数 D 最为常见，相关的内容详见 3.5 节。需要注意的是，由于试验原理存在差异，不同试验方法确定的 JRC 值会存在较小的差异，但与计算法确定的结果相比可能会有较大的差异。所以在同一批次的试验中建议保持粗糙度评价方法的一致性。

3.5 参数关联性

3.5.1 JRC 与统计参/函数

坡度均方根 Z_2 和结构函数 SF 是估算 JRC 最常用的统计参/函数。Tse 和 Cruden（1979）最先确定了 JRC 与 Z_2、SF 的对数函数关系，因此常被其他学者采用以估算岩石节理的 JRC。受到技术条件限制，采样间距对统计参数计算结果的影响并没有引起关注。Yu 和 Vayssade（1991）认为 Tse 和 Cruden 数字化 10 条典型粗糙剖面线的方法存在一定的问题，在 X 和 Y 方向放大相同的倍数可能会放大剖面线的粗糙程度。在三种采样间距（0.25 mm、0.5 mm 和 1.0 mm）下，Yu 和 Vayssade（1991）发现 JRC 与统计参数的函数关系在一定程度上受采样间距的影响：JRC 与 Z_2 可有线性、二次抛物线、对数、幂函数和三角函数等关联，而 JRC 与结构函数仅有幂函数和对数函数关联。Yang 等（2001b）采用 0.5 mm 的采样间距数字化了 10 条典型粗糙剖面线，并对 Tse 和 Cruden 提出的公式进行了优化。其他学者，如 Gao 和 Wong（2015）、Li 和 Zhang（2015）和张建明等（2015）也在不同的采样间距下对 JRC 与 Z_2 的关系进行了统计分析。除此之外，其他的描述节理剖面高度、长度和倾角特征的统计参数也被用于构建与 JRC 的函数关系。除 Zhang 等（2014）、Gao 和 Wong（2015）等提出的回归方程之外，其他的方程仅包含一个统计参数。目前文献中公开报道的不含待定系数的回归方程汇总于表 3.2，以便读者参考。需要指出的是，大部分研究成果是基于 10 条典型粗糙剖面线得到的。Li 和 Zhang(2015)的成果是基于 102 条剖面线得到的；Zhang 等(2014)的成果是基于 64 条剖面线得到的，并由此分析了现场岩石节理的表面形貌特征。

表 3.2　JRC 与统计参/函数关系汇总表

回归方程	相关性	采样间距/mm	统计参数范围	文献
$JRC=32.2+32.47\lg Z_2$	0.986	1.27	0.101 9～0.421 0	Tse 和 Cruden（1979）
$JRC=-4.41+64.46Z_2$	0.968	1.27	0.068 4～0.378 7	
$JRC=-5.05+1.20\tan^{-1}Z_2$	0.973	1.27	0.073 6～0.381 4	
$JRC=32.69+32.98\lg Z_2$	0.993	0.5	0.102 0～0.412 3	Yang 等（2001b）
$JRC=60.32Z_2-4.51$	0.968	0.25	0.074 8～0.406 3	Yu 和 Vayssade（1991）
$JRC=64.28\tan Z_2-5.06$	0.969	0.25	0.076 8～0.317 0	
$JRC=116.3Z_2^2-2.30$	0.929	0.25	0.146 0～0.437 9	
$JRC=56.15\sqrt{Z_2}-16.99$	0.967	0.25	0.091 6～0.410 8	
$JRC=28.10\lg Z_2+28.43$	0.951	0.25	0.097 3～0.501 2	
$JRC=61.79Z_2-3.47$	0.973	0.5	0.056 2～0.379 8	
$JRC=65.18\tan Z_2-3.88$	0.975	0.5	0.059 5～0.351 2	
$JRC=130.87Z_2^2-2.73$	0.934	0.5	0.144 4～0.416 8	
$JRC=54.42\sqrt{Z_2}-14.83$	0.973	0.5	0.074 3～0.409 6	
$JRC=25.57\lg Z_2+28.06$	0.954	0.5	0.079 9～0.483 9	
$JRC=64.22Z_2-2.31$	0.983	1.0	0.036 0～0.347 4	
$JRC=66.86\tan Z_2-2.57$	0.983	1.0	0.038 4～0.325 6	
$JRC=157Z_2^2-3.00$	0.945	1.0	0.138 2～0.382 7	
$JRC=51.85Z_2^{0.60}-10.37$	—	0.5	0.068 4～0.410 0	Tatone 和 Grasselli（2010）
$JRC=55.85Z_2^{0.74}-6.10$	—	1.0	0.051 2～0.364 9	
$JRC=37.63+16.5\lg SF$	0.993	0.5	0.005 2～0.085 4	Yang 等（2001b）
$JRC=2.69+245.70SF$	0.919	1.27	0～0.070 5	Tse 和 Cruden（1979）
$JRC=37.28+16.58\lg SF$	0.984	1.27	0.005 6～0.090 7	Yu 和 Vayssade（1991）
$JRC=239.27\sqrt{SF}-4.51$	0.968	0.25	0.000 4～0.010 5	
$JRC=14.05\lg SF+45.25$	0.951	0.25	0.000 6～0.016 0	
$JRC=121.13\sqrt{SF}-3.28$	0.972	0.5	0.000 7～0.036 9	
$JRC=12.64\lg SF+35.42$	0.954	0.5	0.001 6～0.060 3	
$JRC=10.66\lg SF+26.49$	0.950	1.0	0.003 3～0.246 1	

续表

回归方程	相关性	采样间距/mm	统计参数范围	文献
$\mathrm{JRC}=\left(0.036+\dfrac{0.001\,27}{\ln R_{\mathrm{p}}}\right)^{-1}$	—	0.5	1.001 3～1.095 0	Tatone 和 Grasselli（2010）
$\mathrm{JRC}=\left(0.038+\dfrac{0.001\,07}{\ln R_{\mathrm{p}}}\right)^{-1}$	—	1.0	1.001 3～1.111 6	Tatone 和 Grasselli（2010）
$\mathrm{JRC}=411(R_{\mathrm{p}}-1)$	0.984	0.684	0～0.048 7	Maerz 等（1990）
$\mathrm{JRC}=558.68\sqrt{R_{\mathrm{p}}}-557.13$	0.951	0.25	1～1.067 1	Yu 和 Vayssade（1991）
$\mathrm{JRC}=559.73\sqrt{R_{\mathrm{p}}}-597.46$	0.945	0.5	1.139 4～1.216 9	Yu 和 Vayssade（1991）
$\mathrm{JRC}=702.67\sqrt{R_{\mathrm{p}}}-599.99$	0.951	1.0	1～0.778 5	Yu 和 Vayssade（1991）
$\mathrm{JRC}=92.97\sqrt{\delta_{\mathrm{e}}}-5.28$	0.971	0.25	0.003 2～0.073 9	Yu 和 Vayssade（1991）
$\mathrm{JRC}=92.07\sqrt{\delta_{\mathrm{e}}}-3.28$	0.974	0.5	0.001 3～0.063 9	Yu 和 Vayssade（1991）
$\mathrm{JRC}=63.69\sqrt{\delta_{\mathrm{e}}}-2.31$	0.982	1.0	0.001 3～0.122 7	Yu 和 Vayssade（1991）
$\mathrm{JRC}=2.37+70.97R_{\mathrm{q}}$	0.784	1.27	0～0.248 4	Tse 和 Cruden（1979）
$\mathrm{JRC}=2.76+78.87R_{\mathrm{a}}$	0.768	1.27	0～0.218 6	Tse 和 Cruden（1979）
$\mathrm{JRC}=5.43+293.97M_{\mathrm{s}}$	0.690	1.27	0～0.049 6	Tse 和 Cruden（1979）
$\mathrm{JRC}=1.12\sigma_{\mathrm{i}}-5.06$	0.969	0.25	4.517 9～22.375 0	Yu 和 Vayssade（1991）
$\mathrm{JRC}=1.14\sigma_{\mathrm{i}}-3.88$	0.975	0.5	3.403 5～20.974 7	Yu 和 Vayssade（1991）
$\mathrm{JRC}=1.17\sigma_{\mathrm{i}}-2.57$	0.983	1.0	2.196 6～19.290 6	Yu 和 Vayssade（1991）
$\mathrm{JRC}=7.74\sqrt{\sigma_{\mathrm{i}}}-17.83$	0.966	0.25	5.306 7～23.888 6	Yu 和 Vayssade（1991）
$\mathrm{JRC}=7.36\sqrt{\sigma_{\mathrm{i}}}-15.08$	0.970	0.5	4.198 0～22.771 7	Yu 和 Vayssade（1991）
$\mathrm{JRC}=6.95\sqrt{\sigma_{\mathrm{i}}}-12.14$	0.976	1.0	3.051 2～21.385 6	Yu 和 Vayssade（1991）
$\mathrm{JRC}=400\lambda$	—	—	0～0.050 0	Barton 和 de Quadros（1997）
$\mathrm{JRC}=1.041\,9\sigma_{\mathrm{i}}-4.733\,4$	0.884 3	0.4	4.523～23.740	Li 和 Zhang（2015）
$\mathrm{JRC}=0.095\,0\sigma_{\mathrm{i}}^{1.748\,4}$	0.878 0	0.4	0～21.313	Li 和 Zhang（2015）
$\mathrm{JRC}=55.736\,2Z_{2}-4.116\,6$	0.884 3	0.4	0.074～0.433	Li 和 Zhang（2015）
$\mathrm{JRC}=55.736\,2Z_{2}^{1.683\,3}$	0.876 0	0.4	0～0.387	Li 和 Zhang（2015）
$\mathrm{JRC}=55.736\,2R_{\mathrm{z}}+4.031\,8$	0.860 8	0.4	0～10.161	Li 和 Zhang（2015）
$\mathrm{JRC}=4.419\,2R_{\mathrm{z}}^{0.648\,2}$	0.808 9	0.4	0～10.269	Li 和 Zhang（2015）
$\mathrm{JRC}=158.757\,5\lambda+3.907\,6$	0.856 1	0.4	0～0.101	Li 和 Zhang（2015）
$\mathrm{JRC}=89.997\,1\lambda^{0.660\,1}$	0.812 4	0.4	0～0.102	Li 和 Zhang（2015）
$\mathrm{JRC}=158.757\,5\delta_{\mathrm{e}}+2.504\,3$	0.860 3	0.4	0～0.076	Li 和 Zhang（2015）
$\mathrm{JRC}=199.644\,3\delta_{\mathrm{e}}^{0.866\,5}$	0.870 7	0.4	0～0.070	Li 和 Zhang（2015）

续表

回归方程	相关性	采样间距/mm	统计参数范围	文献
$JRC=137.1739\sqrt{SF}-3.9998$	0.8725	0.4	0.001～0.031	Li 和 Zhang（2015）
$JRC=10.9577\lg R_q+11.5207$	0.8735	0.4	0.089～5.941	
$JRC=2.3794\ln M_s+11.5207$	0.8735	0.4	0.008～35.291	
$JRC=10.5953\lg R_a+12.357$	0.8664	0.4	0.068～5.265	
$JRC=229.48R_p-226.9357$	0.8603	0.4	1～1.076	
$JRC=41.17\lg Z_2+4.93A_{nor}^{1.53}+26.72$	0.975	0.27	—	Gao 和 Wong（2015）
$JRC=33.86\lg Z_2+3.19A_{nor}^{2.02}+28.92$	0.969	0.54	—	
$JRC=26.31\lg Z_2+2.20A_{nor}^{2.12}+27.73$	0.959	1.08	—	
$JRC=80.37\lambda^{0.6238}$	0.8158	—	—	Li 等（2017b）
$JRC=4.6836R_z^{0.6106}$	0.8115	—	—	
$JRC=\dfrac{40}{1+e^{-20\lambda_i}}-20$	0.954	0.1～2	—	Zhang 等（2014）
$JRC=2.532\sqrt{Z_2}-0.2230$	—	0.25	—	吴月秀等（2011）
$JRC=4.891\sqrt{Z_2}+0.0886$	—	0.50	—	
$JRC=9.856\sqrt{Z_2}+0.0492$	—	1.00	—	
$JRC=101.285\sqrt{SF}-2.2300$	—	0.25	—	
$JRC=97.812\sqrt{SF}+0.0890$	—	0.50	—	
$JRC=98.563\sqrt{SF}+0.0492$	—	1.00	—	
$JRC=27.73+10.55\lg Z_2$	—	0.5	—	张建明等（2015）
$JRC=34.44+5.28\lg SF$	—	0.5	—	
$JRC=30.73+5.28\lg(R_p-1)$	—	0.5	—	
$JRC=60.68Z_2-2.044$	0.966	1.0	—	
$JRC=67.53Z_2-1.562$	0.972	2.0	—	
$JRC=75.80Z_2-0.732$	0.956	4.0	—	

R_p：剖面粗糙度指数，真实长度与投影长度之比；δ_e：剖面伸长指数，$\delta_e=R_p-1$；λ：剖面最大斜率，最大峰谷距与投影长度的比值；R_a：剖面粗糙度指数的数学平均偏差，即中心线平均高度；R_q：均方根剖面粗糙度指数，即高度均方根；M_s：均方值粗糙度指数，即高度均方值；σ_i：平均倾角的标准差；A_{nor}：最大峰谷距与 10 条典型粗糙剖面线的最大峰谷距之比；R_z：最大峰谷距；λ_i：与坡度均方根、最高波峰和最小平均高度相关的参数。

统计参数的计算结果受采样间距影响，这对定量评价岩石节理的粗糙程度是非常不利的，也不便于成果之间的相互比较与验证。表 3.3～表 3.5 列出了 10 条典型粗糙剖面线在不同采样间距下的坡度均方根 Z_2。虽然采样间距造成统计参数计算结果不等，但对实验室尺度的岩石节理而言，上述几种采样间距足够精确地描述 JRC 的变化（Yong et al.，2018）。

表 3.3　较小采样间距下 10 条典型粗糙剖面线的坡度均方根 Z_2

JRC	Z_2		
	0.25 mm（Reeves，1985）	0.25 mm（Yu and Vayssade，1991）	0.27 mm（Gao and Wong，2015）
0.4	0.132	0.084	0.220
2.8	0.231	0.137	0.263
5.8	0.292	0.158	0.282
6.7	0.263	0.238	0.345
9.5	0.374	0.224	0.323
10.8	0.391	0.251	0.332
12.8	0.431	0.287	0.378
14.5	0.454	0.302	0.394
16.7	0.494	0.320	0.424
18.7	0.492	0.418	0.525

表 3.4　中等采样间距下 10 条典型粗糙剖面线的坡度均方根 Z_2

JRC	Z_2				
	0.50 mm（Tse and Cruden，1979）	0.50 mm（Yu and Vayssade，1991）	0.50 mm（Yang et al.，2001b）	0.50 mm（Tatone，2009）	0.54 mm（Gao and Wong，2015）
0.4	0.097	0.071	0.108	0.067	0.133
2.8	0.139	0.118	0.127	0.114	0.182
5.8	0.150	0.135	0.145	0.128	0.191
6.7	0.186	0.216	0.169	0.199	0.243
9.5	0.198	0.189	0.189	0.192	0.238
10.8	0.211	0.221	0.215	0.213	0.255
12.8	0.247	0.261	0.258	0.239	0.290
14.5	0.278	0.279	0.259	0.278	0.315
16.7	0.314	0.303	0.324	0.325	0.336
18.7	0.397	0.384	0.402	0.395	0.424

表 3.5　较大采样间距下 10 条典型粗糙剖面线的坡度均方根 Z_2

JRC	Z_2		
	1.0 mm（Yu and Vayssade，1991）	1.0 mm（Tatone，2009）	1.08 mm（Gao and Wong，2015）
0.4	0.042	0.054	0.080
2.8	0.076	0.091	0.121
5.8	0.113	0.115	0.137
6.7	0.178	0.170	0.188

续表

JRC	Z_2		
	1.0 mm（Yu and Vayssade，1991）	1.0 mm（Tatone，2009）	1.08 mm（Gao and Wong，2015）
9.5	0.172	0.174	0.195
10.8	0.205	0.202	0.206
12.8	0.229	0.213	0.231
14.5	0.263	0.266	0.284
16.7	0.276	0.295	0.294
18.7	0.360	0.347	0.360

3.5.2　JRC 与分形参/函数

分形参数在计算原理上能够部分地避免采样间距对结果的影响（计算分形参数时需要一系列尺度覆盖节理，文献中也将其视为多尺度参数），码尺法是目前应用较为广泛的分形分析方法。自 Brown 和 Scholz（1985a）采用分形描述岩石节理的形貌特征以来，分形维数已经被认为是一种合适的定量描述岩石节理粗糙程度的参数。节理越粗糙，分形维数越大：平直节理剖面线 $D=1$；极其粗糙起伏的剖面线 $D\to 2$。以 10 条典型粗糙剖面线为例，不同学者计算得到的分形维数都非常接近，见表 3.6，均在小数点后 2 位才开始出现变化（但感官上，第 1 条典型剖面线与第 10 条典型剖面线的粗糙程度差异较大）。由于 JRC 在描述岩石节理粗糙程度方面已有约定俗成的影响力，部分学者建立分形维数 D 与 JRC 的函数关系。目前文献中公开报道的不含待定系数的回归方程汇总于表 3.7，供参考和使用。

表 3.6　10 条典型粗糙剖面线的分形维数

JRC	D			
	Turk 等（1987）	Lee 等（1990）	Seidel 和 Haberfield（1995）	谢和平（1996）
0～2	1	1.000 446	1.000 09	1.002 06
2～4	1.001 9	1.001 687	1.000 54	1.004 56
4～6	1.002 7	1.002 805	1.000 72	1.010 97
6～8	1.004 9	1.003 974	1.001 40	1.018 13
8～10	1.005 4	1.004 413	1.001 80	1.025 01
10～12	1.004 5	1.005 641	1.004 00	1.035 90
12～14	1.007 7	1.007 109	1.005 30	1.043 28
14～16	1.007 0	1.008 055	1.008 10	1.050 53
16～18	1.010 4	1.009 584	1.009 60	1.062 38
18～20	1.017 0	1.013 435	1.012 00	1.069 40

表 3.7　JRC 与分形参/函数关系汇总表

回归方程	方法	相关性	分维范围	文献
$JRC=-1138.6+1141.6D$	C-W*	—	1.0～1.014 9	Li 和 Huang（2015）
$JRC=-1\,022.55+1\,023.92D$	C-W*	0.980 0	1.0～1.018 2	Carr 和 Warriner（1989）
$JRC=209.751\,7D-204.148$	C-W	0.947 0	1.0～1.068 6	Li 和 Huang（2015）
$JRC=172.206D-167.296\,4$	C-W	0.997 6	1.0～1.087 6	周创兵和熊文林（1996）
$JRC=7\,811\,778.928D^3-23\,723\,041.684D^2+24\,014\,672.356\,2D-8\,103\,409.789$	C-W#	0.993 0	1.0～1.014 4	Bae 等（2011）
$JRC=1\,000(D-1)$	C-W*	—	1.0～1.020 0	Li 和 Huang（2015）
$JRC=1\,870(D-1)$	C-W^MR	—	1.0～1.010 7	Li 和 Huang（2015）
$JRC=1\,647(D-1)$	C-W	0.960 0	1.0～1.012 1	Li 和 Huang（2015）
$JRC=1195.38(D-1)$	C-W	—	1.0～1.016 7	Li 和 Huang（2015）
$JRC=479.396(D-1)^{1.056\,6}$	C-W	—	1.0～1.049 5	Li 和 Huang（2015）
$JRC=29.35(D-1)^{0.46}$	C-W	0.904 5	1.0～1.434 3	Li 和 Huang（2015）
$JRC=150.533\,5(D-1)^{0.5}$	C-W	—	1.0～1.017 7	Li 和 Huang（2015）
$JRC=-0.878\,04+27.784\,4(D-1)/0.015-16.930\,4[(D-1)/0.15]^2$	C-W	0.950 0	1.000 5～1.011 3	Lee 等（1990）
$JRC=15\,179W_d^{0.79}(D-1)^{1.46}$	B-C	—	—	陈世江等（2012）
$JRC=53.703\,1(D-1)^{0.364\,2}$	h-L^1	0.985 0	1.0～1.066 4	Askari 和 Ahmadi（2007）
$JRC=85.267\,1(D-1)^{0.567\,9}$	h-L^2	—	1.0～1.077 8	Xie 和 Pariseau（1994）
$JRC=1\,331.07D-1\,328.44$	C-W	0.824 2	1.013 1	Li 和 Huang（2015）
$JRC=196.77D-195.95$	B-C	0.673 0	1.097 5	Li 和 Huang（2015）
$JRC=1\,240.46D-1\,235.19$	h-L^*	0.833 5	1.011 9	Li 和 Huang（2015）
$JRC=520.28(D-1)^{0.758\,8}$	C-W	0.854 4	1.013 6	Li 和 Huang（2015）
$JRC=2.72e^{26.876(D-1)}$	B-C	0.771 7	1.074 2	Li 和 Huang（2015）
$JRC=118.89(D-1)^{0.434\,3}$	h-L^*	0.808 8	1.016 5	Li 和 Huang（2015）
$JRC=92.709(D-1)^{0.377}$	h-L^*	0.849 3	—	Li 等（2017a）
$JRC=33.06CA^{0.159\,3}-9.475$	CA	—	—	Zhao 等（2018）

C-W：码尺法，$D=\Delta\lg N/\Delta\lg r$；C-W#：码尺法，$D=\Delta\lg[N+(f/r)]/\Delta\lg r$；C-W^MR：码尺法，$D=1-\Delta\lg(Nr)/\Delta\lg r$；B-C：计盒维数法，$D=-\Delta\lg G/\Delta\lg\varepsilon$；$h$-$L^1$：$D=\dfrac{\lg 4}{\lg(4\{\cos[\tan^{-1}(2\bar{h}/\bar{L})]\})}$；$h$-$L^2$：由式（3.42）计算分形维数；$W_d$：波峰与剖面线投影长度之比；$h$-$L^*$：根据 h-L^2 改进的方法，见文献 Li 和 Huang（2015）；CA：变异函数。

3.5.3　JRC 与方向性参数

目前有影响力的描述岩石节理形貌的方向性参数是 Grasselli 等（2002）提出的，在此基础上国内外多位学者进行了深入的思考，提出了更为精细的方向性参数（Chen et al.,

2021；Ban et al.，2020a；Song et al.，2020；Babanouri and Karimi，2017；Liu et al.，2017；Chen et al.，2016；Zhang et al.，2016）。相对于统计参数和分形参数，方向性参数的计算过程更为烦琐，其突出优点是能够在一定程度上体现形貌的各向异性性质（而统计参数和分形参数一般难以反映）。JRC 与几个典型的方向性参数的函数关系汇总于表 3.8，详细的分析过程请查阅对应的文献。

表 3.8　JRC 与方向性参/函数关系汇总表

回归方程	相关性	采样间距/mm	文献
$\mathrm{JRC}=3.95\left[\left(\dfrac{\theta^*_{\max}}{1+C}\right)_{2\mathrm{D}}\right]^{0.7}-7.89$	0.971	0.5	Tatone 和 Grasselli（2010）
$\mathrm{JRC}=2.40\left[\left(\dfrac{\theta^*_{\max}}{1+C}\right)_{2\mathrm{D}}\right]^{0.85}-4.42$	0.980	1.0	Tatone 和 Grasselli（2010）
$\mathrm{JRC}=5.30\left[\left(\dfrac{\theta^*_{\max}}{1+C}\right)_{2\mathrm{D}}\right]^{0.605}-9.49$	0.978	0.5	Jang 等（2014）
$\mathrm{JRC}=\left(\dfrac{\overline{\theta^*}}{n_2}\right)^{1.05}h_2^{0.4}$	—	0.5	Liu 等（2017）
$\mathrm{JRC}=0.3\left[\left(\dfrac{\theta^*_{\max}}{1+C}\right)_{3\mathrm{D}}\right]^{1.63}$	0.929	0.2	杨洁（2018）
$\mathrm{JRC}=5.28\left(\dfrac{a_{\max}}{L_n}\right)^{0.39}\theta_{\mathrm{r}}^{0.92}$	0.990	—	张小波（2018）
$\mathrm{JRC}=9.744\,8\ln(\theta_{\mathrm{Contact}}K_{\mathrm{H}}H_{\mathrm{Median}}^{0.2}V_{\mathrm{Ratio}}^{0.5})-8.471\,4$	—	0.5	Song 等（2020）

下标 2D、3D 分别表示根据岩石节理表面形貌剖面线、表面三维形貌计算得到的统计参数。

$\overline{\theta^*}$：特征角；n_2：拟合系数；h_2：高度参数；$a_{\max}$：最大稳态起伏度高度；θ_{r}：稳态细观粗糙度角；$\theta_{\mathrm{Contact}}=\theta^*_{\max}/(1+C)$；$K_{\mathrm{H}}$：高度分布特征参数；$H_{\mathrm{Median}}$：中值高度；$V_{\mathrm{Ratio}}$：体积比。

第4章 形貌尺度效应与各向异性

尺度效应和各向异性并不是岩石节理形貌特征的固有属性，与形貌参数的选择密切相关。由于研究方法存在差异，广大学者对形貌尺度效应的理解并未达成共识，相应的机理也多是经验性的。岩石节理的各向异性是普遍存在的，但如何描述各向异性并未引起广大学者的兴趣，相关的研究成果并不多，且较为初步。

4.1 尺度效应

目前，普遍认为岩石节理的剪切力学性质与试件尺度有关，Barton 和 Choubey（1977）认为该尺度效应与节理形貌（粗糙度）随试件尺度的变化而变化。虽然岩石节理的形貌可区分为较大尺度的起伏度和较小尺度的粗糙度（ISRM，1978），但关于形貌尺度效应研究采用的试件多小于 1 m^2，主要的研究成果汇总于表 4.1。很明显，关于岩石节理形貌（粗糙度）的尺度效应研究还没有取得共识，正尺度效应（粗糙度随试件尺度增加而增加）和负尺度效应（粗糙度随试件尺度增加而变小）均有报道。一般地，岩石节理形貌尺度效应的研究包含采样尺度效应和试件尺度效应两个方面，采样尺度效应已在第 3 章中有所阐述，本章仅介绍试件尺度对节理粗糙度系数的影响。节理粗糙度系数尺度效应的发现并非源自几何形态分析，而是经由直剪试验结果揭示。Pratt 等（1974）发现岩石节理试样长度从 14 cm 增加到 71 cm 时对应的峰值摩擦角降低近 20°；Braton 和 Choubey（1977）指出 JRC 尺度效应引起的峰值剪切强度下降占 25%～40%。通过直剪试验结果反算确定 JRC 是最为直接和可靠的方法，但它不适用于大规模的样本数量，且试验过程易对岩石节理（特别是软弱岩石节理）的形貌产生损伤。评价岩石节理的粗糙度只是一个中间步骤，其目的是合理估算峰值剪切强度，为相应的工程岩体变形分析服务。因此，图解法和公式法成为较适合研究节理粗糙度系数尺度效应的选择。

表 4.1 岩石节理形貌尺度效应研究成果汇总表

尺度效应	形貌描述	研究内容和方法	文献
试件尺寸：6～36 cm 负尺度效应：JRC 随剖面线长度增加而变小	倾斜试验确定 JRC	复制形貌各异的 11 个天然岩石节理并分为等量的样本集，每一个样本集代表不同的试件长度。基于倾斜试验计算样本的 JRC 值	Bandis 等（1981）
试件尺寸：0.9～54 cm 正尺度效应：每一剖面线采用独立的参考线时 负尺度效应：所有的剖面线采用同一条参考线时	轮廓仪测量（采样间距：0.4 mm）	从两个不同的节理试件获取形貌的剖面线评估其粗糙程度。高度均方根随剖面线长度的增加而变大或变小，与参考线的选择有关	Swan 和 Zongqi（1985）

续表

尺度效应	形貌描述	研究内容和方法	文献
试件尺寸：10～500 cm 正尺度效应：纹理参数 负尺度效应：高差参数	轮廓仪测量（采样间距：0.4～10 mm）	从两个不同的节理露头分别测试获取 2 条剖面线，研究粗糙度的尺度效应。采用纹理参数、高差参数评估剖面线的粗糙程度	Maerz 和 Franklin（1990）
试件尺寸：20～1 000 cm 正尺度效应：采样间距相同时 负尺度效应：采样间距变化时	轮廓仪测量 剖面线长 20 cm，采样间距 1 cm；手动测试高度数据，采样间距 20 cm；重构 10 m 长剖面线，采样间距 1 cm	采用统计参数和分形维数评估不同长度剖面线的粗糙程度。选择两种采样间距：①1 cm；②剖面线长度的 1%	Cravero 等（1995）
试件尺寸：6～500 cm 负尺度效应：粗糙度参数随剖面线长度增加而变小	摄影测量法、轮廓仪测量（采样间距：0.1 mm、0.7 mm、3 mm 和 50 mm）	采用摄影测量法在现场测试页岩节理的形貌，而在实验室内采用轮廓仪。研究 Z_2、剪胀角和分形维数 D 与剖面线尺寸的关系	Cravero 等（2001）
试件尺寸：84～256 cm^2 正尺度效应：平均高度随试件变大而增加	—	采用人工复制节理研究试件尺寸对其剪切强度和形貌的影响。表面的平均高度随试件尺寸增加而增加	Leal（2003）
试件尺寸：100～10 000 cm^2 负尺度效应：分形维数、高度参数	光栅扫描仪测量（采样间距：0.2 mm）	采用硅胶复制天然岩石节理的形貌，从试件中心逐步扩大采样窗口研究形貌的变化	Fardin 等（2001）
试件尺寸：6×4 m^2 负尺度效应：分形维数、高度参数	激光雷达法测量（采样间距：5 mm）	基于激光雷达数据，从区域中心逐步扩大采样窗口研究形貌参数的变化	Fardin 等（2004）
试件尺寸：25～400 cm^2 正尺度效应：分形维数、高度参数	光栅扫描仪测量（采用间距：0.2 mm）	采用与 Fardin 等（2001）相同的方法	Fardin（2008）
试件尺寸：4～6 m^2，10 000 mm^2 正尺度效应：粗糙度随试件尺寸增加而增加 负尺度效应：粗糙度随分辨率/采样间距的增加而降低	ATOS II 测量（采样间距：0.044 mm、0.25 mm、0.5 mm、1.0 mm）	针对天然岩石节理露头：①随采样区域逐步增加（采样间距相同），研究三维粗糙度指标的变化；②对同一采样区域，逐步增大采样间距，研究三维粗糙度指标的变化	Tatone 和 Grasselli（2013）

4.1.1　图解法

对 200 余组长度约为 100 mm 的岩石节理（Bandis，1980；Barton and Choubey，1977）和多组人工复制节理（Bandis，1980）的粗糙度系数进行统计分析，Barton 和 Lingle（1982）

归纳总结出如式（4.1）所示的考虑尺度影响的岩石节理粗糙度系数经验公式。在此基础上，进一步形成了图解法（也称为直边法）。图解法适用于野外大规模统计量测大尺度岩石节理的粗糙度系数，简单明了、可操作性强且能量化测试结果。杜时贵等（1996）对图解法进行了深入的思考，分析了该方法的优劣，从物理力学机制的角度阐述尺度效应规律，提出修正的图解法并给出了如式（4.2）所示的经验函数。

$$\mathrm{JRC_n} \cong \begin{cases} 400\dfrac{a_{\text{p-v}}}{L_\text{n}}, & L_\text{n} = 0.1\,\text{m} \\ 450\dfrac{a_{\text{p-v}}}{L_\text{n}}, & L_\text{n} = 1.0\,\text{m} \\ 500\dfrac{a_{\text{p-v}}}{L_\text{n}}, & L_\text{n} = 10\,\text{m} \end{cases} \tag{4.1}$$

式中：$\mathrm{JRC_n}$ 为测试岩石节理剖面线的粗糙度系数；$a_{\text{p-v}}$ 为测试岩石节理剖面线的峰谷高差；L_n 为测试岩石节理剖面线的投影长度。

$$\mathrm{JRC_n} \cong 0.858\,9\exp\left(\frac{0.644\,4}{L_\text{n}}\right)\tan^{-1}\left(\frac{8a_{\text{p-v}}}{L_\text{n}}\right) \tag{4.2}$$

采用图解法确定节理粗糙度系数的步骤（Barton and Lingle，1982）为：①量测岩石节理剖面线的长度 L_n；②确定测试剖面线长度范围内的峰谷高差 $a_{\text{p-v}}$；③计算该测试段岩石节理的起伏系数 u，并据图 4.1 作标准线（图中的倾斜实线）的平行线（图中虚线），从而确定对应的节理粗糙度系数 JRC_n。

4.1.2 公式法

Barton 和 Choubey（1977）推荐采用倾斜/推拉试验等确定 JRC，本质上涉及低法向应力条件下的剪切试验，因此不能简单地将该参数视为一个纯粹几何意义上的形貌参数。通过对多组尺度不一（100～1 000 mm）的岩石节理进行直剪试验，反算分析不同尺度试件 JRC 的变化规律[图 4.2（Bandis et al.，1981）]，进而总结出如式（4.3）所示的考虑尺度影响的 JRC 变化函数。需要指出的是此处研究尺度效应的方法与现在常用的略有不同，而是将一个大尺度的试件逐步分割为小尺度的试件（一分为二、二分为四等），然后采用每一尺度试件试验结果的平均值进行分析（Bandis et al.，1981）。总体上，JRC 随试件尺度 L 增加而减少。Barton 和 Bandis（1990）进一步指出，采用式（4.3）进行计算分析时，岩石节理试件的尺度不宜超过岩体中平均岩块的尺度，且一般应小于 5 m。

$$\mathrm{JRC_n} \cong \mathrm{JRC_0}\left(\frac{L}{L_0}\right)^{-0.02\mathrm{JRC_0}} \tag{4.3}$$

式中：$\mathrm{JRC_0}$ 为室内岩石节理试件的粗糙度系数；L_0 为室内岩石节理试样的长度。

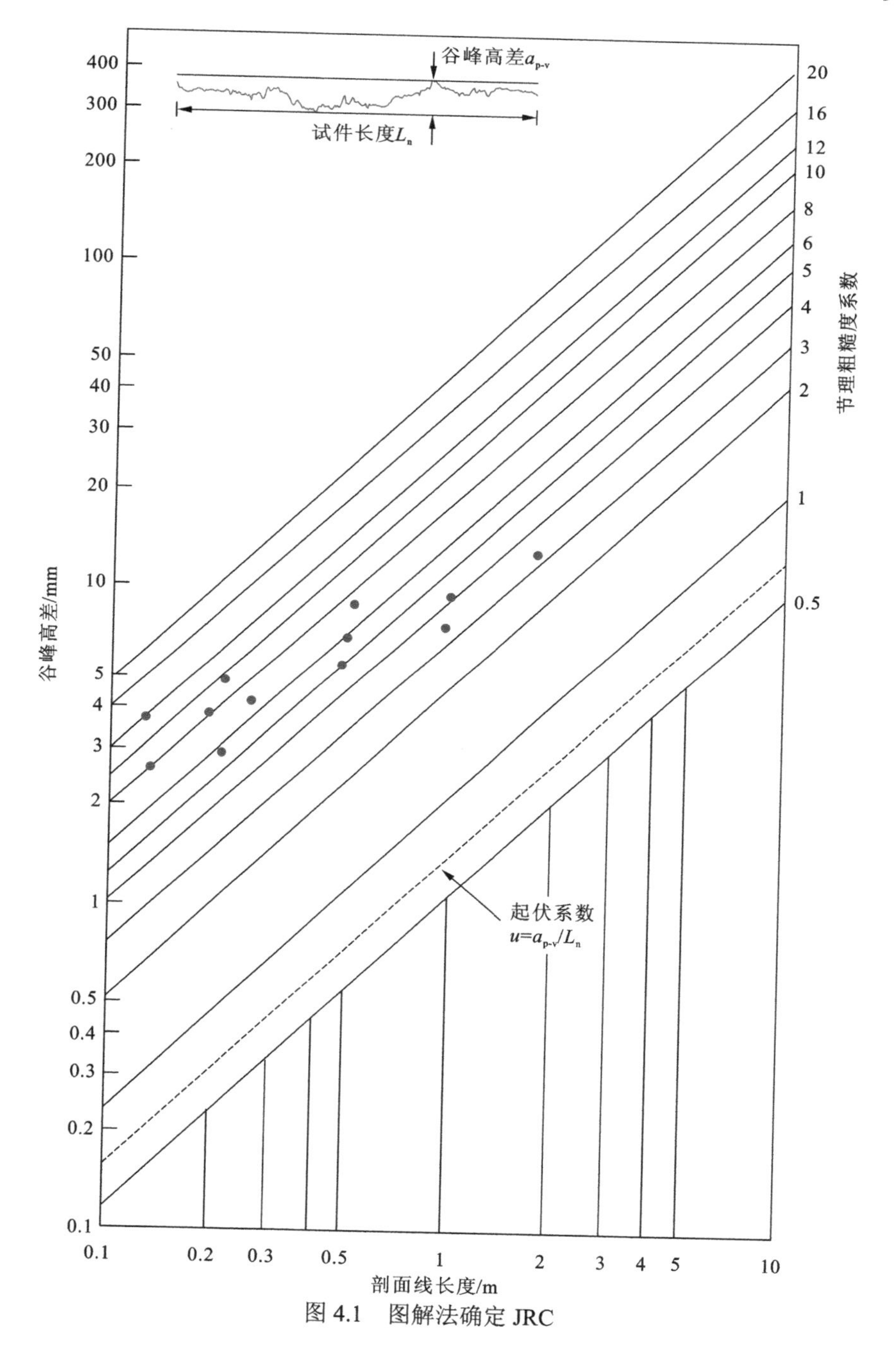

图 4.1　图解法确定 JRC

4.1.3　机理分析

从表 4.1 中可以看出，岩石节理粗糙度/形貌的尺度效应是一个非常复杂的问题，目前也没有统一的认识，而揭示尺度效应的可能机制需要从参数的确定方法入手。

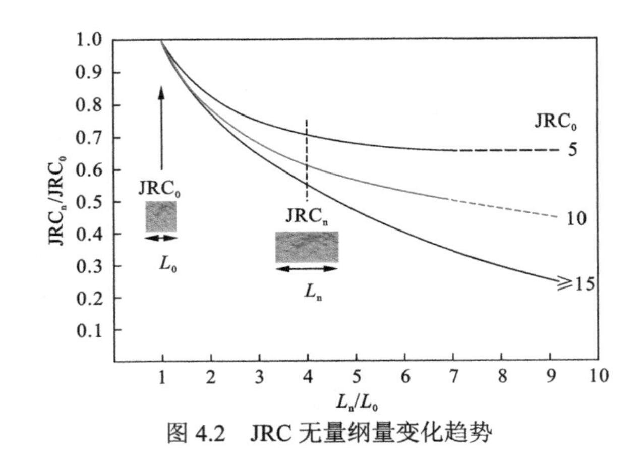

图 4.2　JRC 无量纲量变化趋势

就目前岩石力学与工程领域最为常用的节理粗糙度系数而言，需要结合峰值剪切强度阐述其尺度效应机制。Barton（1981）认为，较之于小尺度试件，大尺度岩石节理凸起体的倾角普遍更小，从而引起粗糙度降低，而且尺度对粗糙度的影响随尺寸增加逐步降低。Fardin 等（2001）和 Lanaro（2000）进一步指出尺度效应存在一个极限，当试件尺度大于该极限时，尺度效应可以忽略。与之相反，大试件尺度包含了数量更多、倾角较大的凸起体，从而引起粗糙度变大（Tatone and Grasselli，2013）。针对上述两种截然相反的试验现象，Tatone 和 Grasselli（2013）认为是没有区分“粗糙度”和“有效粗糙度”的结果，如图 4.3 所示。大尺度岩石节理中的凸起体与平均平面有较大的偏差，而小尺度岩石节理一般在平均平面上下波动；较小尺度的凸起体在剪切过程中易产生磨损退化，从而较大尺度的起伏体往往控制宏观剪切过程。一般而言，起伏体的波长较大、倾角较小，较之于凸起体总体上显得更为平缓，即“有效粗糙度”降低。考虑凸起体的剪切退化与岩石强度密切相关，而分离起伏度和凸起体在理论上还存在一定缺陷，因此确定“有效粗糙度”较为困难，与此相关的尺度效应机理还需要进一步研究。

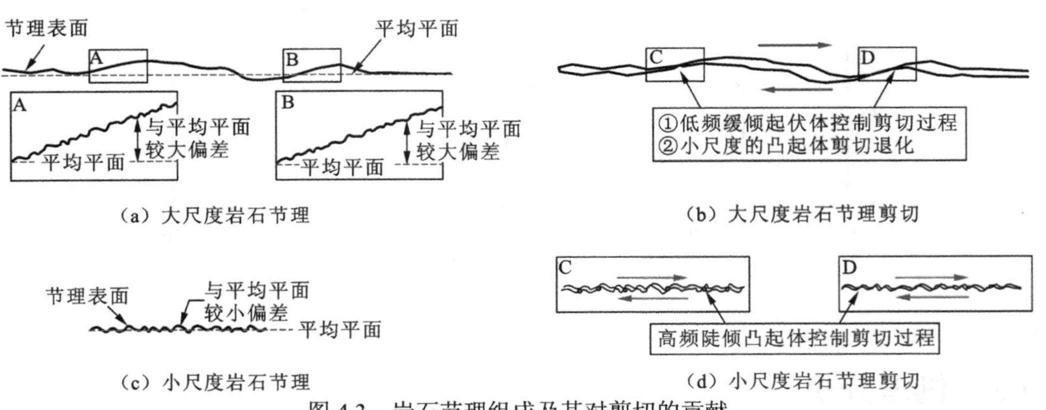

图 4.3　岩石节理组成及其对剪切的贡献

Swan 和 Zongqi（1985）将一个大尺度的岩石节理分割为若干小尺度测试试件，指出粗糙度的正/负尺度效应受参考线位置的影响：当每一个小尺度的测试试件以其本身的最优参考平面为基准时，观测到正尺度效应；而当所有的小尺度测试试件选择同一个最优参考平面时，观测到负尺度效应。Tatone 和 Grasselli（2013）分析上述两种参考平面的选择对参量 $\theta^*_{\max}/(1+C)$ 的影响，只发现正尺度效应，并进一步建议选用三维节理面或多条二维剖面线以综合评价粗糙度的尺度效应。Wong 等（2021）分析了参考平面的选择对常用的几类粗糙度参数的影响，但参考平面位置影响粗糙度尺度效应并可能导致出现两种截然相反结果少见报道，可能与计算参数本身有关。

岩石节理形貌的数字化处理过程与分辨率相关，分辨率越小，数字化重构三维形貌展示的细节越丰富，如图 4.4 所示。Tatone 和 Grasselli（2013）、Hong 等（2008）、Kulatilake 等（1995）、Huang 等（1992）的研究成果表明随采样间距的增加，统计参数和分形参数的计算结果更易低估岩石节理的粗糙度[图 4.5（Tatone and Grasselli，2013）]。目前，如何选择最优分辨率并没有统一的标准，在计算分析中保持分辨率的一致性是非常有必要的。Tatone 等（2010）建议实验室尺度的岩石节理试件数字化三维形貌网格图的计算点间距不大于 0.5 mm。

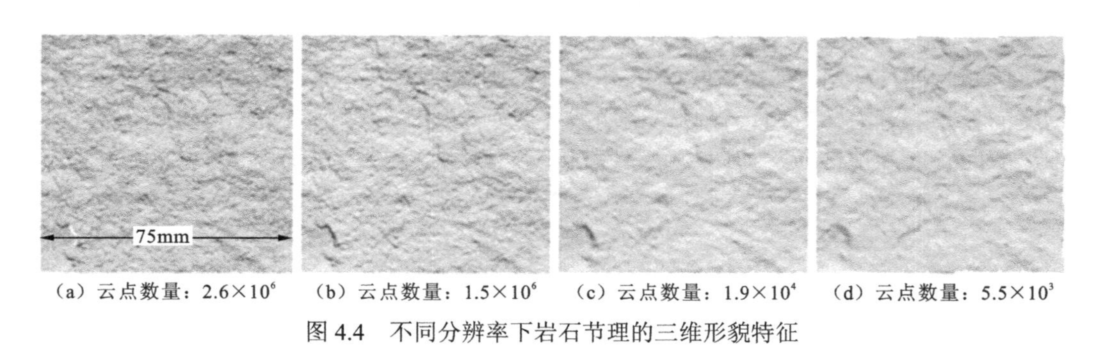

（a）云点数量：2.6×10^6　（b）云点数量：1.5×10^6　（c）云点数量：1.9×10^4　（d）云点数量：5.5×10^3

图 4.4　不同分辨率下岩石节理的三维形貌特征

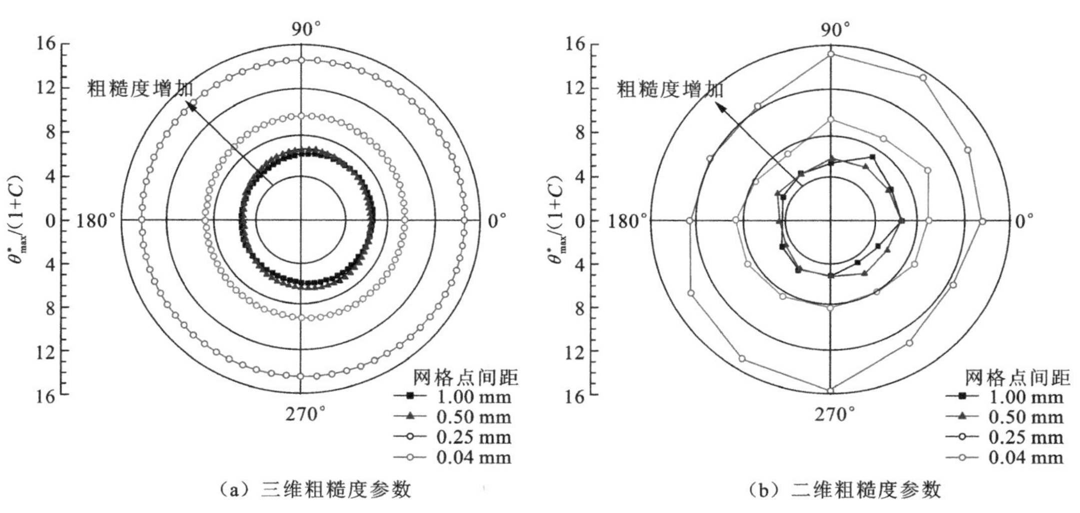

（a）三维粗糙度参数　（b）二维粗糙度参数

图 4.5　不同网格点间距下岩石节理的形貌参数

4.2 各向异性

岩石力学与工程领域中各向异性现象是普遍存在的（Barton and de Quadros，2015）。岩石节理的三维形貌也如此，这是引起其剪切力学性质和水力学性质各向异性的直接原因。目前关于岩石节理形貌各向异性的研究从分析方法上可大致分为两类：一是与剪切力学性质相联系，依据沿不同方向节理峰值剪切强度的差异分析形貌参数的不同，主要包括 JRC 和方向性参数等（Chen et al.，2021；Tatone and Grasselli，2010；Grasselli et al.，2002；Yang and Lo，1997）；二是从形貌的几何特征出发，分析形貌参数在不同方向上的差异，主要包括 JRC、统计参数和分形参数等（Chen et al.，2016；Mah et al.，2013；周宏伟 等，2001；Belem et al.，2000；Roko et al.，1997；Aydan et al.，1996；杜时贵和唐辉明，1993）。对二维节理剖面线而言，统计参数、分形参数等不易表征正、反两个方向形貌参数的差异，但方向性参数能很好地克服这一缺陷；对三维节理面而言，统计参数、分形参数和方向性参数都能在一定程度上表征形貌的各向异性性质。

采用比较法确定 JRC 时，节理剖面线在两个相反方向上的粗糙度差异是难以体现的，部分文献将此视为 JRC 参数的局限性之一（Xia et al.，2014；Beer et al.，2002；Kulatilake et al.，1995）；但以倾斜/推拉试验确定 JRC 时，则可以表征节理剖面线在相反两个方向上粗糙度的差异。若沿各方向选择测试剖面线并分别采用比较法确定 JRC，可表征岩石节理三维形貌的各向异性性质，如图 4.6（杜时贵和唐辉明，1993）所示。

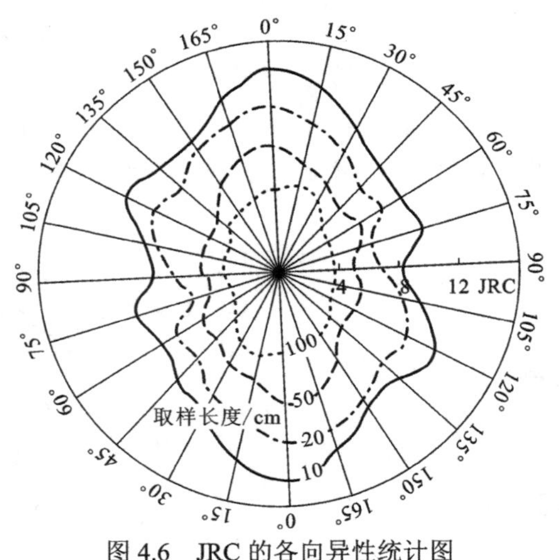

图 4.6　JRC 的各向异性统计图

Belem 等（2000）从纯粹的几何特征出发采用统计参数描述岩石节理的三维形貌，并提出表观各向异性系数计算公式：

$$k_a = \frac{\min(R_x;R_y\}}{\max\{R_x;R_y)} \tag{4.4}$$

式中：k_a 为表观各向异性系数；R_x、R_y 分别为沿 x、y 方向的粗糙度参数。

$0 \leqslant k_a < 1$ 时，岩石节理形貌是各向异性的（齿状和波状节理，$k_a = 0$）；$k_a = 1$ 时，岩

石节理形貌是各向同性的。对同一个岩石节理，式（4.4）计算得出的形貌表观各向异性系数与选择的坐标系相关，这显然与常识相悖。Belem 等（2000）根据各向异性系数对岩石节理形貌的各向异性程度做了一个简易分级，见表 4.2（采用的粗糙度参数为岩石节理剖面线平均倾角）。

表 4.2　岩石节理形貌表观各向异性分类

Belem 等（2000）建议的分类		作者建议的分类	
取值范围	描述	取值范围	描述
$0 \leqslant k_a < 0.25$	各向异性	$0 \leqslant \hat{k}_a < 0.1$	各向同性
$0.25 \leqslant k_a < 0.5$	各向异性行为大于各向同性行为	$0.1 \leqslant \hat{k}_a < 0.30$	各向同性表观特征大于各向异性表观特征
$0.5 \leqslant k_a < 0.75$	均匀化形貌（既不是各向异性，也不是各向同性）	$0.30 \leqslant \hat{k}_a < 0.5$	各向异性表观特征大于各向同性表观特征
$0.75 \leqslant k_a < 0.9$	各向同性行为大于各向异性行为	$0.5 \leqslant \hat{k}_a \leqslant 1$	各向异性
$0.9 \leqslant k_a \leqslant 1$	各向同性		

为考虑岩石节理形貌沿任意方向存在的差异对表观各向异性的影响，可用粗糙度参数的最大值和最小值综合表征其各向异性性质。

$$\hat{k}_a = \frac{\max\{\hat{R}\} - \min\{\hat{R}\}}{\max\{\hat{R}\}} \tag{4.5}$$

式中：$\hat{R}$ 为根据任意方向粗糙度参数计算得到的各向异性系数。

当 $\hat{k}_a \to 0$ 时，岩石节理形貌趋于各向同性；当 $\hat{k}_a \to 1$ 时，岩石节理形貌趋于各向异性（齿状和波状等节理，$\hat{k}_a = 1$）。图 4.7（Grasselli，2006）为不同岩性岩石节理的三维形貌参数极坐标图，根据式（4.5）得出蛇纹岩节理、花岗岩节理、片麻岩节理和石灰岩节理的表观各向异性系数分别为 0.635、0.174、0.288 和 0.161。作者建议的岩石节理形貌表观各向异性分类列于表 4.2 中，当各向异性系数大于或等于 0.5 时，岩石节理形貌已表现出明显的各向异性特征。

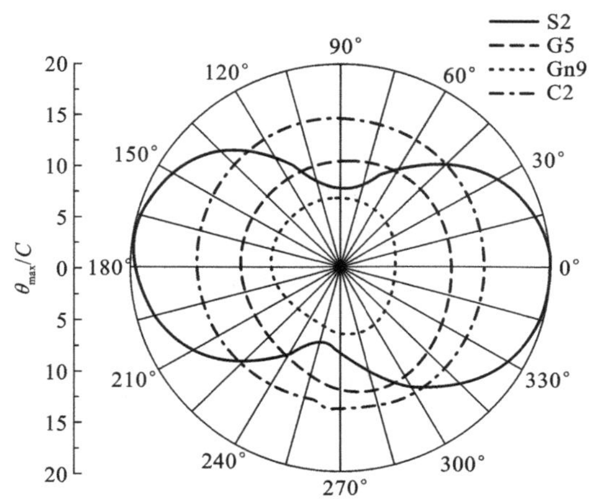

图 4.7　岩石节理三维形貌参量 θ_{max}/C 的极坐标图

S2 为蛇纹岩；G5 为花岗岩；Gn9 为片麻岩；C2 为石灰岩

第5章 闭合变形与本构模型

岩石节理在法向荷载σ_n作用下产生的变形称为法向变形或闭合变形δ_n，一般地，采用σ_n-δ_n的关系曲线表征节理的法向变形规律，如图5.1所示。

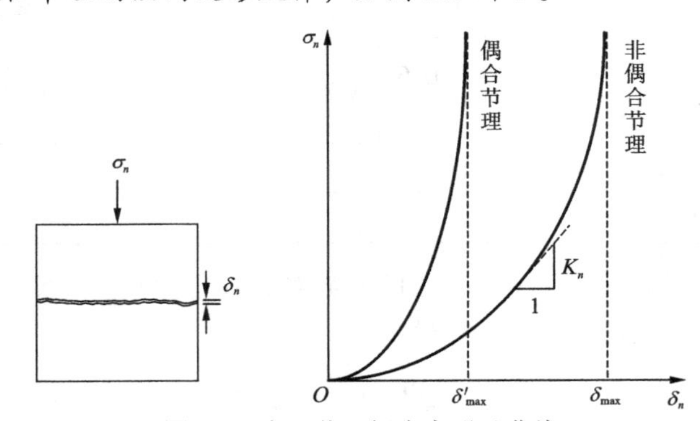

图5.1 岩石节理闭合变形及曲线

δ'_{max}为偶合节理的最大闭合变形，δ_{max}为非偶合节理的最大变形，K_n为法向刚度

5.1 试验方法与变形性质

5.1.1 试验方法

对天然存在的岩石节理，在采集时应尽可能避免扰动，不要让节理的两个面壁发生相对错动，取样后应立即密封试块或涂抹防水层。主要的制备方法有钻孔取心法、锯切法和地质法等。

（1）钻孔取心法。在工程现场常钻取大量的岩心，若这些岩心直径在5 cm以上且用套管小心钻取，则可直接在这些岩心中挑选包含节理的试样进行试验，但由于试件较小，受粗糙度的影响较小，该方法只适用于无充填物的节理或平面型节理。为取得较大尺寸的岩心节理试件，可用大直径（20～25 cm）金刚石岩心钻头钻取，钻孔平行于节理面钻进。岩心暴露后会快速风化，为避免搬运时岩心失水，可采取下述措施（Goodman，1976）：①准备好由沿轴向劈开的塑料管构成的模具和由两块隔板与金属细棒组成的岩心支撑架，隔板上有钻孔，细棒平行插入隔板中，隔板直径与塑料管模具直径相等；②用铝箔包封岩心后安放在支撑杆上，调整两端的隔板使其间距等于岩心长度；③用可调节的钢箍将模具上盖固定好，然后通过槽口向里灌入聚氨酯泡沫材料；④泡沫材料在30 min左右固化，固化后剥开模具，取下支撑架；⑤临做试验时，用一条粗齿木锯切开泡沫材料，取出岩心。

（2）锯切法。在平行于岩石节理的方向，钻取呈长方形的 A、B、C、D 4 个钻孔（节理两侧岩壁各有 2 个钻孔），钻孔直径相当大，可以放进改变锯丝方向的小轮，锯切的切口先在 A-B、B-C、C-D 间形成；锯丝穿过侧面和顶面切口，在孔 A 和孔 D 的底部之间锯切，将试件背面切开；当背面切开后，支持转向轮的杆边锯边缩，使得孔 A 和孔 D 之间的试件底面逐渐被切开。锯切法是最文雅的岩石切割方法之一，能在非常小的扰动情况下将节理试样取出。

（3）地质法。选择合适的岩石节理露头，用油漆横穿节理面露头线画两条垂直线，然后用锤子和凿子轻轻把节理的两面从岩体壁上凿下来，在节理试样的上、下两半都标上编号，根据采样前所画的线使两线重合，节理按原位方式接触好后用绳索或铅丝固定，再用草绳把试件裹绕起来装入有弹性填料的木箱，制备试件时将其做适当修整，用砂浆浇筑使之匹配剪切盒尺寸。

当使用天然岩石节理不能满足试验需求时，人工制备似岩石节理是一个较好的选择。主要的制备方法有巴西劈裂法、浇模法、切割法和近几年兴起的 3D 打印法。

（1）巴西劈裂法。用巴西劈裂法制备岩石节理，形成的劈裂面与天然张节理形态特征很相似，节理粗糙不平，呈不规则弯曲状。对于有层理面的岩石，沿其层理能劈开成较平直的节理，因而该方法常被采用。

（2）浇模法。多用硅胶等复制岩石节理的形貌并作为模板或者采用金属材料加工成规则状并作为模具，按一定比例配制的石膏、水泥等浇筑其上，待初凝后对二者进行分离，便可得到类岩石节理模型。硅胶模板或金属模具一般可多次使用。作者曾采用此法制备了大量的类岩石节理模型进行闭合变形试验和直剪试验。

（3）切割法。用金刚砂锯片锯切岩石，磨光或经不同粒度的喷砂处理，形成不同粗糙度的节理。用金刚砂能锯成较为平直的节理，可用于确定岩石节理的基本摩擦角和残余摩擦角；经不同粒度的喷砂处理后，多用于研究岩石节理的力学性质。但该方法获得的粗糙度范围十分有限。此外，可采用金刚砂锯片锯切成齿状岩石节理，但对一些脆性度较大的岩石，齿状尖顶在加工中易被破坏。Dowding 和 Dickins（1981）曾用水射流切割岩石表面形成节理。通过调节喷射水压、角度、横向移动速度和纵向行走间隔等参数制备具有不同粗糙度的岩石节理。为制成某种表面形态的节理，需经试验选择最佳喷射参数，但最佳喷射参数因岩性而异；喷切成的表面是水射流与岩石表面性能共同作用的结果，即使是同类岩石，其表面性能也有所差异，即使选择相同的喷射参数，其喷切成的节理形态也会有较大差异。Huston 和 Dowing（1987）采用微机数控切割机床制备岩石节理。可以批量加工成与预先输入微机的表面形态完全相同的节理。预先输入微机的表面形态可以是节理形态仪测量的实际岩石节理的表面形态，也可以是用微机自动生成的随机粗糙度形态或规则起伏度形态或复合形态。

（4）3D 打印法。3D 打印技术是一种以数字模型文件为基础的快速成型技术，可以制备复杂的三维实体，引起国内外各领域学者的关注。3D 模型的制作大致可以分为三个步骤（江权和宋磊博，2018）：①用计算机辅助设计软件设计出符合研究要求的 3D 模型或利用数字成像技术（CT 成像技术、3D 扫描技术）直接获取研究对象的数字信息并借助逆向软件建立 3D 数字模型；②以切片方式描述 3D 模型，设置打印参数等；③将 3D 模型导入打印机中，逐层打印制作模型。采用 3D 打印技术制备类岩石节理模型，制作过程如图 5.2（江权和宋磊博，2018）所示。3D 打印技术制备节理与浇筑法制备节理没有本质上的区别，但能保证每次提供的节理模板是完全一致的，而硅胶复制岩石节理很难在细微之处保证完全一致。

图 5.2　3D 打印技术制备节理模型的制作过程

岩石节理的闭合变形试验可采用与岩石单轴压缩试验一致的方法进行：测试取圆柱体或棱柱体完整岩石试件进行压缩变形试验，得到完整岩石的压缩变形曲线[见图 5.3（Bandis et al.，1983）中的 A 曲线]；然后在试件中部形成一条与底面平行的节理（锯开或劈开），处于偶合状态时加压进行闭合变形试验，得到图 5.3 中的 B 曲线，该曲线与完整岩石试件压缩曲线的差值即为偶合节理的闭合变形曲线。试验过程中施加的最大压力应控制在加卸载循环结束后节理表面上看不到破坏现象的范围内，以便后续试验。对于圆柱体试件，将上半块岩石试件旋转某一角度；对于棱柱体试件，将上半块岩石试件向预定方向错开一定的位移量，可得到非偶合岩石节理试件（单个岩石节理面的形貌保持一致），闭合变形曲线见图 5.3 中的 C 曲线，该曲线与完整岩石试件压缩曲线的差值即为非偶合节理的闭合变形曲线。

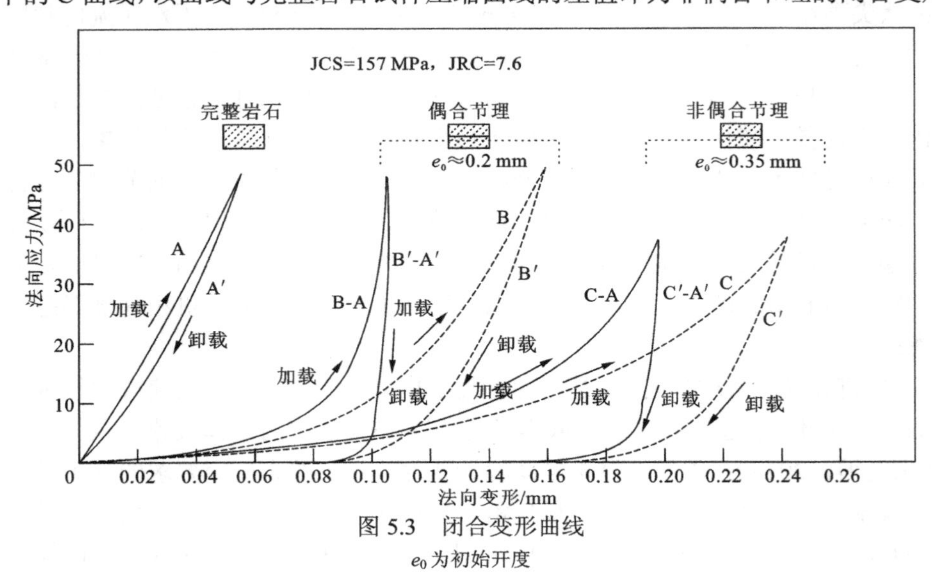

图 5.3　闭合变形曲线

e_0为初始开度

当试件较大时，加工时的平整度会对闭合变形有较大的影响。一般地，可在下半块试件的两对称侧面粘贴两块引伸计支承片，在上半块试件的两对称侧面粘贴两块位移传递片，支承片和位移传递片用刚度较好的角钢加工而成。试验时，用两个引伸计测量二者之间的相对位移，求其平均值并扣除二者间完整岩石在相应应力下的压缩变形，即得到节理的闭合变形。

岩石节理的初始开度是与其闭合变形性质密切相关的几何参数，在闭合试验中通常要确定初始开度。Bandis 等（1983）在一块铁板上固定磁性表座，磁性表座的悬臂平行于铁板平面，安装好千分表，将试件放于铁板上，旋转悬臂到试件正上方，测读千分表的读数，将试件劈开和错位后再将悬臂旋转到试件正上方，测读千分表的读数，其与完整试件的读数之差即为节理在不同接触状态下的初始开度。

5.1.2　变形性质

岩石节理的闭合变形曲线形状基本相同，具有高度的非线性。在法向应力较低时，变形较大且曲线的斜率较小；随法向应力增加，曲线斜率逐渐增大。对于偶合节理，随法向应力增加其闭合变形趋近于某一铅直的渐近值，即最大闭合变形，当法向应力很高时，偶合节理存在充分闭合的可能性。对于非偶合节理，由于表面随机分布的微凸体的相互作用，难以达到其最大闭合变形。闭合变形的非线性力学行为可能在于接触微凸体的弹性变形、压碎，以及新接触微凸体数量的增加（Tang et al.，2017）。如图 5.3 所示，闭合变形加卸载曲线表现出回滞环和永久变形，且随循环次数增加而快速减小。一般地，非偶合节理比偶合节理刚度低、回滞环大。影响岩石节理闭合变形的主要因素有初始接触面积、初始开度、形貌等。

Goodman（1976）把岩石节理闭合变形中的大部分非线性变形归结为接触微凸体的非线性压碎和张裂，并认为卸载曲线遵循完整岩石的相同曲线。而孙宗颀（1987）从接触理论出发，认为闭合变形中的非线性部分仍然是弹性的：当两个线弹性粗糙面受力接触变形时，变形与法向力的 5/2 次幂成正比；当其中一个面是光滑时，变形与法向力的 3/2 次幂成正比；在两个粗糙面完全弹性接触情况下，变形与法向力之间仍为非线性关系。表 5.1（夏才初和孙宗颀，2002）为几类不同岩性的岩石节理闭合变形试验加卸载循环试验中的法向变形恢复率，可以看出大部分闭合变形是可恢复的，非线性变形属于弹性范围。初始的接触只存在于有限数量的微凸体，法向荷载增加引起接触区域的增加，但局部接触应力显著增大，存在微凸体产生塑性变形甚至压碎的可能，从而表现出永久变形。对经历循环加卸载闭合变形的岩石节理而言，不可恢复率随加卸载次数的增加而逐步降低，如图 5.4 所示（曲线中的数字表示节理面壁的错开位移量）。对软岩而言情况较为复杂，部分软岩可恢复的闭合变形仅占总变形量的 30%左右。一般而言，岩石强度越低，初始接触的微凸体越容易被压碎，从而导致更低可恢复变形量。

表 5.1 节理闭合变形可恢复变形率

岩性	恢复率/%		抗压强度/MPa	弹性模量/GPa
	第一循环	第二循环		
花岗岩	87	93	234	68
大理岩	60	87	225	45
板岩	58	84	320	68
板岩层理	42	69	159	66
粗玄岩	30	46	165	78
石灰岩	18	67	152	49

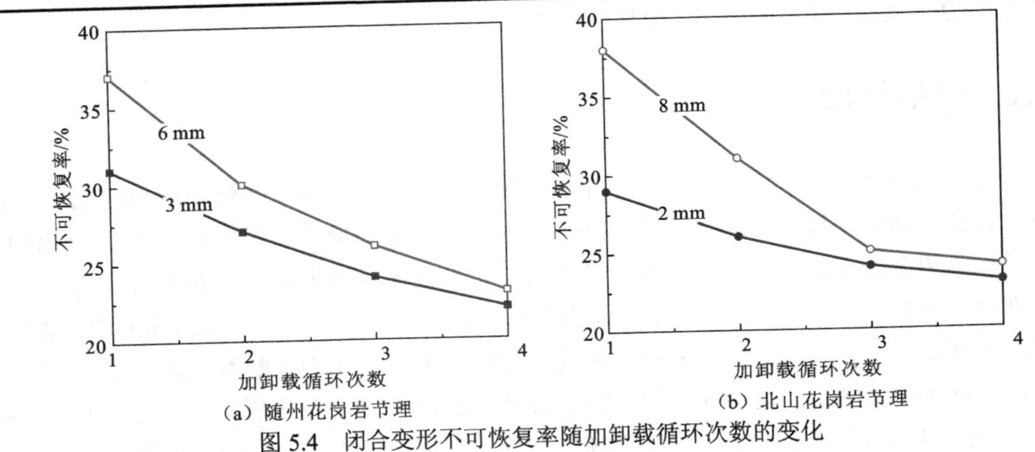

图 5.4 闭合变形不可恢复率随加卸载循环次数的变化

5.2 本构模型

5.2.1 经验公式

常用的经验模型有双曲线模型(Bandis et al., 1983; Goodman, 1976)、指数模型(Malama and Kulatilake, 2003)、幂函数模型(Swan, 1983)等。由于是对试验数据的拟合,经验模型难以估算法向荷载与岩石节理闭合变形的对应关系。

Goodman(1976)提出法向应力σ_n和闭合变形δ_n之间的无量纲双曲线关系:

$$\frac{\sigma_n-\sigma_{00}}{\sigma_{00}}=s_4\left(\frac{\delta_n}{\delta_{\max}-\delta_n}\right)^{t_4} \tag{5.1}$$

式中:σ_{00}为初始应力,可认为是岩石节理受到的地应力的法向分量;s_4、t_4分别为反映岩石节理几何特征、岩石力学性质参数,由试验确定。

Bandis 等(1983)对大量天然、不同风化程度的岩石节理进行了法向荷载作用下的压缩试验,通过分析试验数据并借鉴土体在三轴应力作用下的应力-应变关系模型,提出了更为简洁的双曲线经验公式：

$$\sigma_n = \frac{\delta_n}{a_4 - b_4\delta_n} \tag{5.2}$$

式中：a_4、b_4 为经验参数，当 $\sigma_n \to \infty$，$a_4/b_4 = \delta_{\max}$。

Bandis 模型能很好地反映岩石节理闭合变形的非线性特征，各参数有较好的物理意义且易于通过闭合变形试验获得，能够给出法向刚度的变化函数，成为岩石力学与工程界广泛运用的闭合变形模型。

Malama 和 Kulatilake（2003）发现在中等法向应力水平阶段（5～20 MPa）指数函数模型与试验值产生较大的偏差，引入“节理闭合变形半值应力”作为调节因子提出式（5.3）所示的描述节理闭合变形曲线的统一指数模型。统一指数模型虽然能够较好地拟合试验数据，但丢失了初始法向刚度的物理含义（俞缙 等，2008），且不太适用于描述高法向荷载作用下的闭合变形。

$$\delta_n = \delta_{\max}\left\{1 - \exp\left[-\left(\frac{\sigma_n}{\sigma_{1/2}}\right)^{n_4}\ln 2\right]\right\} \tag{5.3}$$

式中：n_4 为经验系数。

偶合岩石节理的闭合变形用双曲线模型来描述是最好的；对非偶合岩石节理，半对数函数拟合效果最好（Bandis et al.，1983）。

与闭合变形相关的另一重要参数为法向刚度 K_n，$K_n = \mathrm{d}\sigma_n/\mathrm{d}\delta_n$，即 δ_n-σ_n 曲线上任意一点的斜率（图 5.1）。根据式（5.2），可得

$$K_n = \frac{1}{a_4\left(1 - \frac{b_4}{a_4}\delta_n\right)^2} = \frac{K_{ni}}{\left(1 - \frac{\delta_n}{\delta_{\max}}\right)^2} \tag{5.4}$$

式中：K_{ni} 为初始法向刚度，$K_{ni} = \left.\frac{\mathrm{d}\sigma_n}{\mathrm{d}\delta_n}\right|_{\delta_n \to 0}$。

根据 Bandis 等（1983），偶合岩石节理的最大闭合变形量 $\delta_{\max}$、初始法向刚度 K_{ni} 可由式（5.5）～式（5.7）估算。同一节理在不同接触状态下，其初始开度和闭合变形性质都有很大不同，但基本的形貌参数和力学参数都是固定的，而根据式（5.7）只能得出相同的闭合变形方程，且均与接触状态无关，这与试验结果是不相符的（Tang et al. 2017；Li et al. 2015；Xia et al. 2003）。

$$\delta_{\max} = A_4 + B_4\mathrm{JRC} + C_4\frac{\mathrm{JCS}}{e_0} \tag{5.5}$$

$$K_{ni} = -7.15 + 1.75\mathrm{JRC} + 0.02\frac{\mathrm{JCS}}{e_0} \tag{5.6}$$

$$e_0 = \mathrm{JRC}\left(\frac{0.04\sigma_c}{\mathrm{JCS}} - 0.02\right) \tag{5.7}$$

式中：A_4、B_4、C_4 为经验系数；e_0 为岩石节理的初始开度；σ_c 为岩石单轴压缩强度。

非偶合岩石节理的初始法向刚度 $K_{ni,m}$ 可由式（5.8）估算。

$$K_{ni,m}=\frac{K_{ni}}{2+0.0004\times \mathrm{JRC}\times \mathrm{JCS}\times \sigma_n} \tag{5.8}$$

5.2.2 统计接触模型

1. Hertz 接触

Hertz 首次解决两弹性球体受压接触面之间的压力分布问题，之后被推广到一般的弹性体接触问题，成为分析粗糙表面接触问题的重要基础理论之一。Hertz 接触理论建立了法向变形量、接触荷载、接触半径/宽之间的内在关系。凡是满足如下三点假设均可视为 Hertz 接触：①接触区发生弹性小变形，接触物体视为弹性半空间体；②接触区域呈椭圆形，接触物体是各向同性的线弹性体；③不考虑切向摩擦力，两接触物体间仅传递法向荷载。当接触面附近的物体表面轮廓近似为二次抛物面，且接触面尺寸远比物体尺寸和表面的相对曲率半径小时，Hertz 接触理论与实际情况较为符合。

如图 5.5 所示，Hertz 接触压力在接触区域的中心位置最大，沿着接触半径方向，接触压力逐渐减小，在接触区边缘压力近似为零。Hertz 接触压力分布函数为

$$p(r)=\frac{p_{01}}{a_c}\sqrt{a_c^2-r^2} \tag{5.9}$$

式中：$p(r)$ 为 Hertz 接触压力分布函数；p_{01} 为赫兹接触最大接触荷载（接触中心处荷载）；a_c 为接触半径；r 为接触区域内某点与接触中心的距离。

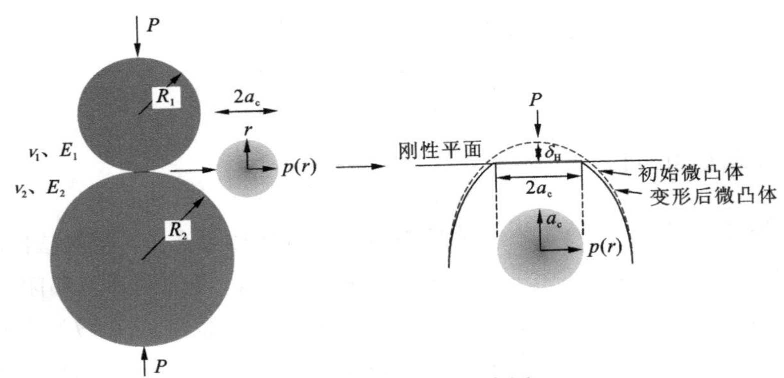

图 5.5 Hertz 接触示意图

根据弹性叠加原理，Hertz 接触理论中接触处曲率半径分别为 R_1 和 R_2 的球体接触可等效为一个平面与这两个球体形成的等效球体的接触。最大接触荷载 p_{01}、接触半径 a_c 和球心中心距接近量 δ_H 可分别由式（5.10）～式（5.12）确定，等效弹性模量 E^* 和等效球体半径 R_H 可由式（5.13）和式（5.14）确定。

$$p_{01}=\frac{3P}{2\pi a_c^2}=\sqrt[3]{\frac{6PE^{*2}}{\pi^3 R_H^2}} \tag{5.10}$$

$$a_c=\sqrt[3]{\frac{3PR_H}{4E^*}} \tag{5.11}$$

$$\delta_{\mathrm{H}} = \frac{a_{\mathrm{c}}^2}{R_{\mathrm{H}}} = \sqrt[3]{\frac{9}{16}\frac{P^2}{R_{\mathrm{H}}E^{*2}}} \tag{5.12}$$

$$E^* = \left(\frac{1-\nu_1^2}{E_1} + \frac{1-\nu_2^2}{E_2}\right)^{-1} \tag{5.13}$$

$$R_{\mathrm{H}} \equiv \left(\frac{1}{R_1} + \frac{1}{R_2}\right)^{-1} \tag{5.14}$$

式中：ν_1、ν_2 为两接触物体材料的泊松比；E_1、E_2 为两接触物体材料的弹性模量。

从而，接触变形后的球体受到的荷载 F_{H} 为

$$F_{\mathrm{H}} = \frac{4}{3}E^* R_{\mathrm{H}}^{\frac{1}{2}} \delta_{\mathrm{H}}^{\frac{3}{2}} \tag{5.15}$$

2. 多微凸体接触模型

真实物体表面很少是极度光滑的，即便是精细打磨的金属表面的微凸体也呈现出多尺度特征，峰顶峰谷表现出的周期性波长从纳米尺度到毫米尺度不等（Carpick，2018）。粗糙表面接触问题中最简单的情形为法向接触变形问题。Archard（1957）首次假设粗糙表面是由尺度不一的球状微凸体构成，众多小的球状微凸体分布在较大的球状微凸体之上，并指出实际接触面积与法向荷载呈比例关系。Greenwood 和 Williamson（1966）在此领域进一步做出了开创性工作，所建立的理论（即 GW 模型）成为后来研究固体粗糙表面接触问题的基准理论（GW 模型的提出主要源于金属表面的接触变形问题，岩石节理闭合变形属同一研究范畴，均为固体接触变形问题）。GW 模型假定（Vakis et al.，2018）：①有效粗糙表面由一系列峰点构成，峰点能以高度坐标及某一曲率半径表征；②峰点高度具有统计意义，服从某种密度分布函数（正态分布或指数分布）；③峰点变形满足 Hertz 接触条件，即不考虑切向摩擦作用；④峰点变形互不影响，即不考虑变形相互作用。根据 GW 理论框架，两个粗糙表面的接触问题可以转化为光滑弹性平面与如图 5.6 所示的粗糙表面的弹性接触问题。粗糙表面接触产生的总荷载可通过累加每一接触点的荷载确定。若粗糙表面的峰点高度服从密度分布函数 $\phi(z)$、峰点密度为 η，则总的接触力 F_{GW} 可由式（5.16）确定。

$$F_{\mathrm{GW}} = \frac{4}{3}A_0'\eta E^* \beta^{\frac{1}{2}} \int_{d_0}^{\infty} (z-d_0)^{\frac{3}{2}} \phi(z)\mathrm{d}z \tag{5.16}$$

式中：A_0' 为名义接触面积；β 为峰点半径；d_0 为刚性平面与参考平面（平均平面）之间的距离。

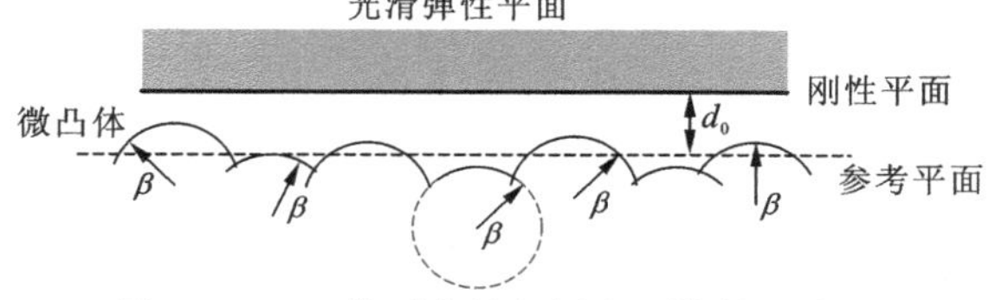

图 5.6　GW 模型中的粗糙表面接触示意图

图 5.6（Tang and Zhang，2021）所示的参考平面可以任意选择，在计算时常选用高度变化的平均面（一般取最小二乘面）。GW 模型对粗糙表面不同尺度的微凸体进行平均化处理，采用单一尺度表征微凸体，因此在描述变形较小条件下的粗糙表面接触问题时计算结

果与试验结果更为接近（Carbone and Bottiglione，2008），此时微凸体变形相互作用不太明显。GW 模型中采用的形貌参数（峰顶平均半径和峰点密度）与采样间距、峰点确定方法等密切相关（Tang et al.，2022b；Tang and Jiao，2020），从而对计算结果有一定的影响。纯弹性的接触变形过程中，GW 模型理论认为实际接触面积与接触荷载之间几乎呈线性关系，且材料的弹性参数与粗糙表面的形貌参数均起到重要作用（Brown and Scholz，1985）。

Greenwood 和 Tripp（1971）进一步提出考虑两个粗糙表面接触变形的理论模型，由于假设粗糙表面的接触仅在微凸体的峰顶处产生，该模型只适用于描述偶合度极差的岩石节理的闭合变形问题（Brown and Scholz，1985）。Swan（1983）采用粗糙岩石节理的闭合变形验证该模型，事先假设峰点高度的分布密度函数分别为指数函数、正态函数和幂函数，获得的计算结果只能定性地描述变形过程中接触刚度的变化，只有对形貌参数进行修正后才可获得与试验值较为一致的结果。作为比较，Swan（1983）舍弃假定峰点高度的分布密度函数，而采用岩石节理的实测剖面数据进行数值计算，计算结果与试验值较为一致。

与 Greenwood 和 Tripp（1971）所做的接触假设不同，Brown 和 Scholz（1985）认为粗糙平面的接触并不仅仅局限于峰顶，而是能够在任一位置处产生，且在法向荷载作用下当前接触变形会导致邻近区域产生变形，从而出现新的接触。如图 5.7 所示，Brown 和 Scholz（1985）引入“组合形貌”的概念描述产生接触的可能性，接触在两个表面靠得最近处发生（即“组合形貌”的最高处），而并非都与单一两个面的峰顶对应。为克服 GW 模型不能考虑接触处切向应力对法向变形的影响，采用 Mindlin 和 Deresiewicz（1953）关于球体斜压接触理论引入“切向应力修正系数”计算接触力 F_{BS}，所建立的理论模型见式（5.17），称为 BS 模型。

$$F_{\mathrm{BS}}=\frac{4}{3}A_0'\eta\langle\psi\rangle E^*\beta^{\frac{1}{2}}\int_{d_0}^{\infty}(z-d_0)^{\frac{3}{2}}\phi(z)\mathrm{d}z \tag{5.17}$$

式中：$\langle\psi\rangle$ 为切向应力修正系数平均值。

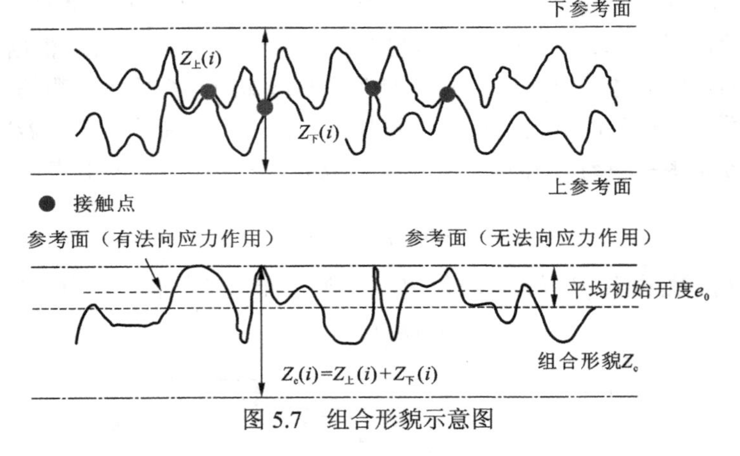

图 5.7　组合形貌示意图

Brown 和 Scholz（1985）指出在大多数情况下，该修正系数非常小，是可以忽略的，因此 GW 模型可视为 BS 模型的特例。BS 模型隐含几点假设：①峰顶平均半径和切向应力修正系数与组合形貌中峰点高度无相关性；②接触区域为圆形；③峰点的弹性变形互不影响。根据 BS 模型的计算结果，岩石节理在闭合变形过程中的实际接触面积与名义面积相比非常小，即便法向应力超过 50 MPa，二者之比也小于 1%。

3. 考虑起伏体的多微凸体接触模型

GW 模型和 BS 模型主要适用于粗糙表面峰点是随机分布的接触问题，但岩石节理的形貌通常包含低频的周期性起伏度分量和高频的随机分布粗糙度分量（ISRM，1978），上述模型均未对此进行区分。Xia 等（2003）根据岩石节理上、下面壁的形貌及其组合形貌将其接触分为三种类型，如图 5.8 所示，并提出了适用于三种接触类型的统一闭合变形模型。对含起伏度的岩石节理的闭合变形问题，可转化为一个光滑平面与一个由该节理的组合形态形成的含起伏度粗糙面的闭合变形问题，也可转化为一个光滑起伏度与一个粗糙平面接触的闭合变形问题（Xia et al.，2003）。

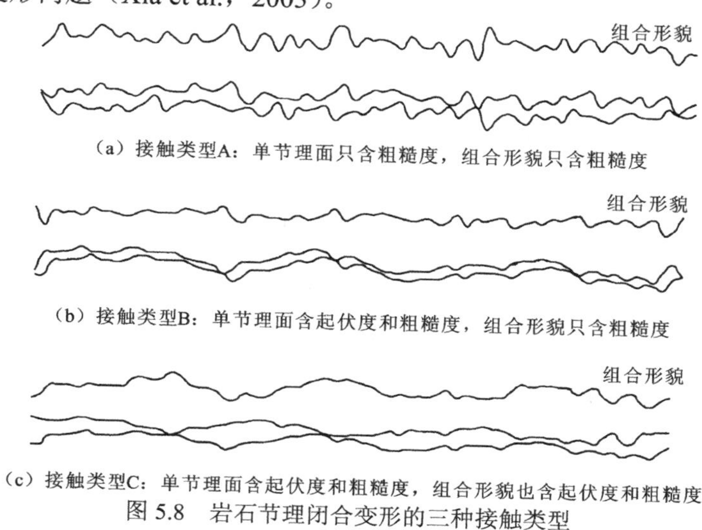

图 5.8　岩石节理闭合变形的三种接触类型

Xia 等（2003）对随机粗糙度的变形接触做出与 GW 模型相同的假设，对波峰体的变形接触做出两点假设：①在接触处的某一邻域内近似于半径为 R_w 的球体；②变形服从 Hertz 接触理论。为便于分析，只考虑单个波峰体与粗糙表面的接触，如图 5.9 所示。其中 R_w 为起伏度接触处曲率半径，粗糙度分量的微凸体高度分布密度函数为 $f(z)$，原点 O 取在粗糙度分量的最大峰顶处。在法向荷载 P 的作用下，接触区域半径为 a_c、接触压力分布为 $q(r)$，则接触变形 δ_n 为微凸体变形 $u(r)$、波峰体变形 $w(r)$、波峰体与粗糙面中心平面边界距离 r^2/R_w 的函数，即

$$\delta_n = u(r) + w(r) + \frac{r^2}{2R_w} \tag{5.18}$$

在 $r \geqslant a_c$ 处，波峰体与微凸体不接触，$u(a_c)=0$，从而有

$$\delta_n = w(a_c) + \frac{a_c^2}{2R_w} \tag{5.19}$$

结合式（5.18）和式（5.19），得到微凸体的变形方程：

$$u(r) = w(a_c) - w(r) + \frac{a_c^2 - r^2}{2R_w} \tag{5.20}$$

根据弹性理论，波峰体的变形为

$$w(r) = \frac{1}{\pi E^*}\iint q(r)\mathrm{d}s\mathrm{d}\varphi \tag{5.21}$$

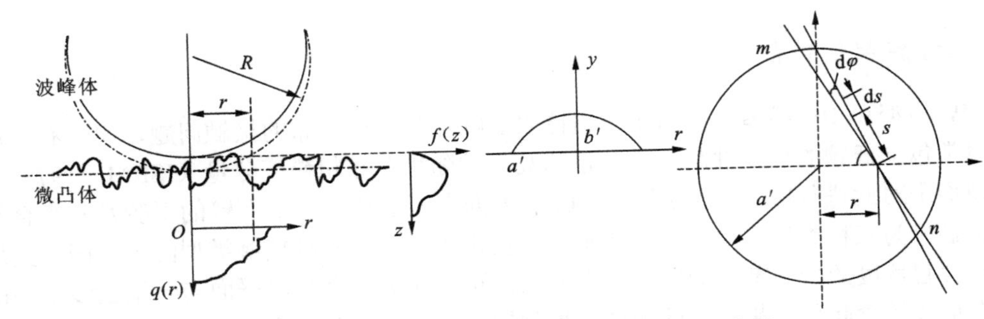

图 5.9　岩石节理起伏度的波峰体与粗糙表面的接触

Xia 等（2003）假定接触压力 $q(r)$的大小是以 $2a'$ 为底、b' 为基圆半径的箕舌线旋转体的纵坐标，则距接触中心为 r 处的压力分布为

$$q(r)_1 = \frac{q(0)}{a_0'}\left(\frac{8b'^3}{r^2+4b'^2}-\frac{8b'^3}{a'^2+4b'^2}\right) \tag{5.22}$$

式中：a_0 为形状条数。

由静力平衡条件，接触区域内的压力总和等于外加压力 P，从而得到接触压力分布公式：

$$q(r)_1 = \frac{P}{\pi c_0'}\left(\frac{1}{r^2+4b'^2}-\frac{1}{a'^2+4b'^2}\right) \tag{5.23}$$

$$c_0' = \ln\left(\frac{a'^2+4b'^2}{4b'}-\frac{a'^2}{a'^2+4b'^2}\right) \tag{5.24}$$

把接触压力 $q(r)_1$ 沿弦 mn 进行积分：

$$\int q(r)_1 \mathrm{d}s = \frac{q_0}{a_0}F(r,\varphi) \tag{5.25}$$

$$q_0 = \frac{a'^2 P}{4\pi b'^2 c_0'(a'^2+4b'^2)} \tag{5.26}$$

$$a_0' = \frac{2a'^2 b'}{a'^2+4b'^2} \tag{5.27}$$

式中：$F(r,\varphi)$ 为箕舌线形的面积。

考虑弦 mn 的纵坐标是从 $-\sqrt{a'^2-r^2\sin^2\varphi}$ 到 $\sqrt{a'^2-r^2\sin^2\varphi}$，结合式（5.23）、式（5.26）和式（5.27），得

$$F(r,\varphi) = 2\int_0^{\sqrt{a'^2-r^2\sin^2\varphi}}\left(\frac{8b'^3}{r^2+4b'^2}-\frac{8b'^3}{a'^2+4b'^2}\right)\mathrm{d}s \tag{5.28}$$

积分后得

$$F(r,\varphi) = 8b'^2\left[\tan^{-1}\left(\frac{1}{2b'}\sqrt{a'^2-r^2\sin^2\varphi}\right)-\frac{2b'}{a'^2+4b'^2}\sqrt{a'^2-r^2\sin^2\varphi}\right] \tag{5.29}$$

联立上述各式，得到波峰体的弹性变形为

$$w(r) = \frac{2P}{\pi^2 E^* b' c_0'}\int_0^{\frac{\pi}{2}}\left[\tan^{-1}\left(\frac{1}{2b'}\sqrt{a'^2-r^2\sin^2\varphi}\right)-\frac{2b'}{a'^2+4b'^2}\sqrt{a'^2-r^2\sin^2\varphi}\right]\mathrm{d}\varphi \tag{5.30}$$

另一方面，微凸体的接触压力分布与其变形 $u(r)$ 有关，考虑微凸体与波峰体的接触力是一对作用力与反作用力，根据 GW 模型可得到接触区压力分布的又一表达式：

$$q(r)_2=\frac{4}{3}\eta E^{*}\bar{\beta}^{\frac{1}{2}}\int_0^{u(r)}\sqrt{[u(r)-z]^3}f(z)\mathrm{d}z \tag{5.31}$$

式中：$\bar{\beta}$ 为峰顶平均曲率半径。

求解时，先假定箕舌线的形态参数 a' 和 b'，计算分布压力 $q(r)_1$；再由微凸体的变形 $u(r)$计算分布压力 $q(r)_2$；通过迭代计算，在 $r=0$、$r=0.5a'$ 处使 $q(r)_1=q(r)_2$，最终求得节理的闭合变形量及相关闭合变形性质。输入参数包括峰点密度、峰顶平均曲率半径、微凸体高度分布密度函数、波峰体曲率半径、岩石节理的初始开度和岩石的弹性参数。

Xia 等（2003）对上述含起伏度的多微凸体接触模型进行参数分析，研究了波峰体半径、粗糙度的高度均方根、岩石节理初始开度和起伏度频率对闭合变形性质的影响，得出如下结论。

（1）岩石节理的法向刚度随波峰体半径 R_{w} 的增大而增大，闭合变形曲线变陡，当波峰体半径趋于无限大时，与 BS 模型的计算结果保持一致，说明组合形态含起伏度的岩石节理的法向刚度总是比不含起伏度的小。

（2）岩石节理的法向刚度随粗糙度的高度均方根的变小而增大，当粗糙度的高度均方根足够小时，闭合变形曲线趋近于光滑平面与光滑波峰体接触的 Hertz 解，说明岩石节理表面的粗糙度使其法向刚度下降，变形量增大。

（3）初始开度对岩石节理闭合变形曲线的影响较大。相同粗糙度的节理，初始开度越大，法向刚度就越小；节理越粗糙，在不同接触状态下，节理初始开度的可变化范围越大，对闭合变形性质的影响也越大。

（4）起伏度频率对闭合变形影响较小，法向刚度随其频率增加仅略有降低。

该模型的不足之处主要表现在几个方面：①假定波峰体与粗糙度分量的接触发生在其峰点最高处，这与实际接触情况并不一致；②波峰体与粗糙度分量易产生斜压接触，特别是当接触没有发生在波峰体峰顶时；③不易确定岩石节理的初始开度；④缺乏判别起伏度分量和粗糙度分量的依据。

4. 耦合基体变形–微凸体变形相互作用的多微凸体接触模型

试验观测（Marache et al.，2008；Lee and Harrison，2001；Hopkins，2000；Cook，1992）表明，法向荷载作用下微凸体变形引起其下基体产生相应的协调变形，如图 5.10（Yeo et al.，2009）所示，从而邻近区域产生新的变形，如图 5.11（Tang et al.，2017）所示，导致变形影响范围内的微凸体的位置发生改变，如图 5.12（Tang et al.，2017）所示，即微凸体变形相互作用。

根据弹性理论（Popov，2010），法向荷载作用下峰顶曲率半径为 β 的微凸体的变形引起基体变形 $U_z(r)$ 的大小为

$$\begin{cases}U_z(r)_1=\dfrac{\pi p_{02}}{4E_{\mathrm{b}}r_{\mathrm{b}}}(2r_{\mathrm{b}}^2-r^2), & 0\leqslant r\leqslant r_{\mathrm{b}}\\ p_{02}=3F_{\mathrm{a}}/(2\pi r_{\mathrm{b}}^2)\end{cases} \tag{5.32}$$

当 $r=0$ 时，得到接触中心点下的基体变形 δ_{b}：

$$\delta_{\mathrm{b}}=U_z(0)=\frac{\pi p_{02}}{2E_{\mathrm{b}}}r_{\mathrm{b}} \tag{5.33}$$

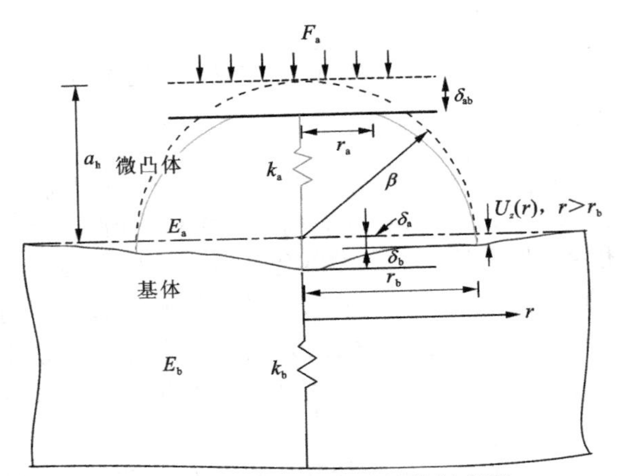

图 5.10　微凸体、基体的接触变形

F_a 为微凸体的法向荷载；δ_{ab}、δ_a、δ_b 分别为微凸体给定变形、微凸体变形和基体协调变形；a_h 为微凸体高度；r_a 为接触区域半径；β 为微凸体峰顶曲率半径；E_a、E_b 分别为微凸体和基体的弹性模量；r_b 为微凸体基圆半径；k_a、k_b 分别为微凸体法向刚度、基体法向刚度；$U_z(r)$为微凸体基圆范围外邻近区域内的法向变形；r 为距接触中心点的距离

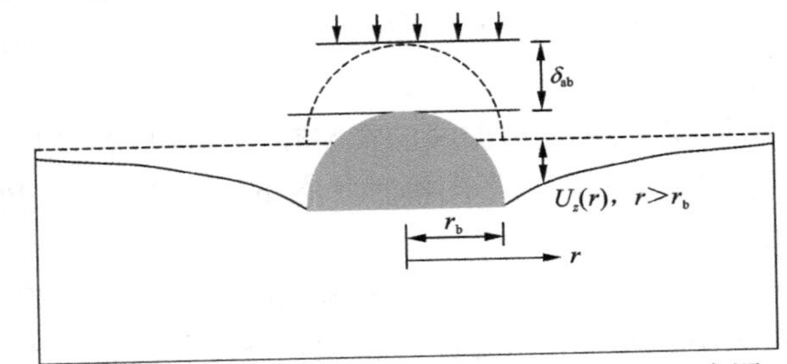

图 5.11　单个微凸体变形引起邻近区域变形示意图

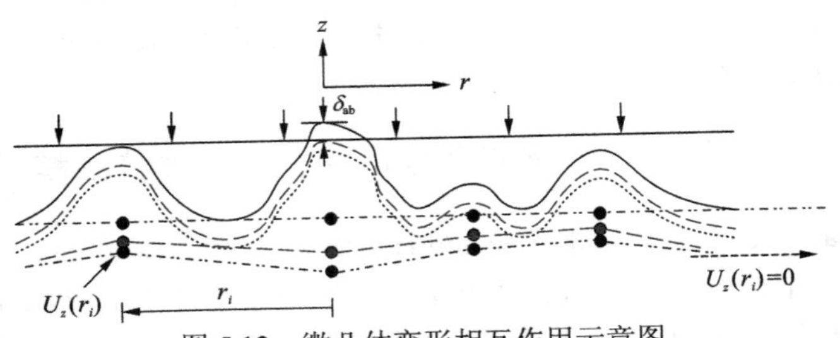

图 5.12　微凸体变形相互作用示意图

$U_z(r_i)$为受到影响的第 i 个微凸体的法向变形

由弹性理论，微凸体法向刚度 k_a 、基体法向刚度 k_b 分别为

$$\begin{cases} k_a = 2\sqrt{\beta}E_a\sqrt{\delta_a} \\ k_b = \dfrac{4}{3}r_b E_b \end{cases} \tag{5.34}$$

根据协调变形条件，有

$$\delta_{ab} = \delta_a + \delta_b \tag{5.35}$$

将微凸体法向刚度和基体法向刚度视为串联弹簧，由静力平衡条件：

$$F_a = k_{ab} \times \delta_{ab} = k_a \times \delta_a = k_b \times \delta_b \tag{5.36}$$

式中：k_{ab} 为微凸体-基体的综合法向刚度，$k_{ab}^{-1} = k_a^{-1} + k_b^{-1}$。

联立上述各式，可得微凸体给定变形 δ_{ab}、微凸体变形 δ_a 之间的函数关系：

$$\frac{3\sqrt{\beta}E_a}{2r_bE_b}\delta_a^{\frac{3}{2}}+\delta_a-\delta_{ab}=0 \tag{5.37}$$

对岩石节理的接触变形而言，不妨做出如下假设：

$$\begin{cases}E_a=E_b\\ \beta=r_b\end{cases} \tag{5.38}$$

从而有

$$\delta_a=\frac{\delta_{ab}}{1+\dfrac{3}{2\sqrt{\beta}}\sqrt{\delta_a}} \tag{5.39}$$

式（5.39）为迭代方程，可通过两次迭代将其简化为

$$\delta_a=\frac{\delta_{ab}}{1+\dfrac{3}{2\sqrt{\beta}}\sqrt{\delta_{ab}\Big/\left(1+\dfrac{3}{2\sqrt{\beta}}\sqrt{\delta_{ab}/2}\right)}} \tag{5.40}$$

如此，考虑基体协调变形的微凸体变形为

$$\delta_a=\varphi(\delta_{ab})=\varphi(z-d_0)=\frac{z-d_0}{1+\dfrac{3}{2\sqrt{\beta}}\sqrt{(z-d_0)\Big/\left(1+\dfrac{3}{2\sqrt{\beta}}\sqrt{(z-d_0)/2}\right)}} \tag{5.41}$$

结合式（5.41）和 BS 模型（切向应力修正系数 $\langle\psi\rangle=1$），得到考虑基体变形的接触区压力分布表达式 $q(r)_3$（Tang et al.，2014）：

$$q(r)_3=\frac{4}{3}\eta E^*\bar{\beta}^{1/2}\int_0^{u(r)}\sqrt{\left[\varphi(z-d_0)\right]^3}f(z)\mathrm{d}z \tag{5.42}$$

若假定接触首先从组合形貌中高度最大的微凸体开始，该变形引起邻近微凸体法向位置的调整（图 5.12），继而产生新的接触并进一步调整微凸体的法向位置。重复这一过程直至达到平衡，即为微凸体变形相互作用。根据 Ciavarella 等（2006），微凸体基圆之外一定范围内的法向变形可由式（5.43）确定。为考虑微凸体变形相互作用对接触压力的影响，采用对单个微凸体接触压力 F_a 逐个求和的方法确定整个节理面的接触压力 F_T，见式（5.44）。

$$U_z(r)=\frac{p_{02}}{2r_bE_b}\left[(2r_b^2-r^2)\sin^{-1}(r_b^2/r)+r_b\sqrt{r^2-r_b^2}\right] \tag{5.43}$$

$$F_T=\sum_{i=1}^{N}F_a,\quad i=1,2,\cdots,n \tag{5.44}$$

式中：N 为接触微凸体数量。

对同一接触而言，起伏体与微凸体之间的接触力是一对作用力与反作用力，因此在接触区域内的压力分布可认为是相同的。但是在接触区域内，可能存在多个接触，为此假定满足特殊平衡条件则认为接触力产生的总体效果是相同的，由此得到节理的闭合变形。

求解时，先给 a'、b' 赋非零的初始值，由式（5.30）计算波峰体变形 $w(r)$、式（5.20）计算微凸体变形 $u(r)$；结合式（5.23）和式（5.24）计算含粗糙度节理的接触压力分布；最后，迭代计算满足两处平衡条件的闭合变形：①接触中心处压力相等，$q(0)=F_{T0}$；②作用

在波峰体的外荷载 P 与微凸体变形产生的总接触压力 F_T 相等，$P=F_T$。在应用上述模型之前，需要区分节理的起伏度分量和粗糙度分量，采用傅里叶级数对形貌的起伏度分量和粗糙度分量进行分离（Xia et al.，2003），求解新模型的计算流程图见图 5.13（Tang et al.，2017）。

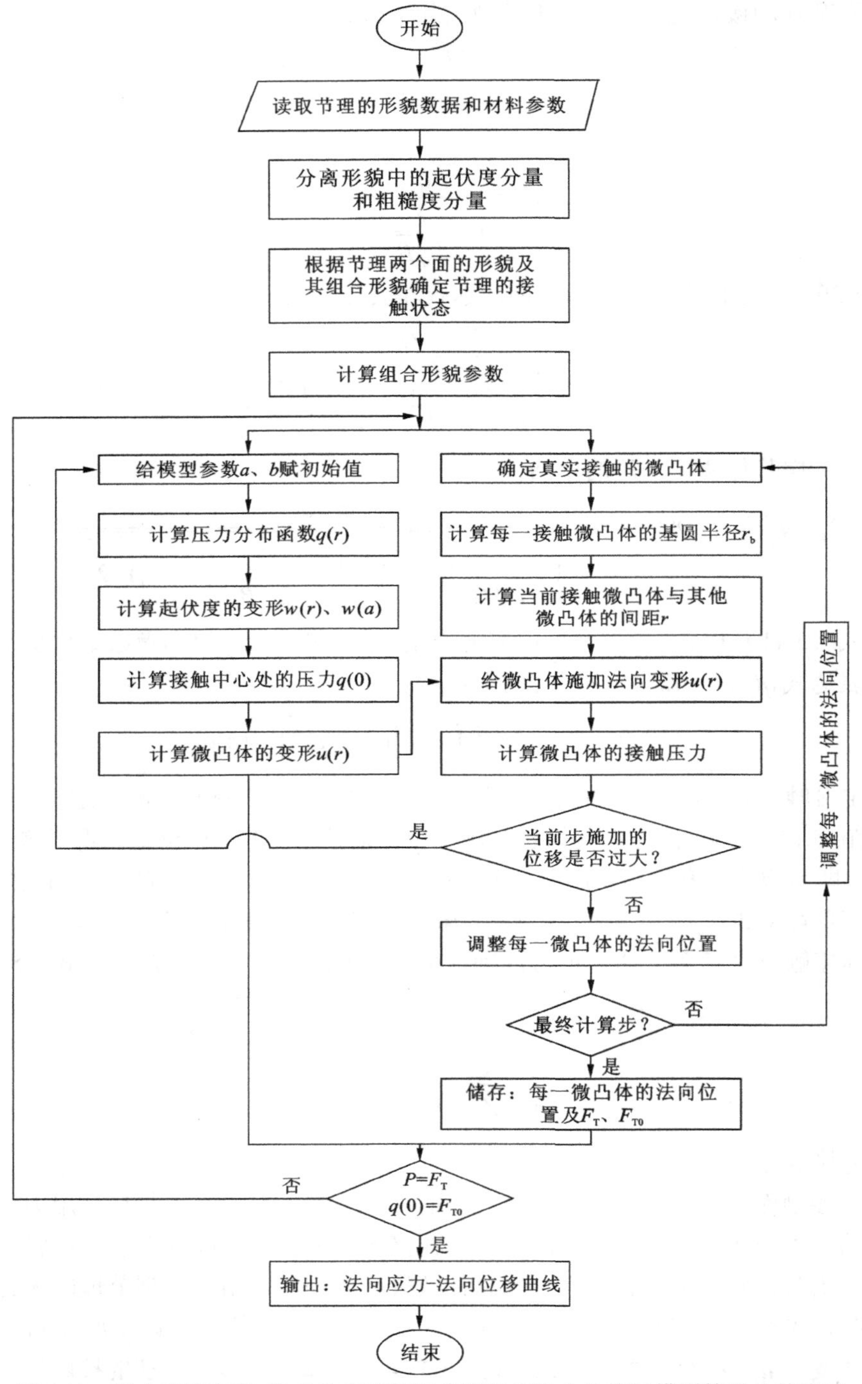

图 5.13　耦合基体变形-微凸体变形相互作用的多微凸体接触模型简易计算流程

耦合基体变形-微凸体变形相互作用的多微凸体接触模型也将微凸体的变形视为弹性的。事实上，即便施加的名义法向荷载很小，由于接触面积非常小，实际接触应力也是非常大的（相对于名义法向应力）。在闭合变形过程中，可能会出现塑性变形，部分情况下微凸体甚至会产生破坏（Lanaro and Stephansson，2003；Xia et al.，2003；Swan，1983）。微凸体的空间几何形态在接触变形的过程中会产生一定的变化，影响接触处的切向摩擦力，从而影响接触压力的分布和接触变形（Tang et al.，2014）。

为验证耦合基体变形-微凸体变形相互作用的多微凸体接触模型，采用水泥砂浆类岩石材料制备两组形貌有明显差异的试件，分别命名为节理 J-I、节理 J-II，每组 4 个。类岩石材料的密度为 2200 kg/m^3，单轴压缩强度为 27.5 MPa，抗拉强度为 1.54 MPa，基本摩擦角为 35.0°，弹性模量为 6.1 GPa，泊松比为 0.16。采用 TJXW-3D 型便携式岩石三维表面形貌仪（分辨率为 20 μm）获取节理的三维形貌坐标数据。

本次试验中，将节理的上、下面壁分别错开 5 mm、10 mm、15 mm 以获得不同接触状态，进而对不同的组合形貌进行闭合变形试验（各组试件中单个节理面的形貌是一样的）。具体操作方法：①令节理的上、下试块处于紧贴的偶合状态，此时节理上、下面壁的错开位移量为 0 mm；②在节理面所在平面画间距为 1 mm 的等间距直线；③固定下半个节理试块，将上半个节理试块沿剪切方向移动，如 5 mm、10 mm、15 mm 等，得到不同接触状态的新试件用于试验。在移动过程中，抬高节理的上半试块以避免试件接触而造成磨损。

本次闭合变形试验在同济大学岩土及地下工程教育部重点实验室的 CSS-342 岩体剪切试验机上完成。试验前先施加 50 kPa 的法向应力稳定试验系统，然后以 0.002MPa/s 的速率加载到 3.0 MPa。在试件的 4 个角点处设置监测点用线性可变差动变压器（linear variable differential transformer，LVDT）记录该点的闭合变形，分辨率为 0.001 mm，4 个角点记录结果的平均值为该试件的闭合变形。对错开位移量的节理试件，在闭合变形试验时需特别注意上半试块的位置，在施加 50 kPa 的稳定荷载时应使试块与作动器完全接触以免出现偏心加载。闭合变形曲线呈典型的非线性特征，如图 5.14 所示。虽然单个节理面的形貌是相同的，但其闭合变形随错开位移量的不同而不同，总体趋势是在相同的法向应力作用下闭合变形随上、下表面错开位移量的增加而增加，从侧面说明与节理闭合变形直接相关的是不同接触下的组合形貌，而不仅仅是单个节理面的形貌。

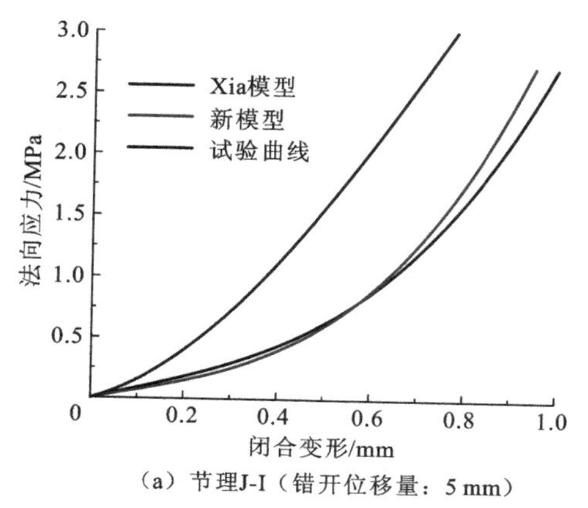

（a）节理J-I（错开位移量：5 mm）

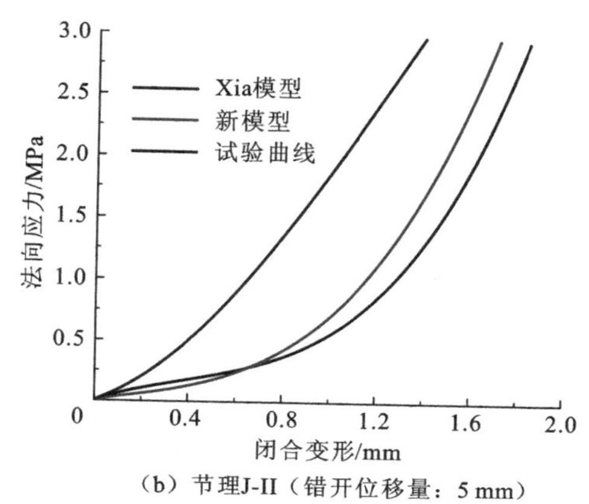

（b）节理J-II（错开位移量：5 mm）

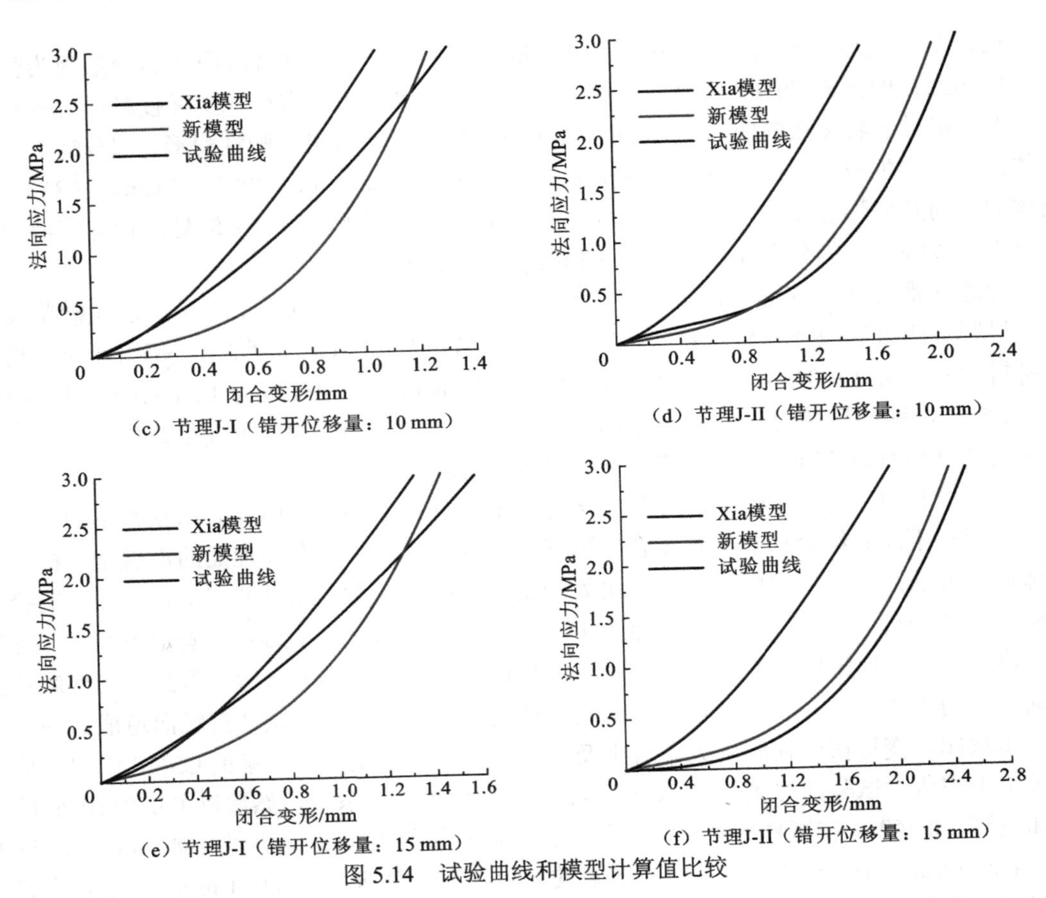

（c）节理J-I（错开位移量：10 mm）

（d）节理J-II（错开位移量：10 mm）

（e）节理J-I（错开位移量：15 mm）

（f）节理J-II（错开位移量：15 mm）

图 5.14 试验曲线和模型计算值比较

求解模型所需要的形貌参数见表 5.2。根据图 5.8 所示的岩石节理闭合变形的三种接触类型，节理 J-I 属于接触类型 I、节理 J-II 属于接触类型 III。考虑起伏体的多微凸体接触模型（Xia 模型）、耦合基体变形-微凸体变形相互作用的多微凸体接触模型（新模型）的计算曲线与试验曲线的比较见图 5.14。总体上可以看出，考虑基体变形和微凸体变形相互作用的耦合模型计算曲线更为接近试验值。当法向应力较小时，新模型预测的法向刚度小于 Xia 模型预测的法向刚度；但随法向应力的增加，由新模型计算确定的法向刚度增加速率大于 Xia 模型计算确定的法向刚度增加速率。新模型在分析微凸体变形相互作用时，采用离散方法逐个搜索可能的接触点，初始接触变形始于组合形貌中最大峰点处，所以初始的接触刚度比较小；随法向应力增加，越来越多的微凸体产生接触并可能“融合”形成接触圆斑（即从点状接触到面状接触），从而导致法向刚度快速增加。

表 5.2 模型求解输入参数

错开位移量/mm	节理 J-I				节理 J-II			
	η /mm^{-2}	$\overline{\beta}$ /mm	R_w	e_0	η /mm^{-2}	$\overline{\beta}$ /mm	R_w	e_0
5	0.166 6	6.324 8	∞	1.36	0.097 0	5.162 6	141.8	2.18
10	0.172 7	6.227 6	∞	1.93	0.095 0	5.458 4	144.3	2.66
15	0.173 8	6.443 0	∞	2.24	0.095 5	5.364 2	143.2	3.02

5. 其他统计接触模型

GW 模型的局限性已被广为认知，为尽可能准确地描述固体表面的法向接触刚度、实际接触面积与接触变形的关系，通过改变峰点形态和接触发生条件等，不同学科领域的学者在 Hertz 接触和 GW 模型理论的框架上相继提出不同的统计接触模型，Vakis 等（2018）对此做了较为详细的阐述，但该综述文献未涉及与岩石节理法向变形相关的理论接触模型。为便于参考和比较，简要介绍几个常在岩石力学相关文献中讨论的接触模型，详细内容请查阅原文。

1）Yamada 模型

Yamada 等（1978）对粗糙接触面上、下两个面壁分别考虑，微凸体高度坐标均相对于各自的基准平面 Z_1 和 Z_2，峰点高度分布密度函数分别为 $f(z_1)$ 和 $f(z_2)$，如图 5.15 所示，其余假设与 GW 模型相同。两基准平面的距离记为 z_a，则

$$h_Y = z_a - z_1 - z_2, \quad \Delta h_Y = h_Y - \frac{r^2}{2(R_1 + R_2)}$$

从而粗糙表面总的接触荷载可由式（5.45）计算。

$$F = \frac{16}{15} A_0 \eta_1 \eta_2 E^* [R_1 R_2 (R_1 + R_2)]^{1/2} \int_0^{z_a} \int_0^{z_a - z_1} (z_a - z_1 - z_2)^{5/2} f(z_1) f(z_2) \mathrm{d}z_1 \mathrm{d}z_2 \tag{5.45}$$

式中：η_1、η_2 分别为两个粗糙表面微凸体的峰点密度；R_1、R_2 分别为接触微凸体的峰顶曲率半径。

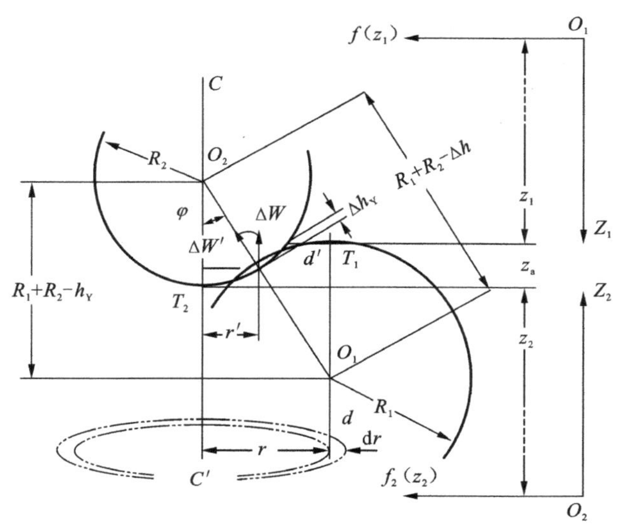

图 5.15　微凸体接触几何关系

假设微凸体连心线之间的变形 Δh_Y 与法向位移相等（夏才初和孙宗颀，2002），从而对 Yamada 模型进行了适当的简化处理以便于数值计算。Yoshioka（1994）认为 Yamada 模型忽略了峰点与峰谷、峰肩的接触。

2）Misra 模型

Misra（1997）认为岩石节理微凸体接触面的空间方位分布对其接触行为（法向接触刚度、变形和切向刚度、变形等）有重要影响，并且考虑弹性变形和非弹性变形，岩石节理采用 Brown 和 Scholz（1985）定义的组合形貌表征，细观几何特征由微凸体高度 r_M、峰顶曲率半径 R_M 和微凸体接触面方位（子午角 θ_M、方位角 ϕ_M）三个量描述，如图 5.16（Misra and Huang，2012）所示。微凸体高度分布密度函数 $H(r_M)$采用如式（5.46）所示的 Gamma 函数表示；峰顶曲率半径的分布密度函数采用 Gamma 分布或卡方分布（Adler and Firman，1981），或者均布函数（Yoshioka and Scholz，1989）；微凸体接触面方位的分布密度函数 $\xi(\Omega)$由式（5.47）表示。整个岩石节理面的法向接触力 F_M 通过累加单个微凸体的接触力 f_i^M 实现，积分表达式见式（5.48）。

$$H(r_M)=\frac{r_M^{\alpha_M}\mathrm{e}^{-r_M/\beta_M}}{\Gamma(\alpha_M+1)\beta_M^{(\alpha_M+1)}}\ (0<r_M<\infty,\ \ \alpha_M>-1,\ \ \beta_M>0) \tag{5.46}$$

式中：α_M、β_M 为与微凸体高度均值 r_m、方差 r_σ 有关的参数，$r_m=\beta_M(\alpha_M+1)$、$r_\sigma^2=\beta_M^2(\alpha_M+1)$。

$$\xi(\Omega)=\frac{a_M\sin a_M\theta_M}{2\pi\sin\theta_M}\left[1+\frac{b_M}{4}(3\cos 2a_M\theta_M+1)+3c_M\sin^2 a_M\theta_M\cos 2\phi_M\right]$$
$$\left(0\leqslant\theta_M\leqslant\frac{\pi}{2a},\ \ 0\leqslant\phi_M<2\pi,\ \ a_M\geqslant 1\right) \tag{5.47}$$

式中：a_M、b_M、c_M 为分布密度函数形状参数，其中，a_M 体现粗糙度对接触方位的影响、b_M 和 c_M 体现粗糙度各向异性性质的影响。

$$F_M=\int_r\int_\Omega\int_R f_i^M G(R)\xi(\Omega)H(r_M)\mathrm{d}R\mathrm{d}\Omega\mathrm{d}r_M \tag{5.48}$$

式中：$G(R)$ 为峰顶曲率半径分布密度函数。

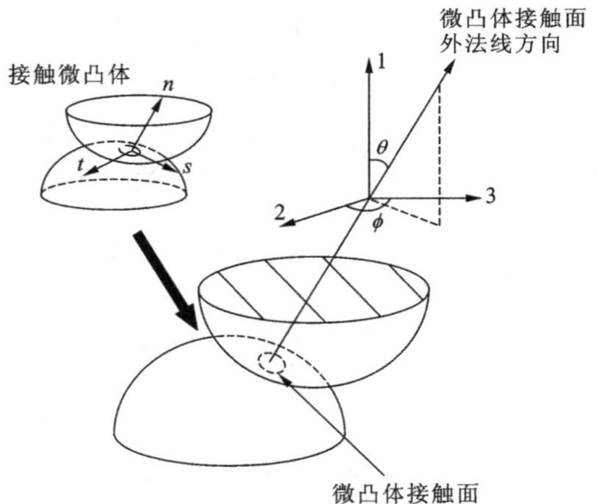

图 5.16　微凸体接触方位示意图

3）Matsuki 模型

Matsuki 等（2008）假设岩石节理初始开度的概率密度函数服从高斯分布或 χ^2 分布，

并引入有效初始开度和无效初始开度的比值，通过初始开度标准偏差、初始开度谱矩、平均有效初始开度与初始开度标准差之比三个参量表征法向应力作用下岩石节理的闭合变形。如图 5.17（Matsuki et al.，2008）所示，当给定局部最小开度的概率密度函数 $\phi(u_m)$、接触处峰顶半径的条件概率密度函数 $B(\beta/u_m)$，接触变形 $(\delta-u_m)$ 对应的法向应力 σ_n 可由式（5.49）确定。

$$\sigma_n=\frac{2}{3}\eta E^*\int_0^{\delta}\left[\beta^{\frac{1}{2}}B(\beta/u_m)\mathrm{d}\beta\right](\delta-u_m)^{\frac{3}{2}}\phi(u_m)\mathrm{d}u_m \tag{5.49}$$

式中：u_m 为局部最小开度。

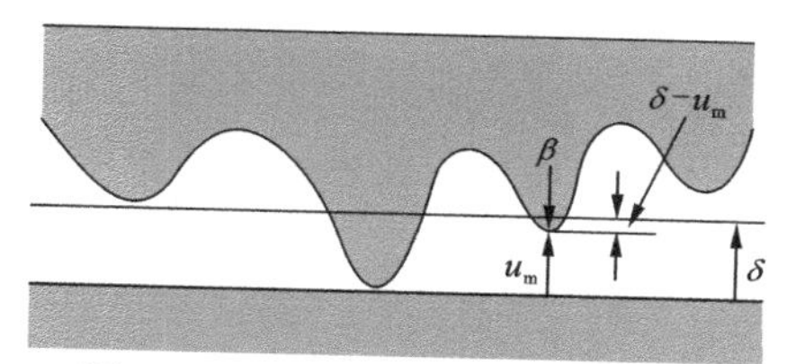

图 5.17　Matsuki 模型接触示意图

5.2.3　Hopkins 接触模型

Hopkins（2000）将岩石节理表面随机分布的微凸体用半径相同、高度不同的柱体模拟，认为闭合变形由三部分组成：柱体本身的变形、柱体变形引起的基体变形、其他柱体变形引起的基体变形（即变形相互作用），其中柱体的间距、排列、分布等空间几何特征对法向接触刚度有重要影响。Wang 和 Cardenas（2016）、Marache 等（2008）、Lee 和 Harrison（2001）、Pyrak-Nolte 和 Morris（2000）等学者均采用该方法分析岩石节理的闭合变形和接触刚度等。当采用的力学分析方法不同，模型的具体表达式有所不同，现介绍 Wang 和 Cardenas（2016）采用的力学分析方法。

如图 5.18（Wang and Cardenas，2016）所示，岩石节理的两个接触面壁被视为弹性半空间，受力前间距为 D_0、受力后间距为 D，柱体 i 下方基体（弹性半空间）产生的总变形由两部分组成：柱体 i 受力引起的变形 w_{ii} 和其他微凸体受力引起的变形 w_{ij}，即

$$W_i=2\left(w_{ii}+\sum_{i\neq j}w_{ij}\right) \tag{5.50}$$

作用于柱体 i 的均布荷载 $\overline{f}_i$ 引起弹性半空间的法向变形 w_{ii} 为

$$w_{ii}=\frac{\int_0^{2\pi}\int_0^{r_0}I_1(\theta,r)\mathrm{d}r\mathrm{d}\theta}{\pi r_0^2} \tag{5.51}$$

$$I_1(\theta,r)=\frac{4\overline{f}_i(1-\nu^2)}{\pi^2 E r_0}\int_0^{\pi/2}\sqrt{1-\left(\frac{r}{r_0}\right)^2\sin^2\theta}\,\mathrm{d}\theta \tag{5.52}$$

根据弹性理论，w_{ij} 为

$$w_{ij}=\frac{\int_{r_1}^{r_2}\int_{\theta_1}^{\theta_2}I_2(\theta,r)\mathrm{d}r\mathrm{d}\theta}{\pi r_0^2} \tag{5.53}$$

$$I_2(\theta,r)=\frac{4\overline{f}_i(1-\nu^2)r}{\pi^2E}\left\{\int_0^{\pi/2}I_3(\theta,r)\mathrm{d}\theta-\left[1-\left(\frac{r_0}{r}\right)^2\right]\int_0^{\pi/2}\frac{\mathrm{d}\theta}{I_3(\theta,r)}\right\} \tag{5.54}$$

$$I_3(\theta,r)=\sqrt{1-\left(\frac{r_0}{r}\right)^2\sin^2\theta} \tag{5.55}$$

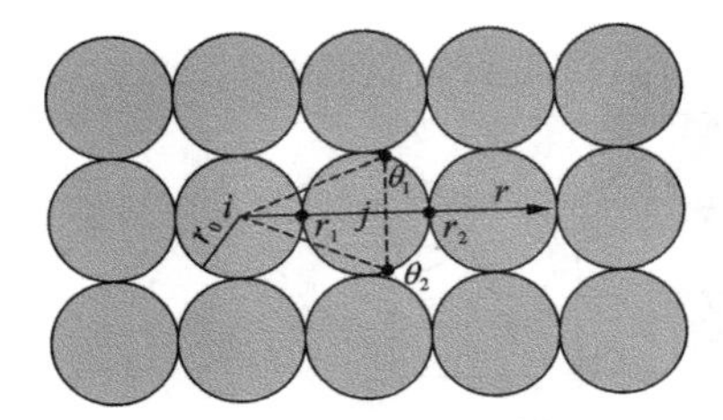

（a）柱体平面分布特征

（b）变形前柱体和空腔的几何特征

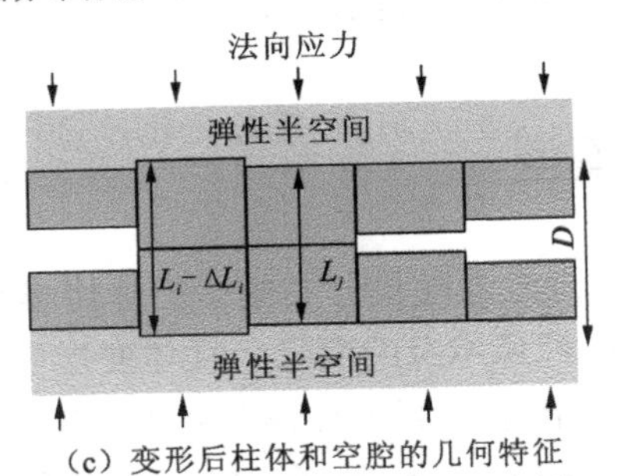

（c）变形后柱体和空腔的几何特征

图 5.18 Hopkins 接触模型示意图

如图 5.18（c）所示，法向应力增加，弹性半空间的距离减小，从而引起新的柱体接触。初始高度为 L_i^0 的柱体，在均布荷载 $\overline{f}_i$ 的作用下产生的变形 ΔL_i 由式（5.56）确定。从而，岩石节理柱体 i 处产生的总变形为弹性半空间变形 W_i 与柱体变形 ΔL_i 之和。对整个岩石节理的闭合变形而言，通过数值计算分析所有可能接触的微凸体并采用叠加原理处理即可。

$$\Delta L_i=\overline{f}_i\frac{L_i^0}{E\pi r_0^2} \tag{5.56}$$

弹性半空间变形和柱体变形之间存在关联：

$$D+W_i=L_i^0-\Delta L_i \tag{5.57}$$

5.2.4 分形接触模型

与统计接触模型相比，分形接触模型最大的优势在于能够考虑接触性质的尺度效应，主要不足在于难以考虑在接触处出现的包括滑移等现象在内的局部行为（Misra and Huang，2012）。目前，作者仅见 Lanaro 和 Stephansson（2003）发表了描述岩石节理闭合变形的分形接触模型，简介之以供参考。

岩石节理粗糙表面可视为由多重尺度的微凸体叠加构成的（从纳米尺度到毫米尺度），

相同外荷载作用下产生的接触，其真实接触面积随统计观测分辨率的增加而减小（Borri-Brunetto et al.，2004）。因此，当岩石节理局部区域的开度小于某一临界值时就可以认为该处是相互接触的，如 Lanaro 和 Stephansson（2003）将此临界值定为 50 μm。若岩石节理接触区域中某一较小的参考接触面积为 s，则可计算接触区域中所有面积大于 s 的接触区域面积为 S 的累计频率 Pr。对具有自相似分形特征的各向同性岩石节理而言，频率分布 $f(s)$、空腔空间的分形维数 D_a 和参考接触面积 s 关系为

$$\Pr(S>s)=\int_{s}^{\infty}f(s)\mathrm{d}s=C_{\mathrm{LS}}s^{(1-D_a)/2} \tag{5.58}$$

式中：C_{LS} 为经验系数。

当微凸体的接触面积为 s、给定法向变形为 δ 时，接触荷载 P_e 为

$$P_e=\frac{4}{3}E^*\sqrt{\frac{s}{\pi}}\delta \tag{5.59}$$

结合式（5.58）和式（5.59）可得岩石节理的弹性接触荷载 P_E 为

$$P_E=N_{\mathrm{tot}}\int_{s_s}^{s_l}P_e f(s)\mathrm{d}s=\frac{4}{3}\frac{E^*}{\sqrt{\pi}}\left(\frac{D_a-1}{2-D_a}\right)s_l^{(D_a-1)/2}\left[s_l^{(2-D_a)/2}-s_s^{(2-D_a)/2}\right]\delta \tag{5.60}$$

式中：N_{tot} 为接触区域总数量；s_s、s_l 分别为接触区域中的最小、最大接触面积。

若接触面积为 s 的微凸体产生塑性变形，对应的法向荷载 $P_p=p_p s$（p_p 为塑性接触压力，与表面硬度相关），若塑性变形对应的最大接触面积为 s_p，则所有接触面积小于 s_p 的塑性变形产生的接触荷载 P_P 为

$$P_P=N_{\mathrm{tot}}\int_{s_s}^{s_p}P_p f(s)\mathrm{d}s=-p_p s_l^{(D_a-1)/2}\left(\frac{1-D_a}{3-D_a}\right)\left[s_p^{(3-D_a)/2}-s_s^{(3-D_a)/2}\right] \tag{5.61}$$

若弹性变形和塑性变形同时产生，Lanaro 和 Stephansson（2003）认为岩石节理的总法向荷载为 P_E 和 P_P 之和，此时式（5.60）中的最小接触面积 $s_s=s_p$。

5.3 接触面积

Bandis 等（1983）认为粗糙度是影响岩石节理上、下面壁接触尺度和分布的重要因素，如图 5.19 所示，两种不同粗糙度的灰岩节理在 35 MPa 法向应力作用下接触区域的尺度和分布（图中白色为接触区域）。总体上，粗糙度较小的灰岩节理的接触分布更为均一、接触尺度变化范围更小；而接触区域总面积的大小即使在很高的法向应力下也通常只有名义面积的 40%～70%。此外，偶合度也是影响岩石节理接触总面积的因素，如图 5.20（Bandis et al.，1983）所示。

然而，包括 Bandis 等（1983）在内等学者通常忽略了分辨率对试验统计结果的影响。如图 5.21（Borri-Brunetto et al.，2001）所示，对同一岩石节理的接触，当采用的分辨率越高，统计获得的接触面积比就越小（即实际接触面积与名义面积之比越小），且二者呈幂率关系（Borri-Brunetto et al.，2001）。极端情况下，当分辨率趋向于 0，则接触面积趋向于 0，而接触应力趋向于无穷大。

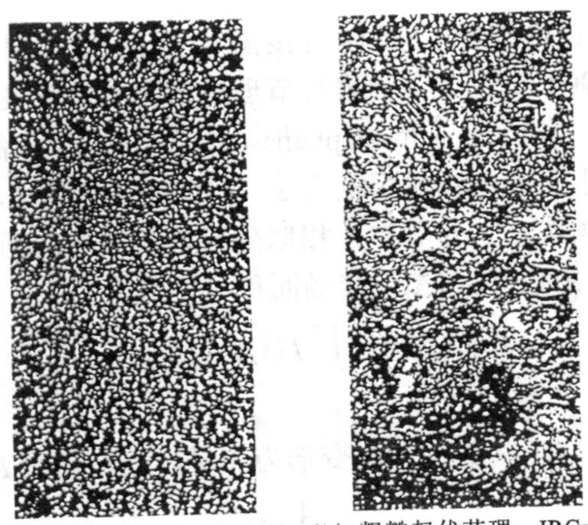
（a）相对平直节理，JRC=7　（b）粗糙起伏节理，JRC=15

图 5.19　35 MPa 法向应力下灰岩节理接触区域的大小和分布

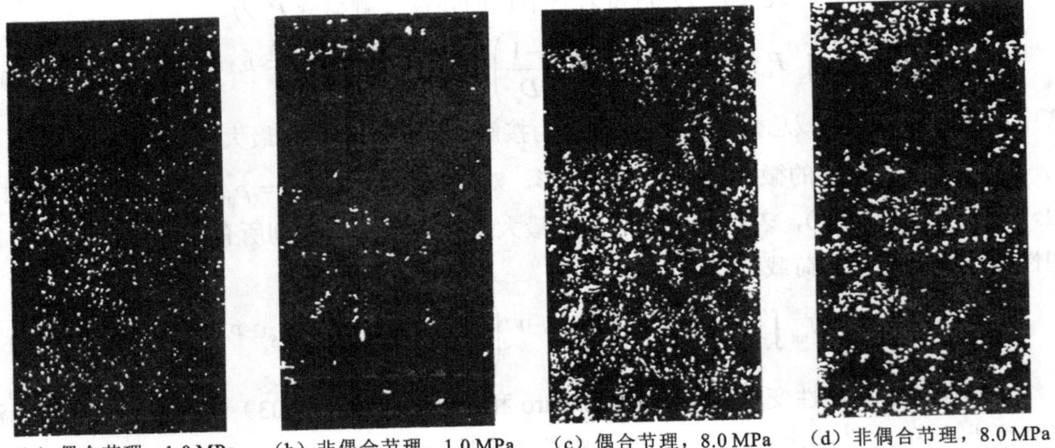
（a）偶合节理，1.0 MPa　（b）非偶合节理，1.0 MPa　（c）偶合节理，8.0 MPa　（d）非偶合节理，8.0 MPa

图 5.20　红砂岩节理在不同法向应力作用下接触区域的大小和分布

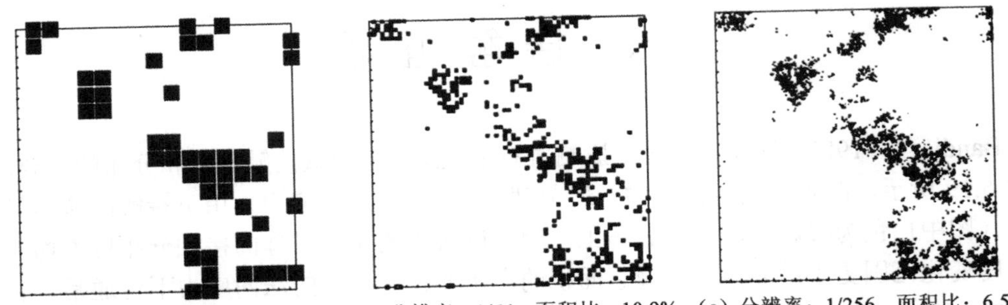
（a）分辨率：1/16，面积比：16.3%　（b）分辨率：1/64，面积比：10.9%　（c）分辨率：1/256，面积比：6.5%

图 5.21　不同分辨率下同一岩石节理的接触

目前，量测岩石节理接触分布和尺度的方法主要有压敏胶片法（Nemoto et al.，2009；Bandis et al.，1983）、流注法（Kostakis et al.，2003；Hakami and Larsson，1996；Gentier et al.，1989）和 CT 扫描法（Tatone and Grasselli，2015；Re and Scavia，1999；Keller，1998）等。这几类方法各有优缺点，须结合研究目标采用量测方法。第一种方法操作简单、成本相对较低，且测试结果直观，因此常用于实验室测试岩石节理的接触。

图 5.22（a）为 Nemoto 等（2009）测试具有不同初始位移的岩石节理上、下面壁接触的试验装置。采用的富士压敏胶片分为染料层、显影层和基层，总厚度为 115 μm，置于岩石节理的两个面壁之间。染料层表面布满许多微胶囊，当其所受的局部应力超过 10 MPa 时，微胶囊破裂；在作点处，依据所受压力大小显影层被不同颜色密度的红色着色，分辨率为 100 μm；采用图像处理技术即可统计接触面积。图 5.22（b）为不同法向应力下岩石节理的接触面积比：当法向应力高达 80 MPa 时，接触面积比在 60%左右；初始位移在一定范围内对实际接触面积的影响比较大。Nemoto 等（2009）的试验观测结果与 Bandis 等（1983）的试验观测结果保持一致。由于压敏纸具有一定厚度，在一定程度上影响面壁之间的接触。

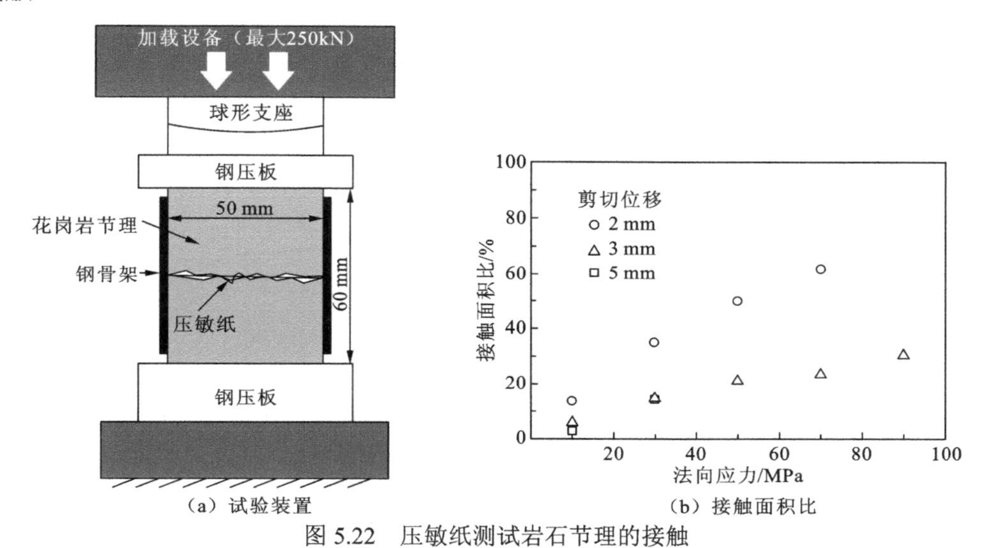

图 5.22　压敏纸测试岩石节理的接触

第6章 剪切位移与本构模型

在剪切应力作用下，岩石节理产生切向变形，如图 6.1 所示，一般采用其剪切应力 τ 与相应的剪切位移δ_t的关系曲线来表征其剪切响应规律。剪切位移曲线主要有两种形式：①非充填型粗糙岩石节理（曲线 A），剪切位移初期剪切应力上升较快，有明显的峰值剪切强度，峰后一般呈不规则波动下降至残余剪切应力；②平坦（或黏土充填等）岩石节理（曲线 B），随剪切位移增加剪切应力逐步增加，但无明显的峰值剪切强度出现。

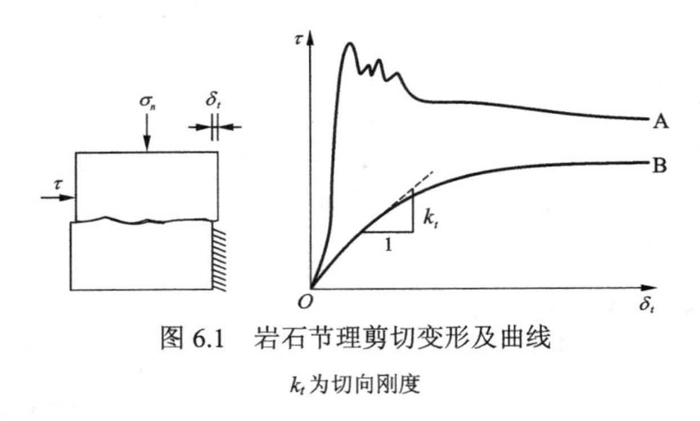

图 6.1　岩石节理剪切变形及曲线

k_t为切向刚度

6.1 试验方法

6.1.1 剪切试验类型

1. 常法向应力直剪试验

试验过程中法向应力始终保持恒定的剪切试验称为常法向应力（constant normal loading，CNL）直剪试验。在此条件下，岩石节理可以自由膨胀（即通常所说的剪胀现象）：受形貌的影响，光滑岩石节理在剪切过程中不会产生剪胀，而表面粗糙的岩石节理则有剪胀现象发生。该类边界条件可对应于工程实践中的无约束岩块从边坡上滑动的情况，法向应力为岩块自重，如图 6.2（a）所示。大部分岩石节理剪切力学性质的研究都是在 CNL 条件下进行的（Tang and Wong，2016a；Xia et al.，2014；Grasselli and Egger，2003；Kulatilake et al.，1995；Barton and Choubey，1977；Barton，1973）。

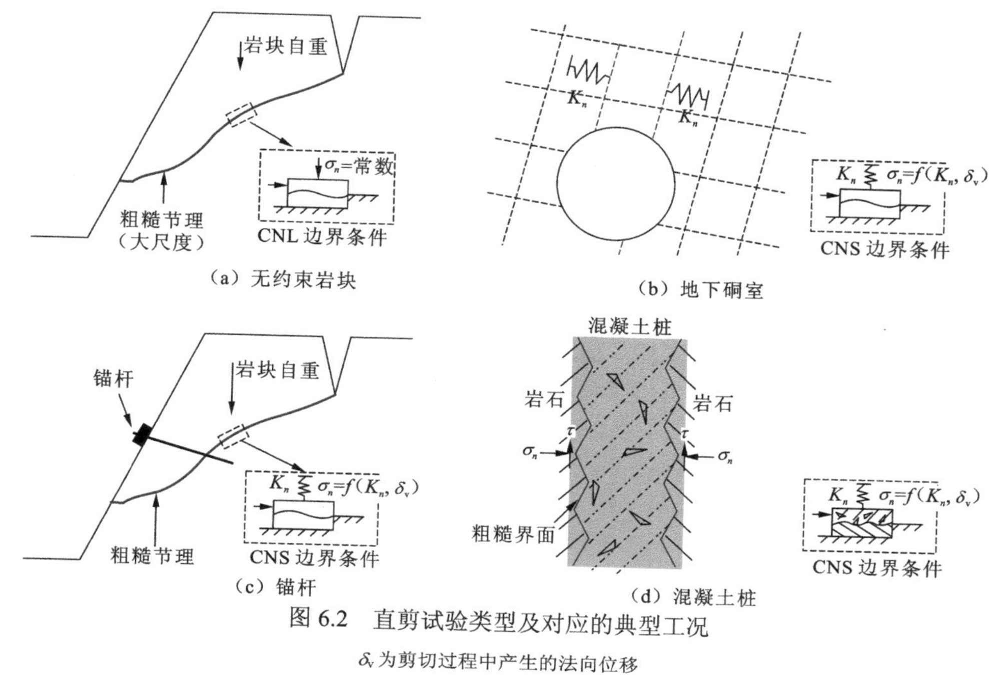

图6.2　直剪试验类型及对应的典型工况

δ_v为剪切过程中产生的法向位移

2. 常法向刚度直剪试验

与上述情况相反，受周围介质的影响，岩块在节理法线方向的运动被抑制，不能自由膨胀，岩石节理的法向应力随剪切位移增加而逐步增加，该类试验称为常法向刚度（constant normal stiffness，CNS）直剪试验。如图6.2（b）～（d）所示，加锚节理岩体的滑动、地下工程中被节理切割岩块的滑动均可用常刚度直剪试验研究其力学机理。受制于试验设备，常法向刚度条件下的岩石节理剪切力学性质研究成果相对较少，近年来卧龙岗大学的Indraratna教授课题组在该领域做了大量的工作（Indraratna et al.，1999）。

6.1.2　室内剪切试验

1. 剪切盒直剪试验

如图6.3（a）（Muralha et al.，2014）所示，岩石节理平行于剪切位移，上、下半个试件用混凝土、石膏或环氧树脂包裹并置于剪切盒中。直剪试验分两步：①在垂直于岩石节理的方向施加法向应力到预定值，保持恒定；②以恒定的速率施加剪切位移（一般选择的剪切速率在0.1～1.0 mm/min），通常当剪切位移等于沿剪切方向试件长度的1/10或出现残余剪切强度时停止试验。试验过程全剪切曲线如图6.3（b）所示：当剪切位移非常小时，剪切行为是弹性的，剪切应力随剪切位移呈直线增加；当节理面开始出现磨损现象时，随剪切位移继续增加，剪切应力呈曲线变化直到峰值；之后，剪切应力随剪切位移增加而快速降低至残余剪切强度。对粗糙岩石节理而言，不同法向应力下得到的峰值剪切强度包线一般是非线性的。根据同样的方法也可绘制出不同法向应力下的残余剪切强度曲线。为获得岩石节理的峰值剪切强度包线，理论上至少需要三级不同法向应力下的直剪试验。此外，为在剪切条件下研究岩石节理的形貌损伤或获得其残余剪切强度，可采用环形剪切试验，理论上剪切位移的大小不受限制。

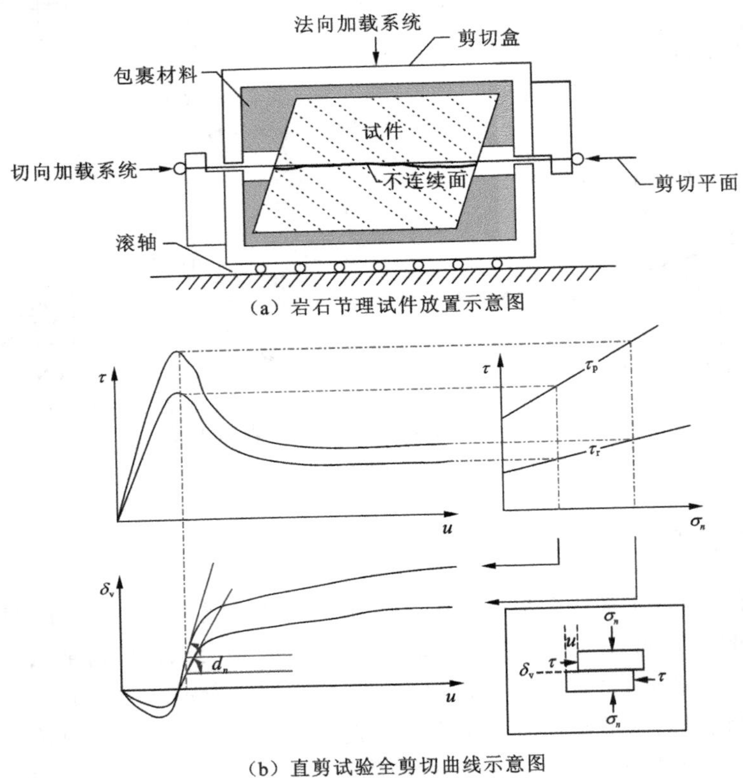

图 6.3　剪切盒直剪试验

τ_r 为残余剪切强度；u 为剪切位移；δ_v 为剪切过程中产生的法向位移；d_n 为剪胀角

Barton（1973）认为：岩石节理没有黏聚力，其剪切强度仅受摩擦角和法向应力影响；峰值剪切强度包线上任一点的切线角对应于该级法向应力下的视峰值摩擦角（剪胀分量）；切线在纵坐标轴上的截距为视黏聚力（剪断分量）。关于岩石节理直剪试验的试件制备、测试仪器、测试步骤、计算分析和成果报告等内容可参考文献 Muralha 等（2014）。

2. 变角板剪切试验

岩石节理的法线与铅直荷载呈 α_3 角（试验机压力板与水平面的夹角），变角剪切试验是利用压力机逐步施加的垂直荷载使试样沿节理产生剪切破坏，垂直荷载可分解为岩石节理的法向应力 σ_n 和剪切应力 τ，二者满足如式（6.1）所示的静力平衡条件；调整压力板与水平面间的夹角重复试验，便可得到岩石节理在不同法向应力 σ_n 作用下的系列剪切应力 τ，进而可绘制岩石节理的剪切强度曲线。

$$\begin{cases} \sigma_n = \dfrac{P_{\downarrow}}{A'}(\cos\alpha_3 + f_{\mathrm{G}}\sin\alpha_3) \\ \tau = \dfrac{P_{\downarrow}}{A'}(\sin\alpha_3 - f_{\mathrm{G}}\cos\alpha_3) \end{cases} \tag{6.1}$$

式中：$P_{\downarrow}$ 为垂直荷载；A' 为岩石节理的名义面积；f_{G} 为滚轴摩擦因数。

3. 三轴压缩试验

如图 6.4（Indraratna et al.，2014）所示，圆柱体岩石试件中含与其轴线呈 25°～40°夹角的节理时，试件一般易沿节理面产生滑动破坏，此时可采用低围压下的三轴压缩试验确定岩石节理的峰值剪切强度（对不同性质的材料，须进行多次试验确定合适的岩石节理倾角）。当围压为 σ_3 时，记录岩石节理达到峰值剪切应力时的轴向应力 σ_1，并由此绘制莫尔圆；采用相同形貌的岩石节理在不同围压下进行三轴压缩试验，得到系列莫尔圆；由该系列莫尔圆外切线确定的强度包线即为由三轴压缩试验确定的岩石节理峰值剪切强度曲线。这种试验称为“多试件单级试验”，现实中很难得到形貌一致的岩石节理，因此多采用类岩石节理进行该类试验。在很低的围压条件下也可采用“单试件多级试验”确定岩石节理的峰值剪切强度曲线：低围压下达到峰值轴向应力后（应力-应变曲线偏离直线），暂停施加轴压，迅速升高围岩进行下一轮的三轴压缩试验，多次重复得到岩石节理的一系列莫尔圆，由此确定其峰值强度曲线。一般地，法向应力增加，岩石节理会出现磨损、破坏，因此“单试件多级试验”法得到的峰值剪切强度曲线与“多试件单级试验”法所得的会有所不同，工程实践中确定岩石节理的剪切强度曲线时需进行综合权衡。三轴试验的缺点是法向应力和剪切应力不是单独变化的，二者之间须满足平衡条件。

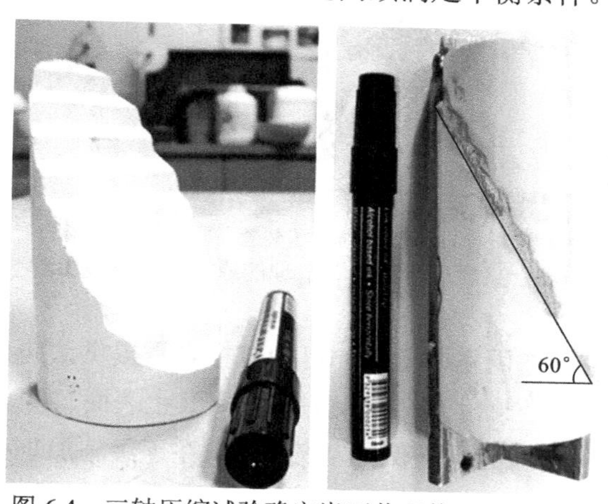

图 6.4　三轴压缩试验确定岩石节理剪切强度的试件

6.1.3　原位剪切试验

在重要的工程中，须对工程岩体力学性质有直接控制作用的岩石节理进行原位剪切试验。掘进试验硐室时，为了避免破坏节理或试体整体产生扰动，建议采用切石机加工试体。

根据现场条件，对倾角较缓的或水平的，剪切试体整形成方形体，其试验原理与剪切盒直剪试验相同，见图 6.5（Tan et al.，2021），试验步骤如图 6.6（Tan et al.，2021）所示。

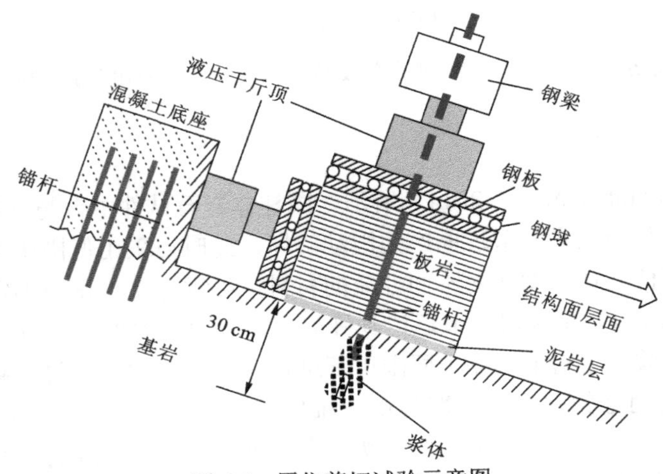

图 6.5　原位剪切试验示意图

（a）加工试样　（b）安装传感器　（c）安装反力装置

（d）安装钢球　（e）安装液压装置　（f）试验后岩石节理

图 6.6　某岩质边坡岩石节理的原位剪切试验步骤

当岩石节理倾角较陡或在硐室侧壁时，可由试样自重提供法向荷载，将试样整形成楔形体进行试验，楔形体整体沿倾角为 α_5 的侧壁滑移、其上表面与侧壁的夹角为 β_5（不一定是水平的）。剪切面上的法向应力始终保持常数，要求在逐级施加垂直于楔形体上表面的荷载 $Q_\perp$ 的同时，逐步降低水平荷载 $\overline{P}$，使试件产生向下滑动破坏。为避免 $\overline{P}$ 出现负值的情况，施加的法向应力应大于某一最小值 $\sigma_{n\_\min}$。$\overline{P}$、$\sigma_{n\_\min}$ 的计算公式可由下述分析确定。试验开始时，同步施加使剪切面产生剪切应力为零、法向应力为定值的初始荷载 $\overline{P}$、$Q_\perp$，此时的平衡方程组为

$$\begin{cases}\overline{P}\cos\alpha_5 - Q_\perp\cos(90^\circ - \beta_5) = 0 \\ \overline{P}\sin\alpha_5 - Q_\perp\sin(90^\circ - \beta_5) = \sigma_n A'\end{cases} \tag{6.2}$$

求解上述方程组：

$$\begin{cases} \overline{P} = \dfrac{\sigma_n \sin\beta_5}{\cos(\alpha_5 - \beta_5)} A' \\ Q_{\perp} = \dfrac{\sigma_n \cos\beta_5}{\cos(\alpha_5 - \beta_5)} A' \end{cases} \tag{6.3}$$

发生剪切破坏时，施加的荷载 $Q_{\perp}$ 须满足平衡方程组：

$$\begin{cases} \overline{P}\sin\alpha_5 + Q_{\perp}\sin(90^\circ - \beta_5) = \sigma_n A' \\ -\overline{P}\cos\alpha_5 + Q_{\perp}\cos(90^\circ - \beta_5) = (\sigma_n \tan\varphi_0 + c_0)A' = \tau A' \end{cases} \tag{6.4}$$

式中：φ_0、c_0 分别为侧壁与楔形体试样间的摩擦角、黏聚力。

则最大垂直荷载 $Q_{\perp\max}$ 为

$$Q_{\perp\max} = \frac{(\sigma_n \tan\varphi_0 + c_0)\sin\alpha_5 + \sigma_n \cos\alpha_5}{\cos(\alpha_5 - \beta_5)} A' \tag{6.5}$$

剪切过程中，为使法向应力恒定，荷载 $Q_{\perp}$ 增加的同时，荷载 $\overline{P}$ 须满足下述条件：

$$\overline{P} = \frac{\sigma_n A' - Q_{\perp}\cos\beta_5}{\sin\alpha_5} \tag{6.6}$$

将 $Q_{\perp\max}$ 代入式（6.6）并令 $\overline{P} = 0$，则有

$$\sigma_{n\_\min} = \frac{c_0}{\cos(\alpha_5 - \beta_5)(\tan\beta_5 - \tan\varphi_0)} \tag{6.7}$$

6.2 剪切刚度

岩石节理的剪切刚度分为切向刚度 k_t 和割线刚度 k_s。切向刚度为剪切位移曲线任意一点的斜率，如图 6.1 所示，计算见式（6.8）；割线刚度为峰值剪切强度 τ_{p} 与峰值剪切位移 u_{p} 的比值，见式（6.9）。在描述岩石节理的剪切变形性质时，常使用初始剪切强度 k_{t_0}（剪切初始时对应的剪切刚度，$u \to 0$）和割线刚度。

$$k_t = \frac{\mathrm{d}\tau}{\mathrm{d}t} \tag{6.8}$$

$$k_s = \frac{\tau_{\mathrm{p}}}{u_{\mathrm{p}}} \tag{6.9}$$

Barton 和 Choubey（1977）根据大量的试验结果发现峰值剪切应力对应的剪切位移约为剪切方向上试件长度 L_0 的 1%，由此得到估算岩石节理割线刚度的经验公式：

$$k_s = \frac{100}{L_0}\sigma_n \tan\left[\varphi_{\mathrm{r}} + \mathrm{JRC}\lg\left(\frac{\mathrm{JCS}}{\sigma_n}\right)\right] \tag{6.10}$$

6.3 峰值剪切位移

峰值剪切位移决定岩石节理的割线刚度，割线刚度是地下工程围岩变形分析中的重要输入参数。因此，估算峰值剪切位移对预测岩石节理的剪切力学性质有重要意义。Barton 和 Choubey（1977）认为峰值剪切位移约为剪切方向上试件尺度 L 的 1%（$u_{\mathrm{p}}=0.0095L$），但试件尺度增加到几米后，峰值剪切位移明显变小。Barton 和 Bakhtar（1983）分析了 224 组实验室尺度的岩石节理的直剪试验结果，峰值剪切位移约为对应尺度的 1.28%；而原位试验的峰值剪切位移约为 0.72%。Barton（1982）通过分析文献中公开发表的 650 余组试验数据，得出 u_{p}/L 随试件长度增加而逐步减小的结论，并基于其中约 170 组试验数据提出如式（6.11）所示的估算公式。Barton（1982）进一步认为节理粗糙度系数 JRC 是影响峰值剪切位移的主要因素，提出了反映不同粗糙度影响的峰值剪切位移公式，见式（6.12），式（6.12）是目前最常用的估算岩石节理峰值剪切位移的经验公式。Wibowo（1994）基于凝灰岩的直剪试验结果提出线性形式的峰值剪切位移公式，认为影响节理峰值剪切位移的主要因素是法向应力，而与节理表面粗糙度无关，见式（6.13）。上述经验公式重点考虑了单个主要因素对岩石节理峰值剪切位移的影响，而没有体现出多重因素的综合效应。

$$u_{\mathrm{p}}=0.004L^{0.6} \tag{6.11}$$

$$u_{\mathrm{p}}=\frac{L}{500}\left(\frac{\mathrm{JRC}}{L}\right)^{0.33} \tag{6.12}$$

$$u_{\mathrm{p}}=a_5+b_5\sigma_n \tag{6.13}$$

式中：a_5、b_5 为经验系数。

式（6.12）的局限性主要表现在：①当 JRC＝0 时，$u_{\mathrm{p}}=0$，这与众多文献中报道的试验数据不符（Desai and Fishman，1991；Yoshinaka and Yamabe，1986），因此不适合估算光滑岩石节理的峰值剪切位移；②峰值剪切位移与 JRC 呈正变化关系，即峰值剪切位移随 JRC 增大而增大，这与 Asadollahi 和 Tonon（2010）统计的大量试验数据的总体变化趋势不符，即峰值剪切位移应随 JRC 增大而减少；③峰值剪切位移公式与法向应力无关，这是该公式最大的缺陷，众多试验数据表明峰值剪切位移随法向应力增加而变大（Wibowo，1994；Desai and Fishman，1991；Barton et al.，1985；Bandis et al.，1981）。式（6.13）由于含经验系数，一般具有较好的拟合效果，但该公式不能体现粗糙度对峰值剪切位移的影响，从原理上讲是不完备的。除岩石节理尺度、法向应力和粗糙度之外，接触状态、风化程度和材料性质等都是影响峰值位移的因素（夏才初 等，2011），但难以体现在具体的函数关系中。

Asadollahi 和 Tonon（2010）对锯齿形岩石节理的单个齿面进行力学分解，如图 6.7 所示，并分析影响岩石节理峰值剪切位移的因素，总结出三个无量纲常数：

$$
\begin{cases}
\pi_1 = \dfrac{u_{\mathrm{p},i}}{L_i} \\
\pi_2 = \dfrac{L_i}{L_0} \\
\pi_3 = \dfrac{\sigma_i}{\mathrm{JCS}}
\end{cases}
\tag{6.14}
$$

式中：L_0 为室内试验试件长度，一般取 100 mm；L_i 为沿 x_i 方向的节理长度；$u_{\mathrm{p},i}$ 为沿 x_i 方向的峰值剪切位移；σ_i 为锯齿倾斜方向局部法向作用力。

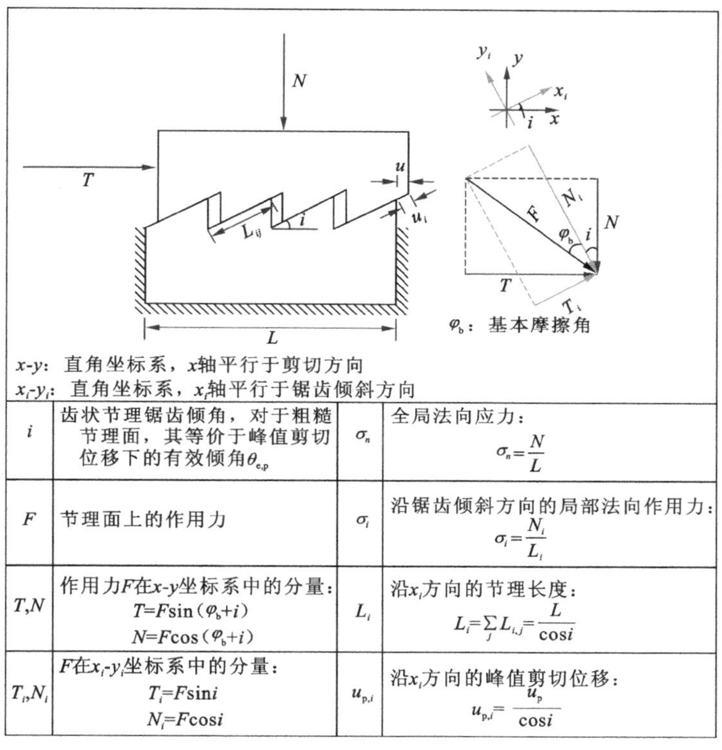

i	齿状节理锯齿倾角，对于粗糙节理面，其等价于峰值剪切位移下的有效倾角$\theta_{e,p}$	σ_n	全局法向应力：$\sigma_n=\dfrac{N}{L}$
F	节理面上的作用力	σ_i	沿锯齿倾斜方向的局部法向作用力：$\sigma_i=\dfrac{N_i}{L_i}$
T,N	作用力F在x-y坐标系中的分量：$T=F\sin(\varphi_b+i)$　$N=F\cos(\varphi_b+i)$	L_i	沿x_i方向的节理长度：$L_i=\sum_j L_{i,j}=\dfrac{L}{\cos i}$
T_i,N_i	F在x_i-y_i坐标系中的分量：$T_i=F\sin i$　$N_i=F\cos i$	$u_{p,i}$	沿x_i方向的峰值剪切位移：$u_{p,i}=\dfrac{u_p}{\cos i}$

图 6.7　锯齿形节理面受力分析

将式（6.14）中各参数利用图 6.7 中所示的几何关系式代替：

$$
\begin{cases}
\pi_1 = \dfrac{u_{\mathrm{p}}}{L} \\
\pi_2 = \dfrac{L}{L_0 \cos i} \\
\pi_3 = \dfrac{\sigma_n}{\mathrm{JCS}} \dfrac{\cos\varphi_{\mathrm{b}} \cos i}{\cos(\varphi_{\mathrm{b}} + i)}
\end{cases}
\tag{6.15}
$$

Asadollahi 和 Tonon（2010）对几百组不同岩性不同尺度的岩石节理的直剪试验数据进行多元回归分析，总结出如式（6.16）所示的估算岩石节理峰值剪切位移的经验公式。由于 $\dfrac{1}{\cos^{0.45} i}\left[\dfrac{\cos\varphi_{\mathrm{b}} \cos i}{\cos(\varphi_{\mathrm{b}} + i)}\right]^{0.34}$ 的范围一般介于 1.0～1.45，式（6.16）可进一步简化。对不规则

的粗糙岩石节理而言，估算岩石节理峰值剪切位移的经验公式见式（6.17）。相比其他经验公式而言，Asadollahi 公式综合考虑了节理粗糙度与法向应力的影响，从原理上讲是最完备的。但该公式形式复杂且难以体现 JRC 变化的敏感性，节理粗糙度系数的变化对峰值位移的影响很小。事实上，峰值剪切位移对 JRC 的变化比较敏感，JRC 较小的变化会引起较大的峰值剪切位移的变化。

$$u_{\mathrm{p}}=0.0077L^{0.45}\left(\frac{\sigma_n}{\mathrm{JCS}}\right)^{0.34}\cos i\left\{\frac{1}{\cos^{0.45}i}\left[\frac{\cos\varphi_{\mathrm{b}}\cos i}{\cos(\varphi_{\mathrm{b}}+i)}\right]^{0.34}\right\} \tag{6.16}$$

$$u_{\mathrm{p}}=0.0077L^{0.45}\left(\frac{\sigma_n}{\mathrm{JCS}}\right)^{0.34}\cos\left[\mathrm{JRC}\lg\left(\frac{\mathrm{JCS}}{\sigma_n}\right)\right] \tag{6.17}$$

Asadollahi 和 Tonon（2010）总结的峰值剪切位移随着节理表面粗糙程度变化的规律与 Barton 所得的规律不同，可能原因在于各文献中关于节理面粗糙度的计算方法不相同：如 Odling（1994）计算的 10 条典型粗糙度剖面线的分形维数随 JRC 的增加而减小，但谢和平和 Pariseau（1994）得到的是相反的变化趋势；文献中分析粗糙度时采用的采样间距也不尽相同，会对计算结果有一定的影响。此外，加载方式等不同也是造成差异产生的可能原因。

桂洋（2018）发现岩石节理的峰值剪切位移随粗糙度增大而增加，且剪切过程影响岩石节理的基本摩擦角 φ_{b} 和节理面有效倾角 θ_{e}，提出采用峰值剪切应力处的基本摩擦角 $\varphi_{\mathrm{b,p}}$ 和节理面有效倾角 $\theta_{\mathrm{e,p}}$ 描述摩擦过程影响的峰值剪切位移公式，见式（6.18）。图 6.8 是试验值和公式估算结果的比较，可见二者有比较好的一致性。

$$u_{\mathrm{p}}=0.0028L\left(\frac{L}{L_0\cos\theta_{\mathrm{e,p}}}\right)^{11.48}\left\{\left(\frac{\sigma_n}{\mathrm{JCS}}\right)\left[\frac{\cos\varphi_{\mathrm{b,p}}\cos\theta_{\mathrm{e,p}}}{\cos(\varphi_{\mathrm{b,p}}+\theta_{\mathrm{e,p}})}\right]\right\}^{0.54} \tag{6.18}$$

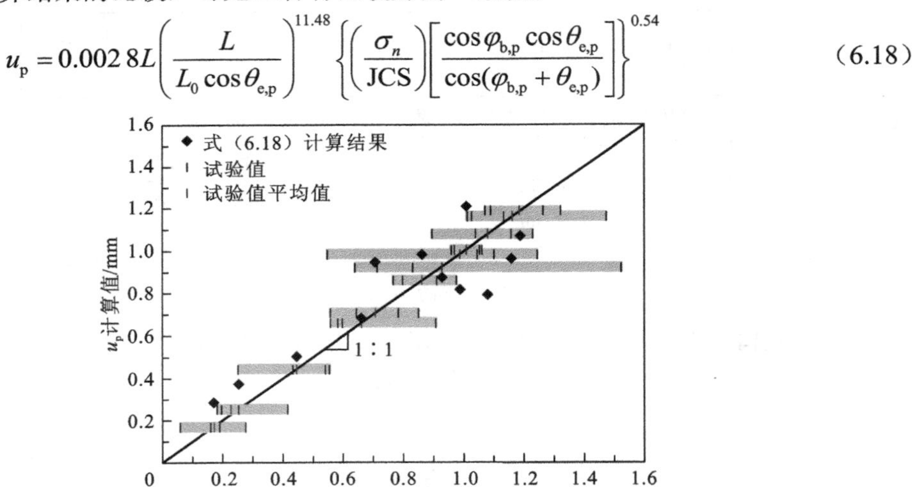

图 6.8　峰值剪切位移试验值与式（6.18）计算值的比较

Babanouri 等（2020）采用响应面法建立了岩石节理的峰值剪切位移与几个主要参数的经验函数，如式（6.19）所示，并对 84 组类岩石节理的直剪试验结果进行比较。

$$u_{\mathrm{p}}=-0.163\sigma_n+0.78\left[0.008\mathrm{JRC}\lg\left(\frac{\sigma_n}{\sigma_{\mathrm{c}}}\right)+\left(\frac{E}{\varphi_{\mathrm{b}}}\right)^{-0.105}\right] \tag{6.19}$$

6.4 剪　　胀

一般地，岩石节理剪切过程中的峰值割线剪胀角（也称为初始剪胀角）d_{s_p} 和峰值切线剪胀角 d_{t_p} 可分别由下述两式计算。

$$d_{s\_\mathrm{p}} = \tan^{-1}\left(\frac{u_{\mathrm{v\_p}}}{u_{\mathrm{p}}}\right) \tag{6.20}$$

$$d_{t\_\mathrm{p}} = \left.\frac{\partial u_{\mathrm{v}}}{\partial u_{\mathrm{p}}}\right|_{u=u_{\mathrm{p}}} \tag{6.21}$$

式中：u_{v} 为剪胀变形；$u_{\mathrm{v\_p}}$ 为峰值位移处的剪胀变形。

Barton 和 Choubey（1977）认为峰值割线剪胀角是峰值切线剪胀角的 1/3，二者可以同时为零或为负值，且有

$$d_{s\_\mathrm{p}} = \frac{1}{3}\mathrm{JRC}\lg\left(\frac{\mathrm{JCS}}{\sigma_n}\right) \tag{6.22}$$

$$d_{t\_\mathrm{p}} = \frac{1}{M}\mathrm{JRC}\lg\left(\frac{\mathrm{JCS}}{\sigma_n}\right) \tag{6.23}$$

式中：M 为损伤系数，低法向应力下 $M=1$，高法向应力下 $M=2$。

损伤系数 M 也可以由下式（Barton 和 Choubey，1977）确定：

$$M = \frac{\mathrm{JRC}}{12\lg(\mathrm{JCS}/\sigma_n)} + 0.70 \tag{6.24}$$

6.4.1 峰前剪胀

Barton 和 Choubey（1977）指出在剪胀曲线上，峰值剪切位移处对应的曲线斜率最大，且零法向位移发生在 0.3 倍峰值剪切位移处。Asadollahi 和 Tonon（2010）对其收集的 242 组试验数据进行分析，发现零剪胀一般发生在 0.43 倍峰值剪切位移处。为便于定量讨论进一步假设零剪胀发生在 0.5 倍峰值剪切位移处，并提出下述三个剪胀边界条件：

$$\begin{cases} \dfrac{u}{u_{\mathrm{p}}} = 0: & \dfrac{u_{\mathrm{v}}}{u_{\mathrm{p}}} = 0 \\ \dfrac{u}{u_{\mathrm{p}}} = 0.5: & \dfrac{u_{\mathrm{v}}}{u_{\mathrm{p}}} = 0 \\ \dfrac{u}{u_{\mathrm{p}}} = 1: & \dfrac{u_{\mathrm{v}}}{u_{\mathrm{p}}} = \dfrac{u_{\mathrm{v\_p}}}{u_{\mathrm{p}}} \end{cases} \tag{6.25}$$

Asadollahi 和 Tonon（2010）采用简单的一元二次方程以满足上述边界条件：

$$\frac{u_{\mathrm{v}}}{u_{\mathrm{p}}} = \frac{u_{\mathrm{v\_p}}}{u_{\mathrm{p}}}\left[2\left(\frac{u}{u_{\mathrm{p}}}\right)^2 - \left(\frac{u}{u_{\mathrm{p}}}\right)\right] \tag{6.26}$$

对剪切位移求导，再求反正切，可得到任一点的切线剪胀角：

$$d_{t\_mob}=\tan^{-1}\left[\frac{\partial\left(\dfrac{u_{v}}{u_{p}}\right)}{\partial\left(\dfrac{u}{u_{p}}\right)}\right]=\tan^{-1}\left\{\frac{u_{v\_p}}{u_{p}}\left[4\left(\frac{u}{u_{p}}\right)-1\right]\right\} \tag{6.27}$$

则峰值切线剪胀角为

$$d_{t\_p}=\tan^{-1}\left[3\left(\frac{u_{v\_p}}{u_{p}}\right)\right] \tag{6.28}$$

根据 Asadollahi 和 Tonon（2010），峰值剪切位移处对应的剪胀、峰值剪切位移和峰值割线剪胀角存在统计关系：

$$u_{v\_p}=u_{p}\tan d_{s\_p} \tag{6.29}$$

结合式（6.28）和式（6.29），可得峰值切线剪胀角和峰值割线剪胀角的关系：

$$d_{t\_p}=\tan^{-1}(3\tan d_{s\_p}) \tag{6.30}$$

若以 Barton 强度准则估算岩石节理的峰值剪切强度，峰值切线剪胀角为

$$d_{t\_p}=\mathrm{JRC_p}\lg(\mathrm{JCS}/\sigma_{n})$$

从而有

$$d_{s\_p}=\tan^{-1}\left\{\frac{1}{3}\tan\left[\mathrm{JRC}\lg\left(\frac{\mathrm{JCS}}{\sigma_{n}}\right)\right]\right\} \tag{6.31}$$

联立上述各式，则可得到峰前任一剪切位移处的剪胀变形（Asadollahi and Tonon 2010）：

$$\frac{u_{v}}{u_{p}}=\frac{1}{3}\tan\left[\mathrm{JRC}\lg\left(\frac{\mathrm{JCS}}{\sigma_{n}}\right)\right]\left(\frac{u}{u_{p}}\right)\left[2\left(\frac{u}{u_{p}}\right)-1\right] \tag{6.32}$$

桂洋（2018）认为法向应力和剪切位移对岩石节理的有效倾角有一定影响，提出的峰前剪胀计算公式为

$$\frac{u_{v}}{u_{p}}=\frac{1}{3}\tan[m_{p}\theta_{e\_p}]\left[2\left(\frac{u}{u_{p}}\right)^{2}-\left(\frac{u}{u_{p}}\right)\right] \tag{6.33}$$

式中：m_p 为考虑法向应力和剪切位移的岩石节理面有效倾角修正系数。

6.4.2 峰后剪胀

对式（6.26）变形，有

$$\mathrm{d}\left(\frac{u_{v}}{u_{p}}\right)=\tan\left[\mathrm{JRC_{mob}}\lg\left(\frac{\mathrm{JCS}}{\sigma_{n}}\right)\right]\mathrm{d}\left(\frac{u}{u_{p}}\right) \tag{6.34}$$

根据 Asadollahi 和 Tonon（2010），$\mathrm{JRC_{mob}}/\mathrm{JRC_p}=(u_p/u)^{0.381}$，从而有

$$\mathrm{d}\left(\frac{u_{v}}{u_{p}}\right)=\tan\left[\mathrm{JRC_p}\left(\frac{u_{p}}{u}\right)^{0.381}\lg\left(\frac{\mathrm{JCS}}{\sigma_{n}}\right)\right]\mathrm{d}\left(\frac{u}{u_{p}}\right) \tag{6.35}$$

对峰后任一点 $u/u_{\mathrm{p}}=l_{\mathrm{v}}$ 处的剪胀，可对式（6.35）积分再加上峰前剪胀便得

$$\frac{u_{\mathrm{v}}}{u_{\mathrm{p}}}=\int_{1}^{l_{\mathrm{v}}}\left\{\tan\left[\mathrm{JRC}_{\mathrm{p}}\left(\frac{u_{\mathrm{p}}}{u}\right)^{0.381}\lg\left(\frac{\mathrm{JCS}}{\sigma_{n}}\right)\right]\mathrm{d}\left(\frac{u}{u_{\mathrm{p}}}\right)\right\}+\frac{u_{\mathrm{v\_p}}}{u_{\mathrm{p}}} \tag{6.36}$$

采用相同的处理方法，桂洋（2018）提出的峰后剪胀公式为

$$\frac{u_{\mathrm{v}}}{u_{\mathrm{p}}}=\int_{1}^{l_{\mathrm{v}}}\left(\tan\left\{\theta_{\mathrm{e}}\ln\left[\left(\frac{\sigma_{t}}{\sigma_{n}}\right)^{0.1}+\left(\frac{w}{u}\right)^{0.74}\right]^{0.64}\right\}\mathrm{d}\left(\frac{u}{u_{\mathrm{p}}}\right)\right)+\frac{u_{\mathrm{v\_p}}}{u_{\mathrm{p}}} \tag{6.37}$$

式中：w 为岩石节理形貌中的最大凸起高度。

图 6.9（桂洋，2018）为由式（6.33）和式（6.37）共同构成的剪胀模型与试验结果的对比图，可见二者具有较好的一致性。

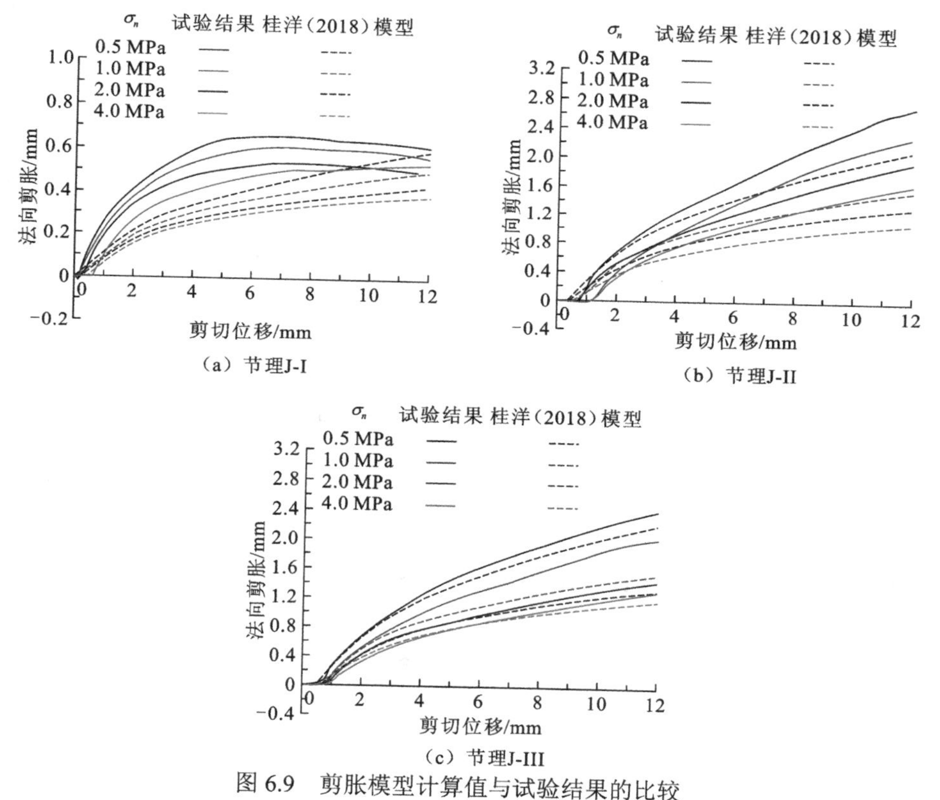

图 6.9　剪胀模型计算值与试验结果的比较

6.5　剪切位移本构模型

描述岩石节理剪切位移的经验本构模型一般可分为全量模型和增量模型。全量模型一般采用经验公式直接描述剪切应力与剪切位移的相互变化关系（Grasselli and Egger，2003；Goodman，1976），利用剪切位移曲线中某些特殊点构建简单函数，如峰值剪切位移和残余

剪切位移及其分别对应的剪切强度等。增量模型则通过力学推导建立剪切参数之间的增量关系（Saeb and Amadei，1992），易于使用数值方法进行求解，同时可以描述法向变形行为。增量模型也包括基于弹塑性理论和损伤理论建立的模型，如 Wang 等（2003）、Desai 和 Ma（1992）、Desai 和 Fishman（1991）、Plesha（1987）等建立的模型。

解析模型，一般将岩石节理的不规则凸起体概化为具有某种规则的几何体（如三角形等），分析其在剪切过程中的受力演化情况，根据剪胀、剪切位移和法向位移等参量的细观几何关系（即增量关系），确定剪切位移全过程曲线。采用的理论一般为在岩石力学领域被广泛认可的经验理论。可参阅 Li 等（2019，2018）、Indraratna 等（2015）、Seidel 和 Haberfield（2002）等相关文献。

接触理论模型，一般采用基于 Hertz 接触理论的统计接触模型或分形接触模型，分析单个微凸体的法向变形与其几何特征参量的关系，得到剪切力与法向变形、切向变形等参量之间的函数，借用统计理论建立岩石节理的剪切位移接触模型。可参阅 Huang 和 Misra（2013）等、Misra 和 Huang（2012）、Lanaro 和 Stephansson（2003）、Misra（1999）、Sun 等（1985）等相关文献。

此外，还有神经网络模型（Dantas Neto et al.，2017）。但在岩石力学与岩石工程领域应用最多的还是经验模型。因此，本节仅对此类模型做简介，其他类型的剪切模型请参阅相关文献。

6.5.1 全量剪切模型

Goodman（1976）通过试验研究提出三线性模型来描述岩石节理的剪切行为：①常刚度模型，如图 6.10（a）所示，假设岩石节理在不同法向应力作用下其剪切刚度不发生变化；②常位移模型，如图 6.10（b）所示，假设岩石节理在不同法向应力作用下达到峰值强度及残余强度时的剪切位移不发生变化（图中 u_r 为残余剪切位移）。图中所示的两个模型均可用式（6.38）表示剪切应力-剪切位移关系。Usefzadeh 等（2013）根据高剪切刚度和低剪切刚度岩石节理剪切变形的特点，认为其峰前峰后均存在明显的非线性特征，对 Goodman 剪切模型进行了修正，提出如式（6.39）所示的经验模型。

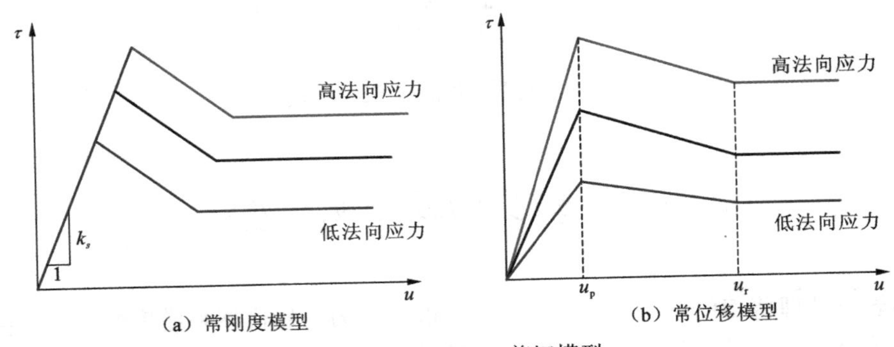

（a）常刚度模型　（b）常位移模型

图 6.10　Goodman 剪切模型

$$\tau=\begin{cases}\dfrac{\tau_p}{u_p}u, & u\leqslant u_p\\ u\left(\dfrac{\tau_p-\tau_r}{u_p-u_r}\right)+\dfrac{\tau_r u_p-\tau_p u_r}{u_p-u_r}, & u_p<u\leqslant u_r\\ \tau_r, & u>u_r\end{cases} \tag{6.38}$$

式中：τ_r 为残余剪切强度。

$$\tau=\begin{cases}-\dfrac{\tau_p}{u_p^2}(u-u_p)^2+\tau_p, & u\leqslant u_p\\ (\tau_p-\tau_r)\left(\dfrac{u_p}{u}\right)^{n_5}+\tau_r, & u>u_p\end{cases} \tag{6.39}$$

式中：n_5 为经验系数；$u_p\leqslant 1\,\text{mm}$，$n_5=1$；$u_p>1\,\text{mm}$，$n_5=1.5$。

Grasselli 和 Egger（2003）通过观测 37 组不同岩性岩石节理的剪切变形特征，认为在剪切初始阶段存在一个调整期，在此剪切位移内，剪切应力为零；之后，剪切应力随剪切位移增加而呈线性增加直至达到峰值；峰值后呈现出明显的非线性特征，其变化趋势可由峰值强度、残余强度及其对应的剪切位移确定。Grasselli 和 Egger（2003）提出的经验模型为

$$\tau=\begin{cases}0, & 0\leqslant u\leqslant u_m\\ \dfrac{\tau_p}{\Delta u_p}(u-u_m), & u_m<u\leqslant u_p\\ \tau_r+(\tau_p-\tau_r)\dfrac{u_p}{u}, & u>u_p\end{cases} \tag{6.40}$$

式中：u_m 为剪切初始阶段节理上、下面壁调整偶合度所需的剪切位移；Δu_p 为峰前剪切位移，$\Delta u_p=u_p-u_m$。

6.5.2　增量剪切模型

相对全量剪切模型而言，增量剪切模型要复杂得多。Desai 和 Fishman（1991）基于弹塑性力学的应力–应变关系，采用塑性流动的一致性条件得到了法向应力增量与应变增量的关系，根据屈服函数计算出剪切应力增量、法向位移增量与剪切位移增量的相关表达式。Saeb 和 Amadei（1992）提出考虑剪切变形过程中岩石节理的法向变形对剪胀、剪切变形影响的经验模型（一般称之为 Saeb 和 Amadei 剪切模型），使用切向、法向耦合刚度系数的方法来描述剪切行为，适用于常法向应力和常法向刚度两类边界条件，并推广到循环剪切的情形（Souley et al.，1995）。Wang 等（2003）借鉴土力学中的清华弹塑性模型建立了可考虑常法向应力和常法向刚度两种边界条件的岩石节理剪切模型，但该模型难以描述岩石节理的峰后软化行为，且模型参数过多。Saeb 和 Amadei 剪切模型建立在 Goodman（1976）三线性模型、Bandis 等（1983）闭合变形模型基础上，选用修正的 Ladanyi-Archambault 岩石节理峰值剪切强度准则（也可根据试验数据选择其他准则），不需要额外的试验/材料

参数，计算过程较为简单，现对其进行介绍。

图 6.11（a）为 Barton 等（1985）通过室内试验得出的常法向应力条件下岩石节理剪切应力-剪切位移曲线、剪胀曲线，Saeb 和 Amadei（1992）将曲线简化为多段直线来进行计算，如图 6.11（b）所示。

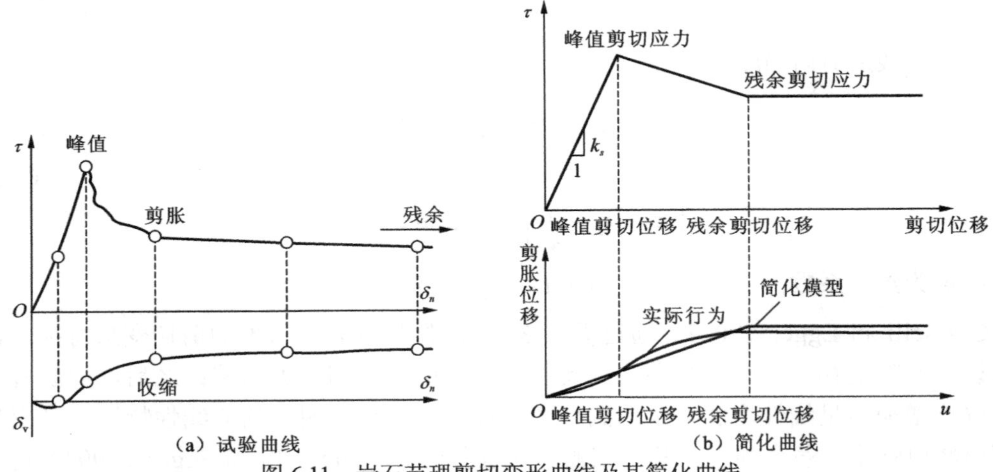

图 6.11 岩石节理剪切变形曲线及其简化曲线

根据 Saeb 和 Amadei（1992），下述矩阵关系式可描述岩石节理切向和法向行为增量的耦合关系：

$$\begin{Bmatrix} \mathrm{d}\sigma_n \\ \mathrm{d}\tau \end{Bmatrix} = \begin{bmatrix} k_{nn} & k_{nt} \\ k_{tn} & k_{tt} \end{bmatrix} \begin{Bmatrix} \mathrm{d}v \\ \mathrm{d}u \end{Bmatrix} \tag{6.41}$$

式中：k_{nn}、k_{nt}、k_{tn} 和 k_{tt} 均为刚度矩阵分量，k_{nn} 和 k_{nt} 描述法向应力增量与法向位移增量、剪切位移增量的关系，k_{tn} 和 k_{tt} 描述剪切应力增量与法向位移增量、剪切位移增量的关系。

剪切过程中，受表面粗糙度影响，岩石节理的法向位移与剪切位移、法向应力有关：

$$v = u\left(1-\frac{\sigma_n}{\sigma_{\mathrm{T}}}\right)^{k_5}\tan i_0 + \frac{\sigma_n V_{\mathrm{m}}}{k_{ni}V_{\mathrm{m}}-\sigma_n} \tag{6.42}$$

式中：σ_{T} 为临界应力；i_0 为初始剪胀角；k_5 为经验系数。

对式（6.42）求微分，得到法向位移的增量表达式：

$$\mathrm{d}v = \left(1-\frac{\sigma_n}{\sigma_{\mathrm{T}}}\right)^{k_5}\tan i_0 \mathrm{d}u - \frac{uk_5}{\sigma_{\mathrm{T}}}\left(1-\frac{\sigma_n}{\sigma_{\mathrm{T}}}\right)^{k_5-1}\tan i_0 \mathrm{d}\sigma_n + \frac{k_n V_{\mathrm{m}}^2}{(k_{ni}V_{\mathrm{m}}-\sigma_n)^2}\mathrm{d}\sigma_n \tag{6.43}$$

变形后得

$$\mathrm{d}\sigma_n = \frac{\mathrm{d}v - \left(1-\frac{\sigma_n}{\sigma_{\mathrm{T}}}\right)^{k_5}\tan i_0 \mathrm{d}u}{-\frac{uk_5}{\sigma_{\mathrm{T}}}\left(1-\frac{\sigma_n}{\sigma_{\mathrm{T}}}\right)^{k_5-1}\tan i_0 + \frac{k_{ni}V_{\mathrm{m}}^2}{(k_{ni}V_{\mathrm{m}}-\sigma_n)^2}} \tag{6.44}$$

结合式（6.41），式（6.44）等号右边用刚度系数表示可得到法向应力增量与法向位移增量、剪切位移增量的函数关系：

（1）当 $u \leqslant u_{\mathrm{r}}$ 且 $\sigma_n < \sigma_{\mathrm{T}}$，有

$$k_{nn}=\frac{\partial\sigma_n}{\partial v}=\frac{1}{-\dfrac{uk_5}{\sigma_{\mathrm{T}}}\left(1-\dfrac{\sigma_n}{\sigma_{\mathrm{T}}}\right)^{k_5-1}\tan i_0+\dfrac{k_{ni}V_{\mathrm{m}}^2}{(k_{ni}V_{\mathrm{m}}-\sigma_n)^2}} \tag{6.45}$$

$$k_{nt}=\frac{\partial\sigma_n}{\partial u}=\frac{-\left(1-\dfrac{\sigma_n}{\sigma_{\mathrm{T}}}\right)^{k_5}\tan i_0}{-\dfrac{uk_5}{\sigma_{\mathrm{T}}}\left(1-\dfrac{\sigma_n}{\sigma_{\mathrm{T}}}\right)^{k_5-1}\tan i_0+\dfrac{k_{ni}V_{\mathrm{m}}^2}{(k_{ni}V_{\mathrm{m}}-\sigma_n)^2}} \tag{6.46}$$

（2）当 $u > u_{\mathrm{r}}$ 且 $\sigma_n < \sigma_{\mathrm{T}}$，有

$$k_{nn}=\frac{\partial\sigma_n}{\partial v}=\frac{1}{-\dfrac{u_{\mathrm{r}}k_5}{\sigma_{\mathrm{T}}}\left(1-\dfrac{\sigma_n}{\sigma_{\mathrm{T}}}\right)^{k_5-1}\tan i_0+\dfrac{k_{ni}V_{\mathrm{m}}^2}{(k_{ni}V_{\mathrm{m}}-\sigma_n)^2}} \tag{6.47}$$

$$k_{nt}=\frac{\partial\sigma_n}{\partial u}=\frac{-\left(1-\dfrac{\sigma_n}{\sigma_{\mathrm{T}}}\right)^{k_5}\tan i_0}{-\dfrac{u_{\mathrm{r}}k_5}{\sigma_{\mathrm{T}}}\left(1-\dfrac{\sigma_n}{\sigma_{\mathrm{T}}}\right)^{k_5-1}\tan i_0+\dfrac{k_{ni}V_{\mathrm{m}}^2}{(k_{ni}V_{\mathrm{m}}-\sigma_n)^2}} \tag{6.48}$$

（3）当 $\sigma_n \geqslant \sigma_{\mathrm{T}}$，有

$$k_{nn}=\frac{(k_{ni}V_{\mathrm{m}}-\sigma_n)^2}{k_{ni}V_{\mathrm{m}}^2} \tag{6.49}$$

$$k_{nt}=0 \tag{6.50}$$

若岩石节理残余剪切强度采用 Goodman（1976）提出的经验公式计算：

$$\tau_{\mathrm{r}}=\begin{cases}\tau_{\mathrm{p}}\left(B_0+\dfrac{1-B_0}{\sigma_{\mathrm{T}}}\sigma_n\right), & \sigma_n<\sigma_{\mathrm{T}}\\ \tau_{\mathrm{p}} & \sigma_n\geqslant\sigma_{\mathrm{T}}\end{cases} \tag{6.51}$$

式中：B_0 为残余强度与峰值剪切强度之比。

结合式（6.41）和式（6.38），得到剪切过程中岩石节理的剪切应力增量与法向位移增量、剪切位移增量的函数关系：

（1）当 $u < u_{\mathrm{p}}$ 且 $\sigma_n < \sigma_{\mathrm{T}}$，有

$$k_{tn}=\frac{\partial\tau}{\partial v}=\frac{u}{u_{\mathrm{p}}}k_{nn}\frac{\partial\tau_{\mathrm{p}}}{\partial\sigma_n} \tag{6.52}$$

$$k_{tt}=\frac{\partial\tau}{\partial u}=\frac{u}{u_{\mathrm{p}}}k_{nt}\frac{\partial\tau_{\mathrm{p}}}{\partial\sigma_n}+\frac{\tau_{\mathrm{p}}}{u_{\mathrm{p}}} \tag{6.53}$$

（2）当 $u_{\mathrm{p}} < u < u_{\mathrm{r}}$ 且 $\sigma_n < \sigma_{\mathrm{T}}$，有

$$k_{tn}=\frac{k_{nn}}{u_{\mathrm{p}}-u_{\mathrm{r}}}\frac{\partial\tau_{\mathrm{p}}}{\partial\sigma_n}(u-u_{\mathrm{r}})+\frac{k_{nn}}{u_{\mathrm{p}}-u_{\mathrm{r}}}(u_{\mathrm{p}}-u)\left[\frac{\partial\tau_{\mathrm{p}}}{\partial\sigma_n}\left(B_0+\frac{1-B_0}{\sigma_{\mathrm{T}}}\sigma_n\right)+\frac{\tau_{\mathrm{p}}}{\sigma_{\mathrm{T}}}(1-B_0)\right] \tag{6.54}$$

$$k_{tt}=\frac{\tau_{\rm p}-\tau_{\rm r}}{u_{\rm p}-u_{\rm r}}+\frac{k_{nt}}{u_{\rm p}-u_{\rm r}}\frac{\partial\tau_{\rm p}}{\partial\sigma_n}(u-u_{\rm r})+\frac{k_{nt}}{u_{\rm p}-u_{\rm r}}(u_{\rm p}-u)\left[\frac{\partial\tau_{\rm p}}{\partial\sigma_n}\left(B_0+\frac{1-B_0}{\sigma_{\rm T}}\sigma_n\right)+\frac{\tau_{\rm p}}{\sigma_{\rm T}}(1-B_0)\right] \tag{6.55}$$

（3）当$u>u_{\rm r}$且$\sigma_n<\sigma_{\rm T}$，有

$$k_{tn}=k_{nn}\left[\frac{\partial\tau_{\rm p}}{\partial\sigma_n}\left(B_0+\frac{1-B_0}{\sigma_{\rm T}}\sigma_n\right)+\frac{\tau_{\rm p}}{\sigma_{\rm T}}(1-B_0)\right] \tag{6.56}$$

$$k_{tt}=k_{nt}\left[\frac{\partial\tau_{\rm p}}{\partial\sigma_n}\left(B_0+\frac{1-B_0}{\sigma_{\rm T}}\sigma_n\right)+\frac{\tau_{\rm p}}{\sigma_{\rm T}}(1-B_0)\right]=0 \tag{6.57}$$

（4）当$u<u_{\rm p}$且$\sigma_n\geqslant\sigma_{\rm T}$，有

$$k_{tn}=\frac{u}{u_{\rm p}}k_{nn}\frac{\partial\tau_{\rm p}}{\partial\sigma_n} \tag{6.58}$$

$$k_{tt}=k_s \tag{6.59}$$

（5）当$u\geqslant u_{\rm p}$且$\sigma_n\geqslant\sigma_{\rm T}$，有

$$k_{tn}=k_{nn}\frac{\partial\tau_{\rm p}}{\partial\sigma_n} \tag{6.60}$$

$$k_{tt}=0 \tag{6.61}$$

当岩石节理剪切强度准则采用 Ladanyi-Archambault 强度破坏准则、完整岩石采用莫尔-库仑强度准则时：

$$\begin{aligned}\frac{\partial\tau_{\rm p}}{\partial\sigma_n}=&(1-a_{\rm s})\tan(\phi_{\rm u}+i_{\rm d})-\frac{\sigma_n}{\sigma_{\rm T}}\frac{(1-a_{\rm s})k_5}{\cos^2(\phi_{\rm u}+i_{\rm d})}\times\frac{1}{1+\left(1-\frac{\sigma_n}{\sigma_{\rm T}}\right)^{2k_5}\tan^2 i_0}\tan i_0\left(1-\frac{\sigma_n}{\sigma_{\rm T}}\right)^{k_5-1}\\&-\frac{\sigma_n}{\sigma_{\rm T}}k_6\tan(\phi_{\rm u}+i_{\rm d})\left(1-\frac{\sigma_n}{\sigma_{\rm T}}\right)^{k_6-1}+\frac{c_{\rm rock}+\sigma_n\tan\varphi_{\rm rock}}{\sigma_{\rm T}}k_6\left(1-\frac{\sigma_n}{\sigma_{\rm T}}\right)^{k_6-1}+a_{\rm s}\tan\varphi_{\rm rock}\end{aligned} \tag{6.62}$$

式中：$a_{\rm s}$为剪切面积比；$\phi_{\rm u}$为岩石节理的滑移摩擦角；$i_{\rm d}$为剪胀角；i_0为初始剪胀角；$c_{\rm rock}$、$\varphi_{\rm rock}$为完整岩石的黏聚力、内摩擦角；k_5、k_6为经验系数。详细的介绍和验证请参阅文献 Amadei 等（1998）。

第7章 摩擦机理与峰值剪切强度准则

阐述摩擦机理和构建峰值剪切强度准则是岩石节理力学性质研究中最受关注的内容。摩擦机理很复杂，现有成果多从唯象的角度对岩石节理的剪切响应做出解释，且多借鉴断层摩擦的研究内容，此部分内容还需要采用先进的观测手段和模拟方法进一步发展。峰值剪切强度受多种因素的影响，现有的数十个准则多为经验公式，但其中能够根据岩石节理形貌参数估算其峰值剪切强度的准则并不多。

7.1 摩擦机理

在岩石节理的剪切摩擦试验中，可以观测到两种形式的摩擦滑动：一是岩块运动平稳、连续地发生；二是岩块滑动急剧地发生，即突然向前滑动，然后锁住不动，过一段时间又开始滑动。前者在实验室称为稳态滑动（又称稳滑，出现在自然界的稳滑称为断层蠕动），后者在实验室称为黏滑。不同摩擦滑动形式产生的原因主要有两个：接触面的性质在滑动开始后发生变化（动摩擦系数小于静态摩擦系数），试验系统的刚度不同。

7.1.1 稳滑摩擦机理

1. 平面摩擦

对固体而言，宏观上加工精良的表面在微观上仍然存在凹凸不平，实际接触局限于少数凸起点。Amonton 定律适用于表面凸起体产生塑性破坏的固体接触表面，Bowden 和 Tabor（1950）用黏附理论解释了适用于金属表面摩擦的 Amonton 定律的正确性。但当凸起体为弹性变形时，Bowden 和 Tabor（1950）建议摩擦定律采用如式（7.1）所示的幂率形式。

$$\tau = \mu \sigma^{n_6} \tag{7.1}$$

式中：n_6 为常数，与材料的强度和凸起体的形状有关，介于 2/3～1，$n_6 = 2/33$ 时为纯弹性接触。

Jaeger（1959）认为岩石节理的摩擦与金属表面有所不同，式（7.2）更符合低法向应力下的直剪试验结果。Jaeger 公式具有数学上线性的优点，且与岩土力学中常用的表达式相同，因此得到广泛的应用。

$$\tau = s_0 + \mu \sigma \tag{7.2}$$

式中：s_0、μ 为常数。s_0 可视为接触表面的固有剪切强度，相当于岩石和土体剪切强度的黏聚力；对大多数岩石而言，μ=0.5～0.7。

大量的试验结果表明，工程岩体节理（如水利工程的坝基抗滑稳定性和边坡稳定性问题，法向应力一般在 5 MPa 以下）的摩擦强度非常离散，摩擦系数变化范围很大，表面粗糙度是主要影响因素，如图 7.1（Barton，1973）所示。而在中、高法向应力作用下（如采矿工程、地球科学等领域），法向应力与剪切应力的统计关系如图 7.2（Byerlee，1978）所示，对新、旧表面的摩擦行为均成立，也适用于光滑表面和粗糙表面，与岩性、粗糙度无关，计算公式见式（7.3）。式（7.3）是对岩石摩擦试验的规律性总结，即 Byrlee 定律，但其物理机制还需要继续探讨。

$$\tau=\begin{cases}0.85\sigma_n, & \sigma_n<200\ \text{MPa}\\ 50+0.6\sigma_n, & 200\ \text{MPa}\leqslant\sigma_n<1\,700\ \text{MPa}\end{cases} \tag{7.3}$$

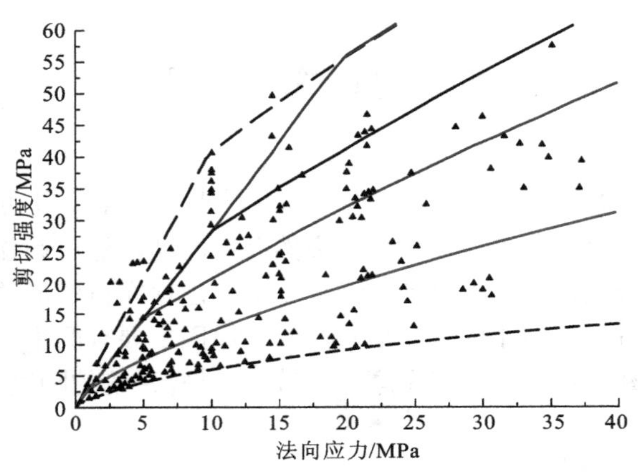

图 7.1　岩石节理的剪切强度

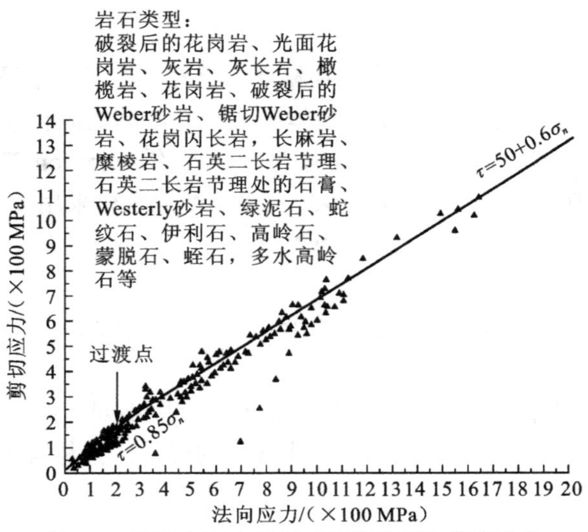

图 7.2　高法向应力下岩石不连续面的摩擦强度

Byerlee 定律实际上是经典的库仑摩擦定律及 Patton 双线性摩擦强度判据的发展，其最主要的特点在于发现了不同岩石的摩擦强度与法向压力之间具有统一的线性回归关系。这一经验公式在温度和填充物质等影响因素方面也还存在着有待进一步研究的问题，但它基本上符合实际情况，已成为一种比较接近实际而又便于应用的经验公式。

高法向应力作用下，粗糙节理的摩擦系数往往低于低法向应力作用下的值，因为在高的法向应力作用下，除滑动之外还会发生表面凸起物的磨损、压碎、剪断和颗粒滚动等。如图 7.3 所示：当法向应力增大时，磨光面的摩擦角逐渐增大、锯开面的摩擦角逐渐减小，但最后都接近于 25°；对张裂面来说，无论是初次剪切还是重复剪切，摩擦角均随法向应力的增大而减小，初次剪切摩擦角由 80° 降为 50°，重复剪切摩擦角由 70° 降为 40°。

2. 楔形摩擦

如图 7.4 所示，锯齿状节理受到剪力作用时，滑动最初沿锯齿面发生，但总的滑移方向仍为 BA 方向。若 A′B 与 AB 之间的夹角为β_6（剪胀角）、A′B 面上的静摩擦角为 φ_s，则最大静摩擦角 $\varphi_{s\_max}=\varphi_s+\beta_6$；若滑动开始后静摩擦转化为动摩擦，则残余摩擦角 $\varphi_r=\varphi_k-\beta_6$（$\varphi_k$ 为滑动摩擦角，$\varphi_k<\varphi_s$）。

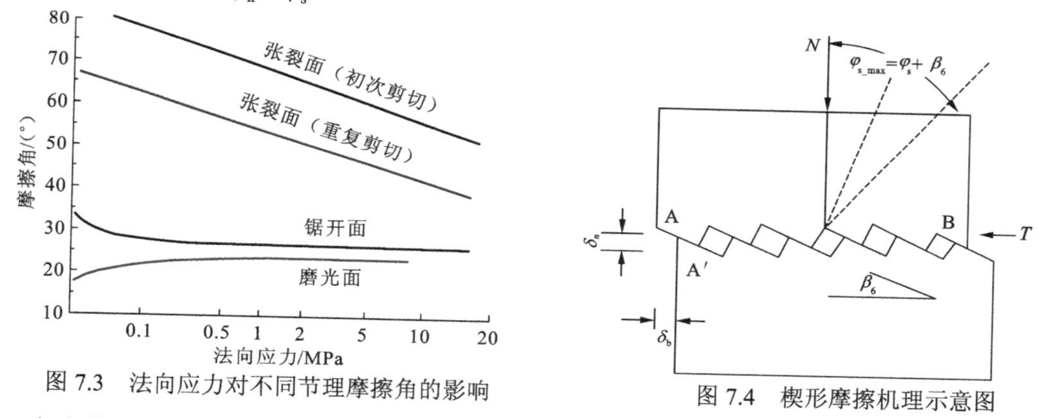

图 7.3　法向应力对不同节理摩擦角的影响

图 7.4　楔形摩擦机理示意图

考虑剪胀效应的岩石节理峰值剪切强度公式均是基于楔效应摩擦提出的，包括 Patton 公式、Barton 公式等。与锯齿节理的不同之处在于粗糙节理在剪切过程中常伴随微凸体的破坏、运移等，宏观上的力学响应是多种力学机制耦合作用的结果。

3. 滚动摩擦

当一个碎块的翻倒角 δ_6 降低时，其摩擦角也将降低。当碎块的断面表现为有 N_6 个边的规则多边形时，其翻倒角为

$$\delta_6=\frac{180^{\circ}}{N_6} \tag{7.4}$$

如果碎块的边数增加，则它趋向于一个圆球形，则 $\delta_6\to 0$。对于一个完全球形的质点，其翻倒的阻力 F_6 就是它的滚动摩擦力：

$$F_6=f_R N=N\tan\varphi_R \tag{7.5}$$

式中：f_R 为滚动摩擦系数，一般小于 0.001；N 为法向力；φ_R 为滚动摩擦角。

7.1.2 黏滑摩擦机理

如图 7.5（a）所示，假定质量为 m_6 的块体被力 W_6 压在刚性界面上，界面的静摩擦系数、动摩擦系数分别为 μ_s 和 μ_d，弹簧 B 端以速度 v_6 运动。设弹簧的刚度系数为 K_6，质量块由静止至开始滑动时弹簧的相对伸长量为 ξ_0，则摩擦力 f_6 为

$$f_6 = K_6\xi_0 = \mu_s W_6 \tag{7.6}$$

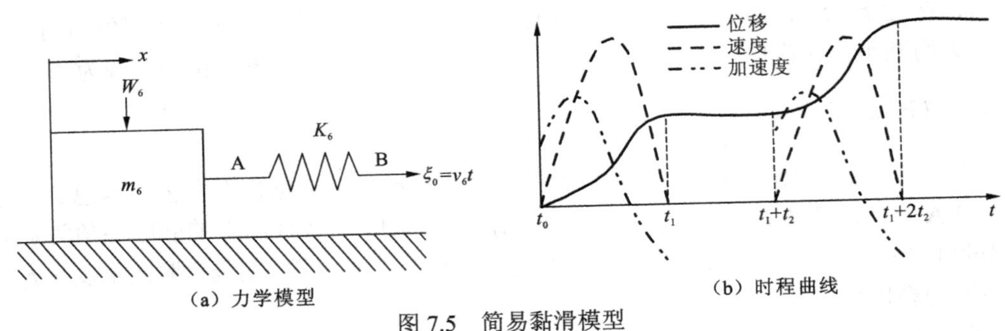

（a）力学模型　　（b）时程曲线

图 7.5　简易黏滑模型

动摩擦系数小于静摩擦系数，块体和平面发生滑动的瞬间二者之间的摩擦力突然下降，块体在弹簧牵引下以大于 v_6 的速度突然继续运动，由于惯性作用，弹簧中的力逐渐降低直至小于保持滑动所需要的力时，滑块运动停止。而弹簧 A 端仍继续保持速度运动，当弹簧中的力足以克服静摩擦时，又重复上述过程，从而形成这种张弛、跳跃式的运动形式，如图 7.5（b）所示。

取运动开始时的瞬间为时间原点 $t=0$，并从此时测量弹簧端点 A 的位移 $\xi = v_6 t$ 、块体 m_6 的位移 x，则弹簧施加在块体 m_6 上的力为 $K_6(\xi+\xi_0-x)$，运动方程为

$$m_6\ddot{x} = K_6(\xi+\xi_0-x) - \mu_d W_6 \tag{7.7}$$

在速度很小的情况下，上式可整理为

$$\ddot{x} + \frac{K_6}{m_6}x = (\mu_s-\mu_d)\frac{W_6}{m_6} \tag{7.8}$$

当 $t=0$ 时，$x=0$，$\dot{x}=0$，此方程的解为

$$\begin{cases} x = (\mu_s-\mu_d)\dfrac{W_6}{m_6}(1-c_6) \\ \dot{x} = (\mu_s-\mu_d)\dfrac{W_6}{\sqrt{K_6 m_6}}\sin\sqrt{\dfrac{K_6}{m_6}}t \\ \ddot{x} = (\mu_s-\mu_d)\dfrac{W_6}{m_6}c_6 \end{cases} \tag{7.9}$$

式中：c_6 为常数。

当 $t=t_1$ 时，块体静止下来，即 $\dot{x}=0$，代入上式，可确定 t_1：

$$t_1 = 2\pi\sqrt{\frac{m_6}{K_6}} \tag{7.10}$$

此时滑动位移 x_1 为

$$x_1 = \frac{2(\mu_s - \mu_d)W_6}{K_6} \tag{7.11}$$

则弹簧施加给块体的力 f_6 为

$$f_6 = 2(\mu_d - \mu_s)W_6 \tag{7.12}$$

此时块体保持静止，若 B 端继续运动，从 t_1 时刻开始，经过 t_2 时刻块体又开始滑动，则弹簧中的力为 $K_6\xi_0$，且 t_2 为

$$t_2 = \frac{2(\mu_s - \mu_d)W_6}{K_6 v} \tag{7.13}$$

此后，块体随 B 点做周期为 $(t_1 + t_2)$ 的运动，每个周期的运动距离为

$$x = \frac{f_{s6} - f_{06}}{K_6} \tag{7.14}$$

式中：f_{s6}、f_{06} 分别为每次运动所能达到的最大摩擦力、最小摩擦力。

上面讨论的简单模型非常符合光滑岩石节理黏滑振荡时的实际情况，$\mu_s - \mu_d$ 越小、K_6 越大，黏滑运动幅度越小，应力降也越小。

Bylerlee 和 Brace（1968）发现粗糙节理的剪切过程也会出现黏滑现象：剪切位移增加，黏滑运动多次发生，且在各次黏滑运动周期中，黏滑速度和摩擦阻力降低的幅度并不一定相同。他将此现象解释为黏滑的脆性运动机制：粗糙岩石节理表面存在大量的微凸体，一般呈嵌合接触，当法向压力大到足以抑制上部块体沿微凸体爬坡升高时，在剪切力作用下微凸体剪断或微凸体在剪切面上刻画出凹槽；微凸体破碎或犁槽作用一旦发生，剪切阻力突然下降，将出现急跃式的滑动，即黏滑；经过一小段位移后，另一些微凸体又会嵌合起来阻止滑动继续进行，直到微凸体再次被剪坏。Scholz（1990）发现剪切停止一段时间后再继续进行则易导致黏滑发生。他将此现象解释为微凸体蠕动机制：剪切停止时，节理表面蠕动的微凸体相互嵌入，接触面积增大，当剪切荷载继续增加使其再滑动时，在滑动产生的时刻接触面积减小，导致摩擦阻力突然下降而产生黏滑。

高温高压环境下剪切摩擦运动形式的转化主要受岩石的矿物成分、孔隙率、有效应力、温度和湿度等的影响。含有方解石、白云石、滑石和蛇纹石等软弱矿物成分及超基性岩、含有较大量碳酸盐矿物的岩石，不易发生黏滑；法向应力越大，则越易出现黏滑，而且在出现黏滑之后，其振幅也越大；剪切速率增大，低法向应力作用下的滑动由黏滑转变为稳滑，高法向应力水平下黏滑的振幅变得更大；孔隙率低的岩石节理易发生黏滑，而孔隙率高的岩石节理在极高的侧限和较大的剪切位移下才发生黏滑；环境温度升高，黏滑易转化为稳滑；干燥条件下更易发生黏滑，原因在于水和孔隙压力的存在减少了有效应力，从而减少了黏滑的发生。

7.2 峰值剪切强度准则

7.2.1 基本参数选取

1. 形貌参数

对新鲜非充填岩石节理而言，低法向应力作用下粗糙度是影响峰值剪切强度最主要的因素（Barton，1976），因此合理描述节理的形貌显得至关重要，目前已有的参数大体上可分为经验参数、统计参数和分形参数三大类（Magsipoc et al.，2020）。另外，大量的试验结果表明节理的峰值剪切强度具有方向性（Tang and Wong，2016a；Grasselli，2006；Yang and Lo，1997；Kulatilake et al.，1995），形貌的各向异性是引起剪切强度各向异性的主要原因，但大部分参数往往难以描述节理形貌的各向异性特征，也不能够体现形貌特征对剪切力学性质的影响。根据 Yang 等（2011），三维粗糙度指标 $A_0\theta^*_{\max}/(1+C)$ 由形貌测试获得且不含任何平均化的处理，是目前较为合适描述节理三维形貌特征的参数。

2. 岩石强度

剪切过程中岩石节理表面微凸体的破坏模式既与其空间形态相关（Hopkins，2000），也与岩石材料的力学性质相关（Grasselli，2006； Barton，1973；Ladanyi and Archambault，1969）。Barton 及其合作者（Barton and Choubey，1977；Barton，1973）采用 JCS 体现岩石材料的影响，并认为新鲜岩石节理的 JCS 与岩石的单轴压缩强度相等，但并没有分析采用该参数是否能够反映岩石节理的破坏机理。

事实上，Barton（1976）首次指出微凸体在剪切荷载作用下会产生局部的拉伸破坏，岩石节理越粗糙该现象越明显。Grasselli 和 Egger（2003）通过观测岩石节理的剪切过程得出张拉裂纹是引起微凸体破坏的主要原因；Ghazvinian 等（2012）采用类岩石节理的直剪试验阐述了抗拉强度对节理剪切破坏机理的重要影响。Ghiassi（1998）采用数值试验研究岩石节理的微凸体破坏模式，指出张拉应力是引起裂纹萌生的主要原因。Cundall（2000）采用 PFC2D 软件模拟岩石节理的直剪试验，当法向应力较低时（$\sigma_n < 0.3\text{JCS}$），拉裂纹的数量远远大于剪裂纹的数量，破坏区域多集中在微凸体面向剪切方向的一侧；Park 和 Song（2009）采用三维颗粒流数值直剪试验研究了节理面微凸体破坏时的拉裂纹、剪裂纹的分布、数量等，得到了拉裂纹远多于剪裂纹且其数量随法向应力增加而增加的结论；Bahaaddini 等（2013）采用颗粒流数值试验也得出峰前拉裂纹增多引起微凸体破坏的结论。基于上述分析，采用岩石的抗拉强度似乎更能从破坏机理上反映材料属性对节理剪切强度的影响。

3. 基本摩擦强度分量

Barton 和 Choubey（1977）将残余摩擦角 φ_r 视为岩石节理的基本摩擦分量，但大量的试验表明残余摩擦角与节理形貌、法向应力和剪切位移等相关（Jang and Jang，2015；Xia et al.，2014；Ferrero et al.，2010；Grasselli，2006；Krahn and Morgenstern，1979），相对

于基本摩擦角更难以确定。因此，采用基本摩擦角表征岩石节理的基本摩擦分量更为可行，ISRM 建议的方法见文献 Alejano 等（2018）。一般可采用下述 4 种方法确定岩石节理的基本摩擦角。

（1）查表法。表 7.1 列出了部分岩石节理的基本摩擦角供参考。一般地，沉积岩节理的基本摩擦角多在 25°～35°，岩浆岩和变质岩节理的基本摩擦角多在 30°～35°。对风化岩石来说，由于节理表面的摩擦系数降低，表中之值偏高。试验方法不同，获得的岩石节理基本摩擦角可能会出现较大的差异（Alejano et al.，2012）。

表 7.1　部分岩石的基本摩擦角

岩性	岩石	基本摩擦角/（°）				数据来源
		干	湿	光面	毛面	
沉积岩	砂岩	26～35	25～33	—	—	Patton（1966）
	砂岩	—	29	—	—	Ripley 和 Lee（1962）
	砂岩	31～33	—	—	—	Krsmanović（1967）
	砂岩	32～34	—	—	—	Coulson（1972）
	砂岩	—	31～34	—	—	Coulson（1972）
	砂岩	—	33	—	—	Richards（1975）
	砂岩	—	—	30	32	陶振宇等（1992）
	砂岩	—	—	32～33	—	陶振宇等（1992）
	砂岩	37	—	—	—	Grasselli（2001）
	石英砂岩	—	—	37	—	陶振宇等（1992）
	长石石英砂岩	—	—	31	33	陶振宇等（1992）
	细砂岩	—	—	29	34	Ripley 和 Lee（1962）
	页岩	27	—	—	—	Ripley 和 Lee（1962）
	页岩	—	—	27	32	陶振宇等（1992）
	砂页岩	—	—	25	33	陶振宇等（1992）
	砂砾岩	—	—	—	46	陶振宇等（1992）
	砾岩	—	—	33	46	陶振宇等（1992）
	黏土页岩	—	—	25～28	—	陶振宇等（1992）
	粉砂岩	31	—	—	—	Ripley 和 Lee（1962）
	粉砂岩	31～33	27	—	—	Coulson（1972）
	砾岩	35	—	—	—	Krsmanović（1967）
	白垩	—	30	—	—	Hutchinson（1972）
	石灰岩	31～37	27～35	—	—	Coulson（1972）
	石灰岩	36	—	—	—	Grasselli（2001）
	石灰岩	37	—	—	—	Grasselli（2001）
	石灰岩	31.4	—	—	—	—

续表

岩性	岩石	基本摩擦角/（°）				数据来源
		干	湿	光面	毛面	
岩浆岩	玄武岩（粗粒）	—	—	33	—	—
	玄武岩（粗粒）	36	32	—	—	Barton（1971）
	玄武岩	35～38	31～36	—	—	Coulson（1972）
	玄武岩（粗粒）	36	32	—	—	Richards（1975）
	花岗岩（粗粒）	31～35	31～33	—	—	Coulson（1972）
	花岗岩（细粒）	31～35	29～31	—	—	Coulson（1972）
	花岗岩	34	—	—	—	Grasselli（2001）
	花岗岩	34.3	—	—	—	—
	花岗岩	—	—	31	—	—
	花岗岩	—	—	33	—	Hoskins 等（1968）
	斑岩	31	31	—	—	Barton（1971）
变质岩	板岩	—	27	—	—	Ripley 和 Lee（1962）
	板岩	23～25	—	—	—	—
	板岩	—	—	28	30	陶振宇等（1992）
	硅质板岩	—	—	30	30	陶振宇等（1992）
	泥质板岩	—	—	32	31	陶振宇等（1992）
	角闪岩	32	—	—	—	—
	片麻岩	26～29	23～26	—	—	Coulson（1972）
	片麻岩	36	—	—	—	Grasselli（2001）
	片麻岩	34.2	—	—	—	Park 等（2013）
	片岩	25～30	—	—	—	Barton（1971）
	片岩	30	21	—	—	Richards（1975）
	大理岩	37	—	—	—	Grasselli（2001）
	蛇纹岩	39	—	—	—	Grasselli（2001）
	石英岩	—	—	27	33	陶振宇等（1992）
	千枚岩	—	—	29	—	陶振宇等（1992）

（2）平板倾斜试验法。如图 7.6（Alejano et al.，2012）所示，将平直节理放置在倾斜仪上，缓慢地加大倾角直到上半试件开始滑动，此时的倾角即为基本摩擦角。试件数量一般要在 10 块以上，而且每块需重复几次，最后求其平均值。本质上，这是一种极低法向应力下的剪切试验。根据 Alejano 等（2012）：倾斜试验宜采用的节理试件面积大于 50 cm^2、长高比大于 2；不建议采用小尺寸的试件进行倾斜试验，如巴西劈裂试验的圆盘，若用于测试基本摩擦角，则试验数值可能较之前者获得的值低 10° 以上。

（3）三岩心倾斜试验法。如图 7.7（Alejano et al.，2012）所示，三个岩心互相接触地放在倾斜仪底座上，岩心 B、C 的滑动被底座上的凸边限制，而岩心 A 可以沿轴线滑动。慢慢使底座绕水平支点转动，使岩心 A 沿着与 B、C 间的接触线发生滑动。开始滑动时的倾斜角记为α_6，岩心 A、B、C 之间的摩擦角均为φ_{b}，$\theta_6=0.5\angle\mathrm{BAC}=30^{\circ}$（$\theta_6$为三岩心中心点连线组成的正三角形 ABC 内角的一半），单个岩心的质量为ω，根据极限平衡分析有$\omega\cos\theta_6\cos\alpha_6\tan\varphi_{\mathrm{b}}=\omega\sin\alpha_6$，则基本摩擦角$\varphi_{\mathrm{b}}=\tan^{-1}(1.155\tan\alpha_6)$。Stimpson（1981）利用该方法测试石灰岩的基本摩擦角，其数学平均值约为 30°，与剪切盒中对锯切面进行剪切试验得到的结果保持较好的一致性。

图 7.6　平板倾斜试验示意图

图 7.7　三岩心倾斜试验示意图

（4）直剪试验法。可在低法向应力下对平直节理进行直剪试验（至少三组），得到的摩擦角即为基本摩擦角。

4. 附加剪切强度分量

岩石节理的峰值剪切强度由摩擦强度和完整材料的破坏强度构成，对应的峰值摩擦角φ_{p}为基本摩擦角φ_{b}、剪胀角d_{n}和剪断分量s_{n}三者之和（Barton，1973）。基本摩擦角取决于岩石材料的矿物属性，剪胀角和剪断分量受形貌、岩石强度和法向应力的共同影响。Tang 等（2016）将剪胀角和剪断分量之和统称为附加剪切强度分量φ_{a}（在大部分剪切强度公式中以剪胀角的形式体现）。已有的附加剪切强度分量数学表达式有线性函数、对数函数（Barton and Choubey，1977；Barton，1973）、指数函数（Grasselli and Egger，2003；Amadei et al.，1998；Schneider，1976）、双曲线函数（Maksimović，1992）和幂函数（Kulatilake et al.，1995；Jing et al.，1992）等，大部分是基于试验现象得出的经验公式。在本书中，采用剪胀角表示附加摩擦角。

7.2.2　同性岩石节理峰值剪切强度准则

1. 直剪试验

为研究岩石节理峰值剪切强度与粗糙度、法向应力等因素的关系，通常需要若干形貌相同的试件，但采集具有相同形貌的天然岩石节理非常困难，因此在试验中往往采用类岩石材料（如水泥砂浆、石膏等）制备试件。试验时，采用巴西劈裂法获得若干具有不同表面形貌的岩石节理，选用其中 5 个具有明显形貌差异的节理作为制备类岩石节理的模板，分别命名为 J-I、J-II、J-III、J-IV 和 J-V。用硅胶复制岩石节理的形貌，然后采用三种不同的类岩石材料浇注于硅胶之上制备成节理。类岩石材料的配比、养护条件列于表 7.2（Tang and Wong，2016a），其中：上标“+”或“−”表示正向剪切或反向剪切，字母“B”或“C”表示 B 组节理或 C 组节理。采用 ISRM 建议的方法获得类岩石材料的力学参数，见表 7.3（Tang and Wong，2016a）。

表 7.2　类岩石材料的配置参数与养护条件

分组	质量比（水泥：砂：水）	节理	长×宽/（mm×mm）	养护条件
A	3：2：1	J-I J-II J-III	300×150	温度=25 ℃ 湿度=90% 天数=28
B	3：3：2	$J\text{-}IV^{+,B}$ $J\text{-}IV^{-}$ $J\text{-}V^{+,B}$ $J\text{-}V^{-}$	200×100	温度=25 ℃ 湿度=90% 天数=28
C	1：0：1	$J\text{-}IV^{+,C}$ $J\text{-}V^{+,C}$	200×100	温度=25 ℃ 湿度=90% 天数=20

表 7.3　类岩石材料的力学参数

分组	单轴压缩强度/MPa	抗拉强度/MPa	基本摩擦角/（°）	弹性模量/GPa	泊松比	密度/（kg/m³）
A	27.5	1.54	35.0	6.1	0.16	2 200
B	16.1	1.37	31.0	4.3	—	2 010
C	4.7	0.64	24.8	1.9	—	1 750

为便于研究非偶合节理的剪切力学性质，对偶合节理的上、下面壁沿剪切方向分别错开不同的位移量形成不同的接触状态以模拟不同偶合程度的岩石节理。该方法虽然不能全面体现非偶合岩石节理的接触特征，但描述非偶合程度的参量“上、下面壁错开位移量”是非常容易确定的，获得的规律有助于理解非偶合岩石节理的剪切力学性质。A 组试件的上、下面壁沿剪切方向设置的错开位移量分别为 0 mm、5 mm、10 mm、15 mm；B、C 组试件的上、下面壁沿剪切方向设置的错开位移量分别为 0 mm、2 mm、4 mm、8 mm。

获得非偶合岩石节理试件的具体的操作方法（唐志成，2013）如下。

（1）将岩石节理的上、下试块处于紧贴的偶合状态，此时其上、下面壁的错开位移量为 0 mm。

（2）在平行于剪切方向且靠近节理面的上、下试块侧面刻画间距为 1 mm 的等间距短直线。

（3）固定下半个试块，将上半个试块沿剪切方向移动，如 5 mm、10 mm、15 mm 等，即可得到具有相同形貌但上、下试块处于不同接触状态的岩石节理试件（在移动过程中，将试件的上半个试块抬高几厘米以避免两个面壁摩擦，造成形貌损伤）。

（4）当形成新的接触状态时，由于是非规则状的岩石节理，上半个试块往往会产生一定的转动，采用固定装置使之保持平衡。

每个岩石节理沿剪切方向选择 9 条剖面线，并由 3 位研究人员根据 ISRM（1978）推荐的“比较法”确定各剖面线的 JRC，采用平均值作为评价该试件粗糙度的依据；同时，采用 Grasselli 等（2002）建议的方法定量描述岩石节理的三维形貌特征。两种方法获得的粗糙度参数列于表 7.4。

表 7.4　岩石节理粗糙度参数

节理	JRC	三维粗糙度参数			三维粗糙度指标
		最大接触面积比 A_0	最大视倾角 θ^*_{max} / (°)	视倾角分布参数 C	
J-I	6.3	0.499	59.0	10.5	2.56
J-II	12.8	0.504	69.3	8.01	3.88
J-III	17.1	0.688	68.7	7.48	5.57
J-IV$^+$	5.7	0.513	44.7	9.27	2.23
J-IV$^-$	5.3	0.501	43.9	9.82	2.03
J-V$^+$	14.1	0.534	78.4	9.05	4.17
J-V$^-$	13.6	0.506	75.6	9.38	3.69

直剪试验不重复使用试件。A 组试件，对每一接触状态的岩石节理分别施加 0.5 MPa、1.0 MPa、1.5 MPa、2.0 MPa 和 3.0 MPa 的法向应力；B 组试件，对每一接触状态的岩石节理分别施加 0.4 MPa、0.8 MPa、1.2 MPa、1.6 MPa 和 2.0 MPa 的法向应力；C 组试件，对每一接触状态的岩石节理分别施加 0.2 MPa、0.4 MPa、0.6 MPa、0.8 MPa 和 1.0 MPa 的法向应力。先按荷载控制方式施加法向应力直至设定值，再按变形控制方式施加剪切位移。法向荷载施加速率为 0.05 MPa/min；剪切速率为 0.5 mm/min。峰值剪切强度后出现较为稳定的剪切强度时停止试验。试验过程中，计算机自动记录所有的试验数据（包括法向荷载、剪切荷载、剪切位移和法向变形）。总体而言，对偶合岩石节理的上、下面壁错开一定的位移时，受不规则形貌的影响，上半块试件会出现一定程度的小角度转动。为消除该转动对试验的影响，采用一对平衡装置固定上半个节理试块，法向荷载施加完毕后松开该平衡装置。为使测试类岩石节理的制备过程保持高度一致、保证试验结果的可靠性，在进行试验之前采用下述方法对试件进行检验：A 组材料的偶合节理试件均重复试验 3 次，其他每一接触状态的节理均随机选择 3 组试件进行重复性试验，且均为 3 次。重复性测试结果显示：偶合节理峰值剪切强度的最大偏差为 2.84%，非偶合节理峰值剪切强度的最大偏差为 4.32%。说明所制备的节理试件具有很好的一致性，有利于进行不同接触状态节理的剪切强度规律性分析。

图 7.8 为偶合岩石节理的典型剪切位移曲线，峰值剪切强度随粗糙度的增加而增加。图 7.9 为不同接触状态岩石节理的典型剪切位移曲线（以 J-III 为例），峰值剪切强度随错开位移量的增加而减少。偶合岩石节理一般存在峰后软化现象，而非偶合岩石节理一般不存

在这一现象。图 7.10 为不同接触状态岩石节理的峰值剪切强度随错开位移量增加的变化趋势（以 J-IV$^{+,C}$ 为例，κ 为归一化的错开位移量 $\vec{D}$ 与试件长度 L 的比值）：低法向应力下，错开位移量对峰值剪切强度的影响较之高法向应力更为明显；随错开位移量的增加，其对峰值剪切强度的影响逐步减弱，双曲线函数可以较好地表征该变化趋势。

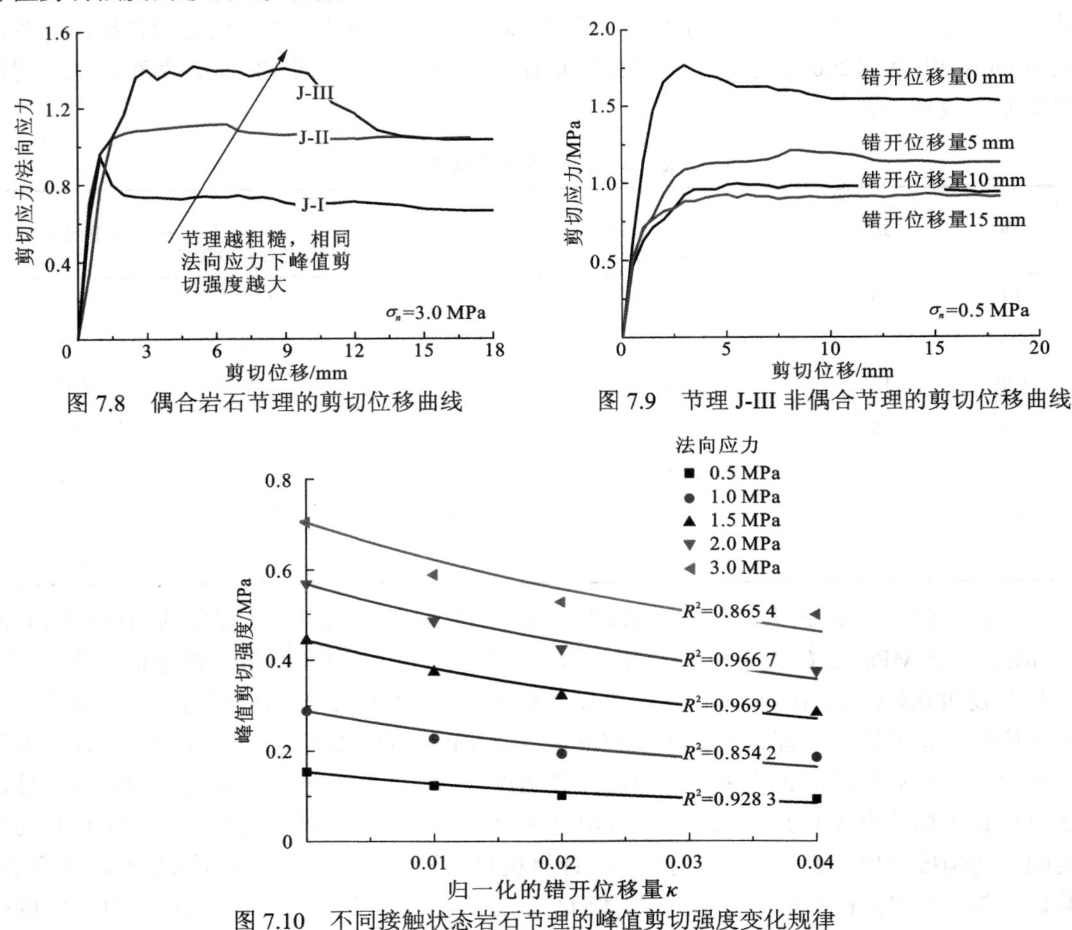

图 7.8　偶合岩石节理的剪切位移曲线

图 7.9　节理 J-III 非偶合节理的剪切位移曲线

图 7.10　不同接触状态岩石节理的峰值剪切强度变化规律

A、B、C 三组岩石节理在不同接触状态下进行直剪试验获得的峰值剪切强度分别列于表 7.5（唐志成，2013）、表 7.6（Tang and Wong，2016a）和表 7.7（Tang and Wong，2016a）。

表 7.5　A 组材料不同接触状态岩石节理的峰值剪切强度

节理	法向应力/MPa	峰值剪切强度/MPa			
		错开位移量 0 mm	错开位移量 5 mm	错开位移量 10 mm	错开位移量 15 mm
J-I	0.5	0.85	0.67	0.55	0.43
	1.0	1.19	1.03	0.88	0.71
	1.5	1.77	1.51	1.32	1.19
	2.0	2.24	2.00	1.74	1.52
	3.0	2.84	2.52	2.33	2.12

续表

节理	法向应力/MPa	峰值剪切强度/MPa			
		错开位移量 0 mm	错开位移量 5 mm	错开位移量 10 mm	错开位移量 15 mm
J-II	0.5	1.13	0.93	0.73	0.50
	1.0	1.75	1.25	1.00	0.75
	1.5	2.20	1.70	1.24	1.23
	2.0	2.78	2.11	1.78	1.55
	3.0	3.34	2.70	2.50	2.20
J-III	0.5	1.78	1.18	1.01	0.88
	1.0	2.42	1.89	1.80	1.67
	1.5	2.89	2.66	2.39	2.12
	2.0	3.51	2.91	2.68	2.27
	3.0	4.20	3.61	3.38	3.15

表 7.6　B 组材料不同接触状态岩石节理的峰值剪切强度

节理	法向应力/MPa	峰值剪切强度/MPa			
		错开位移量 0 mm	错开位移量 2 mm	错开位移量 4 mm	错开位移量 8 mm
J-IV$^{+,B}$	0.40	0.418	0.326	0.289	0.268
	0.80	0.793	0.708	0.655	0.503
	1.20	1.106	0.967	0.912	0.827
	1.60	1.442	1.257	1.033	0.970
	2.00	1.709	1.554	1.387	1.241
J-IV^{-}	0.40	0.391	0.328	0.267	0.248
	0.80	0.726	0.637	0.557	0.511
	1.20	1.117	0.903	0.842	0.764
	1.60	1.406	1.207	1.006	0.965
	2.00	1.669	1.449	1.362	1.229
J-V$^{+,B}$	0.40	0.601	0.441	0.325	0.276
	0.80	0.984	0.771	0.634	0.506
	1.20	1.483	1.187	0.864	0.801
	1.60	1.857	1.445	1.285	1.156
	2.00	2.230	1.893	1.653	1.435
J-V^{-}	0.40	0.552	0.467	0.421	0.394
	0.80	0.934	0.726	0.653	0.600
	1.20	1.367	1.007	0.896	0.825
	1.60	1.706	1.442	1.139	1.004
	2.00	2.008	1.773	1.525	1.366

表 7.7　C 组材料不同接触状态岩石节理的峰值剪切强度

节理	法向应力/MPa	峰值剪切强度/MPa			
		错开位移量 0 mm	错开位移量 2 mm	错开位移量 4 mm	错开位移量 8 mm
J-IV+, C	0.20	0.154	0.123	0.101	0.093
	0.40	0.288	0.226	0.193	0.185
	0.60	0.442	0.374	0.322	0.284
	0.80	0.568	0.483	0.422	0.374
	1.00	0.703	0.588	0.526	0.497
J-V+, C	0.20	0.215	0.187	0.143	0.122
	0.40	0.400	0.324	0.287	0.223
	0.60	0.562	0.487	0.433	0.400
	0.80	0.687	0.537	0.467	0.443
	1.00	0.843	0.728	0.653	0.627

2. 偶合岩石节理峰值剪切强度准则

当法向应力极低时（$\sigma_n \to 0$），节理的剪胀完全由其表面形貌控制，此时产生最大的剪胀角；当法向应力极高时（$\sigma_n \to \text{JCS}$ 或 $\sigma_n \to \infty$），根据 Ghazvinian 等（2010）、Homand 等（2001）、Kulatilake 等（1995）、Barton 和 Choubey（1977）、Schneider（1976）等，剪胀消失，$d_n = 0$，符合 Gerrard（1986）分析总结的节理剪切强度公式的 5 个物理条之一。然而，考虑直剪试验的特点，法向应力不可能施加到无穷大；一般情况下也极少将法向应力施加到接近岩石的单轴压缩强度（此时，试件可能被压碎而无法进行直剪试验）。事实上，大部分学者在直剪试验中施加的法向应力往往小于 0.3JCS，在此法向应力的作用范围内，岩石节理粗糙表面的微凸体难以被完全剪断，由粗糙度引起的剪切强度分量很难被抑制。

基于上述经验，岩石节理的峰值剪胀角变化范围可假设为（Xia et al.，2014）

$$\begin{cases} \sigma_n \to 0:\ d_{n,\mathrm{p}} = d_{n,\max} \\ \sigma_n \to \sigma_{n,\mathrm{c}}:\ d_{n,\mathrm{p}} = d_{n,\min} \end{cases} \tag{7.15}$$

式中：$d_{n,\max}$、$d_{n,\min}$ 分别为节理剪胀角的最大值和最小值；$\sigma_{n,\mathrm{c}}$ 为峰值剪胀角趋于最小值时对应的法向应力。

采用多种类型的简易函数以满足上述剪胀角边界，发现指数函数便于满足。对试验结果进行多元回归分析，建议用如式（7.16）所示的峰值剪胀角函数描述其与三维形貌参数、岩石强度、法向应力的关系，其计算曲线与试验值的比较见图 7.11。整体上看，计算值与试验值能保持较好的一致性，但随法向应力的增加，式（7.16）的计算值可能有所偏大。

$$d_{n,\mathrm{p}} = 4A_0 \frac{\theta^*_{\max}}{1+C}\left[1+\exp\left(-\frac{1}{9A_0}\frac{\theta^*_{\max}}{1+C}\frac{\sigma_n}{\sigma_\mathrm{t}}\right)\right] \tag{7.16}$$

若岩石节理的剪切强度公式遵循莫尔-库仑强度准则的基本形式，则含三维形貌参数的新峰值剪切强度准则见式（7.17），准则计算值与峰值剪切强度试验值的比较见图 7.12。

$$\tau_{\mathrm{p}}=\sigma_n\tan\left\{\varphi_{\mathrm{b}}+4A_0\frac{\theta_{\max}^*}{1+C}\left[1+\exp\left(-\frac{1}{9A_0}\frac{\theta_{\max}^*}{1+C}\frac{\sigma_n}{\sigma_{\mathrm{t}}}\right)\right]\right\}\tag{7.17}$$

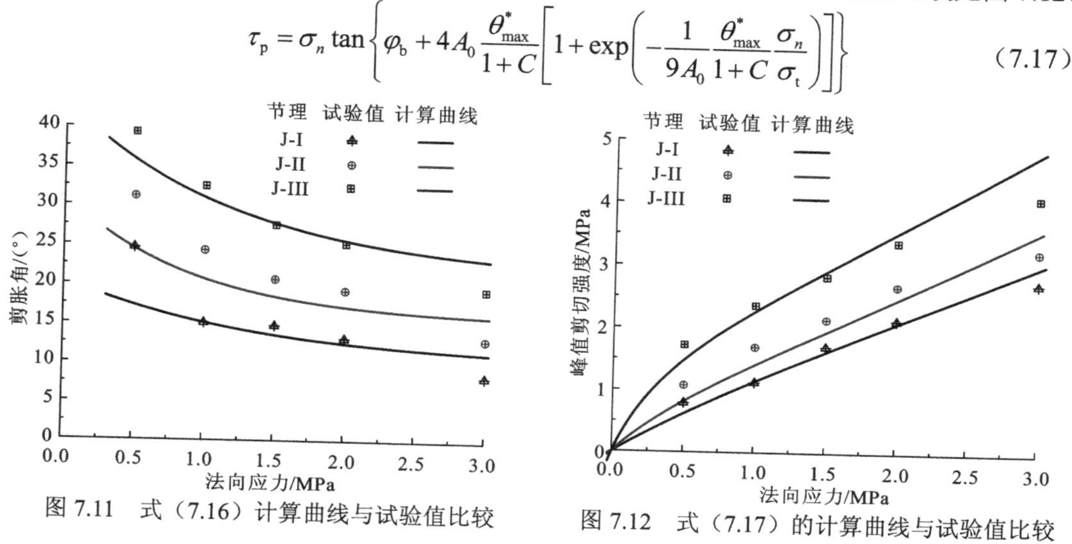

图 7.11　式（7.16）计算曲线与试验值比较

图 7.12　式（7.17）的计算曲线与试验值比较

3. 非偶合岩石节理峰值剪切强度准则

Zhao（1997b）指出：形貌相同的岩石节理，偶合程度越大，对应的峰值剪切强度也越大，且偶合岩石节理的峰值剪切强度是一系列不同接触状态岩石节理峰值剪切强度的上限值。上述试验结果表明：随岩石节理上、下面壁错开位移量的增加，峰值剪切强度呈非线性降低。为建立估算非偶合节理的峰值剪切强度公式，借鉴 JRC-JMC①公式的基本形式，在式（7.17）的基础上提出如式（7.18）所示的不同接触状态岩石节理的峰值剪切强度公式（Tang and Wong，2016a）。

$$\tau_{\mathrm{p}}=\sigma_n\tan\left\{\varphi_{\mathrm{b}}+f\left(\frac{A_0\theta_{\max}^*}{1+C},\kappa\right)4\frac{A_0\theta_{\max}^*}{1+C}\left[1+\exp\left(-\frac{1}{9A_0}\frac{\theta_{\max}^*}{1+C}\frac{\sigma_n}{\sigma_{\mathrm{t}}}\right)\right]\right\}\tag{7.18}$$

式中：$f(A_0\theta_{\max}^*/(1+C),\kappa)$ 为岩石节理接触状态函数（joint contact function，JCF）。

采用式（7.18）分析上述非偶合节理的峰值剪切强度，以计算结果总的平均偏差最小作为确定函数 $f(A_0\theta_{\max}^*/(1+C),\kappa)$ 的具体表达式依据，并遵循拟合系数最少化的原则。对三维粗糙度指标、归一化的错开位移量进行不同形式的组合，如线性函数、幂函数、对数函数、指数函数和双曲线函数等，通过大量的回归分析确定的节理接触状态函数如式（7.19）所示，代入式（7.17）得到不同接触状态岩石节理的峰值剪切强度公式，见式（7.20）。当 $\kappa=0$ 时，式（7.20）退化为式（7.17），即偶合岩石节理的峰值剪切强度。式（7.20）计算值与试验结果的比较见图 7.13，计算值的总平均偏差约为 9.3%。总平均偏差计算公式见式（7.21）。

$$\mathrm{JCF}=\frac{1}{1+8[A_0\theta_{\max}^*/(1+C)]\kappa}\tag{7.19}$$

① JMC 为节理吻合系数（joint matching coefficient）。

$$\tau_{\mathrm{p}}=\sigma_n\tan\left\{\varphi_{\mathrm{b}}+\left[\frac{1}{1+8[A_0\theta^*_{\max}/(1+C)]\kappa}\right]\frac{4A_0\theta^*_{\max}}{1+C}\left[1+\exp\left(-\frac{1}{9A_0}\frac{\theta^*_{\max}}{1+C}\frac{\sigma_n}{\sigma_{\mathrm{t}}}\right)\right]\right\} \tag{7.20}$$

$$e_{\mathrm{ave}}=\frac{1}{m}\sum_{i=1}^{m}\left|\frac{\tau_{\mathrm{p,\,mea}}-\tau_{\mathrm{p,cal}}}{\tau_{\mathrm{p,\,mea}}}\right|\times100\% \tag{7.21}$$

式中：e_{ave}为平均偏差值；$\tau_{\mathrm{p,mea}}$、$\tau_{\mathrm{p,cal}}$分别为峰值剪切强度试验值、计算值；m、i为自然数。

事实上，节理接触状态函数采用的系数 8 并非以总平均偏差最小确定的。如图 7.14 所示：回归系数为 6.6 时对应的总计算偏差最小，约为 9.126；回归系数为 8 时对应的总计算偏差约为 9.267。另外，当$\sigma_n\to0$时由式（7.17）得到的剪胀角为$8A_0\theta^*_{\max}/(1+C)$。如此，选择回归系数 8 得到更易于理解的节理接触状态函数表达式，即由初始形貌和接触状态控制。为获得简洁易懂的数学表达式而对回归公式略做修改的处理方式曾被 Barton（1973）采用。图 7.15 为节理的三维粗糙度指标、归一化的错开位移量对接触状态函数的影响。对平直节理而言，JCF 始终保持最大值 1.0；对粗糙节理而言，初始的错开位移对节理的剪切强度影响最大。受限于试验条件，本次试验涉及的归一化的错开位移量不大于 0.05，即$\kappa\leqslant0.05$。

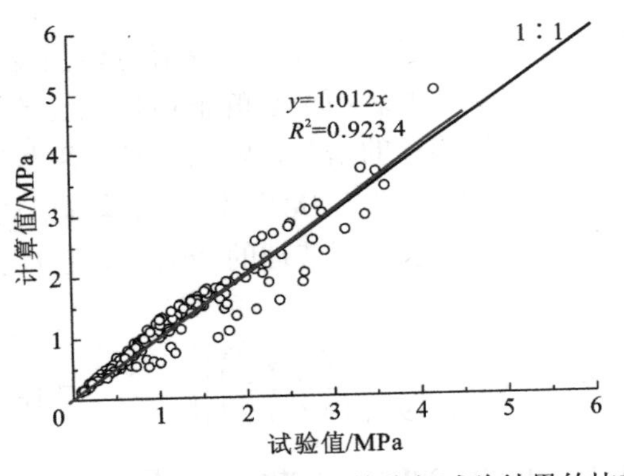

图 7.13　式（7.20）计算值与试验结果的比较

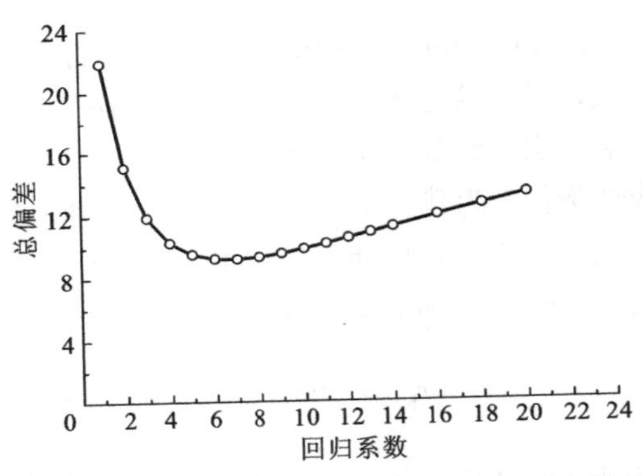

图 7.14　计算偏差与回归系数的对应关系

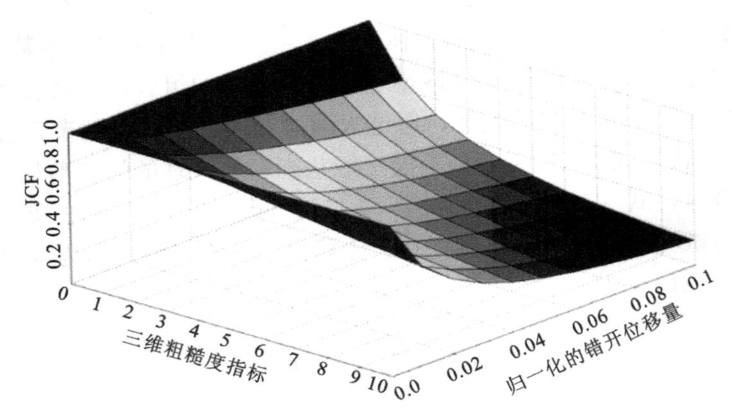

图 7.15　节理接触状态函数与三维粗糙度指标、归一化的错开位移量的函数关系

7.2.3 异性岩石节理峰值剪切强度准则

当不连续面的上、下两个面壁不是同一种岩石时，称为异性岩石节理。异性岩石节理在长江三峡库区极为常见（Tang et al.，2021a；Wu et al.，2018），岩体常沿此类不连续面产生滑移并逐步演化成崩滑灾害（Tang et al.，2019；Xu et al.，2015）。Ghazvinian 等（2010）用混凝土和水泥砂浆模拟不同强度的岩石以形成异性岩石节理，直剪试验观测表明剪切破坏主要发生在岩石强度较弱的一侧，而具有较高强度的不连续面壁在剪切过程中基本不产生破坏，提出考虑面壁强度差异的岩石节理峰值剪切强度准则见式（7.22）。Wu 等（2018）引入“不连续面壁差异系数 k_7”综合量化单轴压缩强度和基本摩擦角对异性不连续面峰值剪切强度的影响，提出的峰值剪切强度准则见式（7.23）。上述两个准则均含经验系数，因此难以预测异性岩石节理的峰值剪切强度。而异性非偶合岩石节理峰值剪切强度准则未见报道。

$$\tau_{\mathrm{p\_D}} = \sigma_n \tan\left\{\varphi_{\mathrm{b}} + \frac{i_0}{1+[c_6(\sigma_n/\sigma_{\mathrm{c}})]^{a_6}}\right\} \tag{7.22}$$

式中：$\tau_{\mathrm{p\_D}}$ 为异性岩石节理的峰值剪切强度；a_6、c_6 为经验系数。

$$\tau_{\mathrm{p\_D}} / \tau_{\mathrm{p\_I}} = [a_7\mathrm{JRC}(k_7-1)+1]k_7^{b_7} \tag{7.23}$$

式中：$\tau_{\mathrm{p\_I}}$ 为同性岩石节理的峰值剪切强度（以强度较低的岩石材料计算）；a_7、b_7 为经验系数。

1. 直剪试验

为更好地理解不同接触状态异性岩石节理的峰值剪切强度及其影响因素，采用类岩石节理试件进行直剪试验。选择 3 个具有明显形貌差异的岩石节理作为制备类岩石节理的模板，用硅胶复制其形貌，再分别采用 5 种不同的类岩石材料浇注于硅胶之上制备成节理试件，类岩石材料的配置参数与养护条件见表 7.2。节理试件根据形貌分成 D、E 和 F 3 组，其中 D 组和 E 组在不同接触状态下进行直剪试验、F 组只在偶合条件下进行直剪试验。节理试件的组合方式、形貌参数、类岩石材料力学参数和试验条件（法向应力水平、错开位移量设置等）见表 7.8（Tang and Yan，2022；Tang et al.，2021a）、表 7.9（Tang and Yan，2022；Tang et al.，2021a）和表 7.10（Tang et al.，2021a）。形貌描述方法和试验方法均与 7.2.2 小节相同。图 7.16（Tang and Yan，2022）为 D 组和 E 组不同接触状态异性岩石节理的剪切位移曲线，峰值剪切强度随错开位移量的增加而降低。三组岩石节理在不同接触状态下进行直剪试验获得的峰值剪切强度分别见表 7.8、表 7.9 和表 7.10。

表 7.8　D 组异性岩石节理参数和峰值剪切强度

试件（上/下面壁）	形貌参数				σ_n/MPa	较弱面壁材料参数			峰值剪切强度/MPa		
	JRC	A_0	θ^*_{max}/（°）	C		单轴压缩强度/MPa	σ_t/MPa	φ_b/（°）	错开位移量 0 mm	错开位移量 4 mm	错开位移量 8 mm
D J-I/D J-V	7.2	0.486	55.4	13.6	0.3	10.3	0.82	35.3	0.35	0.28	0.20
					0.6				0.65	0.50	0.35
					0.9				0.94	0.74	0.52
					1.5				1.47	1.12	0.88
					3.0				2.85	2.21	1.65
					4.0				3.74	—	—
D J-II/D J-V	7.2	0.486	55.4	13.6	0.3	16.8	1.49	35.8	0.38	0.29	0.22
					0.6				0.71	0.54	0.40
					0.9				1.02	0.83	0.60
					1.5				1.62	1.31	0.92
					3.0				2.99	2.33	1.77
					4.0				3.98	—	—
D J-III/D J-V	7.2	0.486	55.4	13.6	0.3	27.4	2.01	36.5	0.41	0.31	0.24
					0.6				0.75	0.61	0.45
					0.9				1.08	0.87	0.64
					1.5				1.71	1.36	1.02
					3.0				3.08	2.40	1.83
					4.0				4.13	—	—
D J-IV/D J-V	7.2	0.486	55.4	13.6	0.3	33.9	2.74	37.6	0.42	0.33	0.26
					0.6				0.78	0.65	0.47
					0.9				1.12	0.92	0.69
					1.5				1.77	1.44	1.08
					3.0				3.50	2.83	1.97
					4.0				4.42	—	—
D J-V/D J-V	7.2	0.486	55.4	13.6	0.3	45.3	4.33	38.1	0.44	0.35	0.29
					0.6				0.81	0.70	0.50
					0.9				1.17	0.94	0.77
					1.5				1.81	1.52	1.15
					3.0				3.62	2.97	2.15
					4.0				4.62	—	—

表 7.9　E 组异性岩石节理参数和峰值剪切强度

试件（上/下面壁）	形貌参数				σ_n/MPa	较弱面壁材料参数			峰值剪切强度/MPa		
	JRC	A_0	θ^*_{max}/(°)	C		单轴压缩强度/MPa	σ_t/MPa	φ_b/（°）	错开位移量 0 mm	错开位移量 3 mm	错开位移量 6 mm
E J-I/E J-V	14.8	0.502	64.3	9.4	0.3	10.3	0.82	35.3	0.54	0.44	0.31
					0.6				0.98	0.77	0.57
					0.9				1.35	1.10	0.83
					1.5				2.11	1.72	1.30
					3.0				3.72	3.01	2.31
					4.0				4.63	—	—
E J-II/E J-V	14.8	0.502	64.3	9.4	0.3	16.8	1.49	35.8	0.58	0.46	0.33
					0.6				1.04	0.83	0.61
					0.9				1.43	1.11	0.89
					1.5				2.24	1.80	1.38
					3.0				4.01	3.25	2.45
					4.0				4.84	—	—
E J-III/E J-V	14.8	0.502	64.3	9.4	0.3	27.4	2.01	36.5	0.60	0.48	0.37
					0.6				1.08	0.87	0.65
					0.9				1.51	1.22	0.91
					1.5				2.33	1.91	1.42
					3.0				4.15	3.40	2.60
					4.0				5.05	—	—
E J-IV/E J-V	14.8	0.502	64.3	9.4	0.3	33.9	2.74	37.6	0.63	0.50	0.41
					0.6				1.12	0.91	0.70
					0.9				1.55	1.24	0.96
					1.5				2.39	2.01	1.51
					3.0				4.32	3.47	2.71
					4.0				5.33	—	—
E J-V/E J-V	14.8	0.502	64.3	9.4	0.3	45.3	4.33	38.1	0.64	0.52	0.44
					0.6				1.15	0.95	0.73
					0.9				1.59	1.30	1.01
					1.5				2.48	2.09	1.61
					3.0				4.41	3.61	2.88
					4.0				5.61	—	—

表 7.10　F 组异性偶合岩石节理参数和峰值剪切强度

试件（上/下面壁）	形貌参数				σ_n/MPa	较弱面壁材料参数			试验值/MPa
	JRC	A_0	θ^*_{max}/（°）	C		单轴压缩强度/MPa	σ_t/MPa	φ_b/（°）	
F J-I/F J-V	18.7	0.491	75.8	7.3	0.3	10.3	0.82	35.3	0.98
					0.6				1.49
					0.9				2.01
					1.5				2.85
					3.0				4.78
					4.0				5.67
F J-II/F J-V	18.7	0.491	75.8	7.3	0.3	16.8	1.49	35.8	1.07
					0.6				1.56
					0.9				2.11
					1.5				2.99
					3.0				5.00
					4.0				5.92
F J-III/F J-V	18.7	0.491	75.8	7.3	0.3	27.4	2.01	36.5	1.16
					0.6				1.62
					0.9				2.17
					1.5				3.08
					3.0				5.17
					4.0				6.21
F J-IV/F J-V	18.7	0.491	75.8	7.3	0.3	33.9	2.74	37.6	1.19
					0.6				1.66
					0.9				2.23
					1.5				3.14
					3.0				5.31
					4.0				6.39
F J-V/F J-V	18.7	0.491	75.8	7.3	0.3	45.3	4.33	38.1	1.22
					0.6				1.71
					0.9				2.28
					1.5				3.24
					3.0				5.44
					4.0				6.49

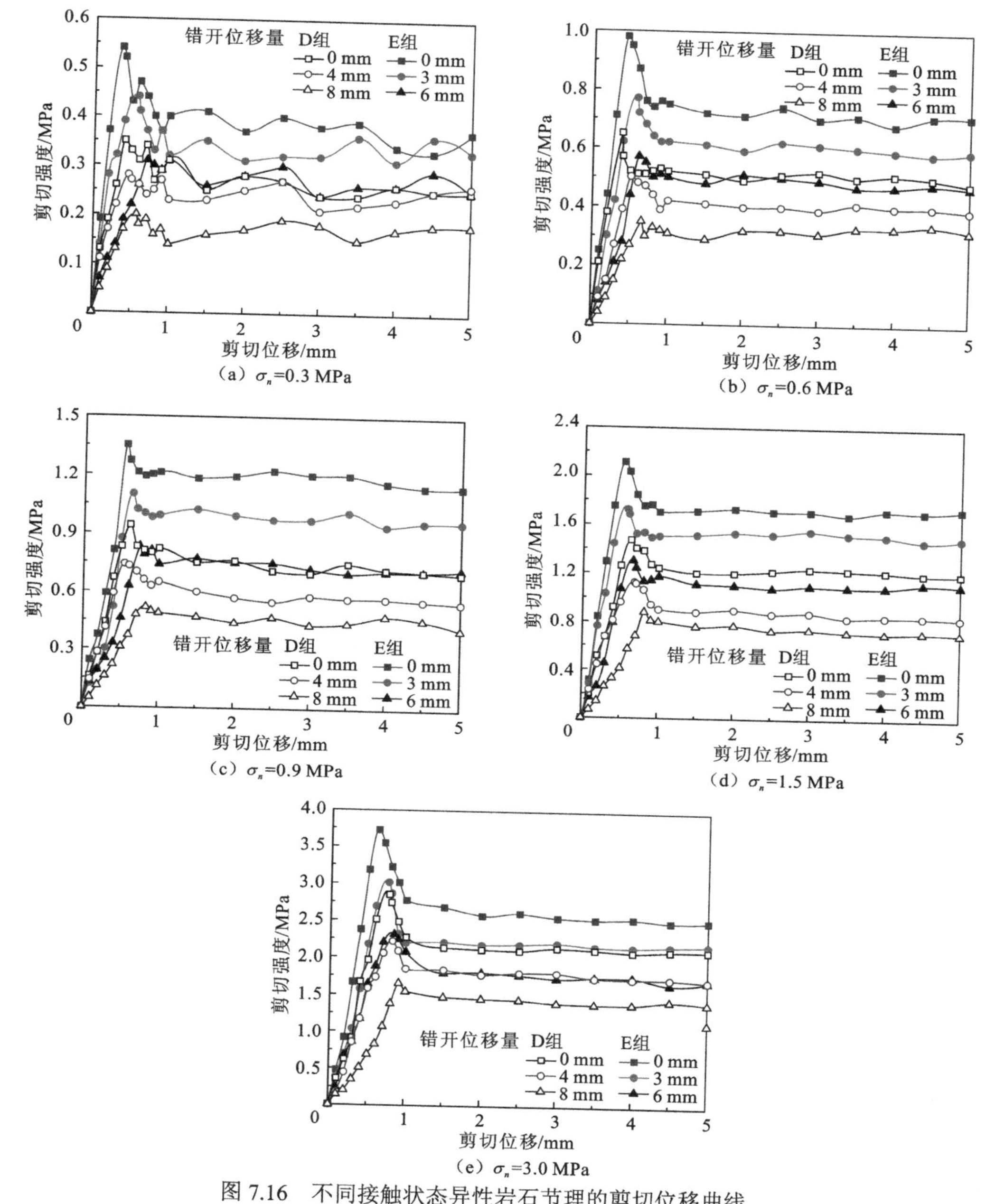

图 7.16 不同接触状态异性岩石节理的剪切位移曲线

2. 异性偶合岩石节理峰值剪切强度准则

不考虑岩性差异，采用式（7.17）估算异性偶合岩石节理的峰值剪切强度，如图 7.17（Tang et al.，2021a）所示。采用较弱侧岩石的力学参数时，计算曲线是异性偶合岩石节理峰值剪切强度的下限；反之，则为其上限。由于同等条件下岩石节理的形貌是相同的，构成面壁强度差异是异性偶合岩石节理峰值剪切强度区别于同性偶合岩石节理峰值剪切强度的主要的原因。

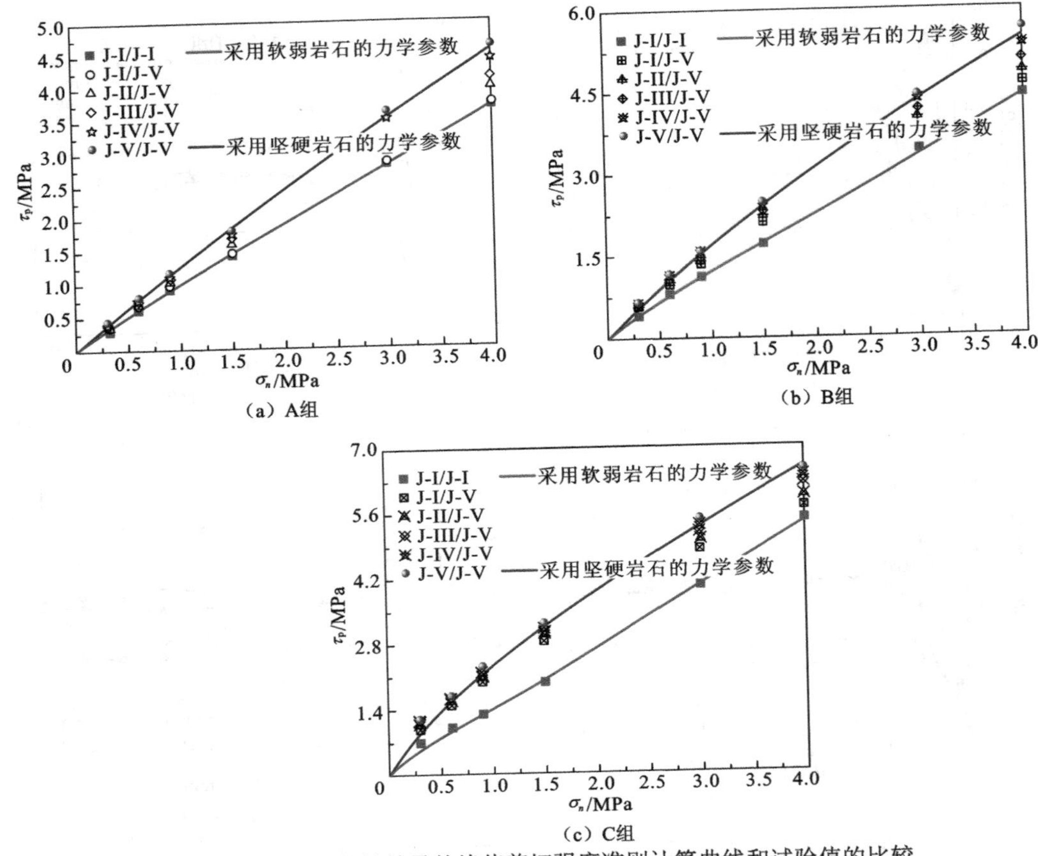

图 7.17 不考虑岩性差异的峰值剪切强度准则计算曲线和试验值的比较

结合上述分析，抗拉强度和基本摩擦角是影响岩石节理峰值剪切强度的基本力学参数。为表征二者对异性偶合岩石节理峰值剪切强度的综合影响，引入节理面壁强度差异系数（Joint wall strength difference coefficient，JSC），计算方法为（Tang et al.，2021a）

$$\mathrm{JSC} = k_{\sigma_t} \times k_{\varphi_b} \tag{7.24}$$

式中：k_{σ_t} 为较弱侧岩石抗拉强度与较硬侧岩石抗拉强度的比值，$k_{\sigma_t} \leqslant 1$；k_{φ_b} 为对应侧岩石基本摩擦角的比值。

k_{φ_b} 可大于 1、等于 1 或小于 1，因此 JSC 的值也可大于 1、等于 1 或小于 1。但在本次试验中，JSC 均小于 1。图 7.18（Tang et al.，2021）为不同法向应力下异性偶合岩石节理峰值剪切强度与 JSC 的关系。可以明显地看出：随 JSC 增加，峰值剪切强度呈非线性增加，但增加幅度越来越小，即 JSC 对异性偶合岩石节理峰值剪切强度的影响逐步减弱；上述 3 组异性偶合岩石节理的峰值剪切强度随 JSC 的变化规律基本相同。

采用简单对数函数可以很好地描述异性偶合岩石节理峰值剪切强度 $\tau_{\mathrm{p\_D}}$ 与 JSC 的函数关系，见式（7.25），函数曲线见图 7.18。根据拟合结果，不同法向应力条件下获得的经验系数 a_8 和 b_8 并无规律性可言，因此单独依靠式（7.25）难以估算异性偶合岩石节理的峰值剪切强度。

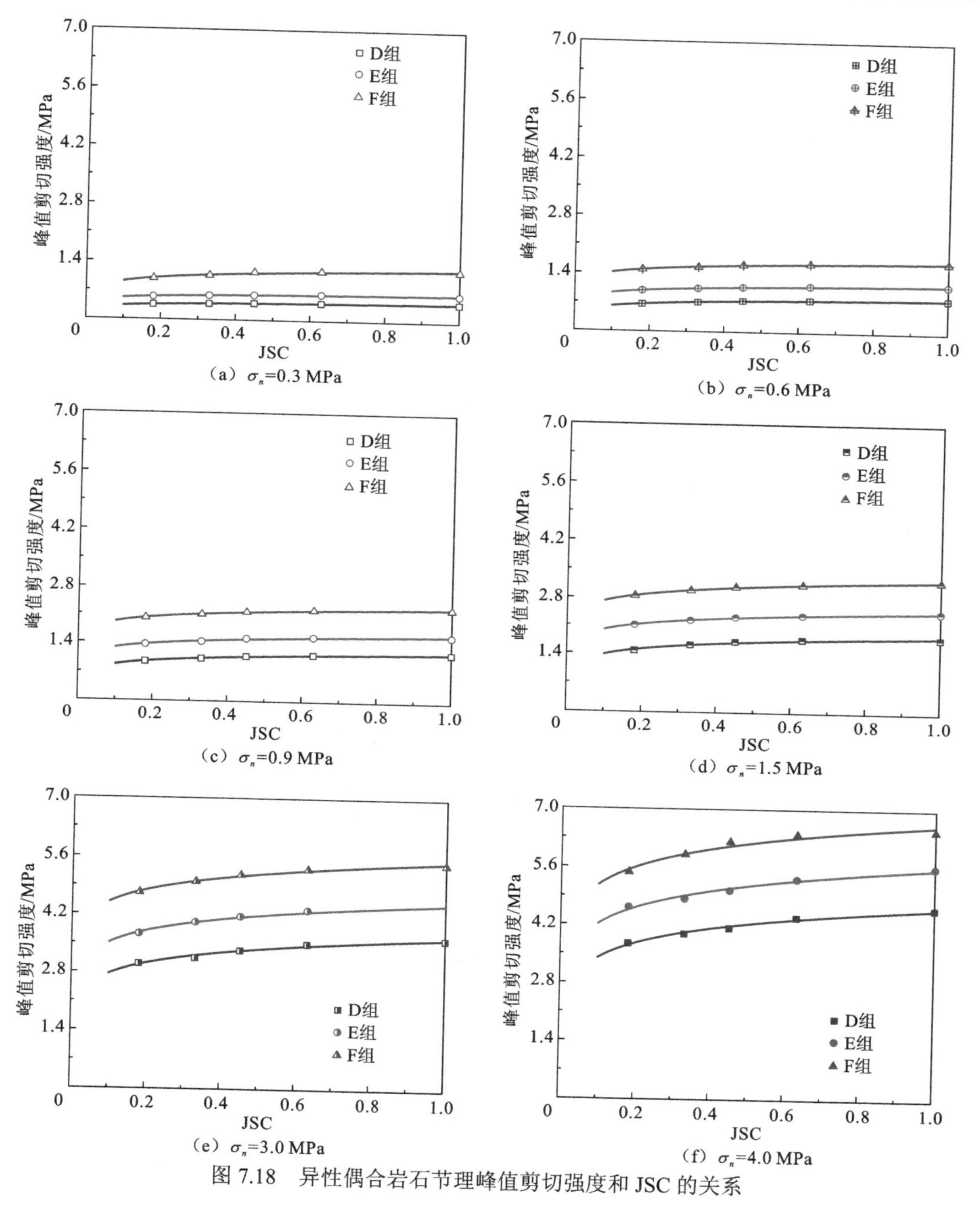

（a）σ_n=0.3 MPa

（b）σ_n=0.6 MPa

（c）σ_n=0.9 MPa

（d）σ_n=1.5 MPa

（e）σ_n=3.0 MPa

（f）σ_n=4.0 MPa

图 7.18　异性偶合岩石节理峰值剪切强度和 JSC 的关系

$$\tau_{\text{p\_D}} = a_8 + b_8 \ln(\text{JSC}) \tag{7.25}$$

式中：a_8、b_8 为经验系数，与三维粗糙度指标相关。

图 7.19 为不同法向应力下归一化异性偶合岩石节理峰值剪切强度与 JSC 的关系，与图 7.18 比较，同一 JSC 下峰值剪切强度分布在狭窄的范围内，说明经过归一化处理后，法向应力只有较小的影响（即在构建函数关系时，可以不考虑法向应力）。结合式（7.25），经过归一化处理后的异性偶合岩石节理峰值剪切强度与 JSC 的关系可描述为

$$\frac{\tau_{\mathrm{p\_D}}}{\tau_{\mathrm{p\_I}}}=1+f\left(\frac{A_0\theta_{\max}^*}{1+C}\right)\times\ln(\mathrm{JSC}) \tag{7.26}$$

式中：$\tau_{\mathrm{p\_I}}$ 为同性偶合岩石节理峰值剪切强度（采用较硬岩石的材料参数），即式（7.17）的计算值；$f()$ 为与三维粗糙度指标相关的待定函数。

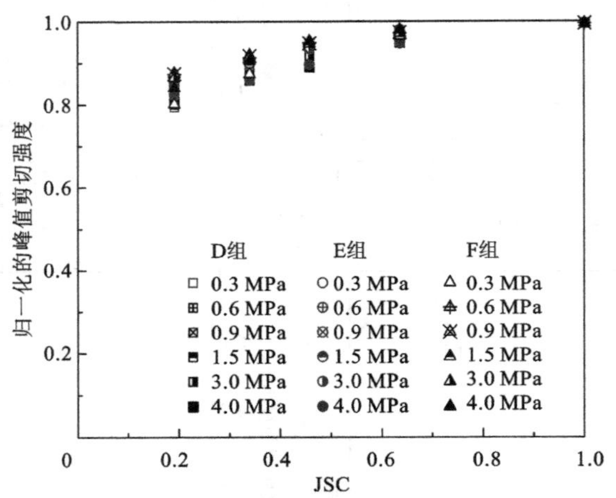

图 7.19　归一化的峰值剪切强度和 JSC 的关系

采用与 7.2.2 小节中相似的多元回归分析方法确定上述待定函数的具体表达式，最终发现线性函数既形式简洁又可以取得很好的拟合效果，如式（7.27）所示。结合式（7.17）、式(7.26)和式(7.27)，得出用于估算异性偶合岩石节理峰值剪切强度的经验公式见式(7.28)。图 7.20 所示为 3 组异性偶合岩石节理峰值剪切强度计算值与试验值的相关性。对试验中采用的 3 组不同形貌的异性偶合岩石节理，式（7.28）的计算值与试验值较为接近。

$$f\left(\frac{A_0\theta_{\max}^*}{1+C}\right)=0.13-0.012\frac{A_0\theta_{\max}^*}{1+C} \tag{7.27}$$

$$\tau_{\mathrm{p\_D}}=\left[1+\left(0.13-0.012\frac{A_0\theta_{\max}^*}{1+C}\right)\ln(\mathrm{JSC})\right]\sigma_n\tan\left\{\varphi_{\mathrm{b}}+4A_0\frac{\theta_{\max}^*}{1+C}\left[1+\exp\left(-\frac{1}{9A_0}\frac{\theta_{\max}^*}{1+C}\frac{\sigma_n}{\sigma_{\mathrm{t}}}\right)\right]\right\} \tag{7.28}$$

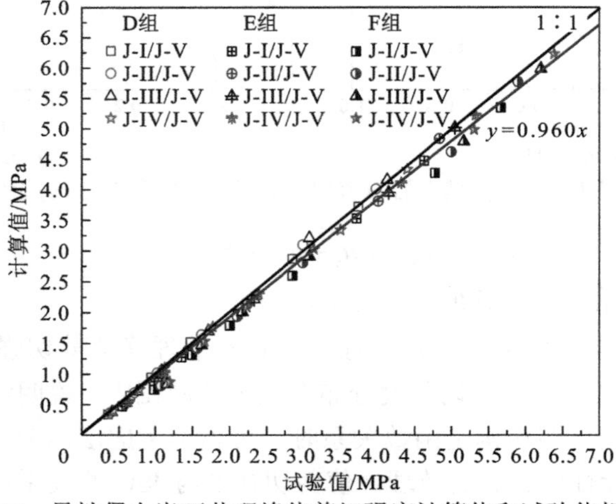

图 7.20　异性偶合岩石节理峰值剪切强度计算值和试验值相关性

为进一步验证所提出准则的实用性，在三峡库区采集了 11 组天然异性偶合岩石节理进行直剪试验，其岩性、形貌参数、力学参数和试验结果均列于表 7.11（Tang et al.，2021a）中。准则计算值与试验值的比较见图 7.21（Tang et al.，2021a），平均偏差约为 11.3%。

表 7.11　天然异性偶合岩石节理参数和峰值剪切强度

岩性组合	形貌参数				σ_n/MPa	力学参数			试验值/MPa
	JRC	A_0	θ^*_{max}/（°）	C		单轴压缩强度/MPa	σ_t/MPa	φ_b/（°）	
粉砂质泥岩/石英砂岩	3.1	0.501	48.1	12.3	0.5	34.7/80.6	2.01/4.33	32.7/36.5	0.452
粉砂质泥岩/石英砂岩	5.5	0.488	50.8	11.9	0.7	34.7/80.6	2.01/4.33	32.7/36.5	0.801
粉砂质泥岩/石英砂岩	4.7	0.492	51.4	11.7	1.3	34.7/80.6	2.01/4.33	32.7/36.5	1.325
泥岩/泥质灰岩	2.8	0.507	45.6	10.3	2.5	26.4/126.5	1.66/6.72	25.7/38.1	2.975
泥岩/泥质灰岩	2.9	0.489	45.7	11.2	1.8	26.4/126.5	1.66/6.72	25.7/38.1	2.030
泥岩/泥质灰岩	4.4	0.500	55.4	10.1	1.1	26.4/126.5	1.66/6.72	25.7/38.1	1.207
泥质粉砂岩/泥质灰岩	8.7	0.493	57.2	9.8	0.9	26.4/126.5	1.66/6.72	25.7/38.1	1.324
泥质粉砂岩/泥质灰岩	7.6	0.490	55.4	10.5	0.6	26.4/126.5	1.66/6.72	25.7/38.1	0.652
泥质粉砂岩/泥质灰岩	11.2	0.510	60.1	8.6	1.0	26.4/126.5	1.66/6.72	25.7/38.1	1.627
粉砂质泥岩/泥质粉砂岩	6.6	0.504	58.3	10.2	0.7	40.6/58.2	2.77/3.35	34.1/35.0	0.803
粉砂质泥岩/泥质粉砂岩	6.0	0.495	52.1	9.9	1.4	40.6/58.2	2.77/3.35	34.1/35.0	1.508

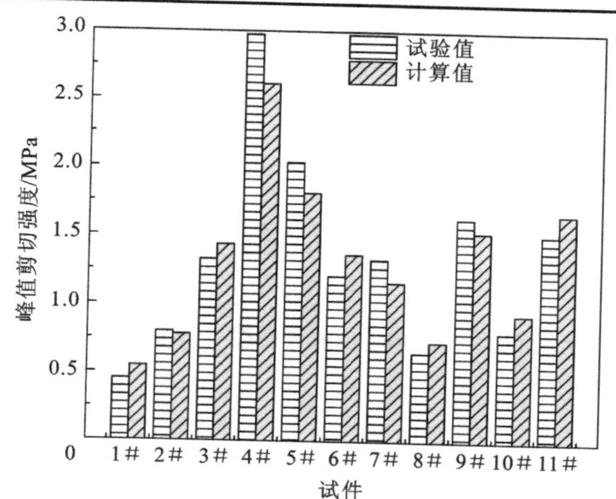

图 7.21　异性偶合岩石节理峰值剪切强度试验值和计算值的比较

3. 异性非偶合岩石节理峰值剪切强度准则

相似地，若不考虑接触状态的影响，采用适用于异性偶合岩石节理峰值剪切强度的准则估算异性非偶合岩石节理的峰值剪切强度，计算值一般会大于试验值（即高估了非偶合异性岩石节理的峰值剪切强度），且随法向应力增加更为显著，如图 7.22 所示。

通过分析不同错开位移量下异性非偶合岩石节理的峰值剪切强度变化趋势，发现二者总体上呈线性关系，即异性非偶合岩石节理的峰值剪切强度随错开位移量的增加而呈线性

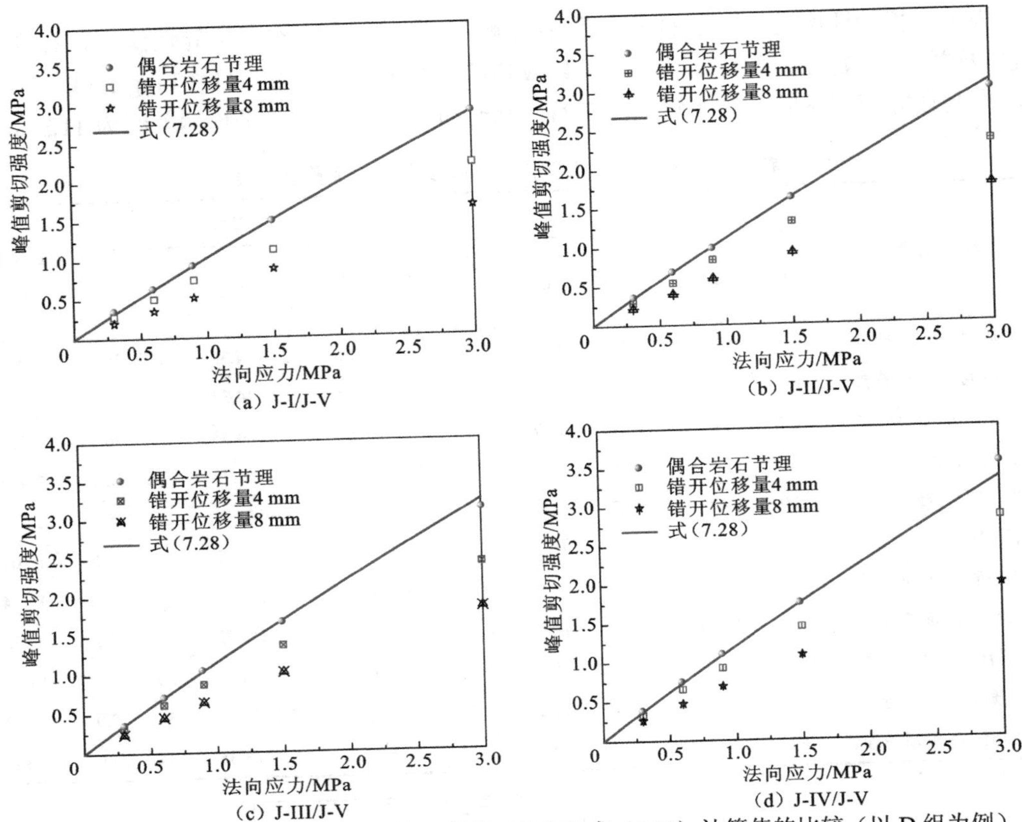

图 7.22 异性非偶合岩石节理峰值剪切强度试验值和式（7.28）计算值的比较（以 D 组为例）

降低，如图 7.23 所示。在式（7.28）的基础上，异性非偶合岩石节理峰值剪切强度与两个面壁错开位移量之间的函数关系（Tang and Yan，2022）可描述为

$$\frac{\tau_{\mathrm{p\_DD}}}{\tau_{\mathrm{p\_I}}}=\left\{1+\left[0.13-0.012\left(\frac{A_0\theta_{\max}^*}{1+C}\right)\right]\ln(\mathrm{JSC})\right\}\times f_1\left(\frac{\vec{D}}{L}\right) \tag{7.29}$$

式中：$\tau_{\mathrm{p\_DD}}$ 为异性非偶合岩石节理的峰值剪切强度；$f_1(\cdot)$ 为错开位移量的线性函数，具体表达式待定。

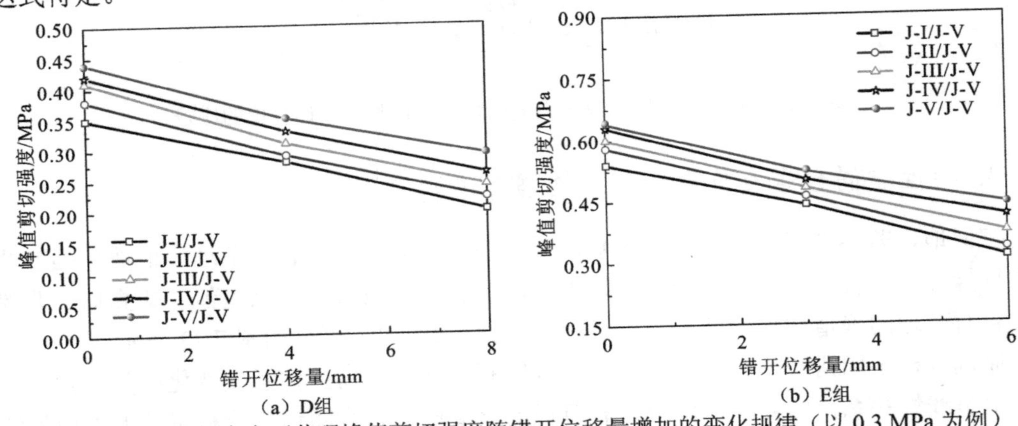

图 7.23 异性非偶合岩石节理峰值剪切强度随错开位移量增加的变化规律（以 0.3 MPa 为例）

需要指出的是，受试验条件限制，节理上、下面壁的错开位移量是非常有限的，试验获得的峰值剪切强度呈线性降低。若错开位移量继续增加，对应的峰值剪切强度变化规律须根据试验结果再行判断。与 Zhao（1997a）阐述的略有不同，即便是对极度不偶合的、只有有限个点接触的岩石节理，JMC 取 0.3，此值可视为接触临界值（JMC≥0.3）。但在本次试验中，没有观测到临界错开位移量。

不同岩性组合下，异性非偶合岩石节理的峰值剪切强度与异性偶合岩石节理的峰值剪切强度之比见图 7.24。对两组岩石节理而言，二者均具有非常好的线性关系，且比例系数大体上相等，与 JSC 无关，如图 7.25 所示。当错开位移量相同时，异性非偶合岩石节理峰值剪切强度与异性偶合岩石节理峰值剪切强度的比值如图 7.26 所示。因此，形貌和偶合度是影响二者比值的主要因素，则式（7.29）可进一步表示（Tang and Yan，2022）为

$$\frac{\tau_{\text{p\_DD}}}{\tau_{\text{p\_I}}}=\left\{1+\left[0.13-0.012\left(\frac{A_0\theta^*_{\max}}{1+C}\right)\right]\ln(\text{JSC})\right\}\times f_2\left(\frac{A_0\theta^*_{\max}}{1+C},\frac{\vec{D}}{L}\right) \tag{7.30}$$

式中：$f_2(\cdot)$ 为三维粗糙度指标和错开位移量的函数，具体表达式待定。

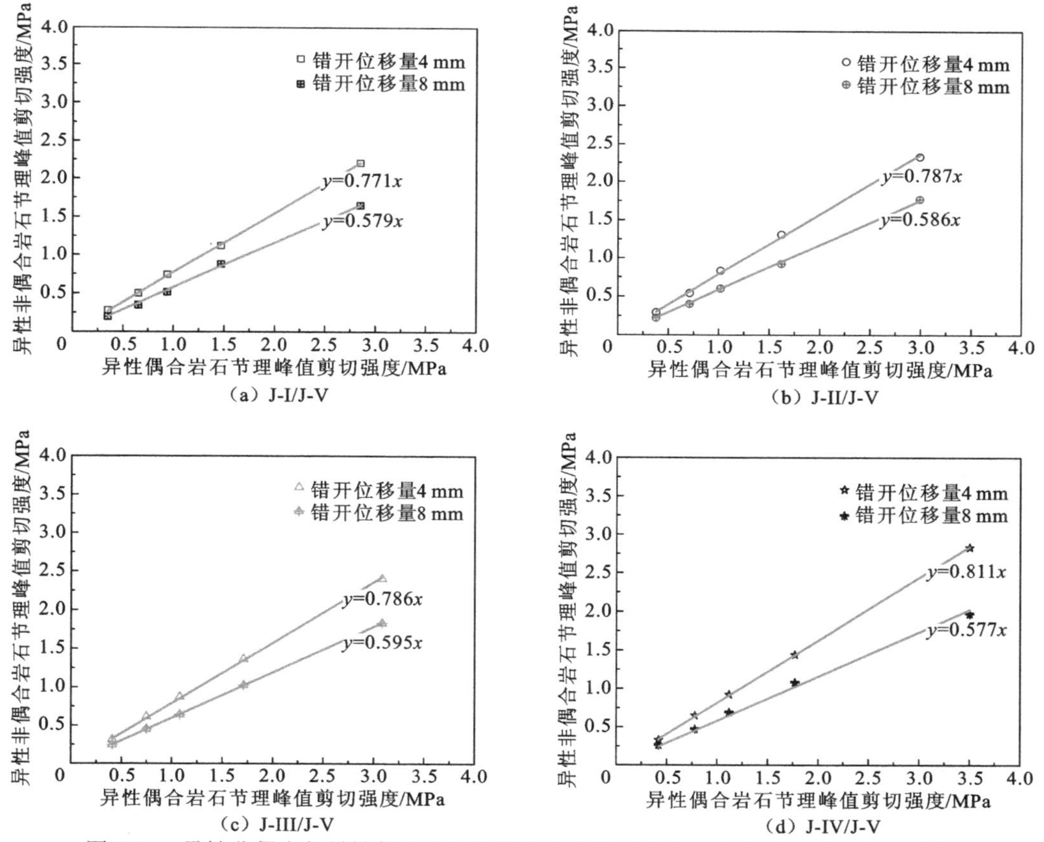

图 7.24　异性非偶合与异性偶合岩石节理峰值剪切强度的对应关系（以 D 组为例）

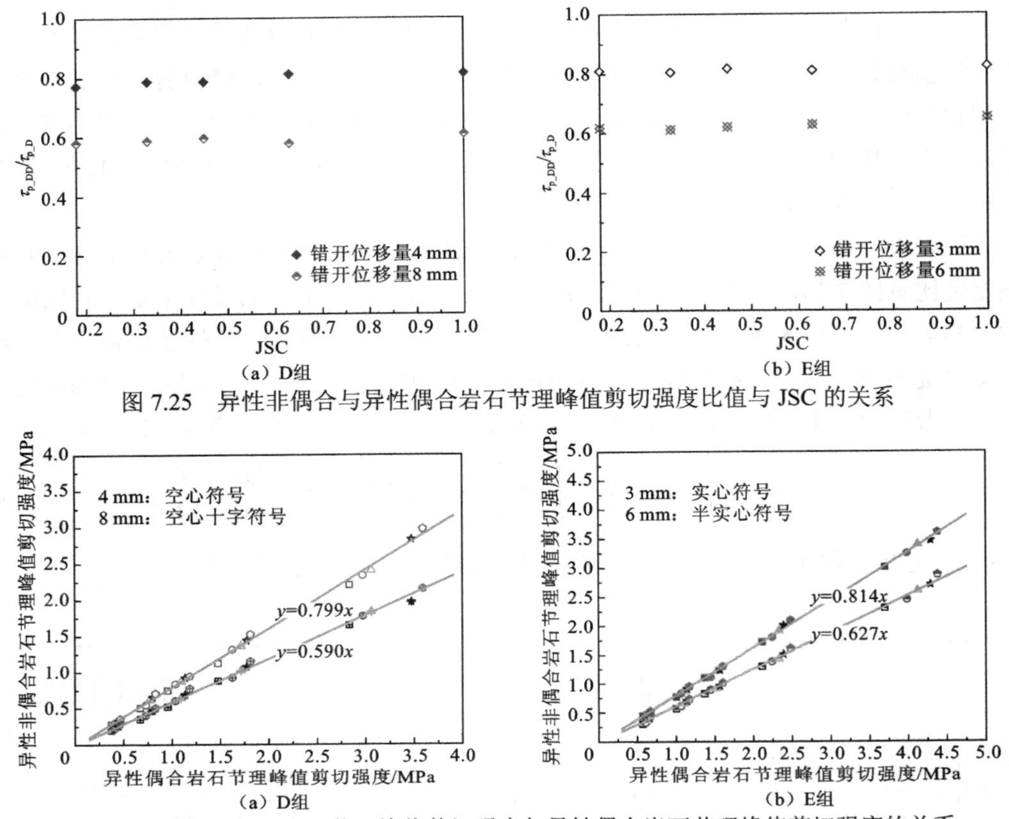

图 7.25　异性非偶合与异性偶合岩石节理峰值剪切强度比值与 JSC 的关系

图 7.26　异性非偶合岩石节理峰值剪切强度与异性偶合岩石节理峰值剪切强度的关系

总结试验规律和分析影响因素相关性，得出下述三条重要结论以构建异性非偶合岩石节理峰值剪切强度准则：①同等条件下异性非偶合岩石节理峰值剪切强度的上限是异性偶合岩石节理峰值剪切强度；②异性非偶合岩石节理的峰值剪切强度随错开位移量的增加呈线性降低；③相同错开位移量下异性非偶合岩石节理峰值剪切强度与异性偶合岩石节理峰值剪切强度的比值与 JSC 无关。式（7.30）可进一步表示为式（7.31）（Tang and Yan，2022），其中：P_6 体现节理面壁强度差异的影响，Q_6 体现接触状态的影响，且二者均受到形貌的影响。

$$\frac{\tau_{p\_DD}}{\tau_{p\_I}}=P_6\times Q_6=\left\{1+\left[0.13-0.012\left(\frac{A_0\theta^*_{max}}{1+C}\right)\right]\ln(\text{JSC})\right\}\times\left[1-f\left(\frac{A_0\theta^*_{max}}{1+C}\right)\frac{\vec{D}}{L}\right] \tag{7.31}$$

式中：$f(\cdot)$ 为三维粗糙度指标的函数，D、E 两组试件其值分别为 5.08 和 6.21。

考虑函数 Q_6 与 JSC 无关，可以采用同性非偶合岩石节理的试验数据确定其具体的表达式，此时 P=1。式（7.31）的计算值与 A、B、C 三组试件试验值的比较见图 7.27，计算值的总体平均偏差约为 18.7%。对所有形貌的岩石节理，反算确定的待定函数具体值与三维粗糙度指标的最优关系如图 7.28 所示，具体可参阅 Tang 和 Yan（2022）。为简洁且不失准确性，式（7.31）中的待定函数具体表达式为

$$f\left(\frac{A_0\theta^*_{max}}{1+C}\right)=3.45+\left(\frac{A_0\theta^*_{max}}{1+C}\right) \tag{7.32}$$

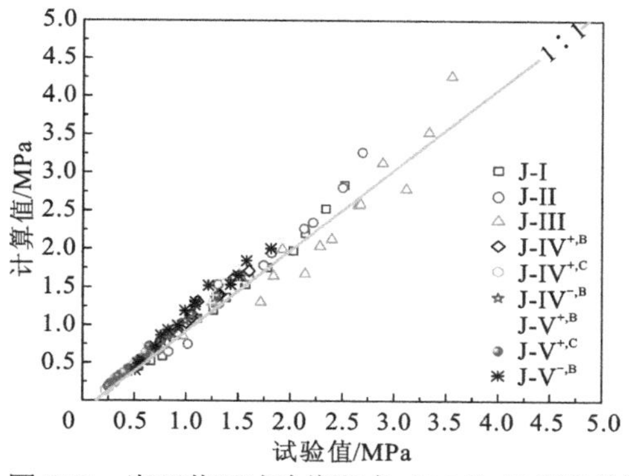

图 7.27　岩石节理试验值和式（7.31）计算值的比较

图 7.28　待定函数 f 与三维粗糙度指标的关系

如此，估算异性非偶合岩石节理峰值剪切强度的经验公式为

$$\frac{\tau_{\mathrm{p\_DD}}}{\tau_{\mathrm{p\_I}}}=\left\{1+\left[0.13-0.012\left(\frac{A_0\theta_{\max}^*}{1+C}\right)\right]\ln(\mathrm{JSC})\right\}\times\left\{1-\left[3.45+\left(\frac{A_0\theta_{\max}^*}{1+C}\right)\right]\frac{\vec{D}}{L}\right\} \tag{7.33}$$

式（7.33）的计算曲线与试验值的比较见图 7.29 和图 7.30，二者保持非常好的一致性，计算值的总体平均偏差约为 6.2%。为进一步验证所提出准则的实用性，在三峡库区采集 12 组天然异性偶合岩石节理，将上、下面壁分别错开不同的位移量后进行直剪试验，其岩性、形貌参数、力学参数和试验结果均列于表 7.12（Tang and Yan，2022）中。准则计算值

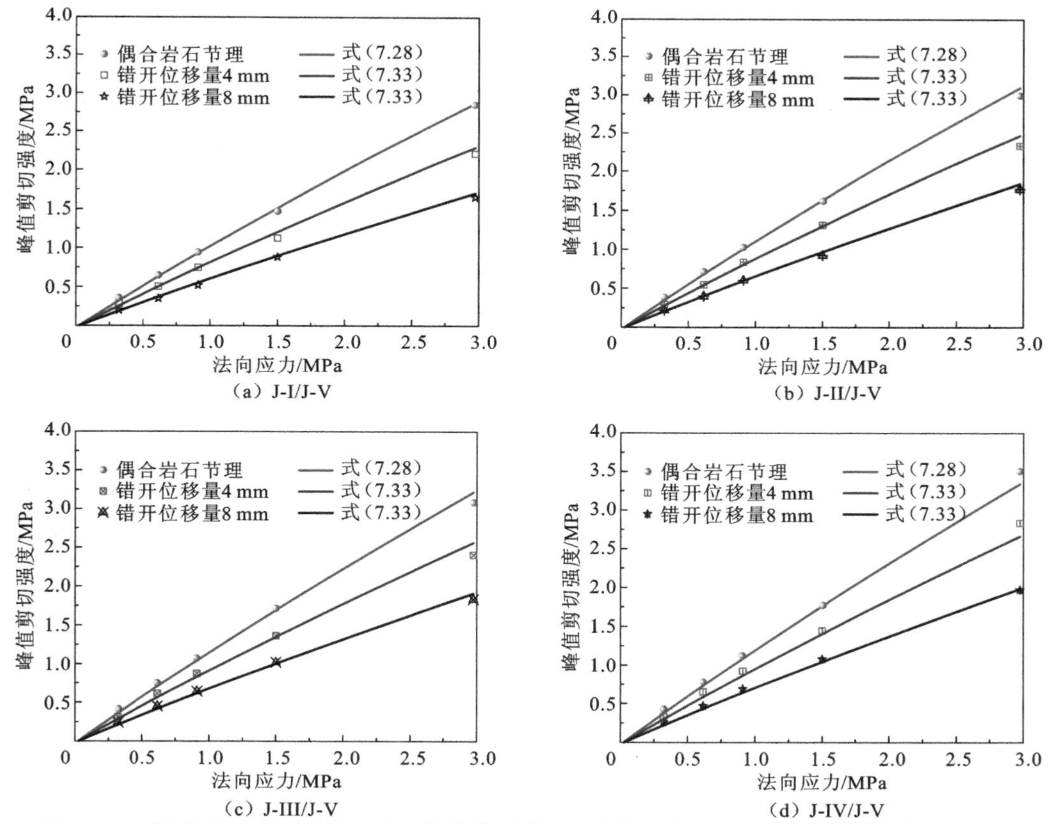

图 7.29　不同接触状态异性岩石节理峰值剪切强度试验值与式（7.33）计算值的比较（D 组）

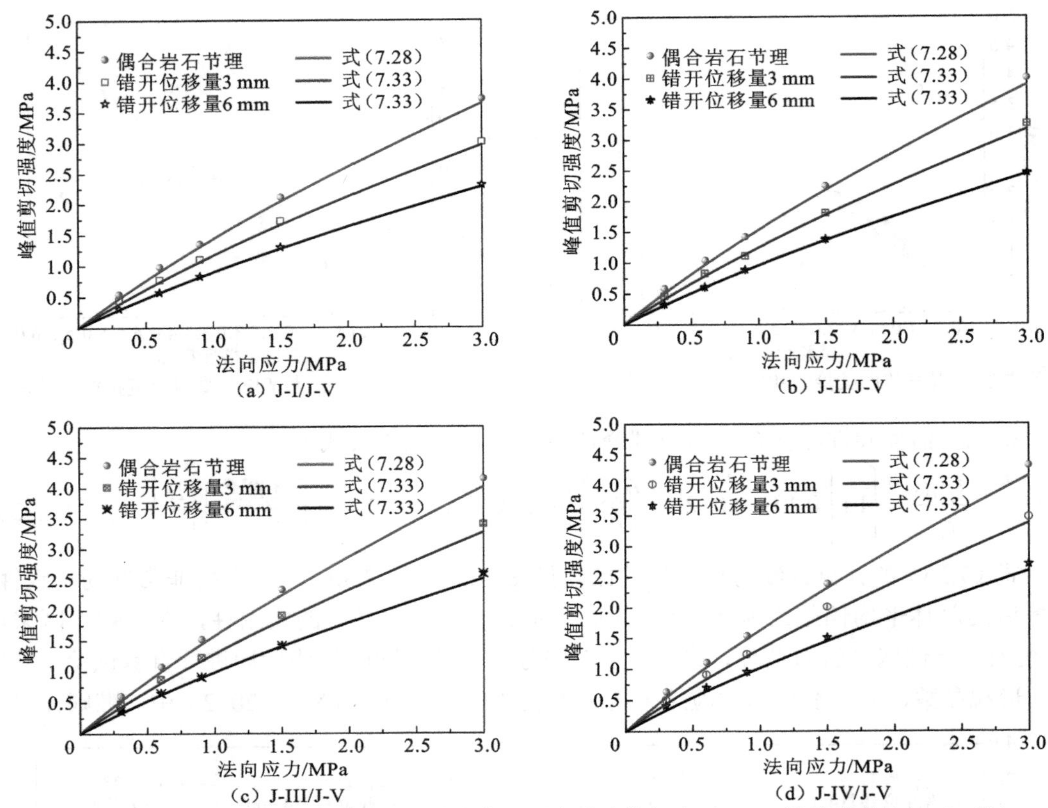

图 7.30　不同接触状态异性岩石节理峰值剪切强度试验值与式（7.33）计算值的比较（E 组）

与试验值的比较见图 7.31，总体平均偏差约为 12.4%。因此，建立的准则在一定程度上可以用于估算异性非偶合岩石节理的峰值剪切强度。需要指出的是，仅以岩石节理上、下面壁的错开位移量表征其偶合程度，是一种非常简单的处理方法，虽然具有一定的优点，但远不能全面描述工程岩体中岩石节理的复杂接触状态。所建立准则还需要更多的天然岩石节理的试验数据验证。

表 7.12　不同接触状态天然异性岩石节理参数和峰值剪切强度

岩性组合	形貌参数				σ_n /MPa	力学参数			D /mm	试验值 /MPa
	JRC	A_0	$\theta^*_{\max}$/（°）	C		单轴压缩强度/MPa	σ_t/MPa	φ_b/（°）		
石英砂岩-粉砂质泥岩	3.1	0.493	52.1	11.71	0.7	83.6/32.7	4.35/2.11	36.2/32.7	3	0.604
石英砂岩-粉砂质泥岩	4.2	0.497	56.4	10.59	2.1	83.6/32.7	4.35/2.11	36.2/32.7	5	2.312
石英砂岩-粉砂质泥岩	3.6	0.511	60.3	11.52	1.6	83.6/32.7	4.35/2.11	36.2/32.7	5	1.708
泥质灰岩-泥岩	5.6	0.502	56.3	9.55	0.4	126.5/28.7	6.42/1.66	38.5/24.3	2	0.549
泥质灰岩-泥岩	4.8	0.500	55.4	9.21	0.8	126.5/28.7	6.42/1.66	38.5/24.3	6	0.703
泥质灰岩-泥岩	5.5	0.497	49.8	7.76	1.6	126.5/28.7	6.42/1.66	38.5/24.3	4	1.786

续表

岩性组合	形貌参数				σ_n /MPa	力学参数			D /mm	试验值 /MPa
	JRC	A_0	θ^*_{max}/（°）	C		单轴压缩强度/MPa	σ_t/MPa	φ_b/（°）		
泥质灰岩-泥岩	43	0.499	60.7	10.30	3.2	126.5/28.7	6.42/1.66	38.5/24.3	3	3.541
泥质灰岩-泥岩	5.2	0.517	66.8	11.26	4.0	126.5/28.7	6.42/1.66	38.5/24.3	5	3.067
泥质灰岩-泥岩	7.1	0.505	70.3	9.85	5.0	126.5/28.7	6.42/1.66	38.5/24.3	4	4.327
泥质粉砂岩-粉砂质泥岩	5.2	0.503	63.8	9.80	0.6	57.5/38.8	3.42/2.71	35.6/33.8	4	0.766
泥质粉砂岩-粉砂质泥岩	5.6	0.510	56.2	8.59	1.2	57.5/38.8	3.42/2.71	35.6/33.8	7	1.045
泥质粉砂岩-粉砂质泥岩	4.6	0.492	59.0	10.27	1.8	57.5/38.8	3.42/2.71	35.6/33.8	6	2.109

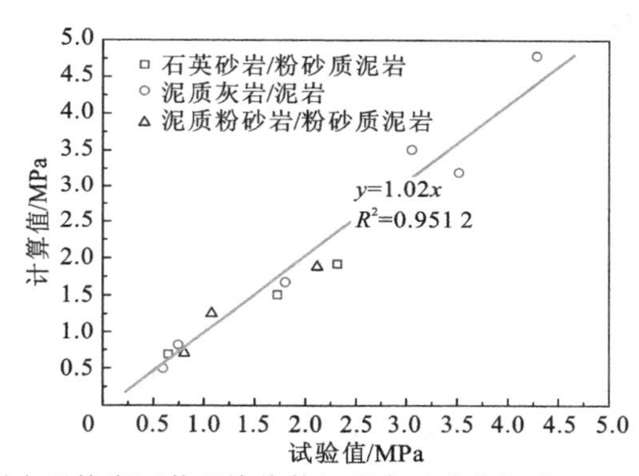

图 7.31　异性非偶合天然岩石节理峰值剪切强度试验值与式（7.33）计算值的相关性

7.3 影 响 因 素

7.3.1 加载速率

1. 剪切速率

一般地，节理的剪切强度受剪切速率影响，但根据目前的试验资料还未得到统一的规律性认识，关于剪切强度随剪切速率增加而增大、降低或大致保持不变的试验结果都有报道，且其往往还与法向应力、岩性相关。

Schneider（1978）认为节理剪切强度的速率效应与岩性密切相关：采用六级剪切速率（0.01 mm/min、0.1 mm/min、1 mm/min、10 mm/min、100 mm/min 和 200 mm/min）对极软弱的黏土岩节理进行直剪试验，发现剪切强度随剪切速率的增加而增大；但上述剪切速率几乎不影响花岗岩节理的剪切强度（仅当剪切物出现糜棱岩化过程时才会表现出剪切强度的速率效应）；剪切速率效应与法向应力相关。Gillette 等（1983）采用类岩石节理进行动剪试验，当剪切速率大于某阈值时剪切强度随剪切速率增加而增加，如图 7.32 所示，同时指出剪切速率效应与法向应力无关。Barbero 等（1996）采用平直节理（saw-cut rock joint）进行冲击荷载作用下的动剪试验得到“低法向应力下剪切强度随剪切速率增加而增加”的结论，但剪切速率对剪切强度的影响随法向应力增加而有所减弱，且数据较为离散。

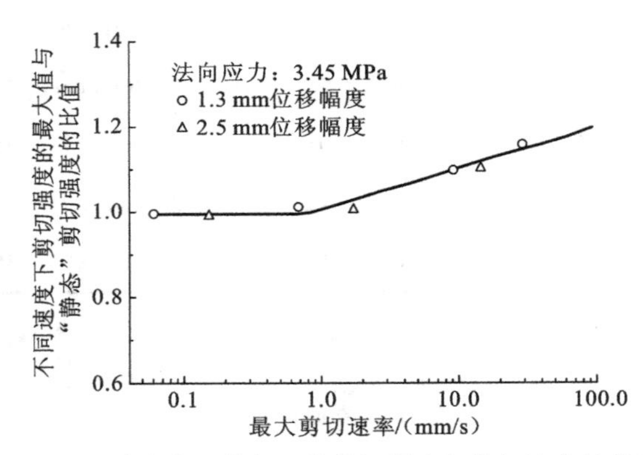

图 7.32　砂岩节理的归一化剪切强度与剪切速率的关系

Currant 和 Leong（1983）系统研究了石英正长岩节理和花岗岩节理在剪切速率为 0～256 mm/s 内剪切速率对节理剪切强度的影响，结果如图 7.33 所示。剪切速率小于 8 mm/s 时，岩石节理的剪切强度与剪切速率无关；剪切速率大于 8 mm/s，各法向力下的石英正长岩节理的剪切强度均随剪切速率的增加而逐步降低，且法向应力越大，剪切强度的下降幅度也越大；但当剪切速率升至 128 mm/s 时，各法向应力下节理的剪切强度基本保持恒定，部分略有增加。花岗岩节理剪切位移速率在 4～64 mm/s 时，剪切强度随剪切速率的增加而降低，且剪切速率随法向应力增加而增大；当剪切位移速率大于 64 mm/s 时，节理的剪切强度基本保持恒定或略有增加。试验过程产生的剪切磨损物对剪切强度有一定的影响（Crawford and Curran，1981），若试验时不去除这些物质，以石英正长岩节理为例（图 7.34），当剪切速率小于 16 mm/s 时，石英正长岩节理的剪切强度几乎不受剪切速率的影响；但当剪切速率大于 16 mm/s 时，剪切强度随剪切速率的增加而持续降低。Wang 等（2016）、Atapour 和 Moosavi（2014）、Gasc-Barbier 等（2012）、李海波等（2006）、Jafari 等（2003）等的试验结果也表明剪切强度随剪切速率增加而降低。Tang 和 Wong（2016b）研究了剪切速率（0.5 mm/min、1.0 mm/min 和 2.0 mm/min）对不同接触状态节理剪切强度的影响，如图 7.35 所示，随剪切速率的增加，各接触状态节理的剪切强度均有所降低，但剪切速率对剪切强度的影响随错开位移量的增加而有所减弱。但 Hassani 和 Scoble（1985）的研究表明当剪切速率为 0.012 mm/min、0.022 mm/min、0.045 mm/min 和 0.180 mm/min 时，砂岩节理的剪切强度与剪切速率无关。当剪切速率过高时，将会引起剪切应力的振荡，如图 7.36 所示：当剪切速率为 8 mm/s 时，剪切位移曲线是平稳的或仅有小幅波动；而当剪切速率增加到 32 mm/s，剪切应力产生了明显的振荡。

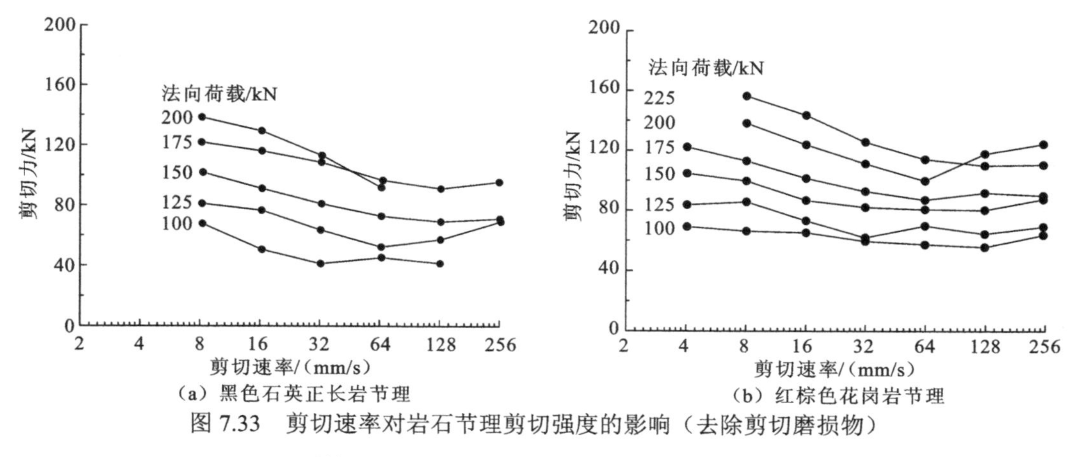

（a）黑色石英正长岩节理　　（b）红棕色花岗岩节理

图 7.33　剪切速率对岩石节理剪切强度的影响（去除剪切磨损物）

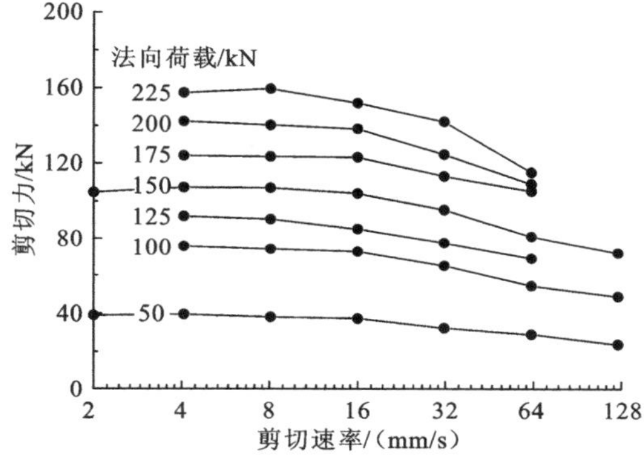

图 7.34　剪切速率对黑色石英正长岩石节理剪切强度的影响（不去除剪切磨损物）

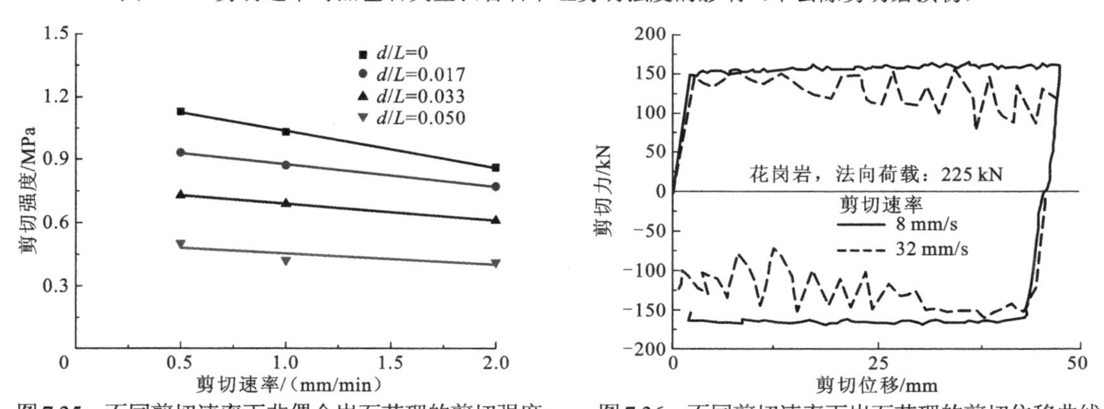

图7.35　不同剪切速率下非偶合岩石节理的剪切强度　　图7.36　不同剪切速率下岩石节理的剪切位移曲线

2. 法向加载速率

Tang 和 Wong（2016b）采用石膏节理和水泥砂浆节理系统研究了法向加载速率对节理剪切性质的影响，材料的力学性质和试验加载方案分别见表 7.13 和表 7.14。图 7.37 为 B 组节理在不同法向加载速率下的剪切位移曲线，峰值剪切强度、剪切刚度和峰值剪切位移随法向加载速率的增加均有所变小，但法向加载速率对剪切力学性质的影响在高法向应力下更为明显；图 7.38 为 B 组节理在不同法向应力下的峰值剪切强度曲线，随法向加载速率增加峰值剪切强度均有所降低，且降低速率随法向应力增大而增大。作为对比，较为坚硬的水泥砂浆节理（E 组）在不同法向加载速率下的剪切位移曲线如图 7.39 所示，峰值剪切强度几乎不受法向加载速率的影响。不同法向加载速率下剪切速率对节理剪切力学性质的影响如图 7.40 所示：在较高的法向加载速率（1.0 kN/s）下，剪切速率对剪切力学性质的影响不甚明显，峰值剪切强度的变化也较小；而在较低的法向加载速率（0.01 kN/s）下，随着剪切速率的增加，峰值剪切强度的降幅较大。图 7.41 为不同法向加载速率下石膏节理（B 组）和水泥砂浆节理（E 组）的剪胀曲线，法向加载速率对二者的影响大体上一致：在剪切初始阶段，法向加载速率越低剪缩现象越显著；出现剪胀之后，法向加载速率越大者剪胀量越大。

表 7.13　类岩石材料的力学性质参数

材料	单轴压缩强度/MPa	基本摩擦角/（°）	弹性模量/GPa	泊松比
石膏	7.3	25	4.1	0.26
水泥砂浆	43.7	32	17.3	0.21

表 7.14　试验加载方案

分组	材料	试件尺寸/mm	JRC	法向应力/MPa	法向加载速率/（kN/s）	剪切速率/（mm/s）
A	石膏	150×150×150	2～4	0.1/0.5/1.0	0.01	0.01
B	石膏	150×150×150	10～12	0.1/0.5/1.0	0.01/0.1/1.0	0.01
C	石膏	150×150×150	10～12	1.0	0.01/1.0	0.1/0.8
D	石膏	150×150×150	18～20	0.1/0.5/1.0	0.01	0.01
E	水泥砂浆	150×150×150	10～12	1.0	0.01/0.1/1.0	0.01

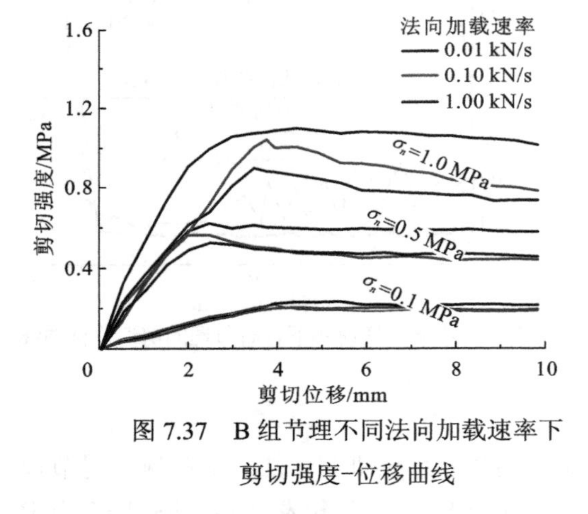

图 7.37　B 组节理不同法向加载速率下剪切强度-位移曲线

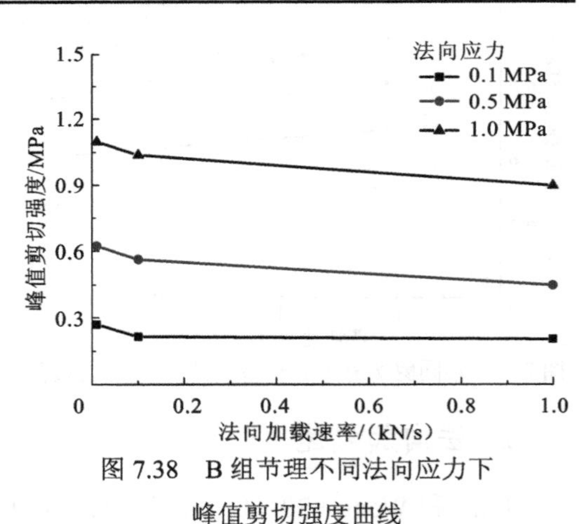

图 7.38　B 组节理不同法向应力下峰值剪切强度曲线

从上述试验结果可以看出岩石节理的剪切力学性质具有明显的时效特性，较之于硬岩节理，软弱岩石节理剪切力学性质的时效特性更为明显。Wang 和 Scholz（1994）认为节理表面微凸体的法向接触时间的长短是影响其剪切力学性质的关键，当法向加载速率变大时，实际接触面积和咬合程度会有所降低，从而得到偏低的峰值剪切强度。

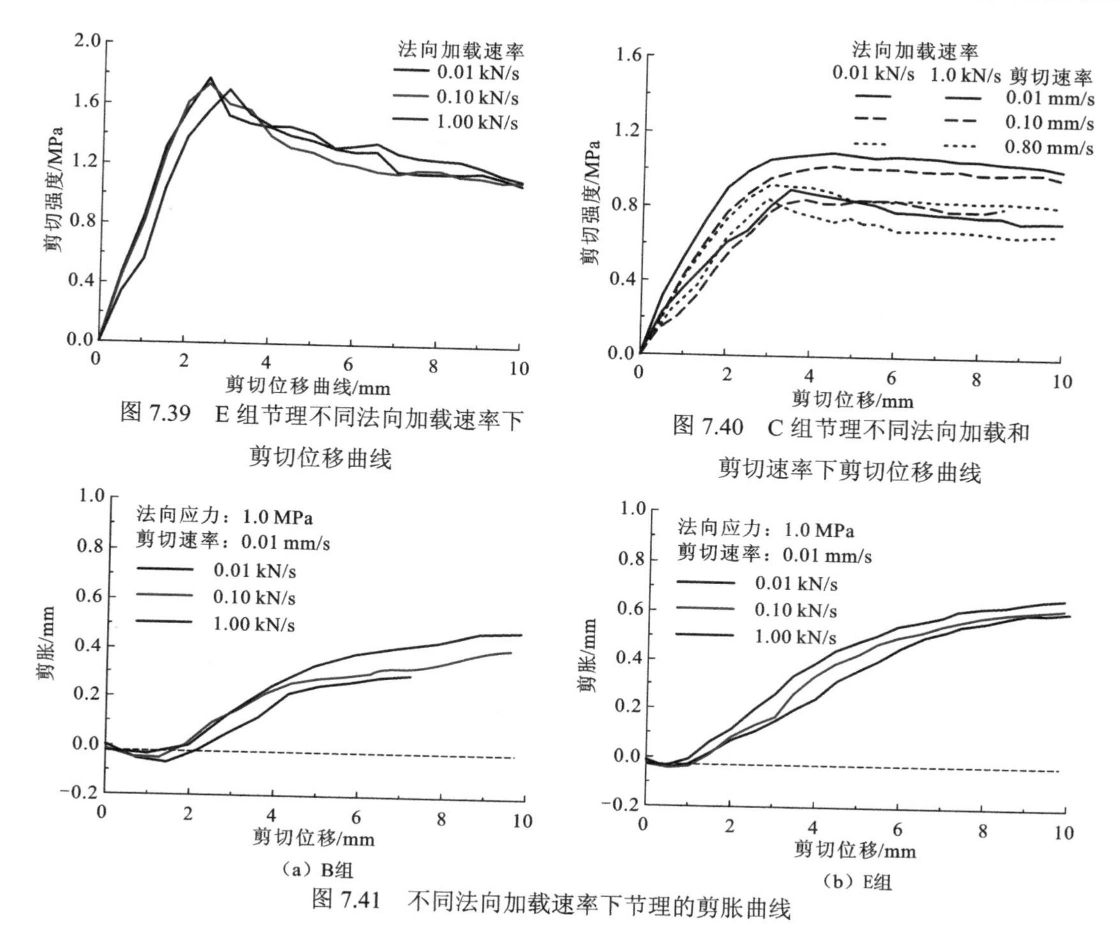

图 7.39　E 组节理不同法向加载速率下剪切位移曲线

图 7.40　C 组节理不同法向加载和剪切速率下剪切位移曲线

（a）B组

（b）E组

图 7.41　不同法向加载速率下节理的剪胀曲线

7.3.2　尺度

试件尺寸影响岩石节理的剪切强度，表现出尺度效应。一般地，软弱岩石节理、岩石矿物颗粒较细、节理较光滑者，尺度效应不明显。当节理的形貌变化较大且对剪切强度起控制作用时，尺度效应显著。孙广忠（1988，1983）认为剪切强度随剪切面积的增大而降低，面积增至 2 500 cm^2 以后，剪切强度的降幅变缓，至 5 000 cm^2 以后，基本维持恒定。目前，我国原位大型剪切试验常用的试件尺寸为 50 cm×50 cm（2 500 cm^2），ISRM 建议的试件平面尺寸为 70 cm×70 cm（4 900 cm^2）。

岩石节理剪切强度的尺度效应较为复杂，最早可追溯至 Krsmanovic 和 Popovic（1966）针对灰岩层理面开展的原位剪切试验（尺寸：2.8 m×1.8 m）和作为对比用的室内直剪试验（尺寸：40 cm×40 cm），试验结果表明原位剪切试验的峰值剪切强度大部分情况下比室内直剪试验低，且该趋势随法向应力增大而更为明显。目前的研究成果多是基于试验经验得出的，随试件尺寸增加剪切强度增大、降低或二者无关的结论都有报道，相关的研究汇总于表 7.15 和表 7.16。Barton（1981）认为岩石节理表面凸起体的尺寸随试件尺寸的增大而增大，但起伏变小，从而出现尺度效应。引起岩石节理剪切强度尺度效应的力学机理分析还较少，有待继续深入研究。系统研究岩石节理剪切力学性质尺度效应的学者主要有 Bandis 和 Barton 等，现介绍其研究成果。

表 7.15　节理剪切力学性质尺度效应试验研究结果列表

研究方式	文献	试验描述	研究结果
物理试验研究	Krsmanovic 和 Popovic（1966）	灰岩层理面 原位剪切试验试件尺寸：2.8 m×1.8 m 室内直剪试验试件尺寸：40 cm×40 cm	原位剪切试验的峰值剪切强度大部分情况下比室内直剪试验低，且该趋势随法向应力增加而更为明显
	Locher 和 Rieder（1970）	灰岩节理 原位剪切试验试件尺寸：约 3 m^2 室内直剪试验试件尺寸：200 cm^2	原位剪切试验的峰值摩擦角比室内直剪试验结果约大 5°
	Pratt 等（1974）	石英闪长岩节理 原位剪切试验试件尺寸：142～5 130 cm^2 室内直剪试验试件尺寸：60 cm^2	峰值剪切强度随试件尺寸增大而显著降低，原因在于接触面积减少、接触区域产生应力集中；认为若接触面积相等，则没有尺度效应
	Barton 和 Choubey（1977）	花岗岩节理 初始试件尺寸：45 cm×50 cm，进行倾斜试验；细分为 18 块 9.8 cm×4.5 cm 的小试件，进行低法向应力下的直剪试验	试验结果的分析表明平均 JRC 从 5.5（大尺寸试件）增大至 8.7（小尺寸试件）。较小且倾角较大的凸起体控制小尺寸试件的剪切力学行为；较大凸起体的爬坡效应控制大尺寸试件的剪切力学行为
	Leichnitz 和 Natau（1979）	类岩石节理 最大试件尺寸：36 cm×12 cm 最小试件尺寸：4.5 cm×12 cm	平均峰值剪切强度随试件尺寸增加而降低；但花岗斑岩节理在三级法向应力下出现负尺度效应
	Bandis（1980），Bandis 等（1981）	类岩石节理 最大试件尺寸：40 cm×40 cm 最小试件尺寸：5 cm×5 cm	试件尺寸增加，峰值剪切强度非线性降低且逐步趋于恒定、峰值剪切位移增加、剪切破坏从脆性变为延性、峰值剪胀角减小；粗糙度越大尺度效应越明显，尺度效应随法向应力增加而减弱
	Barton 和 Bandis（1990，1982）	大量类岩石节理的直剪试验	提出考虑尺度效应的 JRC、JCS 计算公式；建议原位剪切试验时岩石节理尺寸的上限取岩块的平均尺寸，通常不大于 5 m
	Kutter 和 Otto（1990）	岩石节理（人工劈裂、天然） 峰值剪胀角的尺度效应	新鲜且吻合较好的节理表现出正尺度效应；受扰动节理表现出负尺度效应
	Muralha 和 Cunha（1990a）	先采用面积为 200 cm^2 的节理进行试验，然后对其细分再进行试验（长边沿剪切方向，保持不变）	沿剪切方向减少剪切面积，峰值剪切强度、剪切刚度没有表现出明显的尺度效应
	Muralha 和 Cunha（1990b）	对几个坝基岩石节理进行室内直剪试验和原位直剪试验，面积：25～4 900 cm^2，研究剪切面积对峰值剪切强度和剪切刚度的影响	剪切面积增加，峰值剪切强度、剪切刚度均降低

续表

研究方式	文献	试验描述	研究结果
物理试验研究	Yoshinaka 等（1993，1991）	花岗岩节理，直剪试验 面积：20～9 600 cm^2	剪切面积增加，峰值剪切强度降低且降低幅度与法向应力、粗糙度、偶合度及岩性相关；峰值剪切位移增加，剪切刚度降低
	Hencher 等（1993）	类岩石节理 面积：44～531 cm^2，试验方法与 Bandis 等（1981）相似	小尺寸节理的峰值剪切强度最分散，无尺度效应；试件尺寸增加，峰值剪切位移增加、峰值剪胀角减小
	Giani 等（1992）	片麻岩、正长岩节理 倾斜试验，面积：50～1 560 cm^2，片麻岩节理为起伏状和平直状，正长岩节理略有起伏、粗糙	片麻岩节理为正尺度效应、正长岩为负尺度效应。随机分布的粗糙度控制节理的剪切强度时，表现出正尺度效应；粗糙起伏的形貌控制节理的剪切强度时，表现出负尺度效应
	Castelli 等（2001）	类岩石节理 试件尺寸：10 cm×10 cm～20 cm×20 cm	随试件尺寸增加，峰值剪切强度、剪胀、剪切刚度均降低，峰值剪切位移增加；法向应力增加，尺度效应逐渐消失；Barton 和 Bandis（1982）建议的尺度效应方程低估了较大尺寸节理的峰值剪切强度
	Leal（2003）	类岩石节理，推拉试验 试件面积：84～256 cm^2，法向荷载为 1.0 kN	较好的吻合度增加了较大尺寸节理的起伏度幅值，从而得到正尺度效应
	Fardin（2008）	类岩石节理 对同一个节理面，通过扩大采样窗口获得不同尺度的节理试件，尺寸范围：50 mm×50 mm～200 mm×200 mm	试件尺寸增加，峰值剪切强度、剪切刚度降低；试件尺寸越大，剪胀也越大[与 Bandis 等（1981）的试验结论相反]
	Ueng 等（2010）	类岩石节理 试件尺寸：75～300 mm	细分节理表现出负尺度效应；同比例增加或降低试件尺寸的节理没有明显的尺度效应；重组的节理表现出轻微的负尺度效应。峰值剪切强度的尺度效应主要依赖于节理形貌结构
	黄曼等（2013）	类岩石节理 试件尺寸：20～100 mm	同一法向应力作用下，尺度对峰值剪切强度的影响不明显，但残余剪切强度随尺寸增加而小幅度增加；峰值剪切强度、残余剪切强度随着法向应力的变化规律相近；峰值剪切位移无明显变化
	Verma 等（2014）	类岩石齿状节理 试件尺寸：90 mm、180 mm、270 mm，且沿不同方向剪切	峰值剪切强度表现出负尺度效应；较之于剪切方向，试件尺寸对剪切强度的影响更大

续表

研究方式	文献	试验描述	研究结果
数值试验研究	Vallier 等（2010）	岩石节理按尺度不同可分为三类：细观（微凸体）、介观（试验室尺寸）、宏观（工程岩体），先基于微凸体退化建立本构模型，然后推广至介观尺度、宏观尺度（由一系列介观尺度组成）	试件尺寸增加，峰值剪切强度、峰值剪胀角、剪切刚度降低，峰值剪切位移增加
	Tatone 和 Grasselli（2012）	FEM/DEM 试件尺寸：400 mm、200 mm、100 mm、50 mm	平均剪切刚度具有尺度效应，剪切强度没有；每一试件剪切强度的上限具有明显的尺度效应，但其均值没有这一现象
	Bahaaddini 等（2014）	PFC2D 细分法构件不同尺寸的粗糙节理（50 mm、100 mm、200 mm、400 mm）	试件尺寸增加，峰值剪切强度、峰值剪胀角、剪切刚度降低，峰值剪切位移增加。不同尺度下凸起体的尺寸变化是引起剪切力学性质尺度效应的原因

表 7.16　节理剪切力学性质尺度效应理论研究结果列表

文献	研究结果
Lanaro 和 Stephansson（2003）	粗糙度、隙宽均是影响剪切力学性质的因素，二者相互独立且与试件尺寸有关，剪切过程中接触区域、隙宽的分布决定了节理的剪胀特性，采用分形理论描述粗糙度和隙宽，基于接触力学理论针对剪切过程中有无产生塑性变形分别建立了剪切荷载计算公式。由于接触点的面积与试件尺寸相关，所以考虑了力学性质的尺度效应
Carpinteri 和 Paggi（2008）	采用分形理论建立了粗糙表面接触的多尺度分析方法，为从力学机理上解释摩擦强度的非线性特性提供可能，为理解多尺度（从实验室尺度到行星尺度）地球物理学提供原理性解释
Oh 等（2015）	提出的峰值剪切强度模型既适用于实验室尺度的小尺寸节理，又适用于野外现场的大尺寸节理，将理论计算结果与试验结果做了比较
Johansson 和 Stille（2014）、Johansson（2016）	利用静力平衡条件（力的平衡、力矩的平衡）分析单个齿状微凸体的受力特征、根据黏附摩擦理论计算实际接触面积、采用自仿射分形理论描述粗糙度，建立了不同尺度下考虑偶合度、粗糙度影响的剪切强度模型，并与岩石节理的试验进行了比较
Li 等（2017）	采用自仿射分形方法描述粗糙度的尺度效应，随节理尺度增大，临界起伏度和临界粗糙度的坡度趋于平缓，提出估算不同尺度岩石节理峰值剪切位移的分形模型

Bandis（1980）采用类岩石材料复制砂岩、粉砂岩、灰岩等岩石节理的形貌，系统研究了岩石节理剪切力学性质的尺度效应，试件尺寸从 5 cm 到 40 cm 不等，试验结果汇总于表 7.17（Bandis et al.，1981）。当试件长度从 1.5～1.8 m 增加到 10.8～12.0 m 时，节理的峰值摩擦角平均降低 8°～12°，并表现出明显的非线性特征，峰值剪切强度随试件面积的增加逐步降低并趋于稳定，如图 7.42 所示。图 7.43 为典型的可反映岩石节理剪切力学性质尺度效应的剪切位移曲线，可以得出如下规律（Bandis et al.，1981）：试件尺寸增加，峰值剪切强度呈非线性降低且逐步趋于某一恒定值、峰值剪切位移增加、剪切破坏从脆性变为延性、峰值剪胀角减小；粗糙度越大尺度效应越明显，尺度效应随法向应力增加而减弱。

表 7.17　节理峰值摩擦角的尺度效应

试件尺寸		节理表面粗糙度描述			
		节理 1、2、3	节理 4、5	节理 6、7、8	节理 9、10、11
模型/cm	原型/m	强起伏度，粗糙	强起伏度，中等粗糙	中等起伏度，非常粗糙	中等起伏度到几乎平滑，中等粗糙到几乎光滑
5～6	1.5～1.8	64.5°±6.8°(54)	8.4°±8.3°(536)	64.3°±6.3°(74)	49.8°±6.4°(54)
10～12	3.0～3.6	59.4°±7.9°(18)	58.7°±5.6°(12)	60.7°±6.3°(33)	46.1°±6.1°(18)
18～20	5.4～6.0	56.2°±3.8°(12)	53.4°±3.2°(8)	52.1°±5.9°(12)	43.0°±5.0°(12)
36～40	10.8～12.0	51.9°±4.1°(3)	48.1°(2)	45.5°±1.6°(3)	41.5°±2.6°(3)

括号中的数字为该组试验节理的总数

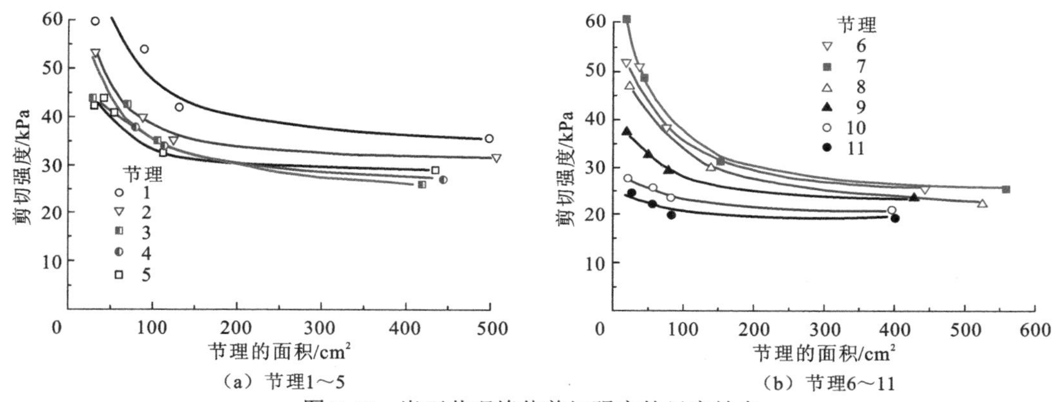

(a) 节理1～5　　(b) 节理6～11

图 7.42　岩石节理峰值剪切强度的尺度效应

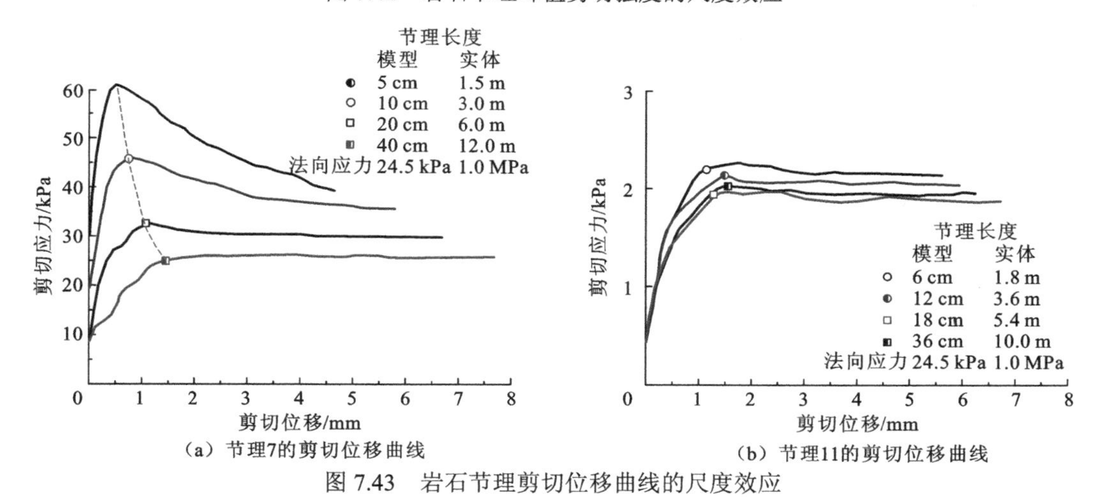

(a) 节理7的剪切位移曲线　　(b) 节理11的剪切位移曲线

图 7.43　岩石节理剪切位移曲线的尺度效应

随岩石节理试件尺寸增加，JRC 呈非线性递减，如图 7.44 所示（JRC 根据 Barton 剪切强度公式反算得出）。试件较大时，倾角较缓的起伏度对节理峰值剪切强度起控制作用，得到较小的 JRC 值和峰值剪胀角；试件较小时，小而陡的粗糙度对节理峰值剪切强度起控制作用，从而 JRC 值较大，峰值剪胀角也较大（Bandis et al.，1981）。Barton 和 Bandis（1982）根据大量的试验资料归纳出考虑尺度效应的 JRC 和 JCS 计算公式，JCS 计算公式见式（7.34）。当试件尺寸大于 5 m 时，采用上述两式分析节理的剪切强度时易得到不合理的低值，Barton 和 Bandis（1990）建议原位剪切试验时岩石节理尺寸的上限取岩块的平均尺寸（通常不大于 5 m）。

$$\mathrm{JCS}_n = \mathrm{JCS}_0\left(\frac{L_n}{L_0}\right)^{-0.03\mathrm{JRC}_0} \tag{7.34}$$

式中：下标 n 和 0 分别表示原位试件尺寸和试验室试件尺寸（10 m）对应的参量。

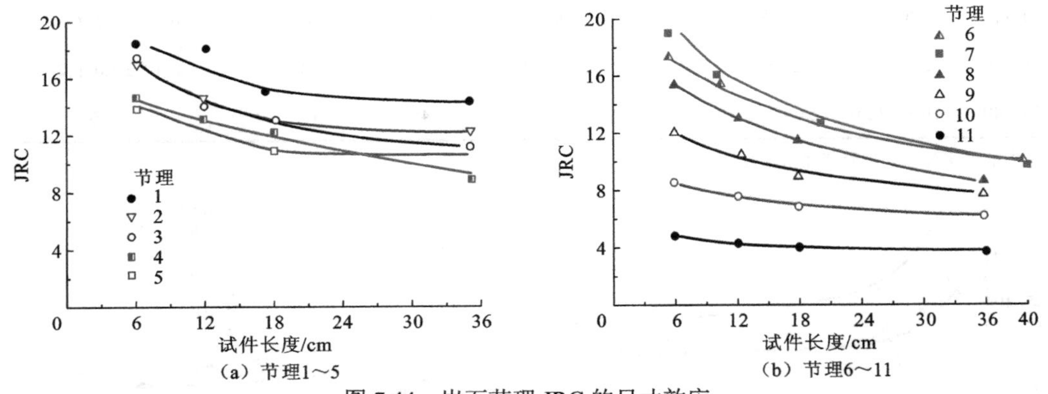

图 7.44　岩石节理 JRC 的尺寸效应

Barton（1973）认为节理的峰值摩擦角由三部分构成：基本摩擦角 φ_b 、剪胀角 d_n 和剪断分量 s_n，在剪切过程中三者的演化规律如图 7.45 所示：节理尺寸增大，峰值摩擦角减小，基本摩擦角基本不变；但接触面积变小，较小、较陡的微凸体因引力集中更易被压碎破坏和剪断，从而较大的起伏度（坡度较缓）控制剪切强度，剪胀角减小；由于材料的抗压强度随试件尺寸增大而降低，相同的法向应力下较大节理的表面更易被破坏，即剪断阻力减小（一般地，剪断分量的减少量比峰值剪胀角的减少量相对较多）。

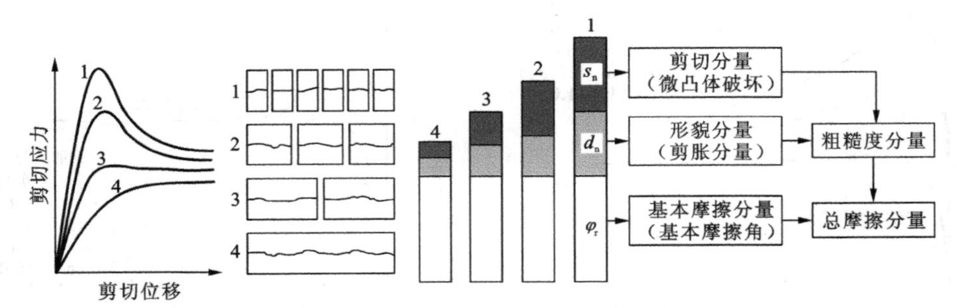

图 7.45　不同法向应力下的尺度效应

7.3.3　温度

Bilgin 和 Pasamehmetoglu（1990）采用页岩、石灰岩和安山岩节理在 5 种不同温度下进行直剪试验，研究温度对其剪切强度的影响，结果如图 7.46 所示。三种岩石节理的剪切强度均先随温度的升高而增大，超过某一临界温度后，剪切强度随温度升高而持续降低。页岩和安山岩的临界温度约为 200℃，石灰岩的临界温度约为 100℃。温度对岩石节理剪切强度影响的机理可总结为失水和热弱化，失水会降低接触点的黏聚力，热弱化使细观粗糙度更易破损。随温度升高，微凸体之间咬合得更为紧密，节理的实际接触面积有所增加，从而剪切强度逐步增加，直到临界温度为止；随着温度进一步升高，节理表面的进一步热弱化使节理上、下面壁之间的接触变差，从而剪切强度开始下降。温度对岩石节理的峰值剪切位移没有明显影响；温度对峰值剪胀角、峰值剪切刚度及残余剪切强度的影响与对峰值剪切强度的影响类似。

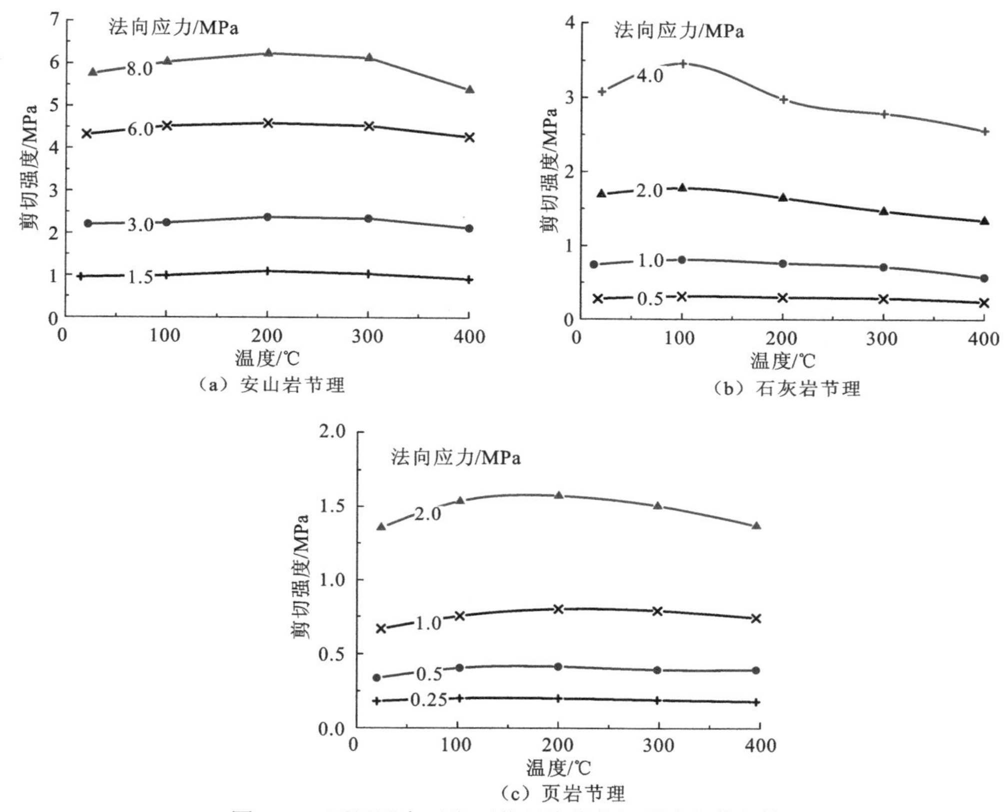

图 7.46　不同温度下岩石节理峰值剪切强度变化规律

随着地热资源的开发利用和高温岩石地下工程建设日益增多，高温对岩石节理剪切力学性质影响的相关研究也逐步增多，对高温剪切破坏机理的理解也逐步深化。受限于试验条件，一般多进行高温后的直剪试验（Meng et al.，2021；Tang ang Zhang，2020；Zhao et al.，2019），少部分学者开展了实时高温下的剪切试验（Khamrat et al.，2018）。图 7.47 为北山地区花岗岩节理经历不同高温处理后的峰值剪切强度变化规律（Tang and Zhang，2020），Zhao 等（2019）在 400 ℃内也获得相似的变化规律。热致劣化的机理大体上可以归因于下述几个方面（Tang and Zhang，2020）：①剪切破坏区域的局部塑性变形（Odedra et al.，2001）；②岩石表面状态的改变（Tang，2020），包括微观粗糙度的变化、水分的丧失等；③岩石力学参数的变化（Tang et al.，2020a），包括单轴压缩强度、拉伸强度和基本摩擦角等。高温对岩石节理剪切力学性质的影响还不是十分清楚，特别是从细观角度揭示相关的机理还需要深入研究。此外，Tang（2020）的研究表明剪切刚度、峰值剪切位移和粗糙度变化等均

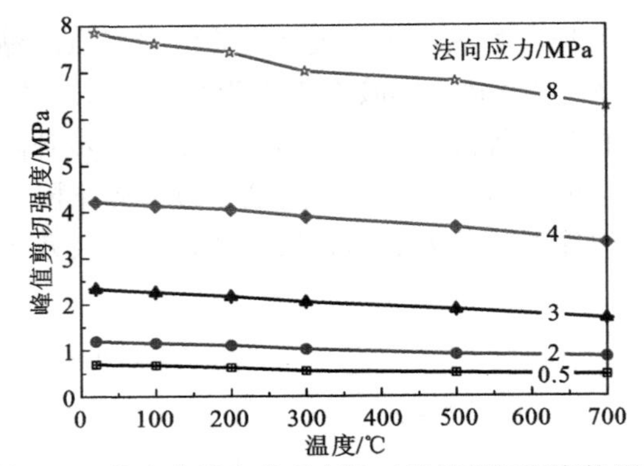

图 7.47　北山花岗岩节理高温对峰值剪切强度的影响

与经历的高温密切相关，Tang 等（2022a）的研究表明冷却方式也是影响剪切强度的重要因素之一。

受青藏铁路和川藏铁路等已建和在建工程项目的影响，低温环境或冻融循环条件下岩石节理的剪切力学性质受到普遍关注。图 7.48 为不同冻融循环次数下随州花岗岩节理峰值剪切强度的变化规律（Tang et al.，2020a），其值随冻融循环次数增加而逐步降低，且冻融循环的影响也随次数的增加而逐步减弱。更为明显地，岩石的含水量在很大程度上影响峰值剪切强度。与低温相关的岩石强度劣化机理主要包括（Chen et al.，2004；Matsuoka，1990）：①冻结水的体积膨胀；②毛细力和吸附力引起的水分迁移；③冰楔作用。冻融循环过程中岩石节理峰值剪切劣化机理主要包括：①断裂能降低；②毛细张力降低；③孔隙水压升高；④表面摩擦力降低；⑤化学腐蚀作用。Tang 等（2020a）认为在冻融循环过程中岩石表面矿物颗粒的不均匀收缩和膨胀引起基本摩擦角和细观偶合度的变化，从而影响峰值剪切强度，特别是在饱和条件下。残余剪切强度、剪切刚度和粗糙度变化等均与冻融循环次数密切相关。

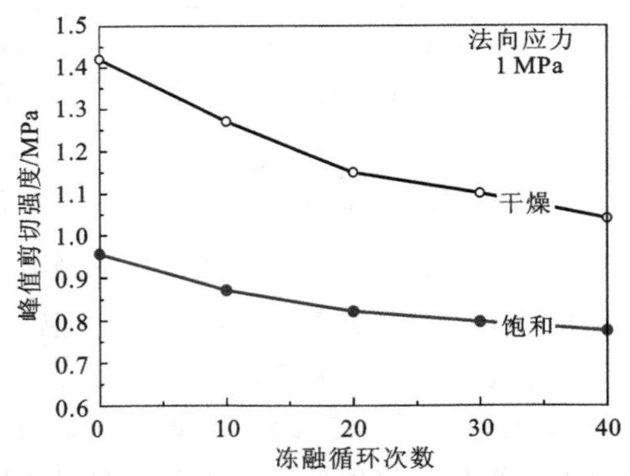

图 7.48　随州花岗岩冻融循环次数对节理峰值剪切强度的影响

7.3.4　湿度

表 7.18 是岩石节理在干、湿两种状态直剪试验得到的残余摩擦角结果。湿度对节理剪切强度的影响与岩性、节理面状况和法向应力相关。就残余摩擦角而言，干、湿状态对残余摩擦角的影响有不变、减少和增加三种情况，甚至对相同岩性的节理（如石英岩），三种

情况都有发生，说明湿度对剪切力学性质的影响是难以确定的。图 7.49 为光滑岩石节理在干、湿两种状态下的剪切位移曲线，二者有很大的不同，干燥状态下更易表现出黏滑现象。水的影响大体上可以分为两类：一是让岩石产生孔隙水压力，从而使节理面上的有效法向应力低于名义法向应力；二是改变滑动面的性质，目前与此相关的认识还不十分清楚。

表 7.18　干、湿节理的残余摩擦角试验结果

岩性	类型	残余摩擦角/（°）	
		干	湿
石英岩	磨光或平面的人工节理	湿度的影响不明显	
页岩、粉砂岩及板岩	光滑小断层，石墨覆盖		
页岩、粉砂岩及板岩	拉伸断裂面，矿物覆盖		
石英岩、片麻岩	完整岩石的剪切断裂面（σ_n=10～25 MPa）	25	31
砂岩		28	25
砂岩	粗糙人工节理	25～34	24～33
碳酸盐岩		33～39	32～36
页岩、粉砂岩及板岩	光滑小断层，绿泥石覆盖	26	22
粗玄岩	节理	52	37
花岗岩	人工节理	38	31
片麻岩	片状面	49	44
千枚岩	片状面	40	32
页岩	节理	37	27
石英岩	节理	44	34～37
大理岩	节理	49	42
砂岩	磨光或平面的人工节理	27～32	30～38
辉长岩	节理	47	48
鲕状灰岩	节理	44	48
白垩	节理	40	41
石英岩	磨光或平面的人工节理	23	30
玄武岩	磨光或平面的人工节理	33	35

除特别注明外，均为较低法向应力下的直剪试验结果

图 7.50 为云南某引水工程区域内红砂岩节理的峰值剪切强度、割线剪切刚度与浸泡时间的变化关系（Tang et al.，2019b）。峰值剪切强度和割线剪切刚度均在浸泡 2 天后表现出明显的下降（即饱和条件下表现出明显的下降），之后割线剪切刚度基本保持不变，但峰值剪切强度持续缓慢降低直至浸泡时间超过 16 天后基本保持不变。Zhao 等（2017）认为水

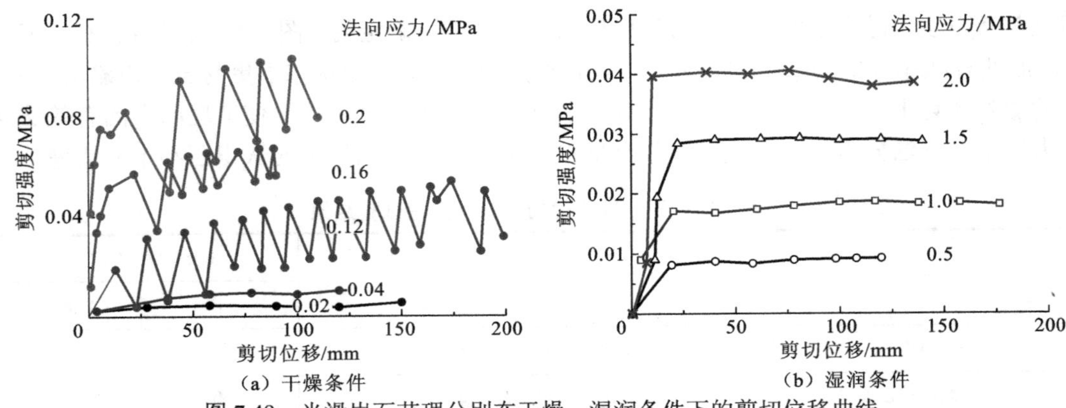

(a) 干燥条件　(b) 湿润条件

图 7.49　光滑岩石节理分别在干燥、湿润条件下的剪切位移曲线

致劣化的主要原因可能是表面断裂能的降低和表面矿物摩擦系数的降低。根据 Mehrishal 等（2016）与 Ulusay 和 Karakul（2016），基本摩擦角的降低也是可能的原因之一。总体上而言，水岩相互作用引起剪切性质劣化的相关机理需要深入研究。

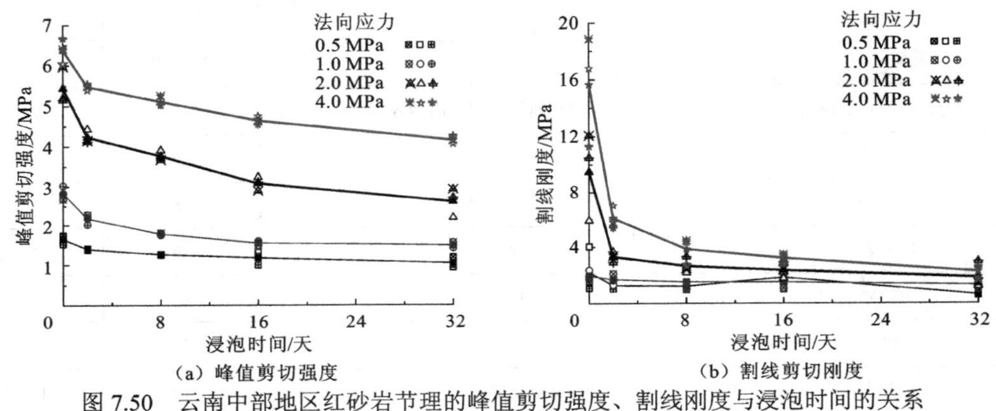

(a) 峰值剪切强度　(b) 割线剪切刚度

图 7.50　云南中部地区红砂岩节理的峰值剪切强度、割线刚度与浸泡时间的关系

7.4　各强度准则比较与分析

7.4.1　偶合岩石节理峰值剪切强度准则

1. 概述

1）古典摩擦定律

1508 年，Leonado da Vinci 首次提出摩擦的基本概念并认为摩擦力的大小与法向应力成正比且与法向接触面积无关；1699 年，法国科学家 Guillaume Amontons 通过大量的摩擦试验建立了固体的基本摩擦定律——阿蒙顿-库仑定律，其基本内容为：摩擦力的大小与两物体间的宏观接触面积无关、与法向应力成正比，计算公式见式（7.35），这也是摩擦系数定义的最初来源。1787 年，法国科学家 Coulomb 发展了阿蒙顿-库仑定律，通过相同的试

验总结出摩擦力与滑动速率无关的结论。上述三条即为古典摩擦定律。虽然根据最近的研究发现以上定律并不完全正确，但它们在一定程度上反映了接触面的摩擦机理且计算简洁，因此被广泛应用于包括岩石节理剪切强度在内的工程实践中。需要指出的是：当实际接触面积接近表观面积，即当法向应力达到一定程度时，式（7.35）的计算偏差随法向应力增加而增加；摩擦力与滑动速率无关的结论也只有在速率很低的情况下成立。

$$f_6 = \mu N \tag{7.35}$$

式中：f_6 为摩擦力；μ 为摩擦系数；N 为支持力。

2）Patton 剪切强度准则与 Jaeger 负指数剪切强度公式

Patton（1966）是第一个将岩石节理的剪切强度与法向应力和表面粗糙度相联系的学者。假定岩石为刚性材料，低法向应力下（$\sigma_n \leqslant \sigma_{\mathrm{T}}$）起伏角为 i 的齿状节理的峰值剪切强度可表示为

$$\tau_{\mathrm{p}} = \sigma_n \tan(\varphi_{\mathrm{b}} + i) \tag{7.36}$$

式中：τ_{p} 为峰值剪切强度；σ_n 为法向应力；φ_{b} 为基本摩擦角。

与光滑节理的剪切强度公式比较，规则锯齿状节理的摩擦角中增加了起伏角 i。此时，剪切平面与实际的剪切应力之间的夹角为 i，当产生剪切位移 δ_{p} 时必产生法向位移 δ_n，即剪胀现象。该效应在岩石节理的剪切行为中起着非常重要的作用，特别是在地下工程中。式（7.36）反映节理表面微凸体没有剪切破坏，属于摩擦的范畴。

当法向应力逐步增大并大于某一过渡应力 σ_{T} 时，节理表面在压剪综合作用下出现磨损、剪断现象，且随法向应力持续增大，剪断逐步成为节理面微凸体破坏的主要形式。此时，节理的剪切强度为

$$\tau_{\mathrm{p}} = c_0 + \sigma_n \tan\varphi_{\mathrm{r}} \tag{7.37}$$

式中：c_0 为黏聚力。

一般将式(7.36)、式(7.37)统称为 Patton 剪切强度准则，如图 7.51 所示，该准则将节理的剪切破坏机理严格区分为摩擦和剪断两个部分。事实上，压剪作用下节理表面微凸体的破坏是一个渐进过程，即使是规则状的锯齿形节理，应力分布也是不均匀的，在达到峰值剪切强度前，已有部分微凸体出现磨损、剪断现象（Yang and Chiang，2000）。

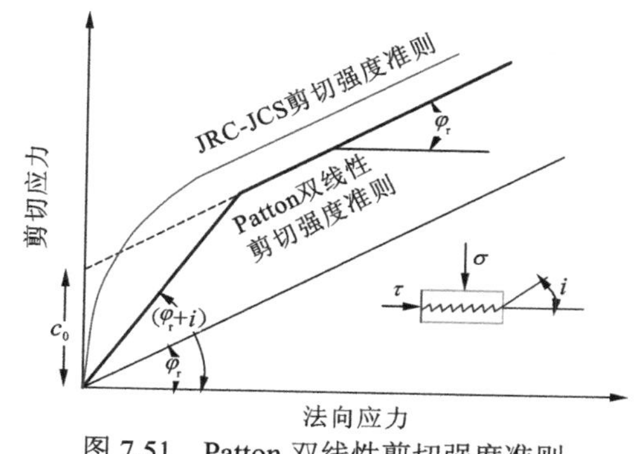

图 7.51　Patton 双线性剪切强度准则

Jaeger（1971）通过分析大量的试验数据，提出如式（7.38）所示的按负指数连续变化的节理剪切强度公式。显然，Jaeger 公式仅是对 Patton 双线性剪切强度准则进行了数学描述上的光滑处理，二者并没有本质上的区别。

$$\tau_{\mathrm{p}} = c_0(1 - \mathrm{e}^{-b_8\sigma_n}) + \sigma_n \tan\varphi_{\mathrm{r}} \tag{7.38}$$

式中：b_8 为经验系数。

3）Ladanyi-Archambault 剪切强度公式

Ladanyi 和 Archambault（1969）通过直剪试验从力学分析入手研究了齿状节理摩擦、剪胀到剪断的剪切强度变化特征，综合分析了摩擦力、剪胀性、黏结力和岩桥强度对节理峰值剪切强度的影响，并认为压剪作用下节理面可区分为剪断区域和摩擦区域。该公式的表达式为

$$\tau_{\mathrm{p}}=\frac{\sigma_n(1-a_{\mathrm{s}})(\tan\theta_{\mathrm{p}}+\tan\varphi_{\mathrm{b}})+a_{\mathrm{s}}\tau_{\mathrm{rock}}}{1-(1-a_{\mathrm{s}})\tan\theta_{\mathrm{p}}\tan\varphi_{\mathrm{b}}} \tag{7.39}$$

式中：a_{s}为剪断微凸体面积占节理总面积的比例，可由式（7.40）确定，对粗糙岩石节理，L=1.5；θ_{p}为峰值剪胀角，可由式（7.41）确定；τ_{rock}为岩石的剪切强度，可由式（7.42）确定。

$$a_{\mathrm{s}}=1-\left(1-\frac{\sigma_n}{\sigma_{\mathrm{c}}}\right)^L \tag{7.40}$$

$$\tan\theta_{\mathrm{p}}=\left(1-\frac{\sigma_n}{\sigma_{\mathrm{c}}}\right)^K\tan i \tag{7.41}$$

式中：对粗糙岩石节理，K=4；i为齿状节理的倾角。

$$\tau_{\mathrm{rock}}=\sigma_{\mathrm{c}}\frac{\sqrt{1+\bar{n}}-1}{\bar{n}}\sqrt{1+\bar{n}\frac{\sigma_n}{\sigma_{\mathrm{c}}}} \tag{7.42}$$

式中：$\bar{n}$为岩石单轴压缩强度与抗拉强度的比值。

当法向应力极低时，微凸体没有出现任何剪断，则$a_{\mathrm{s}}\to 0$、$\theta_{\mathrm{p}}\to i$，式（7.39）退化为 Patton 剪切强度准则；当法向应力极高时，微凸体全部被剪断，则$a_{\mathrm{s}}\to 1$、$\theta_{\mathrm{p}}\to 0$，式（7.39）为完整岩石的剪切强度。Ladanyi-Archambault 剪切强度公式从剪切力学机理上实现了从剪胀到剪断的平滑过渡，随着法向应力逐步的增加，剪胀减少、剪断增加。

受颗粒物质的应力-剪胀理论的启发，Saeb（1990）对 Ladanyi-Archambault 剪切强度公式进行了简化处理，建议的公式为

$$\tau_{\mathrm{p}}=\sigma_n(1-a_{\mathrm{s}})\tan(\varphi_{\mathrm{b}}+i)+a_{\mathrm{s}}\tau_{\mathrm{rock}} \tag{7.43}$$

4）JRC-JCS 剪切强度准则

Barton（1973）在较低的法向应力条件下对 130 余组形貌各异的新鲜/微风化岩石节理进行直剪试验$(0.01\leqslant\sigma_n/\mathrm{JCS}\leqslant 0.3)$，采用节理粗糙度系数 JRC 定义节理的粗糙程度，图 3.28 为 10 个典型的粗糙节理，发现微凸体的剪胀、剪断与法向应力相关，且峰值剪胀角与 JRC、法向应力大致成对数关系，计算公式见式（7.44），也称为 JRC-JCS 剪切强度准则。当法向应力较低时，Barton 公式和 Patton 公式的计算结果较为接近。

$$\tau_{\mathrm{p}}=\sigma_n\tan\left[\mathrm{JRC}\lg\left(\frac{\mathrm{JCS}}{\sigma_n}\right)+\varphi_{\mathrm{r}}\right] \tag{7.44}$$

Barton（1982）认为剪切过程中 JRC 随剪切位移的增加而变化，并分别建议了粗糙节理和平直节理的 JRC 演化值 $\mathrm{JRC_m}$ 与剪切位移的对应关系，见表 7.19（Barton，1982），从而为数值分析提供依据。

表 7.19　JRC 随剪切位移的变化值

非平直节理		平直节理	
u/u_p	JRC_m / JRC_p	u/u_p	JRC_m / JRC_p
0	$-\varphi_r / JRC_p \lg(JCS/\sigma_n)$	0	$-\varphi_r / JRC_p \lg(JCS/\sigma_n)$
0.3	0	0.3	0
0.6	0.75	0.6	0.75
1.0	1.0	1.0	0.95
2.0	0.85	2.0	1.0
4.0	0.70	4.0	0.9
10.0	0.50	10.0	0.7
25.0	0.40	25.0	0.5
100	0	100	0

JRC_p 为峰值剪切位移对应的 JRC。

JCS 的测定方法因岩石的风化程度而有所差异。若岩石基本未遭风化或轻微风化，可利用岩石的单轴压缩强度作为替代；否则采用 Schmidt 回弹仪测试风化岩石节理表面的回弹值$\bar{r}$，并结合容重γ估算 JCS 的值：

$$\lg(JCS) = 0.0088\gamma\bar{r} + 1.01 \tag{7.45}$$

需要指出的是，JRC-JCS 剪切强度公式采用的是残余摩擦角，其值可通过平直未风化岩石节理的残余剪切试验确定。在中等法向应力条件下，虽然试验结果表明（Ladanyi and Archambault，1969；Krsmanovic，1967）大多数新鲜岩石节理的基本摩擦角与残余摩擦角大致相等，介于 25°～35°，但 Barton（2013）建议在任何情况下均采用残余摩擦角作为估算节理剪切强度的参数，而非基本摩擦角。对于风化岩石节理，残余摩擦角可由基本摩擦角和平直节理面的 Schmidt 回弹值确定（Barton，1973）：干燥条件下，采用式（7.46）估算；强风化且表面湿润条件下，采用式（7.47）估算。

$$\varphi_r = 10^\circ + \frac{(\varphi_b - 10^\circ)\bar{r}}{\bar{R}} \tag{7.46}$$

$$\varphi_r = (\varphi_b - 20^\circ) + \frac{20\bar{r}}{\bar{R}} \tag{7.47}$$

式中：$\bar{R}$为未风化岩石节理表面的回弹值。

JRC-JCS 剪切强度公式的优点表现在：参数简洁，且建议了一套完备的确定方法，能反映不规则表面形貌对剪切强度的影响；JRC 和 JCS 体现出尺度效应，JRC 的尺度效应分析详见 3.1 节、JCS 的尺度效应见式（7.34）；采用倾斜试验确定 JRC，能反映节理表面粗糙度的各向异性对剪切强度的影响；给出了 JRC 随剪切过程的演化规律，如图 7.52（Barton，1982）所示，为数值分析提供计算依据。该公式得到了大量的岩石节理和模拟岩石节理的直剪试验验证，被广泛应用于岩体工程实践中，适用范围：$0.01 \leqslant \sigma_n / JCS \leqslant 0.3$ 且摩擦角小于 70°。

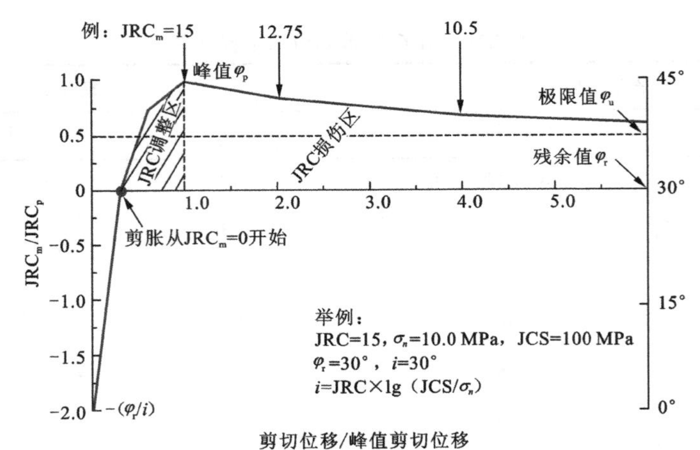

图 7.52　JRC 随剪切位移的变化趋势

但其缺陷也不应被忽视，集中体现在粗糙度参量 JRC 的确定上：采用倾斜试验可得到比较准确的 JRC 值，但多用于试验室尺度的试件且该方法与力学参数有关联（JRC 应为独立参量）；采用视觉比较法，有一定的主观性，获得的 JRC 值易偏低（Beer et al.，2002；Kulatilake et al.，1995），粗糙度的各向异性不易表达。

5）Kulatilake 剪切强度公式

Kulatilake 等（1995）采用软弱类岩石材料复制岩石节理的形貌以研究低法向应力条件下的节理剪切强度各向异性性质（$0 \leqslant \sigma_n / \mathrm{JCS} \leqslant 0.4$），采用定常粗糙度参数（stationary roughness parameter，SRP）、非定常粗糙度 I 描述节理形貌的各向异性特征，该公式的统一形式见式（7.48）。SRP 可为"统计参数、分形参数、频谱/分形参数、变差/分形参数"中的任一参数，$\overline{I}$ 为节理的平均倾角，视剪切方向而取正值或负值。由于含有回归系数，该公式不能根据节理的形貌参数预估其剪切强度。

$$\tau_{\mathrm{p}} = \sigma_n \tan\left\{ \varphi_{\mathrm{b}} + a_9 (\mathrm{SRP})^{c_9} \left[\lg\left(\frac{\mathrm{JCS}}{\sigma_n} \right) \right]^{d_9} + \overline{I} \right\} \tag{7.48}$$

式中：a_9、c_9 和 d_9 为回归系数。

6）Maksimović 剪切强度公式

Maksimović（1992）认为基于直剪试验得到的剪切强度公式不但适用范围有一定的限制，而且缺乏必要的物理意义。为克服这一局限，Maksimović（1992）借鉴热力学中的气体压缩定律提出一个双曲线形式的非线性剪切强度公式，见式（7.49），并认为该公式适用于描述任意法向应力作用下的直剪试验。

$$\tau_{\mathrm{p}} = \sigma_n \tan\left(\varphi_{\mathrm{b}} + \frac{\Delta\varphi}{1 + \sigma_n / p_{\mathrm{n}}} \right) \tag{7.49}$$

式中：$\Delta\varphi$ 为节理的粗糙度角，即法向应力为零时的剪胀角；p_{n} 为半值角应力，即剪胀角为 $0.5\Delta\varphi$ 时对应的法向应力；参数的定义参见图 7.53。

$\Delta\varphi$ 可通过低法向应力下的摩擦试验确定或大致取 $\Delta\varphi = 2\mathrm{JRC}$、$p_{\mathrm{n}}$ 可通过不少于 3 组相同的节理在不同法向应力下进行直剪试验确定或大致取 $p_{\mathrm{n}} = 0.1\mathrm{JCS}$（Maksimović，1996）。考

虑采用 JRC 确定节理形貌的粗糙程度还存在一定的局限且获得相同的节理极为困难，因此该公式虽然形式简洁，但其应用仍然受到较大的限制。

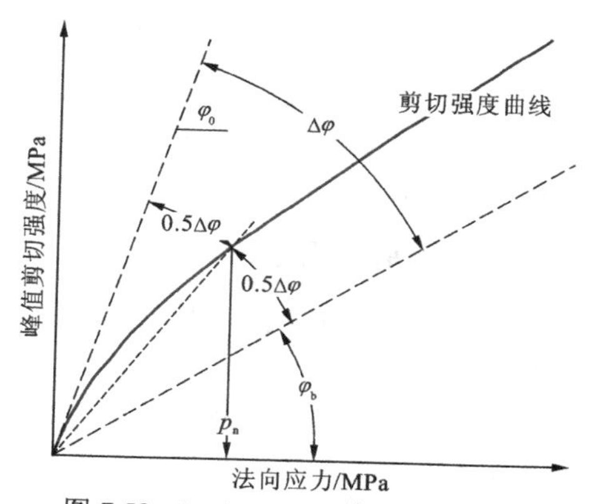

图 7.53　Maksimović 峰值剪切强度公式参数的含义

7）Homand 剪切强度公式

Homand 等（2001）采用 5 个参数分别从形貌的高度、纹理及各向异性等方面描述节理的三维形貌特征并采用三种类型的节理（只含粗糙度、规则起伏、非规则含起伏度）进行直剪试验，发现只含粗糙度的节理在剪切过程中没有出现剪胀行为，而含起伏度的节理具有剪胀行为，据此建立了对应的峰值剪切强度准则，分别见式（7.50）、式（7.51）。Homand 剪切强度公式的主要优点在于考虑了剪切位移对剪切强度的影响，可用于估算循环剪切条件下节理的峰值剪切强度，这是其他准则没有考虑的。相对而言，该公式形式较为复杂，涉及的形貌参数最多。

$$\tau_p = \sigma_n \tan\left(\varphi_b + \theta_s^0 + a_{10}\tan\left\{\left[\frac{2}{k_a}\exp\left(-\frac{a_0}{u_0}\right)SR_s^0\left(1-\frac{1}{4n_h-3}\right)\right]\tan\theta_s^0 \ln\left(\frac{\sigma_c}{\sigma_n}\right)\right\}\right) \tag{7.50}$$

$$\tau_p = \sigma_n \tan\left\{\varphi_b + 2\theta_s^0 \exp\left[-\left(\frac{u_0^2}{a_0 u_{max}} + \frac{k_a}{DR_r^0}\right)\frac{\sigma_n}{\sigma_c}\right]\right\} \tag{7.51}$$

式中：θ_s^0 为初始三维平均倾角；k_a 为形貌各向异性参数；a_0 为节理表面最高点与最低点的高度差；SR_s^0 为初始表面粗糙度系数；DR_r^0 为初始表面粗糙度；n_h 为循环剪切中当前的剪切次序；u_{max} 为累计剪切位移；u_0 为沿某一方向的最大剪切位移；a_{10} 为试验数据回归系数。

8）Grasselli 剪切强度公式

节理的表面形貌是产生剪切强度的重要因素之一，但大部分剪切强度公式将形貌参数仅视为几何参数，没有分析形貌与力学效应之间的关联。剪切过程中，原本偶合的节理逐步变为非偶合节理，部分初始接触的区域出现分离现象。试验观测表明（Grasselli and Egger，2003）：节理面微凸体的外法线方向与剪切方向朝向反向时，该部分区域才有可能在剪切过程中接触，即对剪切强度有所贡献。Grasselli 等（2002）采用最大接触面积比 A_0、最大视倾角 θ_{max}^*、视倾角分布参数 C 描述节理的三维形貌特征，它们均可通过形貌测试确定，未含任何平均化的处理，且考虑了形貌对节理剪切力学性质的影响，相对而言是目前较为合适的描述节理三维形貌特征的参数（Yang et al.，2011）。Grasselli 和 Egger（2003）基于大量的试验过程观测和结果分析认为：节理的峰值摩擦角一般不超过 65°～80°，且随法向应力的增加而呈负指数规律减少；表面微凸体的破坏多由拉裂纹引起，宜采用抗拉强度反映岩石材料力学性质对节理剪切强度的影响。Grasselli 剪切强度公式见式（7.52）。Grasselli 通过实验得出残余摩擦角与形貌参数有比较好的关联性，形貌对残余摩擦角的贡献介于 15°～24°。

$$\tau_p = \left[1+\exp\left(-\frac{1}{9A_0}\frac{\theta_{max}^*}{C}\frac{\sigma_n}{\sigma_t}\right)\right]\sigma_n \tan\left[\varphi_b + \left(\frac{\theta_{max}^*}{C}\right)^{1.18\cos\alpha_g}\right] \tag{7.52}$$

式中：α_{g} 为节理试件中包含的片理面与法向应力所在平面的夹角。

Grasselli 剪切强度公式的局限（Xia et al.，2014）：不适用于平直节理（$\theta^{*}_{max}=0$，$C\to\infty$），此时 $\tau_{p}=2\sigma_{n}\tan\varphi_{b}$，这明显与经验及直剪试验结果相违背；未遵循莫尔-库仑强度准则的基本形式，不易于理解形貌对剪切强度的影响。

9）其他剪切强度公式

锯齿形、台阶形和波浪形是三种最常见的规则起伏形貌，用作直剪试验时多用于分析节理的受力机理。孙广忠（1988，1983）认为这三种类型的节理的破坏模式可分为台阶形节理的平直剪切滑动、台阶形节理的压切、锯齿形和波浪形节理的爬坡滑动、锯齿形和波浪形节理的剪断 4 种，并从静力平衡的角度给出了相应的力学判据。事实上，节理的剪切破坏是一个渐进过程，往往是多种破坏模式的复合作用。Kwon 等（2010）通过静力平衡条件分析了台阶形节理的临界破坏判定依据，提出了考虑台阶高宽比影响的剪切强度公式。

Sun 等（1985）通过分析单个微凸体的接触变形特征，根据 Hertz 接触理论计算接触面积、根据摩擦理论计算摩擦力，最后通过积分计算上、下节理面叠合区域内所有微凸体接触点产生的力，得到节理的总摩擦力，该方法还可以估算节理的临界摩擦角及对应的剪切位移。Lanaro 和 Stephansson（2003）认为节理的粗糙度和隙宽是影响其力学行为的重要因素且二者是相互独立并与试件尺寸有关的参量，剪切过程中接触区域和隙宽的分布决定了节理的剪胀特性，采用分形理论描述隙宽和粗糙度，基于接触力学理论针对剪切过程中有无产生塑性变形分别建立了剪切荷载计算公式，是目前唯一报道的将节理剪切变形分为弹性变形、塑性变形的计算公式。

Gerrard（1986）认为滑动摩擦和剪断是节理剪切强度的主要支配因素，针对初始偶合的岩石节理提出一个剪切强度总公式，总结出 5 个物理限制条件，即极低法向应力（$\sigma_{n}\to 0$）和极高法向应力（$\sigma_{n}\to\sigma_{c}$）下节理的剪胀和摩擦在理论上须满足的条件，并根据节理剪切强度公式的特点分别构建了分量公式和总量公式。总量公式简洁且具有较好的函数形式；分量公式的优点是清晰地描述了各分量对剪切强度的贡献。利用 Gerrard 剪切强度总公式的物理限制条件，可以分析经验型峰值剪切强度公式在数学上的不合理之处。需要指出的是，虽然 Barton 剪切强度公式都不满足这些限制条件，但并不影响其在岩石工程中的应用。Gerrard 剪切强度总公式不能直接用于估算岩石节理的峰值剪切强度，其优势仅体现在数学逻辑的完备性上。

除上述剪切强度公式之外，还有从其他角度入手研究规则状节理和非规则状节理峰值剪切强度，多体现在节理形貌的描述方法上。夏才初（1991）认为节理的粗糙度和起伏度对其剪切性质的影响是不同的，分别计算粗糙度和起伏度的坡度均方根，而剪胀效应由二者共同作用产生，提出考虑二者耦合效应的峰值剪切强度公式。若节理只有起伏度，则夏才初公式退化为 Patton 剪切强度公式。Rasouli 和 Harrison（2010）采用黎曼几何研究节理表面微凸体的倾角分布，定义了“一维黎曼散布值”并以此度量节理的粗糙程度，该值越大节理越粗糙，以此建立峰值剪切强度公式。Huang 等（2021）根据反向传播神经网络理论，以 A_{0}、$\theta^{*}_{max}/(1+C)$、σ_{n} 和 σ_{t} 为训练参数，以期预测岩石节理的峰值剪切强度。Fathipour-Azar（2022）采用多元自适应样条回归算法构建岩石节理的峰值剪切强度准则。

表 7.20 收录了大部分文献中公开发表的岩石节理峰值剪切强度公式（为方便读者比较和查阅，表中采用的符号尽量与原文保持一致）。但由于节理的几何特征与剪切特性相当复杂，到目前为止还无法在理论上发展出一个剪切强度公式能较准确地估算岩石节理的剪切强度。另外，人们也发现，基于试验曲线拟合的经验准则更加可靠和便于计算。理想情况是根据大量岩石节理的直剪试验结果建立不含回归参数的剪切强度公式。

表 7.20　公开发表的峰值剪切强度公式

峰值剪切强度公式	文献
$\tau_{\mathrm{p}}=\sigma_n\tan[\varphi_{\mathrm{r}}+\alpha_0\exp(-k_1\sigma_n)]$	Schneider（1976）
$\tau_{\mathrm{p}}=\sigma_n(1-a_{\mathrm{s}})\tan(\varphi_{\mathrm{b}}+i_0)+a_{\mathrm{s}}\tau_{\mathrm{rock}}$	Saeb（1990）
$\tau_{\mathrm{p}}=\sigma_n\tan\left[\varphi_{\mathrm{r}}+\alpha_0\left(1-\dfrac{\sigma_n}{\sigma_{\mathrm{c}}}\right)^{k_1}\right]$	Jing 等（1992）
$\tau_{\mathrm{p}}=r_{\mathrm{s}}\{c_{\mathrm{j}}[1+\tan\alpha_{\mathrm{c}}\tan(\alpha_{\mathrm{c}}+\phi_{\mathrm{p}})]+\sigma_n\tan(\alpha_{\mathrm{c}}+\phi_{\mathrm{p}})\}+\sigma_n(1-r_{\mathrm{s}})\tan(\varphi_{\mathrm{b}}+\alpha_{\mathrm{c}})$	Juang 等（1993）
$\tau_{\mathrm{p}}=\sigma_n(1-a_{\mathrm{s}})\tan\left[\varphi_{\mathrm{b}}+(160D^{5.63}A^{0.88}\pm1.8I_{\mathrm{eff}})\lg\left(\dfrac{\sigma_{\mathrm{c}}}{10\sigma_n}\right)\right]+a_{\mathrm{s}}\tau_{\mathrm{rock}}$	Kulatilake 等（1999）
$\tau_{\mathrm{p}}=\sigma_n\tan\left[\varphi_{\mathrm{b}}+(169.2\ln R_{\mathrm{s}}+9.1)\lg\left(\dfrac{\sigma_{\mathrm{c}}}{\sigma_n}\right)\right]$	Lee 等（2006）
$\tau_{\mathrm{p}}=3t(t^2-2t+1)(131.31D_{\mathrm{R1}}^2-51.57D_{\mathrm{R1}}+10.5)+3t^2c(1-t)+ct^3\left(\cos^2\varphi-\dfrac{\sin^2\varphi}{2\tan D_{\mathrm{R1}}}\right)$	Rasouli 和 Harrison（2010）
$\tau_{\mathrm{p}}=\sigma_n\tan\left[\varphi_{\mathrm{b}}+\left(19.4+\dfrac{3.74}{\sigma_{\mathrm{t}}/\sigma_n}+\mathrm{JRC}\right)\left(\dfrac{\sigma_{\mathrm{t}}/\sigma_n}{1+\sigma_{\mathrm{t}}/\sigma_n}\right)\right]$	Ghazvinian 等（2012）
$\tau_{\mathrm{p}}=\sigma_n\tan\left[0.017\mathrm{JRC}^{0.89}\left(\dfrac{\mathrm{JCS}}{\sigma_n}\right)^{0.42}+\varphi_{\mathrm{b}}\right]$	Lee 等（2014）
$\tau_{\mathrm{p}}=\sigma_n^B\tan[\varphi_{\mathrm{b}}+\tan^{-1}Z_2^{+}+(0.1837\sigma_{\mathrm{j}}+0.4519\tan^{-1}Z_2^{+}+0.9774)]$	Jang 和 Jang（2015）
$\tau_{\mathrm{p}}=\sigma_n\tan\left\{\left\{10.725\ln[A_{\mathrm{c}}^{\alpha}(\overrightarrow{SR_{\mathrm{V}}})^{1-\alpha}]+42.202\right\}\lg\left(\dfrac{\mathrm{JCS}}{\sigma_n}\right)+\varphi_{\mathrm{b}}\right\}$	陈世江等（2016）
$\tau_{\mathrm{p}}=\sigma_n\tan\left[\varphi_{\mathrm{b}}+\dfrac{\theta_{\max}^{*}}{C^{0.45}}\exp\left(-\dfrac{\sigma_n}{\mathrm{JCS}}C^{0.75}\right)\right]$	Yang 等（2016）
$\tau_{\mathrm{p}}=\sigma_n\tan\left\{\varphi_{\mathrm{b}}+\theta_{\mathrm{A}}\exp\left[-(\theta_{\max})^{0.89}\left(\dfrac{\sigma_n}{\sigma_{\mathrm{c}}}\right)\right]+(\theta_{\max})^{1.07}\left(\dfrac{\sigma_n}{\sigma_{\mathrm{c}}}\right)^{0.42\ln[(\theta_{\max})^{1.07}]-1.33}\right\}$	Kumar 和 Verma（2016）
$\tau_{\mathrm{p}}=0.982\sigma_n\tan\left[\varphi_{\mathrm{b}}+4.970(\mathrm{JRC}_0)^{0.475}\lg\left(\dfrac{\mathrm{JCS}}{\sigma_n}\right)\right]v^{-0.06}$	Wang 等（2016）
$\tau_{\mathrm{p}}=\sigma_n\tan\left\{\varphi_{\mathrm{b}}+\dfrac{\tan^{-1}Z_{2r}}{(1-C_{\mathrm{m}})^{0.64}}\left[1-\exp\left(-3.36C_{\mathrm{m}}\dfrac{\sigma_{\mathrm{t}}}{\sigma_n}\right)\right]\right\}$	Zhang 等（2016）
$\tau_{\mathrm{p}}=\sigma_n\tan\left[\varphi_{\mathrm{b}}+\left(\dfrac{\theta^{*}}{n}\right)^{1.05}h^{0.4}\lg\left(\dfrac{2.1\mathrm{JCS}}{\sigma_n}\right)\right]$	Liu 等（2017）

续表

峰值剪切强度公式	文献
$\tau_p=\sigma_n\tan\left(\varphi_b+\dfrac{160C'^{-0.44}}{\sigma_n/\sigma_t+2}\right)$	Tian 等（2018）
$\tau_p=\sigma_n\tan\left(\varphi_b+\dfrac{\theta^*_{max}(1-0.01^{1/C})}{2}\left\{1+\exp\left[-\dfrac{\theta^*_{max}(1-0.01^{1/C})}{18}\dfrac{\sigma_n}{\sigma_t}\right]\right\}\right)$	陈曦等（2019）
$\tau_p=\sigma_n\tan\left[\varphi_b+300(Z_2)_{ds}\left(\dfrac{\sigma_t/\sigma_n}{1+\sigma_t/\sigma_n}\right)\right]$	Ban 等（2020a）
$\tau_p=\sigma_n\tan\left[\varphi_b+\dfrac{4.9}{\sqrt{D_{AHD}-1}}AHD_0\left(\dfrac{JCS/\sigma_n}{16.4+JCS/\sigma_n}\right)\right]$	Ban 等（2020b）
$\tau_p=\sigma_n(1-a_s)^{\cos\alpha}\tan(\varphi_b+i_p)+a_s\sigma_T^s$	Li 等（2020）
$\tau_p=\sigma_n\tan\left[\varphi_b+[9.7448\ln(SRC)-8.4714]\lg\left(\dfrac{JCS}{\sigma_n}\right)\right]$	Song 等 (2020)
$\tau_p=\sigma_n\tan\left[FRC\lg\left(\dfrac{JCS}{\sigma_n}\right)+\varphi_b\right]$	Zhao 等(2021)
$\tau_p=\sigma_n\tan\left\{\theta^*_T\ln\left[1-\ln\left(\dfrac{\sigma_n}{\sigma_c}\right)\right]+\varphi_b\right\}$	陈曦（2022）

表中：α_0 为初始剪胀角；α_c 为临界剪胀角；r_s 为剪切面积；c_j 为节理面黏聚力；ϕ_p 为岩石的峰值摩擦角；D、A 为分形参数；I_{eff} 为有效的非定常倾角；i_0 为齿状节理的倾角；i_p 为峰值剪胀角；D_{R1} 为粗糙度参数；c、φ 为岩石的黏聚力、内摩擦角；Z_2^+ 为爬坡段的坡度均方根；R_s 为粗糙度指数；σ_j 为节理粗糙度角；θ_A 为面向剪切方向的微凸体的平均倾角；θ_{max} 为剪切方向的最大倾角；$\overline{\theta^*}$ 为特征角；JRC_0 为初始 JRC 值；v 为剪切速率；Z_{2r} 为修正的坡度均方根；C_m 为最大接触系数；C' 为倾角分布参数；$(Z_2)_{ds}$ 为粗糙度参数；D_{AHD} 为分维数；AHD_0 为采样间距为 1 mm 时粗糙度参数；σ_T^s 为转换应力；SRC 为剪切粗糙度系数；FRC 为模糊综合评价得到的粗糙度参数；θ^*_T 为粗糙度参数；A_c 为平均起伏幅值系数；$\overline{SR_V}$ 为平均起伏角；k_1、c_2、a_2、B 为回归系数；t 为 0～1 的经验系数；n 为拟合系数；h 为剖面线平均高度；α 为常数。

2. 含三维形貌参数公式的比较

收集文献中公开报道的含三维形貌参数的岩石节理直剪试验数据，并结合 7.2.2 小节中类岩石偶合节理的试验数据，对含三维形貌参数的 Grasselli 公式[式（7.52）]、Xia-Tang 公式[式（7.17）]、Yang 公式（Yang et al.，2016）、Tian 公式（Tian et al.，2018）和陈曦公式（陈曦 等，2019）进行比较。试验数据和计算结果列于表 7.21～表 7.26；直剪试验数据总量为 167 组，包括 110 组类岩石节理试验数据和 57 组岩石节理试验数据；公式的计算值也列于表中。不同学者在重构岩石节理的数字化形貌时，采用的点间距不尽相同，严格说来其三维形貌参数的计算过程不是在同一尺度下进行的，这对结果比较的真实性可能会产生一定的影响，特别是网格点间距会显著影响参数 θ^*_{max} 的计算结果。这里需要说明的是：当岩石含层理且呈 α_g 角时，如表 7.21 中的片麻岩，Xia-Tang 公式中的峰值剪胀角采用式（7.53）进行计算；当岩石不含层理，$\alpha_g=0$，峰值剪胀角采用式（7.16）进行计算。

表 7.21　Grasselli 和 Egger（2003）的岩石节理参数和峰值剪切强度

节理	岩性	α_g/（°）	A_0	C	θ^*_{max} /（°）	σ_n/MPa	σ_n/σ_t	φ_b/（°）	φ_r/（°）	峰值剪切强度/MPa					
										试验值	Grasselli 公式	Xia-Tang 公式	Yang 公式	Tian 公式	陈曦公式
C1	石灰岩	—	0.491	7.03	80	1.07	0.45	36	60	2.2	1.914	2.07	2.2	2.029	2.1
C2	石灰岩	—	0.462	5.64	80	1.07	0.45	36	56	2.1	2.158	2.22	2.6	2.276	2.4
C3	石灰岩	—	0.46	4.60	57	3.72	1.55	36	51	5.5	5.464	5.34	5.1	5.185	5.3
C4	石灰岩	—	0.508	4.74	65	2.45	1.02	36	53	4.6	4.099	4.39	4.1	4.029	4.0
C5	石灰岩	—	0.495	5.26	74	3.11	1.30	36	53	5.0	5.189	5.42	5.2	4.828	5.1
C6	石灰岩	—	0.546	5.19	68	1.02	0.43	36	59	2.1	2.062	2.68	2.1	2.074	2.1
C8	石灰岩	—	0.555	5.71	74	3.11	1.30	36	53	4.9	4.871	5.82	4.9	4.695	4.9
G1	花岗岩	—	0.493	7.17	90	2.30	0.26	34	51	5.7	4.641	5.45	6.2	4.662	5.4
G2	花岗岩	—	0.498	5.60	80	2.30	0.26	34	53	5.6	5.092	6.35	6.2	4.994	5.7
G4	花岗岩	—	0.498	5.48	65	2.19	0.25	34	52	4.8	4.333	4.78	4.3	4.239	4.4
G5	花岗岩	—	0.460	5.33	57	1.12	0.13	34	54	2.4	2.327	2.20	1.9	2.179	2.2
G6	花岗岩	—	0.477	7.39	84	1.12	0.13	34	57	2.9	2.422	2.67	2.6	2.314	2.8
G7	花岗岩	—	0.470	7.15	81	1.12	0.13	34	57	2.8	2.412	2.57	2.5	2.304	2.7
G9	花岗岩	—	0.508	5.85	75	1.12	0.13	34	57	3.0	2.649	3.56	2.6	2.469	3.0
M1	大理岩	—	0.513	9.64	76	0.87	0.09	37	54	1.7	1.816	1.82	1.7	1.709	1.8
M2	大理岩	—	0.492	5.60	39	1.73	0.19	37	46	2.3	3.221	2.73	2.4	2.989	2.6
M3	大理岩	—	0.471	10.50	65	0.87	0.09	37	52	1.2	1.662	1.34	1.4	1.526	1.4
M4	大理岩	—	0.513	8.12	61	3.78	0.41	37	47	5.8	6.305	6.12	5.7	6.282	5.9
M5	大理岩	—	0.533	8.92	59	2.60	0.28	37	49	4.4	4.562	4.27	3.8	4.317	4.0
M6	大理岩	—	0.45	10.18	68	2.60	0.28	37	48	4.3	4.444	3.73	4.0	4.352	4.1
M7	大理岩	—	0.502	13.33	86	3.78	0.41	37	46	5.6	6.096	5.61	5.9	6.000	5.7

续表

节理	岩性	α_g/(°)	A_0	C	θ^*_{max}/(°)	σ_n/MPa	σ_n/σ_t	φ_b/(°)	φ_r/(°)	峰值剪切强度/MPa					
										试验值	Grasselli 公式	Xia-Tang 公式	Yang 公式	Tian 公式	陈曦公式
M8	大理岩	—	0.459	10.52	72	3.83	0.42	37	48	6.4	6.098	5.38	5.8	6.172	5.9
M9	大理岩	—	0.494	10.36	59	2.60	0.28	37	47	4.5	4.378	3.67	3.6	4.094	3.7
M10	大理岩	—	0.515	10.79	67	0.87	0.09	37	57	1.5	1.673	1.46	1.4	1.530	1.4
M12	大理岩	—	0.429	7.28	55	1.79	0.20	37	58	3.0	3.70	2.70	2.8	3.240	3.0
ML1	砂岩	—	0.573	7.25	66	1.02	1.46	37	51	1.4	1.334	1.59	1.4	1.388	1.4
ML2	砂岩	—	0.505	5.44	45	4.13	5.90	37	43	4.5	4.768	5.12	3.7	3.971	4.9
ML3	砂岩	—	0.523	7.81	66	2.09	2.99	37	45	2.3	2.451	2.75	2.2	2.338	2.6
Gn3	片麻岩	90	0.492	8.11	65	2.65	0.28	36	38	2.4	3.09	2.89	4.5	4.563	4.4
Gn6	片麻岩	0	0.522	4.91	63	1.90	0.54	36	46	3.4	3.50	4.04	4.2	3.580	3.5
Gn9	片麻岩	90	0.488	8.12	63	3.52	0.37	36	37	4.0	3.89	3.71	5.7	5.766	5.5
Gn10	片麻岩	90	0.500	8.18	70	3.57	0.38	36	40	3.9	3.85	3.91	6.4	6.083	5.9
Gn11	片麻岩	90	0.432	10.28	74	3.52	0.37	36	37	4.3	3.85	3.48	5.9	5.644	5.4
Gn12	片麻岩	90	0.506	11.12	85	4.08	0.43	36	35	3.3	4.40	4.34	7.4	6.580	6.4
Gn13	片麻岩	90	0.503	9.17	74	2.60	0.27	36	36	3.5	3.06	2.89	4.8	4.537	4.5
S1	蛇纹岩	0	0.504	4.80	79	1.94	0.32	39		4.3	5.79	8.38	8.2	5.741	6.6
S2	蛇纹岩	0	0.466	4.44	75	0.97	0.16	39		3.4	3.50	5.44	3.9	3.384	5.0
平均偏差/%											11.0	15.1	20.7	17.6	16.2
最优比例系数											1.00	1.05	1.09	1.05	1.07
相关性系数											0.94	0.84	0.77	0.80	0.82
比值最大值/%											139.9	194.9	224.2	199.4	193.9
比值最小值/%											81.5	81.0	79.2	79.8	82.2

表 7.22　杨洁等（2015）的岩石节理参数和峰值剪切强度

节理	岩石	A_0	C	θ^*_{max} /（°）	σ_n /MPa	σ_n/σ_t	φ_b /（°）	峰值剪切强度/MPa					
								试验值	Grasselli 公式	Xia-Tang 公式	Yang 公式	Tian 公式	陈曦公式
Gr-1	花岗岩	0.610	10.26	79.67	0.8	0.090	34	1.5	1.516	1.850	1.453	1.382	1.436
Gr-2	花岗岩	0.530	9.85	81.76	1.6	0.180	34	3.1	2.879	3.004	2.964	2.729	2.830
Gr-3	花岗岩	0.480	10.08	83.63	2.4	0.270	34	4.8	3.977	3.766	4.364	3.933	3.997
Gr-4	花岗岩	0.510	9.28	82.06	3.2	0.360	34	5.8	5.151	5.312	5.795	5.183	5.221
Gr-5	花岗岩	0.470	10.41	79.32	4.0	0.450	34	6.4	5.760	5.359	6.385	5.911	5.746
Gr-6	花岗岩	0.490	10.28	81.58	4.8	0.540	34	7.3	6.720	6.599	7.501	6.868	6.808
Gr-7	花岗岩	0.530	11.17	81.06	5.6	0.630	34	8.5	7.558	7.687	8.342	7.703	7.416
Gr-8	花岗岩	0.560	9.56	84.05	6.4	0.720	34	11.0	8.794	10.039	10.451	9.152	8.975
Gr-9	花岗岩	0.510	9.61	82.59	7.2	0.810	34	11.2	9.278	9.854	11.246	9.962	9.745
Gr-10	花岗岩	0.530	8.30	82.23	8.0	0.900	34	12.7	10.585	11.960	13.253	11.323	11.236
Sa-1	砂岩	0.510	8.85	83.32	0.325	0.125	28	0.7	0.521	0.540	0.529	0.478	0.526
Sa-2	砂岩	0.610	7.61	82.27	0.650	0.250	28	0.9	1.033	1.488	1.105	0.959	1.032
Sa-3	砂岩	0.540	8.39	82.60	0.975	0.375	28	1.5	1.328	1.481	1.528	1.311	1.336
Sa-4	砂岩	0.490	8.92	83.85	1.300	0.500	28	2.0	1.578	1.601	1.946	1.642	1.635
Sa-5	砂岩	0.550	9.52	82.72	1.625	0.625	28	2.1	1.872	2.058	2.254	1.918	1.878
Sa-6	砂岩	0.580	7.92	81.62	1.950	0.750	28	3.0	2.286	2.778	2.882	2.352	2.325
Sa-7	砂岩	0.500	8.93	82.86	2.275	0.875	28	3.3	2.374	2.525	3.111	2.564	2.525
Sa-8	砂岩	0.470	8.84	83.53	2.600	1.000	28	3.6	2.606	2.702	3.516	2.860	2.841
Sa-9	砂岩	0.440	9.27	83.35	2.925	1.125	28	3.8	2.774	2.796	3.756	3.086	3.076
Sa-10	砂岩	0.510	8.34	84.21	3.250	1.250	28	4.7	3.260	3.606	4.371	3.455	3.529
				平均偏差/%					17.0	16.8	5.5	14.9	15.1
				最优比例系数					0.837	0.893	0.995	0.875	0.863
				相关性系数					0.994	0.993	0.998	0.996	0.996
				比值最大值/%					114.8	165.3	122.8	106.6	114.7
				比值最小值/%					69.4	73.6	75.6	68.3	75.1

表 7.23 S 系列岩石节理参数和峰值剪切强度（陈曦，2022）

试件	形貌参数				σ_n/MPa	力学参数			峰值剪切强度/MPa					
	C'	A_0	θ^*_{max} /（°）	C		单轴压缩强度/MPa	σ_t/MPa	φ_b/（°）	试验值	Grasselli 公式	Xia-Tang 公式	Yang 公式	Tian 公式	陈曦公式
S1-0.5					0.5				1.436	1.24	2.44	1.01	1.07	1.09
S1-1.0					1.0				2.316	2.06	2.96	1.92	1.86	1.76
S1-1.5	6.174	0.584	56.5	3.567	1.5	33	2.1	33	2.777	2.79	3.58	2.74	2.52	2.36
S1-2.0					2.0				3.273	3.52	4.28	3.50	3.10	2.95
S1-3.0					3.0				4.239	5.07	5.86	4.83	4.10	4.17
S2-0.5					0.5				1.038	1.24	1.94	0.82	1.00	0.89
S2-1.0					1.0				1.930	2.07	2.62	1.59	1.77	1.52
S2-1.5	6.690	0.585	40.2	2.536	1.5	33	2.1	33	2.316	2.79	3.26	2.32	2.42	2.08
S2-2.0					2.0				2.706	3.53	3.93	3.01	2.98	2.62
S2-3.0					3.0				3.740	5.07	5.37	4.29	3.97	3.70
S3-0.5					0.5				0.825	0.89	0.80	0.68	0.83	0.75
S3-1.0					1.0				1.374	1.50	1.40	1.32	1.51	1.35
S3-1.5	9.738	0.470	38.8	3.740	1.5	33	2.1	33	1.671	2.01	1.94	1.92	2.10	1.88
S3-2.0					2.0				2.092	2.51	2.45	2.49	2.62	2.38
S3-3.0					3.0				3.045	3.53	3.50	3.55	3.57	3.37

续表

试件	形貌参数				σ_n/MPa	力学参数			峰值剪切强度/MPa					
	C'	A_0	θ^*_{max} / (°)	C		单轴压缩强度/MPa	σ_t/MPa	φ_b/ (°)	试验值	Grasselli 公式	Xia-Tang 公式	Yang 公式	Tian 公式	陈曦公式
S4-0.5	11.802	0.494	41.4	4.985	0.5	33	2.1	33	0.673	0.82	0.74	0.64	0.77	0.70
S4-1.0					1.0				1.344	1.42	1.34	1.24	1.41	1.28
S4-1.5					1.5				1.933	1.91	1.86	1.80	1.97	1.80
S4-2.0					2.0				2.261	2.35	2.36	2.33	2.48	2.29
S4-3.0					3.0				3.249	3.23	3.35	3.31	3.41	3.24
S5-0.5	11.744	0.495	39.1	4.652	0.5	33	2.1	33	0.715	0.83	0.75	0.63	0.77	0.69
S5-1.0					1.0				1.512	1.42	1.34	1.23	1.41	1.27
S5-1.5					1.5				1.814	1.91	1.87	1.78	1.97	1.78
S5-2.0					2.0				2.179	2.36	2.37	2.31	2.48	2.27
S5-3.0					3.0				3.064	3.24	3.35	3.29	3.41	3.22
平均偏差/%										12.6	22.4	11.0	10.3	8.8
最优比例系数										1.123	1.245	1.049	1.035	0.968
相关性系数										0.966	0.947	0.974	0.968	0.974
比值最大值/%										135.7	186.4	118.9	125.4	113.7
比值最小值/%										86.4	88.5	70.3	74.2	76.0

表 7.24　B 系列岩石节理参数和峰值剪切强度（陈曦，2022）

试件	形貌参数				σ_n/MPa	力学参数			峰值剪切强度/MPa					
	C'	A_0	θ^*_{max} /（°）	C		单轴压缩强度/MPa	σ_t /MPa	φ_b /（°）	试验值	Grasselli 公式	Xia-Tang 公式	Yang 公式	Tian 公式	陈曦公式
B1-0.5					0.5				0.759	0.86	0.75	0.70	0.82	0.77
B1-1.0					1.0				1.228	1.45	1.32	1.35	1.49	1.37
B1-1.5	10.061	0.448	44.6	4.579	1.5	33	2.1	33	1.572	1.94	1.84	1.96	2.08	1.90
B1-2.0					2.0				2.109	2.42	2.34	2.52	2.60	2.41
B1-2.5					2.5				2.754	2.90	2.84	3.06	3.09	2.91
B2-0.5					0.5				1.280	1.11	1.03	1.31	1.10	1.30
B2-1.0					1.0				1.831	1.84	1.66	2.38	1.91	1.98
B2-1.5	5.946	0.420	79.8	5.206	1.5	33	2.1	33	2.127	2.54	2.27	3.29	2.58	2.61
B2-2.0					2.0				2.863	3.27	2.90	4.07	3.16	3.25
B2-3.0					3.0				3.768	4.83	4.25	5.36	4.16	4.62
B3-0.5					0.5				0.815	0.98	1.35	0.94	0.92	0.98
B3-1.0					1.0				1.378	1.66	2.09	1.76	1.65	1.63
B3-1.5	7.958	0.566	67.6	5.788	1.5	33	2.1	33	1.789	2.23	2.72	2.49	2.27	2.21
B3-2.0					2.0				2.348	2.77	3.34	3.14	2.82	2.77
B3-3.0					3.0				3.380	3.87	4.61	4.26	3.79	3.91
平均偏差/%										16.5	22.5	25.7	16.7	14.5
最优比例系数										1.165	1.174	1.310	1.143	1.160
相关性系数										0.983	0.927	0.874	0.985	0.992
比值最大值/%										128.1	165.9	154.6	132.1	123.4
比值最小值/%										86.5	80.9	92.2	85.7	100.9

表7.25 M系列岩石节理参数和峰值剪切强度（陈曦，2022）

试件	形貌参数				σ_n/MPa	力学参数			峰值剪切强度/MPa					
	C'	A_0	θ^*_{max} /（°）	C		单轴压缩强度/MPa	σ_t/MPa	φ_b/（°）	试验值	Grasselli公式	Xia-Tang公式	Yang公式	Tian公式	陈曦公式
M1-0.5	5.181	0.436	77.1	4.363	0.5	33	2.1	33	1.315	1.30	1.27	1.45	1.20	1.46
M1-1.0					1.0				1.666	2.16	1.92	2.64	2.06	2.12
M1-1.5					1.5				2.612	3.01	2.59	3.65	2.75	2.77
M1-2.0					2.0				3.051	3.92	3.31	4.51	3.34	3.45
M1-3.0					3.0				3.704	5.81	4.84	5.94	4.36	4.91
M2-0.5	8.783	0.480	50.6	4.582	0.5	33	2.1	33	0.902	0.92	0.90	0.78	0.88	0.85
M2-1.0					1.0				1.405	1.55	1.53	1.49	1.58	1.48
M2-1.5					1.5				2.486	2.08	2.09	2.15	2.18	2.03
M2-2.0					2.0				3.062	2.59	2.63	2.76	2.72	2.56
M2-3.0					3.0				3.207	3.67	3.74	3.87	3.68	3.61
M3-0.5	9.292	0.493	46.6	4.429	0.5	33	2.1	33	0.797	0.90	0.89	0.74	0.85	0.81
M3-1.0					1.0				1.364	1.53	1.52	1.41	1.54	1.42
M3-1.5					1.5				1.890	2.05	2.08	2.05	2.13	1.96
M3-2.0					2.0				2.555	2.55	2.62	2.64	2.67	2.48
M3-3.0					3.0				3.564	3.58	3.70	3.71	3.62	3.51

续表

试件	形貌参数				σ_n/MPa	力学参数			峰值剪切强度/MPa					
	C'	A_0	θ^*_{max} /（°）	C		单轴压缩强度/MPa	σ_t/MPa	φ_b/（°）	试验值	Grasselli 公式	Xia-Tang 公式	Yang 公式	Tian 公式	陈曦公式
M4-0.5	7.786	0.463	69.7	5.874	0.5	33	2.1	33	0.970	0.95	0.95	0.97	0.93	1.00
M4-1.0					1.0				1.856	1.58	1.58	1.81	1.67	1.66
M4-1.5					1.5				2.563	2.13	2.15	2.54	2.29	2.24
M4-2.0					2.0				2.485	2.68	2.72	3.20	2.84	2.80
M4-3.0					3.0				3.423	3.84	3.89	4.33	3.82	3.96
M5-0.5	7.629	0.490	61.8	4.996	0.5	33	2.1	33	1.013	0.98	1.06	0.92	0.94	0.98
M5-1.0					1.0				1.645	1.64	1.72	1.74	1.68	1.64
M5-1.5					1.5				2.142	2.21	2.31	2.47	2.31	2.21
M5-2.0					2.0				2.734	2.78	2.90	3.14	2.86	2.77
M5-3.0					3.0				3.621	3.97	4.12	4.30	3.84	3.92
平均偏差/%										11.8	9.8	17.2	9.4	9.4
最优比例系数										1.096	1.065	1.190	1.055	1.057
相关性系数										0.918	0.958	0.920	0.974	0.952
比值最大值/%										156.7	130.7	160.3	123.7	132.7
比值最小值/%										83.3	83.8	86.4	87.8	81.6

表 7.26　类岩石节理参数和峰值剪切强度（Tang and Wong，2016b）

试件	形貌参数			σ_n/MPa	力学参数			峰值剪切强度/MPa					
	A_0	θ^*_{max} /（°）	C		单轴压缩强度/MPa	σ_t/MPa	φ_b/（°）	试验值	Grasselli 公式	Xia-Tang 公式	Yang 公式	Tian 公式	陈曦公式
J-I	0.499	59.0	10.5	0.5	27.5	1.54	35.0	0.85	0.77	0.65	0.67	0.71	0.66
				1.0				1.19	1.33	1.20	1.26	1.31	1.21
				1.5				1.77	1.79	1.70	1.78	1.83	1.72
				2.0				2.24	2.21	2.19	2.25	2.31	2.20
				3.0				2.84	3.01	3.14	3.09	3.19	3.17
J-II	0.504	69.3	8.01	0.5	27.5	1.54	35.0	1.13	0.85	0.85	0.86	0.84	0.83
				1.0				1.75	1.42	1.46	1.59	1.50	1.44
				1.5				2.20	1.91	2.03	2.22	2.06	2.00
				2.0				2.78	2.39	2.58	2.77	2.57	2.55
				3.0				3.34	3.38	3.71	3.73	3.49	3.67
J-III	0.688	68.7	7.48	0.5	27.5	1.54	35.0	1.78	0.92	1.53	0.89	0.86	0.86
				1.0				2.42	1.57	2.34	1.64	1.53	1.47
				1.5				2.89	2.11	3.01	2.28	2.10	2.04
				2.0				3.51	2.61	3.66	2.86	2.61	2.60
				3.0				4.20	3.60	5.00	3.83	3.53	3.75
J-IV+, B	0.513	44.7	9.27	0.40	16.1	1.37	31	0.418	0.53	0.42	0.41	0.47	0.42
				0.80				0.793	0.94	0.80	0.76	0.88	0.79
				1.20				1.106	1.29	1.15	1.08	1.24	1.14
				1.60				1.442	1.58	1.49	1.38	1.58	1.47
				2.00				1.709	1.86	1.81	1.65	1.90	1.79
J-IV-	0.501	43.9	9.82	0.40	16.1	1.37	31	0.391	0.52	0.41	0.40	0.46	0.41
				0.80				0.726	0.94	0.77	0.74	0.86	0.77
				1.20				1.117	1.28	1.11	1.06	1.22	1.12
				1.60				1.406	1.58	1.44	1.34	1.55	1.44
				2.00				1.669	1.85	1.76	1.61	1.87	1.76

续表

试件	形貌参数			σ_n/MPa	力学参数			峰值剪切强度/MPa					
	A_0	θ^*_{max} / (°)	C		单轴压缩强度/MPa	σ_t/MPa	φ_b/ (°)	试验值	Grasselli 公式	Xia-Tang 公式	Yang 公式	Tian 公式	陈曦公式
J-V$^{+,B}$	0.534	78.4	9.05	0.40	16.1	1.37	31	0.601	0.61	0.64	0.61	0.59	0.59
				0.80				0.984	1.03	1.11	1.08	1.06	1.04
				1.20				1.483	1.39	1.52	1.47	1.47	1.43
				1.60				1.857	1.72	1.92	1.80	1.84	1.82
				2.00				2.230	2.05	2.32	2.09	2.18	2.21
J-V$^-$	0.506	75.6	9.38	0.40	16.1	1.37	31	0.552	0.59	0.57	0.57	0.57	0.57
				0.80				0.934	1.00	1.01	1.03	1.03	1.00
				1.20				1.367	1.34	1.40	1.41	1.44	1.39
				1.60				1.706	1.67	1.78	1.73	1.80	1.77
				2.00				2.008	1.99	2.16	2.01	2.14	2.15
J-IV$^{+,C}$	0.513	44.7	9.27	0.20	4.7	0.64	24.8	0.154	0.21	0.17	0.16	0.19	0.17
				0.40				0.288	0.37	0.32	0.28	0.35	0.32
				0.60				0.442	0.50	0.46	0.39	0.49	0.45
				0.80				0.568	0.62	0.59	0.49	0.63	0.58
				1.00				0.703	0.72	0.72	0.58	0.75	0.71
J-V$^{+,C}$	0.534	78.4	9.05	0.20	4.7	0.64	24.8	0.215	0.24	0.25	0.22	0.23	0.23
				0.40				0.400	0.41	0.44	0.38	0.42	0.41
				0.60				0.562	0.55	0.60	0.50	0.58	0.57
				0.80				0.687	0.68	0.76	0.60	0.73	0.73
				1.00				0.843	0.82	0.93	0.68	0.86	0.88
平均偏差/%									13.1	7.3	8.5	11.8	8.5
最优比例系数									0.906	1.041	0.934	0.927	0.918
相关性系数/%									0.949	0.988	0.969	0.945	0.951
比值最大值/%									135.4	119.1	111.6	123.0	111.5
比值最小值/%									51.7	75.0	49.8	48.4	48.1

$$d_{n,\mathrm{p}}=\frac{\langle 1+\cos\alpha_{\mathrm{g}}\rangle}{2}\frac{4A_0\theta^*_{\max}}{1+C}\left[1+\exp\left(-\frac{1}{9A_0}\frac{\theta^*_{\max}}{1+C}\frac{\sigma_n}{\sigma_{\mathrm{t}}}\right)\right] \tag{7.53}$$

从平均偏差、最优比例系数 $\hat{B}$ [式（7.54）]、相关性系数 R_{e} [式（7.55）]、计算平均值±标准差、比值最大值和比值最小值 6 个维度对上述 5 个经验公式进行比较，结果见表 7.27 和图 7.54～图 7.58：①从平均偏差看，估算结果均在可接受范围内，陈曦公式占优；②从最优比例系数和相关性系数看，各公式的计算值与试验值均具有很好的相关性，Xia-Tang 公式占极微弱优势；③从计算平均值和标准偏差看，Grasselli 公式和陈曦公式占优；④从计算结果分布范围看，Grasselli 公式和 Xia-Tang 公式计算结果的优势明显。总体上，这几个经验公式均可用于估算岩石节理的峰值剪切强度，可将总平均偏差为 15%作为评价峰值剪切强度公式计算结果是否可靠的依据，但建议根据岩性选择合适的计算公式。Singh 和 Basu（2018）通过 196 组天然岩石节理的直剪试验结果对大部分经验公式进行了评价，得出 Xia-Tang 公式和 Yang 公式总体最优。

$$\hat{B}=\frac{\sum_{i=1}^{N}(\tau_{\mathrm{p\_mea}})_i\times(\tau_{\mathrm{p\_cal}})_i-\frac{1}{N}\left[\sum_{i=1}^{N}(\tau_{\mathrm{p\_mea}})_i\times\sum_{i=1}^{N}(\tau_{\mathrm{p\_cal}})_i\right]}{\sum_{i=1}^{N}(\tau_{\mathrm{p\_mea}})_i^2-\frac{1}{N}\left[\sum_{i=1}^{N}(\tau_{\mathrm{p\_mea}})_i\right]^2} \tag{7.54}$$

$$R_{\mathrm{e}}=\frac{N\sum_{i=1}^{N}[(\tau_{\mathrm{p\_mea}})_i\times(\tau_{\mathrm{p\_cal}})_i]-\sum_{i=1}^{N}(\tau_{\mathrm{p\_mea}})_i\times\sum_{i=1}^{N}(\tau_{\mathrm{p\_cal}})_i}{\sqrt{N\sum_{i=1}^{N}(\tau_{\mathrm{p\_mea}})_i^2-\left[\sum_{i=1}^{N}(\tau_{\mathrm{p\_mea}})_i\right]^2}\times\sqrt{N\sum_{i=1}^{N}(\tau_{\mathrm{p\_cal}})_i^2-\left[\sum_{i=1}^{N}(\tau_{\mathrm{p\_cal}})_i\right]^2}} \tag{7.55}$$

表 7.27　公式计算比优分析

比较参数	Grasselli 公式	Xia-Tang 公式	Yang 公式	Tian 公式	陈曦公式
平均偏差/%	13.1	14.2	14.1	13.3	11.7
最优比例系数	0.951	1.005	1.053	0.971	0.970
相关性系数	0.957	0.948	0.948	0.951	0.950
计算平均值±标准差	1.03±1.774	1.07±1.920	1.05±2.128	1.03±1.856	1.01±1.873
比值最大值/%	156.9	194.9	224.2	199.4	193.9
比值最小值/%	51.7	73.6	50.0	48.3	48.3

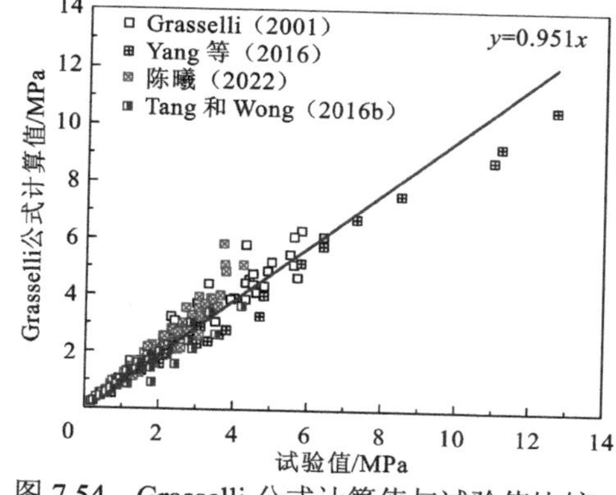

图 7.54　Grasselli 公式计算值与试验值比较

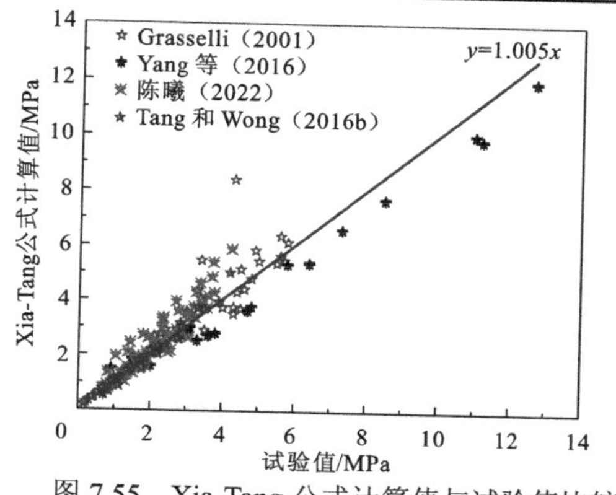

图 7.55　Xia-Tang 公式计算值与试验值比较

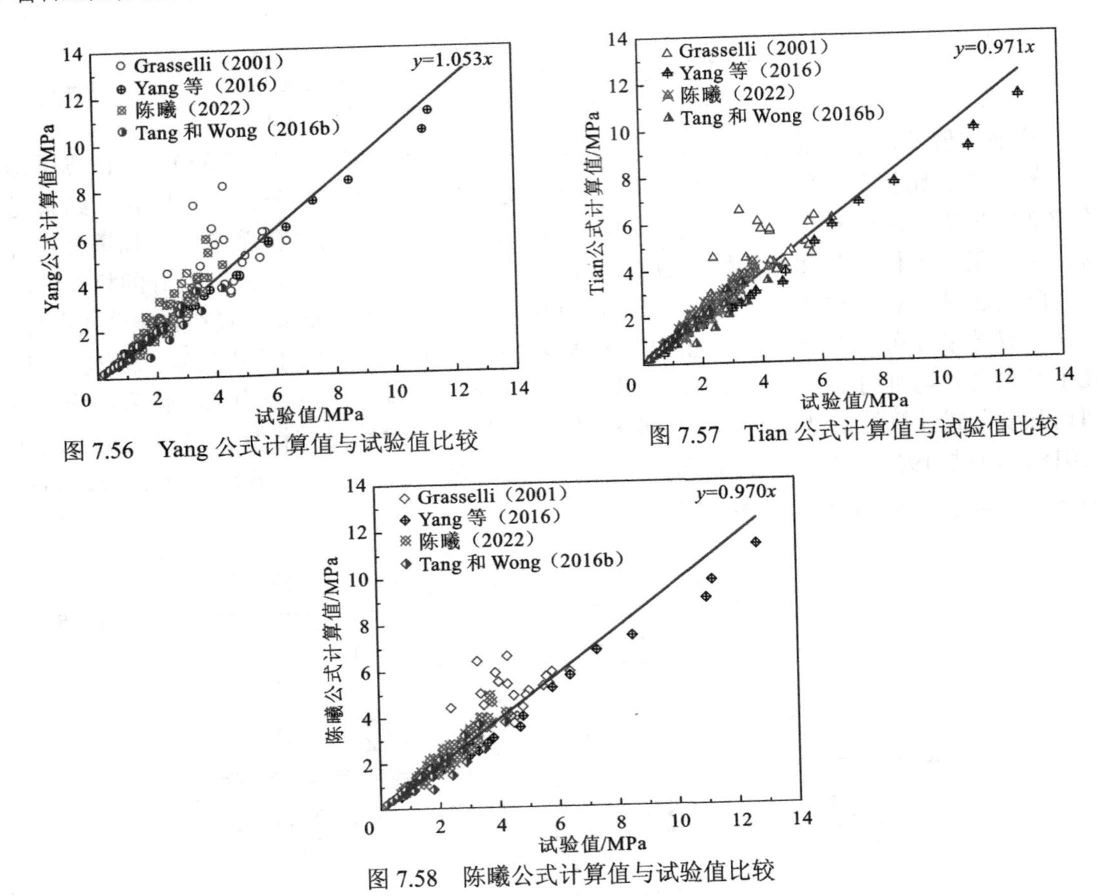

图 7.56 Yang 公式计算值与试验值比较

图 7.57 Tian 公式计算值与试验值比较

图 7.58 陈曦公式计算值与试验值比较

7.4.2 非偶合岩石节理峰值剪切强度准则

1. 概述

1）JRC-JMC 剪切强度公式

在岩石工程中，Barton 剪切强度公式被广泛应用于分析和估算岩石节理的剪切强度，特别是该公式提供了一个描述节理粗糙程度的简洁且可操作性强的方法。该公式最初是建立在人为或新生的张性节理的直剪试验基础之上的，这些节理具有较好的吻合性。但自然的岩石节理面往往吻合度不是非常高，在对天然节理进行的直剪试验研究中发现 Barton 剪切强度公式往往过高估算了天然岩石节理的剪切强度（Zhao，1997b）。为克服 Barton 剪切强度公式的局限，Zhao（1997a）引入了独立于节理粗糙度系数 JRC 的参量——节理吻合系数（JMC），用于描述节理上、下两个面的接触特征，JRC-JMC 剪切强度公式为

$$\tau_{\mathrm{p}} = \sigma_n \tan\left[\varphi_{\mathrm{r}} + \mathrm{JMCJRClg}\left(\frac{\mathrm{JCS}}{\sigma_n}\right)\right] \tag{7.56}$$

节理吻合系数根据上、下面壁相接触的面积占总节理面积的百分比获得。理论上 JMC

的取值范围为 0～1：JMC=1，表示两个节理面完全吻合；JMC=0（渐近最小值），节理拥有最小的接触面积。Zhao（1997b）建议采用机械或光学轮廓探测确定 JMC，或其他可行的方法描述节理面的上、下轮廓接触面积。然而，在实际操作中准确确定 JMC 是非常困难的，原因之一在于界定节理上、下面壁是否接触的判定依据在实践中不易确定且与观测方法的分辨率密切相关。一般地，随法向应力增加，节理的接触面积呈近似线性增加，但仅在节理上半部分岩块的自重作用下，实际的接触往往为有限的几个点。

2）Oh 剪切强度公式

Ladanyi 和 Archambault（1969）第一个提出节理的变形与上、下两个面的偶合状态有关，采用"互锁度η"描述节理的偶合状态，可简单定义为节理上、下面的接触面积与总面积的比值。对齿状节理而言，也可描述为初始位移Δx与其周期性起伏度半波长ΔL的比值（$\eta = \Delta x / \Delta L$），如图 7.59 所示。为便于定量化描述，Oh 和 Kim（2010）进一步将互锁度η与齿状节理的张开度δ_0、幅值A_{mp}相联系，即$\eta = 1 - 0.5\delta_0 / A_{\mathrm{mp}}$，在 JRC-JCS 剪切强度公式的基础上提出考虑节理张开度效应的峰值剪切强度公式，见式（7.57）。该公式没有克服 JRC-JCS 剪切强度公式固有的缺陷，新引入的形貌参数仅适用于齿状节理。对不规则非偶合岩石节理而言，Oh 剪切强度公式并不适用。

$$\tau_{\mathrm{p}} = \sigma_n \tan\left\{\varphi_{\mathrm{r}} + \mathrm{JRC}\lg\left[\frac{\mathrm{JCS}}{\sigma_n}\left(1 - \frac{\delta_n}{2A_{\mathrm{mp}}}\right)\right]\right\} \tag{7.57}$$

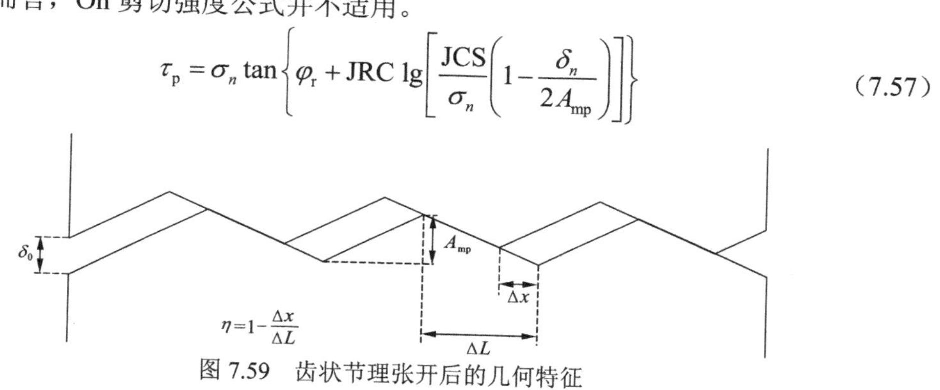

图 7.59　齿状节理张开后的几何特征

3）Johansson-Stille 剪切强度公式

Johansson 和 Stille（2014）认为节理的粗糙度、偶合度和尺度均是影响节理剪切强度的因素。通过分析单个齿状微凸体在压剪条件下的静力平衡条件（力的平衡、力矩的平衡），根据黏附摩擦理论计算节理的实际接触面积，采用自仿射分形理论描述节理的粗糙度，并建立节理的偶合度与宏观尺度（试件）、微观尺度（微凸体）的关系，进而提出如式（7.58）所示的 Johansson-Stille 剪切强度公式。

$$\tau_{\mathrm{p}} = \sigma_n \tan\left[\varphi_{\mathrm{b}} + \arctan\left\{\tan\left[\theta^*_{\max} - 10^{\left(\lg\frac{\sigma_n}{\sigma_{\mathrm{c}}} - \lg A_0\right)/C\theta^*_{\max}}\right]\left(\frac{L_{\mathrm{n}}}{L_{\mathrm{g}}}\right)^{k_0 H - k_0}\right\}\right] \tag{7.58}$$

式中：L_{n}为节理试件尺寸；L_{g}为节理表面的微凸体尺度；k_0为偶合度系数；H为分形参数。

Johansson-Stille 剪切强度公式隐含一个前提条件，即岩石的屈服强度是其单轴压缩强度，但大量的单轴压缩试验和三轴压缩试验表明岩石是一种典型的弹塑性材料，屈服强度大多低于单轴压缩强度。微凸体的尺度与观测手段密切相关，且其底面往往不在同一个平面上（特别是对不规则岩石节理而言），因此参数 L_g 的确定较为困难。此外，节理的偶合度系数 k_0 是基于齿状微凸体的接触特征提出的，是一个高度理想化的概念模型。试验结果表明该公式虽然能够大体上估算岩石节理的峰值剪切强度，但估算效果不如 Grasselli 剪切强度公式。

2. 改进的 JRC-JMC 剪切强度公式

如前文所述，JRC-JCS 剪切强度准则是目前唯一在岩石力学和工程领域得以广泛应用的估算偶合岩石节理峰值剪切强度的经验公式，当采用倾斜试验确定节理粗糙度系数时，该准则往往能够很好地估算峰值剪切强度。对 A、B 和 C 三组节理试件，采用倾斜试验确定 JRC（试验参数见表 7.28～表 7.30），JRC-JCS 剪切强度准则的计算结果与试验值的比较如图 7.60 所示（总平均偏差约为 6.5%）。而对非偶合岩石节理的峰值剪切强度，JRC-JMC 剪切强度公式的关键参数 JMC 不容易确定。因此，借鉴 7.2.2 小节中构建非偶合岩石节理峰值剪切强度公式的处理方式，提出改进的 JRC-JMC 剪切强度公式，以期能够初步应用该准则。为了简洁，将 JMC 表示为 JRC 和 $\vec{D}/L$ 的函数：

$$\tau_{\mathrm{p\_D}}=\sigma_n\tan\left[\varphi_{\mathrm{r}}+f\left(\frac{\vec{D}}{L},\mathrm{JRC}\right)\mathrm{JRC}\lg\left(\frac{\mathrm{JCS}}{\sigma_n}\right)\right] \tag{7.59}$$

采用多元回归分析在保证计算效率的前提下确定出最简形式的函数 $f(\vec{D}/L,\mathrm{JRC})$ 为线性函数，因此，改进的 JRC-JMC 剪切强度公式如式（7.60）所示。

$$\tau_{\mathrm{p\_D}}=\sigma_n\tan\left[\varphi_{\mathrm{r}}+\left(1-k_{\mathrm{D}}\frac{\vec{D}}{L}\mathrm{JRC}\right)\mathrm{JRC}\lg\left(\frac{\mathrm{JCS}}{\sigma_n}\right)\right] \tag{7.60}$$

表 7.28　A 组非偶合岩石节理参数和峰值剪切强度（JRC-JCS 剪切强度公式）

节理	JRC		力学参数			σ_n /MPa	试验值/MPa			式（7.60）计算值/MPa		
	倾斜试验	比较法	σ_c/MPa	σ_t/MPa	φ_b/（°）		错开位移量 5 mm	错开位移量 10 mm	错开位移量 15 mm	错开位移量 5 mm	错开位移量 10 mm	错开位移量 15 mm
J-I	9.5±1.3	6.3±1.7	27.5	1.54	35.0	0.5	0.670	0.550	0.430	0.589	0.552	0.517
						1	1.033	0.877	0.712	1.078	1.021	0.968
						1.5	1.508	1.323	1.188	1.535	1.464	1.397
						2	2.004	1.743	1.521	1.972	1.890	1.811
						3	2.517	2.327	2.124	2.809	2.709	2.613
J-II	15.1±1.6	12.8±2.0	27.5	1.54	35.0	0.5	0.932	0.726	0.503	0.758	0.637	0.540
						1	1.251	1.004	0.752	1.320	1.149	1.003
						1.5	1.695	1.239	1.227	1.830	1.623	1.441
						2	2.108	1.782	1.548	2.310	2.074	1.863
						3	2.703	2.502	2.197	3.210	2.931	2.677

续表

节理	JRC		力学参数			σ_n /MPa	试验值/MPa			式（7.60）计算值/MPa		
	倾斜试验	比较法	σ_c/MPa	σ_t/MPa	φ_b/（°）		错开位移量 5 mm	错开位移量 10 mm	错开位移量 15 mm	错开位移量 5 mm	错开位移量 10 mm	错开位移量 15 mm
J-III	21.4±1.4	17.1±1.3	27.5	1.54	35.0	0.5	1.181	1.011	0.875	0.973	0.673	0.482
						1	1.886	1.804	1.670	1.600	1.200	0.913
						1.5	2.664	2.386	2.124	2.157	1.686	1.327
						2	2.910	2.683	2.266	2.673	2.146	1.730
						3	3.611	3.379	3.152	3.623	3.017	2.513

数据来源：Tang 和 Wong（2016a）。

表 7.29　B 组非偶合岩石节理参数和峰值剪切强度（JRC-JCS 剪切强度公式）

节理	JRC		力学参数			σ_n /MPa	试验值/MPa			式（7.60）计算值/MPa		
	倾斜试验	比较法	σ_c/MPa	σ_t/MPa	φ_b/（°）		错开位移量 2 mm	错开位移量 4 mm	错开位移量 8 mm	错开位移量 2 mm	错开位移量 4 mm	错开位移量 8 mm
J-IV$^{+,B}$	9.7±0.5	5.7±0.8	16.1	1.37	31.0	0.4	0.33	0.29	0.27	0.395	0.369	0.321
						0.8	0.71	0.66	0.50	0.722	0.683	0.610
						1.2	0.97	0.91	0.83	1.027	0.979	0.887
						1.6	1.26	1.00	0.97	1.319	1.263	1.156
						2	1.55	1.39	1.24	1.602	1.540	1.421
J-IV^{-}	8.4±0.7	5.3±0.7	16.1	1.37	31.0	0.4	0.33	0.27	0.25	0.373	0.355	0.320
						0.8	0.64	0.56	0.51	0.690	0.661	0.607
						1.2	0.90	0.84	0.76	0.987	0.952	0.884
						1.6	1.21	1.01	0.97	1.273	1.232	1.153
						2	1.45	1.36	1.23	1.550	1.505	1.417
J-V$^{+,B}$	17.2±0.7	14.1±1.1	16.1	1.37	31.0	0.4	0.44	0.33	0.28	0.521	0.419	0.271
						0.8	0.77	0.63	0.51	0.903	0.758	0.530
						1.2	1.19	0.86	0.80	1.247	1.072	0.785
						1.6	1.45	1.29	1.16	1.568	1.371	1.037
						2	1.89	1.65	1.44	1.873	1.658	1.287
J-V^{-}	14.8±0.4	13.6±1.3	16.1	1.37	31.0	0.4	0.47	0.42	0.39	0.480	0.410	0.297
						0.8	0.73	0.65	0.60	0.846	0.744	0.572
						1.2	1.01	0.90	0.83	1.179	1.055	0.839
						1.6	1.44	1.14	1.00	1.492	1.351	1.100
						2	1.77	1.53	1.37	1.791	1.636	1.358

表 7.30 C 组非偶合岩石节理参数和峰值剪切强度（JRC-JCS 剪切强度公式）

节理	JRC		力学参数			σ_n /MPa	试验值/MPa			式（7.60）计算值/MPa		
	倾斜试验	比较法	σ_c/MPa	σ_t/MPa	φ_b/（°）		错开位移量 2 mm	错开位移量 4 mm	错开位移量 8 mm	错开位移量 2 mm	错开位移量 4 mm	错开位移量 8 mm
J-IV$^{+,C}$	9.1±0.3	5.7±0.8	4.7	0.64	24.8	0.2	0.12	0.10	0.09	0.141	0.131	0.111
						0.4	0.27	0.19	0.19	0.259	0.244	0.214
						0.6	0.37	0.32	0.28	0.369	0.350	0.314
						0.8	0.48	0.42	0.37	0.474	0.453	0.411
						1	0.59	0.53	0.50	0.575	0.552	0.508
J-V$^{+,C}$	18.5±0.4	14.1±1.1	4.7	0.64	24.8	0.2	0.19	0.14	0.12	0.178	0.131	0.059
						0.4	0.32	0.29	0.22	0.313	0.244	0.132
						0.6	0.49	0.43	0.40	0.433	0.351	0.210
						0.8	0.54	0.47	0.44	0.546	0.454	0.292
						1	0.73	0.65	0.63	0.652	0.553	0.377

数据来源：Tang 和 Wong（2016a）。

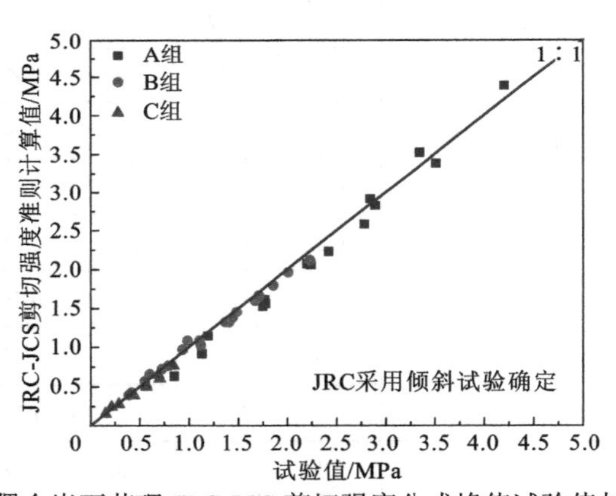

图 7.60 非偶合岩石节理 JRC-JCS 剪切强度公式峰值试验值与计算值比较

对 A、B 和 C 三种材料，经验系数 k_D 分别为 0.71、1.29 和 1.80，其值总体上随 JCS 增大而减小。式(7.60)计算值列于表 7.28～表 7.30，和试验值的比较见图 7.61。Li 等(2015)将齿状岩石节理（k_D=0.25）上、下面壁错开不同的位移量研究开度对其力学性质的影响，形貌参数、力学参数和峰值剪切强度见表 7.31。试验值和式(7.60)计算值的比较见图 7.62，总体平均偏差约为 11.7%。为进一步验证式（7.60），在三峡库区采集石英砂岩、灰岩和粉砂岩 3 种岩性的偶合岩石节理在不同错开位移量的条件下进行直剪试验，形貌参数、力学参数和试验结果见表 7.32。试验值和式（7.60）计算值的比较见图 7.63，总体平均偏差约为 10.6%。3 种岩性的 k_D 分别为 0.2、0.17 和 0.23。

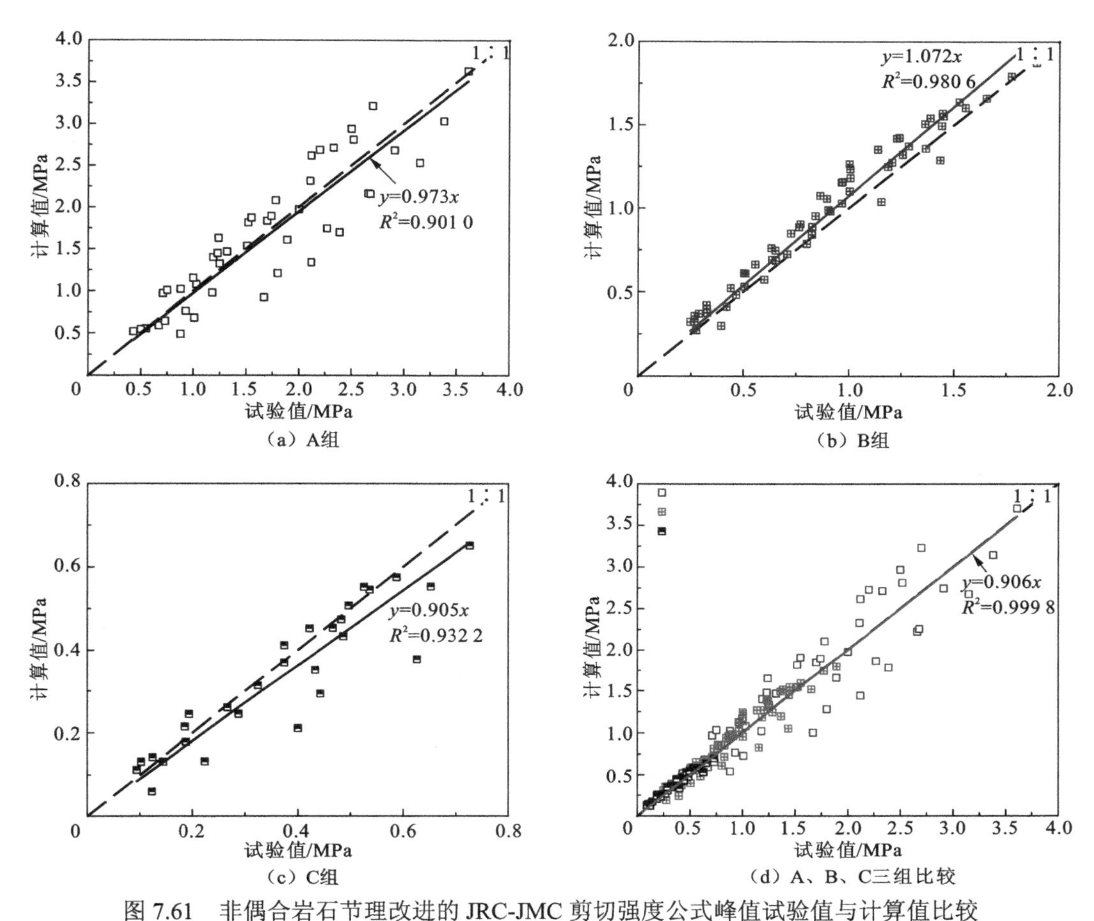

图 7.61　非偶合岩石节理改进的 JRC-JMC 剪切强度公式峰值试验值与计算值比较

表 7.31　非偶合齿状岩石节理参数和峰值剪切强度（改进的 JRC-JMC 剪切强度公式）

节理	JRC	力学参数			σ_n /MPa	试验值/MPa		式（7.60）计算值/MPa	
		σ_c/MPa	σ_t/MPa	φ_r/（°）		错开位移量 4 mm	错开位移量 8 mm	错开位移量 4 mm	错开位移量 8 mm
20°	10	46.3	2.4	42	0.5	1.22	1.10	0.843	0.798
					1	1.88	1.59	1.550	1.440
					1.5	2.64	2.14	2.175	2.058
					2	3.48	3.04	2.771	2.651
					2.5	3.94	3.01	3.362	3.211
					3	4.09	3.51	3.923	3.773
					3.5	4.49	3.97	4.500	4.309
					4	5.30	4.70	5.037	4.849
					4.5	6.12	4.61	5.579	5.382
					5	5.71	5.36	6.100	5.907

续表

节理	JRC	力学参数			σ_n /MPa	试验值/MPa		式（7.60）计算值/MPa	
		σ_c/MPa	σ_t/MPa	φ_r/（°）		错开位移量 4 mm	错开位移量 8 mm	错开位移量 4 mm	错开位移量 8 mm
30°	15	46.3	2.4	42	0.5	1.61	1.38	1.158	0.965
					1	2.46	2.01	1.960	1.676
					1.5	2.85	2.60	2.705	2.367
					2	3.79	3.64	3.355	3.002
					2.5	4.35	4.12	4.014	3.600
					3	5.00	4.10	4.635	4.191
					3.5	4.83	4.27	5.260	4.789
					4	5.93	4.41	5.822	5.341
					4.5	6.27	5.42	6.405	5.892
					5	6.81	—	6.964	—

数据来源：Li 等（2015）。

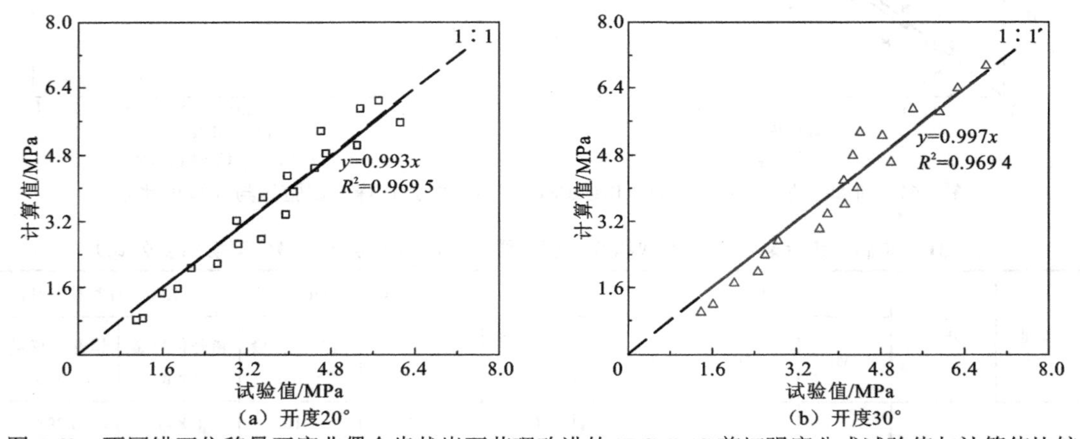

图 7.62　不同错开位移量开度非偶合齿状岩石节理改进的 JRC-JMC 剪切强度公式试验值与计算值比较

表 7.32　非偶合岩石节理参数和峰值剪切强度（改进的 JRC-JMC 剪切强度公式）

节理	岩性	JRC	力学参数			σ_n/MPa	错开位移量/mm	试验值/MPa	式（7.60）计算值/MPa
			JCS/MPa	σ_t/MPa	φ_r/（°）				
1#	石英砂岩	4.2	73.8	4.13	35.9	0.8	2	0.86	0.773
2#		2.7				1.6	4	1.31	1.357
3#		6.6				2.4	8	2.11	2.560
4#	灰岩	5.9	118.3	6.01	37.3	1.0	2	1.40	1.162
5#		11.3				2.0	4	3.24	2.945

续表

节理	岩性	JRC	力学参数			σ_n/MPa	错开位移量/mm	试验值/MPa	式（7.60）计算值/MPa
			JCS/MPa	σ_t/MPa	φ_r/（°）				
6#		8.4				4.0	6	4.05	4.537
7#		4.1				8.0	8	7.43	7.159
8#	粉砂岩	3.8	50.6	2.93	35.0	0.7	2	0.57	0.629
9#		4.4				1.5	4	1.17	1.324
10#		7.3				3.0	8	2.92	2.771

数据来源：Tang 等（2021a）。

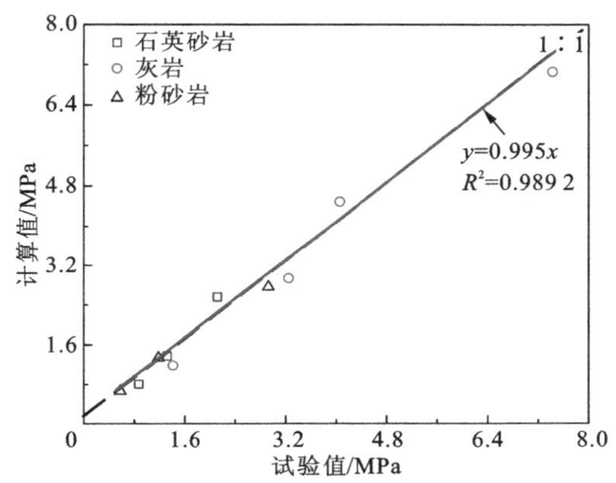

图 7.63　3 种天然岩体非偶合岩石节理改进的 JRC-JCM 剪切强度公式试验值与计算值比较

对上述 184 组非偶合岩石节理峰值剪切强度试验值和计算值的比较见图 7.64。从平均偏差、最优比例系数 $\hat{B}$、相关性系数 R_e、计算平均值±标准差、比值最大值和比值最小值 6 个维度对 JRC-JMC 剪切强度公式和改进的 JRC-JMC 剪切强度公式进行比较，结果见表 7.33。

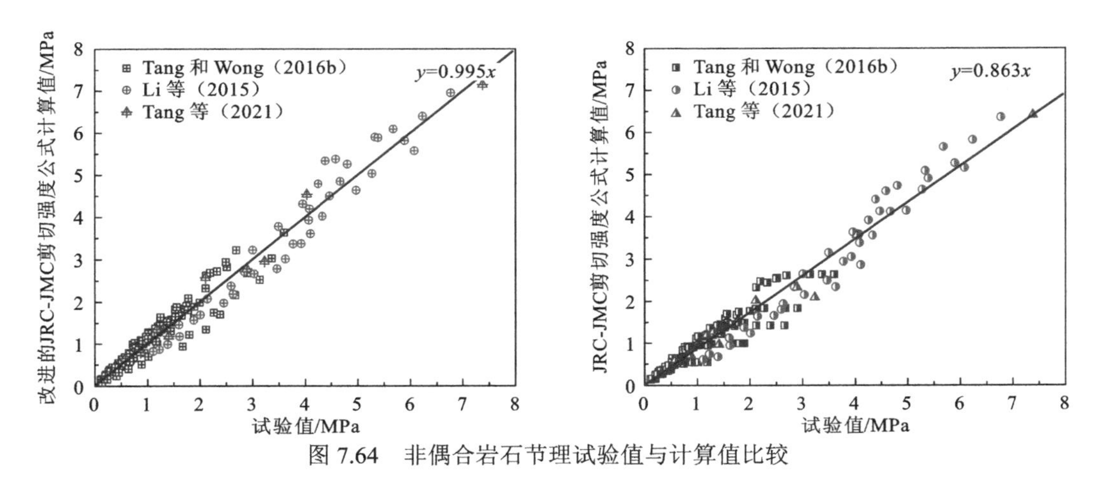

图 7.64　非偶合岩石节理试验值与计算值比较

表 7.33 公式计算比优分析

比较参数	JRC-JMC 剪切强度公式	改进的 JRC-JMC 剪切强度公式
平均偏差/%	14.9	14.0
最优比例系数	0.863	0.995
相关性系数	0.979 0	0.988 3
计算平均值±标准差	0.898±0.16	1.014±0.175
比值最大值/%	122.3	136.3
比值最小值/%	44.1	48.2

对上述 7 种岩石材料，k_D 随 JCS 增加的变化趋势如图 7.65 所示，二者大致成负指数关系：

$$k_D = 2.16\exp(-\mathrm{JCS}/22.1) + 0.107 \tag{7.61}$$

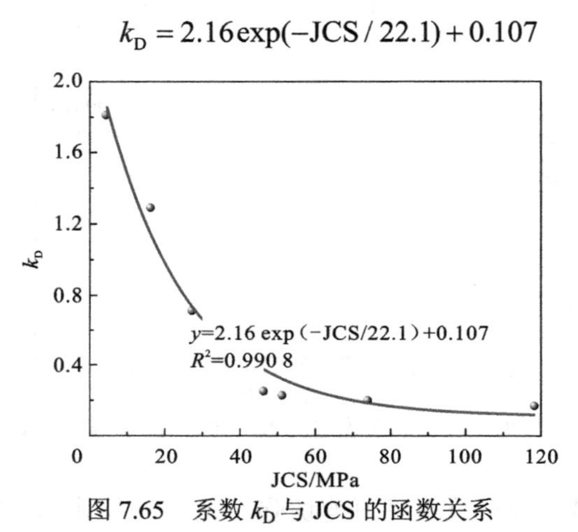

图 7.65 系数 k_D 与 JCS 的函数关系

第8章 颗粒流数值直剪试验方法

颗粒流将介质离散为许多颗粒的集合，其宏观力学行为由颗粒集合体的性质和状态定义。在利用颗粒流理论求解问题时，不需要定义介质的宏观力学行为，而是根据每个颗粒的运动及颗粒之间作用力描述介质的力学行为。颗粒运动遵循牛顿第二定律，颗粒的相对运动和颗粒间相互作用力之间的基本关系按照接触本构模型确定,颗粒可彼此接触或分离。选择合适的接触本构模型及适当的细观接触模型参数，可模拟介质的宏观力学特性，包括岩石节理的剪切力学行为等。

8.1 基本理论

PFC（Particle Flow Code）软件是采用动态松弛法进行求解的细观力学分析软件，其将介质整体离散为圆盘形（disk）或球形（sphere）颗粒单元进行分析，从细观角度研究对象的受力、变形、运动等力学响应。Itasca公司1994年首次推出颗粒流模拟软件PFC(2D/3D) 1.0版本，截至目前已更新至6.0版本。计算模型由颗粒、接触及墙体构成，在二维分析时，离散颗粒为单位厚度的圆盘，在三维分析中为实心圆球。每个颗粒均为具有一定质量的刚体，颗粒间允许产生一定的重叠，并通过接触本构模型计算其相互作用。

颗粒单元的直径及排列分布可根据需求设定，通过调整颗粒尺寸及粒径分布可控制模型的孔隙率和非均匀性。墙体是面（facet）的集合，面可组成任意复杂多变的空间结构，在PFC2D模型中面以线段的形式表示，在PFC3D模型中则为三角形。墙体具有一定的刚度，往往作为模型的速度边界或位移边界，对颗粒产生约束作用。

PFC软件通过一系列的更新迭代确定模型状态，在每一次计算循环中，按下列顺序执行。

（1）时步确定：颗粒流方法需要确定一个合适的时间步长，时间步长过大会导致数值模型计算的不稳定与不收敛，无法得到正确的计算结果，而时间步长过小则会导致计算时间过长。

（2）运动定律：颗粒单元的运动遵循牛顿运动定律，可用其质心的平动和颗粒的旋转运动来描述。质心平动的描述包括其位移 x、速度 $\dot{x}$ 和加速度 $\ddot{x}$，颗粒旋转的描述包括其角速度 ω 和角加速度 $\dot{\omega}$。

下面以平动运动为例，介绍运动定律的计算。平动运动的矢量方程为

$$F_i^u + F^b = m\ddot{x} \tag{8.1}$$

式中：F_i^u 为所有外荷载的合力，包括颗粒接触力和施加的外力荷载等；F^b 为作用在单元上的体力（如重力、流体压力、局部阻尼力等）；m 为颗粒质量。

平动方程通过 Velocity Verlet 算法进行积分求解，即假设上一个循环求解式（8.1）的时刻为t，当前循环的时间步长为Δt。则$\frac{1}{2}$时步时的速度$\dot{x}^{\left(t+\frac{\Delta t}{2}\right)}$为

$$\dot{x}^{\left(t+\frac{\Delta t}{2}\right)}=\dot{x}^{(t)}+\frac{1}{2}\ddot{x}^{(t)\Delta t} \tag{8.2}$$

通过该速度可求得$t+\Delta t$时刻的位移：

$$x^{(t+\Delta t)}=x^{(t)}+\dot{x}^{\left(t+\frac{\Delta t}{2}\right)}\Delta t \tag{8.3}$$

在循环中，力的更新导致加速度$\ddot{x}^{(t+\Delta t)}$的更新，加速度的更新导致速度的更新，故此时速度为

$$\dot{x}^{(t+\Delta t)}=\dot{x}^{\left(t+\frac{\Delta t}{2}\right)}+\frac{1}{2}\ddot{x}^{(t+\Delta t)}\Delta t \tag{8.4}$$

（3）时间累进：将每一计算步的时间步长累加得到当前计算时间。

（4）接触检测：根据当前颗粒的相对位置进行接触检测，动态创建或删除接触。

（5）力–位移定律：颗粒间的接触力和力矩根据接触本构模型和颗粒间相对运动进行计算更新。

8.2　接触本构模型与细观参数选择

颗粒间的接触本构模型是 PFC 软件的核心要素，其定义了颗粒相互之间的接触作用关系。PFC 软件中的接触本构模型可分为非黏结模型与黏结模型两类，其中非黏结模型主要用于模拟散体材料，描述其变形和运动特征，黏结模型在此基础上加入了强度的限制，约束颗粒间的相互分离与错动，主要用于模拟岩土及类岩土材料。对于黏结模型，当颗粒之间的接触力大于其黏结强度时，黏结断裂，形成微破裂，以此实现岩土材料渐进损伤和破坏的模拟。

PFC 6.0 版本内嵌的非黏结模型主要包括线性模型（linear model）、线性抗滚动模型（rolling resistance linear model）、赫兹模型（Hertz model）、滞回模型（hysteretic model）及伯格斯模型（Burgers' model）等。非黏结模型从早期的单纯线性关系，发展到考虑滚动阻力、流变等因素，再到考虑颗粒间的范德瓦耳斯力，模型种类越来越丰富，应用领域也更为广泛。本节以线性模型为例，介绍颗粒间接触力的计算。

线性模型包括线性接触力和黏滞阻尼力两部分，分别由线性元件（弹簧）和阻尼元件（阻尼器）定义。线性元件考虑了接触颗粒间的法向弹簧刚度k_n和切向弹簧刚度k_s，可模拟颗粒间的线弹性接触和摩擦行为。但颗粒之间既不能承受拉力，也无法抵抗由颗粒旋转引起的接触力矩。线性接触力与颗粒间的相对位移按照下式计算：

$$F_n^{\mathrm{l}}=k_nU_n\boldsymbol{n} \tag{8.5}$$

式中：F_n^{l}为颗粒间的法向线性力；U_n为颗粒间的相对位移；$\boldsymbol{n}$为颗粒间的法向接触单位向量。

颗粒受到的剪切力与其运动历史相关，因此剪切力以增量形式计算，当前时步内的剪切力增量ΔF_s^{l}为

$$\Delta F_s^1 = -k_s \Delta U^s \tag{8.6}$$

式中：ΔU^s 为颗粒相对切向位移增量。

将当前时步的剪切力增量 ΔF_s^1 与前一时步的剪切力 F_s^1 进行累加，得到更新后的接触剪切力。当剪切力 F_s^1 超过摩擦极限 μF_n^1 时（μ 为颗粒间摩擦系数），颗粒间发生相对滑动。

阻尼元件则通过颗粒接触间的法向、切向黏滞阻尼力进行定义，黏滞阻尼力的大小与颗粒相对位移的变化速度相关。通过设置合适的阻尼，可快速消耗系统的能量，获得系统的静态或者准静态解。

黏结模型（bonded particle model，BPM）主要包括线性接触黏结模型（linear contact bond model）、线性平行黏结模型（linear parallel bond model）、平节理模型（flat joint model）、黏性线性抗滚动模型（adhesive rolling resistance linear model）、软化黏结模型（soft bond model），以及可模拟平直结构面的光滑节理模型（smooth joint model）等。线性接触黏结模型中，颗粒与颗粒之间可视为被弹簧胶结于一点，接触只能传递力，而无法抵抗由颗粒转动引起的弯矩，因而适合模拟具有黏聚力的颗粒材料（如黏性土等）。线性平行黏结模型中，颗粒由一定宽度的“胶水”胶结起来，该接触既可传递力也可传递弯矩，该模型能模拟岩石破裂后模量降低的现象，因此被广泛用于岩石材料的模拟。如图 8.1 所示，线性平行黏结模型中黏结弹簧和接触弹簧共同提供刚度，一旦黏结发生拉伸或剪切破坏，黏结刚度便立即失效，而接触刚度仍然发挥作用。当黏结拉应力（或剪应力）首先超过黏结法向强度（或切向强度）后，平行黏结发生拉断裂（黑短线）或剪断裂（红短线），大量的微断裂组合形成宏观裂纹（Zhang and Wong，2012）。

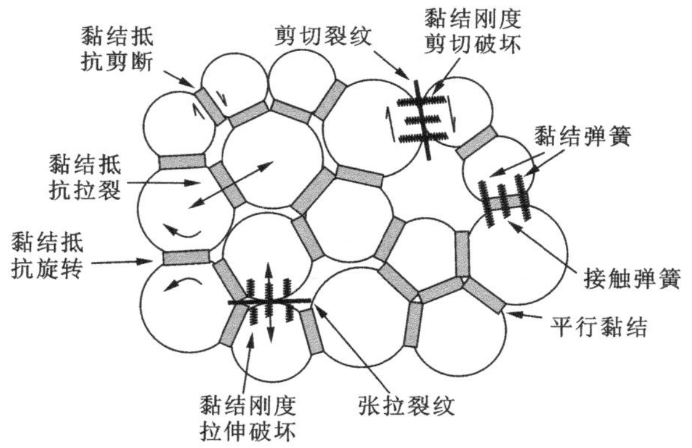

图 8.1　线性平行黏结模型示意图

扫描封底二维码看彩图

传统的颗粒离散元采取圆形或球形颗粒作为基本单元，计算速度快。但圆形颗粒不同于真实的不规则岩石矿物颗粒，颗粒间彼此咬合和抗转动的能力较差。因而除了对黏结本构关系的改进外，也有对单元形状方面的改进，无论是“丛（clump）”“簇（cluster）”，还是等效晶质模型（grain based model，GBM），其本质是将多个颗粒集合为一个几何形状更加多样化的单元，从而解决使用球形颗粒模拟时存在的固有不足。上述改进可增强单元间的自锁效应，但通常需要更细小的颗粒直径，从而导致颗粒数量和计算时间的显著增加。

离散元模型中物体的宏观力学行为通过单元间细观接触模型描述，细观接触参数与通常意义上的宏观参数存在较大区别，如何根据材料的宏观参数选择适当的接触本构模型并确定合理的细观参数，是建立模型前首先需要解决的问题。细观参数通常需要通过“试错法”来标定，即对设定好细观参数的模型不断进行单轴、双轴、三轴及裂纹扩展模拟等数值试验，直至计算结果和材料宏观性质及裂纹扩展模式近似一致。

以岩石材料为例，当已知地质强度指标、单轴抗压强度等宏观参数后，根据 Hoek-Brown 强度准则，可得到不同围压条件下的岩体峰值强度曲线。在给定一组细观参数情况下，利用 PFC 软件进行不同围压条件下的双轴或三轴试验，可获得不同围压下的峰值强度，与通过宏观参数确定的 Hoek-Brown 强度包线进行比较，可判断选取的细观参数是否合理，若不合理，则需要改变细观参数，并重新进行计算。

由于 PFC 软件模拟过程中细观参数与宏观结果存在着高度非线性关系，同时细观参数数量众多，传统的人工手动调试方法往往需要通过多次调试才能获取合理的细观参数组合，费时费力。可采用组合优化理论、并行粒子群算法及人工神经网络等新的方法和理论，快速、有效地匹配细观参数。

8.3 直剪模型构建与加载

8.3.1 模型构建

岩石节理通过一系列圆形颗粒构建，试样的尺寸设置为 100 mm×60 mm。圆形颗粒半径采用 R_{min}～R_{max} 的高斯分布，其中 R_{min}=0.40 mm、R_{max}=0.64 mm。经试算，该粒径分布在满足计算精度的同时又能大量节省运算时间。颗粒黏结采用平行黏结模型，所涉及的主要细观参数见表 8.1。采用“试错法”校核得到的力学参数列于表 8.1，与沉积岩的力学属性（常士骠和张苏民，2007）较为接近。

表 8.1　模型主要的宏细观参数

细观参数		宏观参数	PFC 2D 模型	砂岩	页岩
最小颗粒半径 R_{min}/mm	0.014	密度 ρ/（g/cm^3）	2.34	2.2～3.0	2.0～2.7
最大/小颗粒半径比 R_{max}/R_{min}	1.60	单轴抗压强度 σ_c/MPa	16.1	47～180	20～40
颗粒密度 ρ/（g/cm^3）	2.6	弹性模量 E/GPa	2.05	2.78～5.4	1.3～2.1
颗粒摩擦系数 μ	0.6	泊松比 γ	0.11	0.16～0.25	0.05～0.2
线性接触模量 E_c/GPa	1.0	巴西劈裂强度 σ_t/MPa	2.6	1.4～2.8	1.4～5.2
线性接触法/切向刚度比 k_n/k_s	1.0				
平行黏结模量 $\bar{E}_c$ /GPa	1.0				
平行黏结法/切向刚度比 $\bar{k}_n/\bar{k}_s$	1.0				
黏结抗拉强度 $\bar{\sigma}_c$ /MPa	8.0				
黏结剪切强度 $\bar{\sigma}_t$ /MPa	8.0				

PFC 软件中对闭合节理行为的模拟通常有两种方法。一种方法是移除节理表面附近圆形颗粒间的黏结，如 Park 和 Song（2009）等，圆形颗粒导致节理表面微凸体额外增加，这种做法往往会导致岩石节理表面粗糙度较预期有所增加。另一种方法是采用光滑节理模型，如 Bahaaddini 等（2013），圆形颗粒可实现沿节理表面的滑动，如图 8.2 所示，有效避免了颗粒间的“颠簸效应”。Bahaaddini 等（2013）也指出，当岩石节理的剪切位移大于最小颗粒的直径后，光滑节理模型往往会导致颗粒间出现“锁固”现象，“锁固”点附近出现剪切应力集中，甚至发生微裂纹扩展。鉴于此，Bahaaddini 等（2013）基于光滑节理模型提出改进的岩石节理试样生成方法，其主要步骤如下。

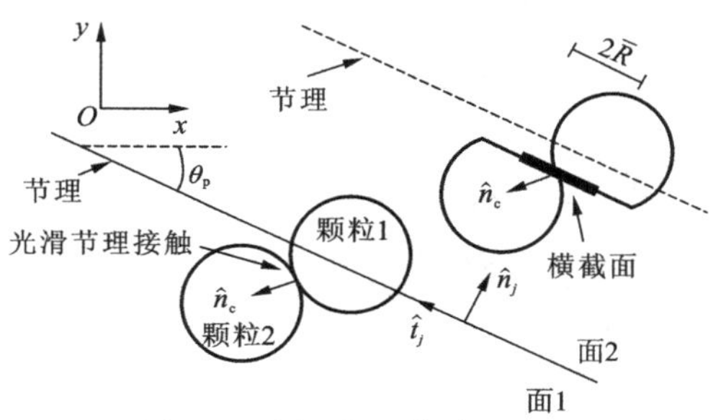

图 8.2　光滑节理模型示意图

θ_p 为节理面与 x 轴的夹角，$\bar{R}$ 为接触界面的半径，$\hat{n}_j$、$\hat{t}_j$、$\hat{n}_c$ 分别为节理面法线方向、节理面切线方向、颗粒 1 指向颗粒 2 中心方向

（1）生成材料容器。如图 8.3（a）所示，上、下块体均由四面无摩擦的墙体构成。为生成粗糙节理试样，对节理轮廓曲线进行数字化处理后导入 PFC 软件中生成节理面墙体。

（2）生成初始颗粒集合体。在上、下块体内分别随机投掷并填充的圆形颗粒，见图 8.3（b），采用预定的 R_{min} 和 R_{max} 控制颗粒大小，使其满足均匀分布。块体内的颗粒数由其面积和设置孔隙度决定。墙体法向刚度比颗粒平均法向刚度高约 10%，以确保颗粒与墙体间重叠量最小。循环一定步数后，颗粒重新排列，系统达到准静态平衡状态。

（3）施加各向同性应力。为降低颗粒间接触力大小，颗粒半径均匀减小以达到指定的各向同性应力 σ_0^t（其值为单轴压缩强度的 1%）。在上、下块体中分别放置 5 个应力测量圆，见图 8.3（c），监测每一时步内各向同性应力的大小，即 $\sigma_0=(\sigma_{11}+\sigma_{22})/2$。若指定的各向同性应力与监测到的各向同性应力的归一化差值小于容忍值，即 $(\sigma_0^t-\sigma_0)/\sigma_0^t\leqslant 0.5$，则运算终止，否则继续。

（4）消除“悬浮”颗粒。生成的初始颗粒集合体中存在少许缺乏与周围颗粒接触的“悬浮”颗粒，见图 8.3（d）中红色颗粒。这些“悬浮”颗粒导致颗粒集合体中存在较大孔隙，严重影响模型受力状态。具体做法为将“悬浮”颗粒半径扩大 10%，以使其与周围颗粒充分接触，循环一定步数再次达到静态平衡状态。重复该步骤，以消除模型中的“悬浮”颗粒。

（5）置入平行黏结模型。将表 8.1 中的平行黏结参数置入颗粒接触间，见图 8.3（e）。

（6）置入光滑节理模型。上、下试块体内颗粒集合体达到准静态平衡后，移除块体间接触面墙体，再循环一定步数以释放体系内应力使之再次达到准静态平衡状态。上、下试

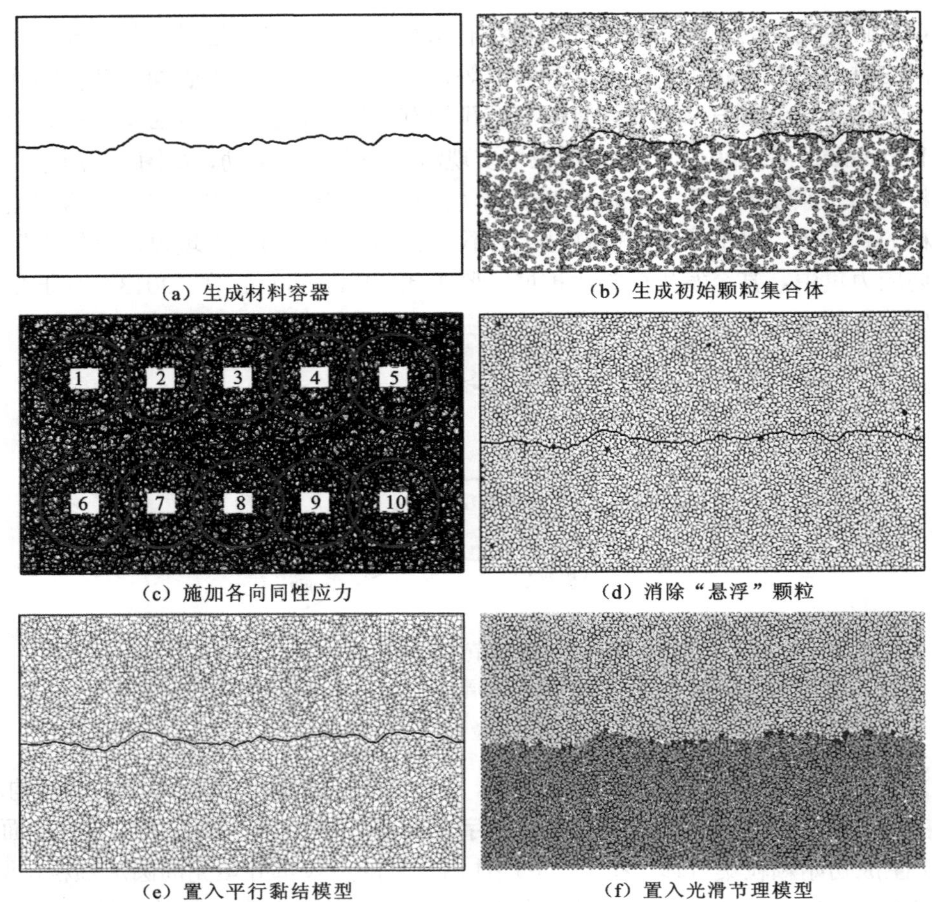

(a) 生成材料容器 (b) 生成初始颗粒集合体

(c) 施加各向同性应力 (d) 消除“悬浮”颗粒

(e) 置入平行黏结模型 (f) 置入光滑节理模型

图 8.3 岩石节理试样的生成过程

扫描封底二维码看彩图

块颗粒间会生成新的接触，将光滑节理模型置于新的接触上，见图 8.3（f）红色接触。光滑节理方向平行于预制的节理轮廓面。光滑节理模型中涉及的主要细观参数与平行黏结模型中细观参数的标定过程类似，将不同法向应力下平直节理数值直剪试验获取的宏观力学参数（如基本摩擦角、剪切刚度等）与室内试验获取的相关参数进行反复校核。

8.3.2 加载

数值试样的加载如图 8.4 所示，其中，1#、3#、4#墙体组成上剪切盒，2#、5#、6#墙体组成下剪切盒。1#、2#墙体通过伺服运算施加恒定的法向应力 σ_n，伺服机制的具体实现过程可参考相关文献。5#、6#墙体固定，3#、4#墙体保持恒定的水平加载速率 v。以 3#、4#墙体的水平位移作为岩石节理的剪切位移，并以其受到的水平方向的不平衡力除以剪切面的水平投影面积作为岩石节理平均剪切应力，以 1#、2#墙体法向位移的差值作为岩石节理的法向位移，剪切位移达到预定值时终止试验。

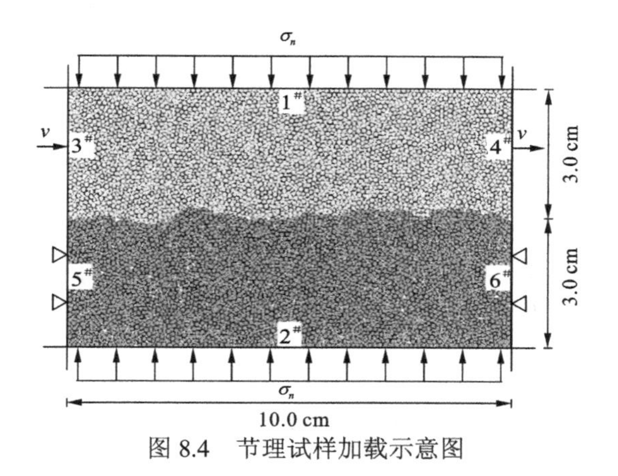

图 8.4　节理试样加载示意图

与室内试验类似，数值试验对加载速率十分敏感，加载速率必须足够慢，以确保试件处于准静态平衡加载状态，系统才有足够时间对试件内部产生的不平衡力进行调整。Bahaaddini 等（2013）研究表明 0.1 m/s 的剪切速率足以使试件处于准静态加载状态。然而，“m/s”为 PFC 软件中加载速率的缺省单位，不代表真实的物理加载速率，一般真实加载速率可通过时间步来换算。经试算，本章的剪切加载速率最终确定为 0.1 m/s，对应数值试验的时间步约为 2.05×10^{-7} s/步。换而言之，岩石节理试件在上述剪切加载速率下移动 1 mm 需要运算超过 48 780 步。

8.4　结果分析

为探讨岩石节理的宏细观剪切力学特性，采用如图 8.4 所示的模型进行数值直剪试验。节理轮廓线选择 JRC 为 18～20 的典型剖面线，法向应力 σ_n 分别设置为 1.0 MPa、1.5 MPa、2.0 MPa、2.5 MPa。

8.4.1　宏观剪切响应

图 8.5 为不同法向应力下岩石节理的剪切应力-位移曲线。当法向应力为 1.0 MPa、1.5 MPa、2.0 MPa、2.5 MPa 时，对应的峰值剪切强度分别为 1.86 MPa、2.44 MPa、2.89 MPa、3.42 MPa，对应的峰值剪切位移分别为 0.32 mm、0.37 mm、0.48 mm、0.69 mm。由此可见，随着法向应力增加，峰值剪切强度及其对应的剪切位移均增加，且试样承受较高剪切荷载状态的时间增加。在达到峰值剪切强度前的线弹性阶段，岩石节理的宏观剪切模量随法向应力增加而略有增加。随着剪切位移继续增加，剪切应力相继下降直至处于动态稳定（即残余阶段），峰值后的剪切应力存在明显的波动。

不同法向应力下，岩石节理的法向位移-剪切位移曲线如图 8.6 所示。初始剪切阶段，法向位移变化较小，且为负值，试样主要处于压密过程，压密过程的持续时间随法向应力的增加而增加。在 1.0 MPa、1.5 MPa、2.0 MPa、2.5 MPa 法向应力下，岩石节理在剪切位

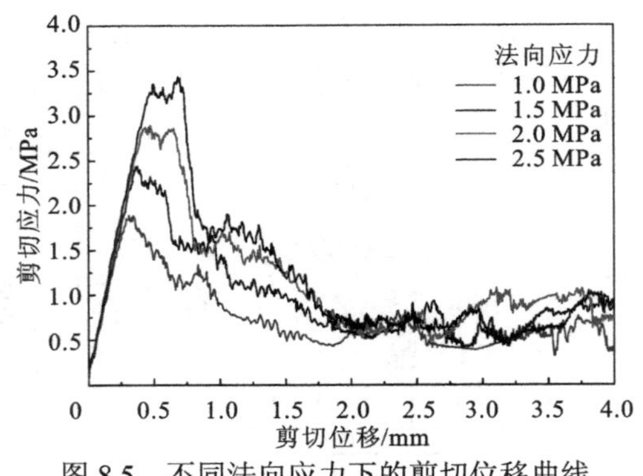

图 8.5　不同法向应力下的剪切位移曲线

移分别为 0.33 mm、0.45 mm、0.58 mm、0.70 mm 时开始发生剪胀效应。随着剪切位移的增加，正法向位移逐渐趋于显著。在 1.0 MPa、1.5 MPa、2.0 MPa、2.5 MPa 法向应力下，岩石节理面的峰值法向位移分别为 1.34 mm、0.75 mm、0.59 mm、0.55 mm，对应的剪切位移分别为 3.33 mm、2.68 mm、1.89 mm、1.87 mm。由此可见，法向应力越低，节理剪胀效应越明显，且到达剪胀峰值时对应的剪切位移越大。剪切位移继续增加，不同法向应力下的正法向位移均发生一定程度下降。

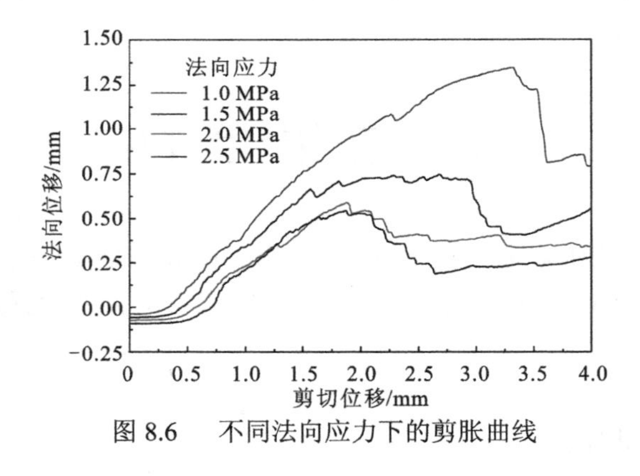

图 8.6　不同法向应力下的剪胀曲线

8.4.2　细观破坏分析

图 8.7 为不同法向应力下，剪切结束（剪切位移为 4.0 mm）时节理试样的破坏情况，岩石节理破坏部分主要沿节理面产状分布，这同时也反映出在直剪试验过程中，节理面上被剪断微凸体的分布情况。法向应力越大，节理表面发生破坏的部分越多，被剪断的微凸体则越多。特别需要指出的是，当法向应力较大时，如 1.5 MPa、2.0 MPa 时，节理面左端上部分也出现了一定程度的黏结破坏。这是因为在剪切过程中，受约束边界墙体的影响，颗粒间接触力在 $3^{\#}$墙体下端部附近集中程度较大，导致较多黏结破坏的发生。

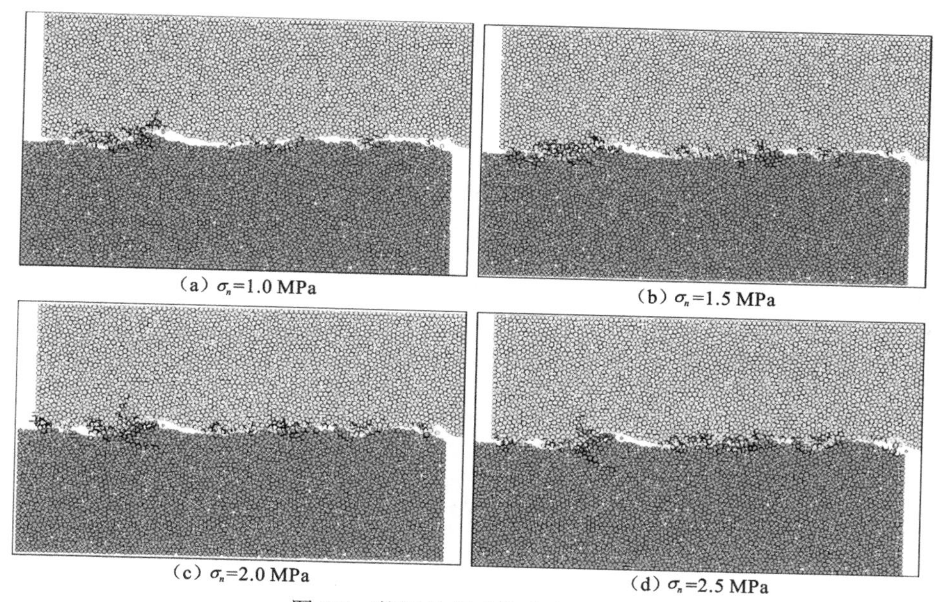

（a）σ_n=1.0 MPa　（b）σ_n=1.5 MPa

（c）σ_n=2.0 MPa　（d）σ_n=2.5 MPa

图 8.7　剪切结束时模型破坏情况

为进一步研究岩石节理在剪切过程中的细观破坏特征，以法向应力为 1.5 MPa 的节理直剪试验为例进行详细说明。图 8.8 为节理试件在 1.5 MPa 法向应力下的剪切应力及裂纹增长曲线，对应的接触力链和裂纹扩展变化特征见图 8.9。

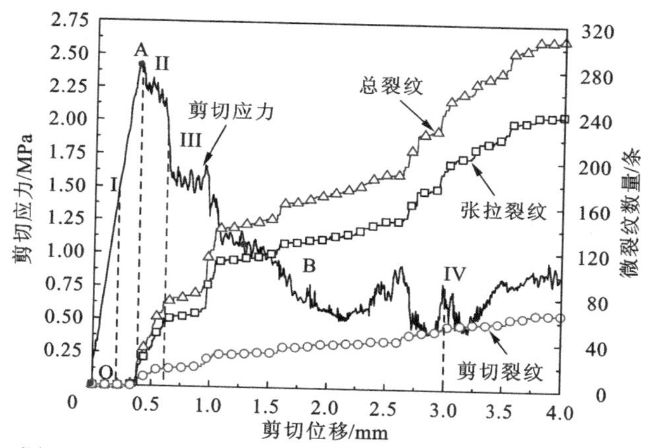

图 8.8　1.5 MPa 法向应力下剪切应力及微裂纹增长曲线

OA 阶段，即峰前剪切阶段，剪切应力表现为线弹性增长，该阶段基本无微裂纹萌发。如图 8.9（a）所示，剪切位移 0.2 mm 时（即观测点 I 处），上剪切盒左边界墙体作为施力边界，造成上半试块左边接触力大于右边；从左至右，颗粒间接触力矢量方向逐渐从主要沿近水平向近垂直方向演化；下半试块中，颗粒间接触力受力状态与上半试块相反。这种颗粒间接触力分布现象是由剪切加载方向和墙体约束方向造成的。由于节理表面的轻微错动，节理面上（微凸体接触点附近）出现明显应力集中现象，其颗粒间接触力的最大值为 14.79 kN。

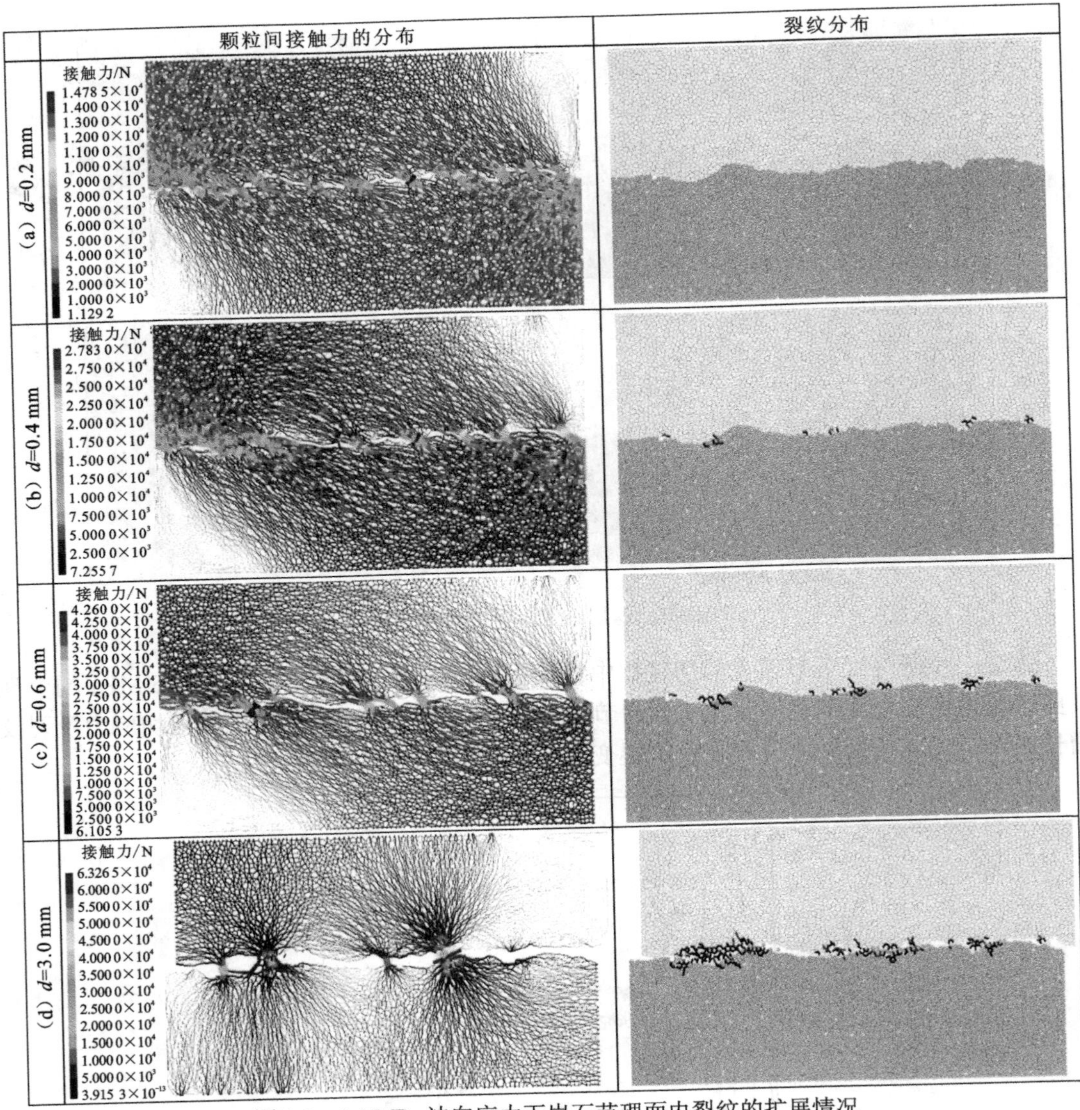

图 8.9　1.5 MPa 法向应力下岩石节理面内裂纹的扩展情况

图中黑色短线表示张拉裂纹，红色短线表示剪切裂纹，扫描封底二维码看彩图

AB 阶段为峰后剪切应力下降阶段，随着剪切位移的增加，微凸体内微裂纹开始扩展并发生贯通，见图 8.9（b）、（c），微凸体被剪断，微裂纹呈非稳定扩张态势。经过观测点 II、III 处时，即剪切位移 0.4 mm、0.6 mm 时，上、下试块内颗粒间接触力方向整体向水平向偏转，尽管宏观剪切应力已经经过峰值点，但节理面上的颗粒间接触力仍表现出持续增大的趋势，最大值分别为 27.83 kN、42.60 kN。

B 点之后阶段为残余剪切阶段，该阶段剪切应力值较峰值剪切应力显著降低，剪切位移继续增加，节理表面较大微凸体被进一步磨蚀，见图 8.9（d），微裂纹增长速率整体较 AB 段减缓。经过观测点 IV 时，即剪切位移 3.0 mm 时，上、下试件发生明显错动，上、下试块内及节理面上颗粒间接触力明显向垂向偏转，节理面上颗粒间最大接触力为 63.27 kN，但应力集中点的数量较观测点 I、II、III 处明显下降。剪切过程中，微裂纹的大量扩展主要发生在峰后剪切应力下降阶段及残余剪切阶段，张拉裂纹数量明显多于剪切裂纹数量，表明节理的破坏主要是张拉裂纹扩展造成的。

不同法向应力下，剪切结束（剪切位移 4.0 mm）时节理试样内微裂纹数量的对比如图 8.10 所示。1.0 MPa、1.5 MPa、2.0 MPa 和 2.5 MPa 法向应力下，微裂纹总数分别为 182、307、309 和 349，张拉裂纹数分别为 146、241、253 和 349，剪切裂纹数分别为 36、66、56 和 76。由此可知，法向应力增加，总裂纹数和张拉裂纹数均增加，剪切裂纹数总体上表现出增长趋势。微裂纹数在法向应力从 1.0 MPa 增加到 1.5 MPa 时增长显著，这可能与岩石节理剪切破坏机制的转变有关（Bahaaddini et al.，2013），在较低法向应下节理表面以滑动变形为主，剪胀明显；而在高法向应力下，节理表面大量微凸体被剪断，剪胀受抑制，进而导致微裂纹数明显增加。此外，不同法向应力下，张拉裂纹数量均显著大于剪切裂纹数量，由此表明节理以张拉破坏为主。

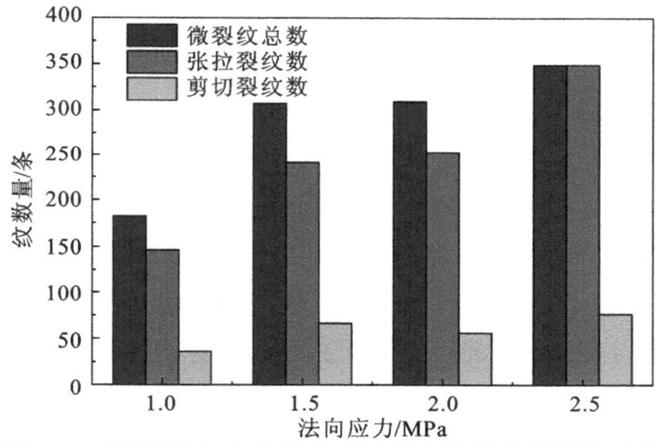

图 8.10 不同法向应力下节理试样内微裂纹数量的对比

第9章 剪切速率效应与尺度效应

一般地，岩石节理的剪切力学性质受剪切速率和试件尺寸的影响。限于试验条件，剪切速率往往较低（多介于 0.1～1.0 mm/min），试件尺寸也较小（多介于 100～200 mm）。采用颗粒理论模拟不同剪切速率和不同试件尺度的岩石节理直剪试验，可弥补物理实验的局限。

9.1 剪切速率效应

9.1.1 宏观剪切响应

在第 8 章介绍的接触本构模型构建方法和加载过程下，采用 PFC 软件构建如图 9.1 所示的直剪试验模型（JRC 曲线分别为 6～8、12～14 和 18～20），共设置 4 级法向应力（1.0 MPa、1.5 MPa、2.0 MPa 和 2.5 MPa），每一级法向应力分别在 0.05 m/s、0.1 m/s、0.2 m/s 和 0.4 m/s 的剪切速率下进行直剪试验。图 9.2 为不同剪切速率下的剪切应力和法向位移随剪切位移变化曲线(以法向应力为 1.5 MPa、JRC＝18～20 为例)。图 9.3～图 9.6 为 JRC＝18～20 的岩石节理在不同法向应力下剪切性质随剪切速率变化的趋势图；图 9.7～图 9.10 为法向应力 1.5 MPa 下不同粗糙度岩石节理剪切性质随剪切速率变化的趋势图。

（a）JRC=6~8

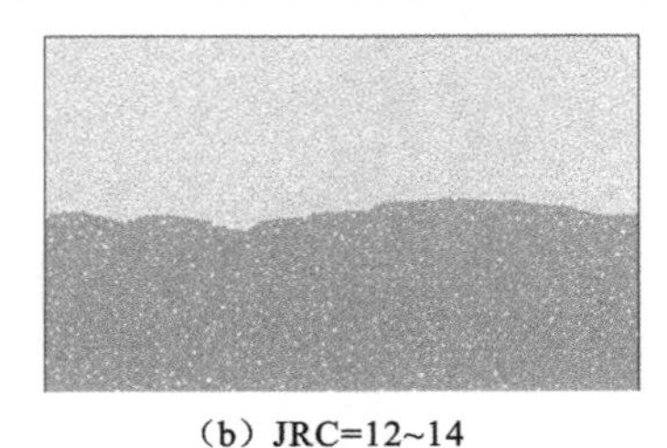
（b）JRC=12~14

（c）JRC=18~20

图 9.1　不同粗糙度的 PFC 节理试件

峰值剪切应力和峰值剪切位移均随剪切速率的增加而增加，不同剪切速率下剪切位移曲线的形态大致相同。在峰前剪切阶段，低剪切速率下（0.05 m/s、0.1 m/s、0.2 m/s）的剪切应力基本呈线性增长，高剪切速率下（0.4 m/s）的剪切应力表现出更为明显的波动，尤其在残余剪切阶段。Li 等（2021）在物理试验中也观察到类似的现象，原因可能与高剪切速率下节理表面微凸体的破坏及其进一步破坏有关。不同剪切速率下剪胀曲线的形态也大致相同：在剪切初始阶段表现出明显的负剪胀，随剪切位移增加法向位移由负变正且逐渐增加，剪胀现象明显；岩石节理开始发生剪胀时的剪切位移随剪切速率的增加而增加。

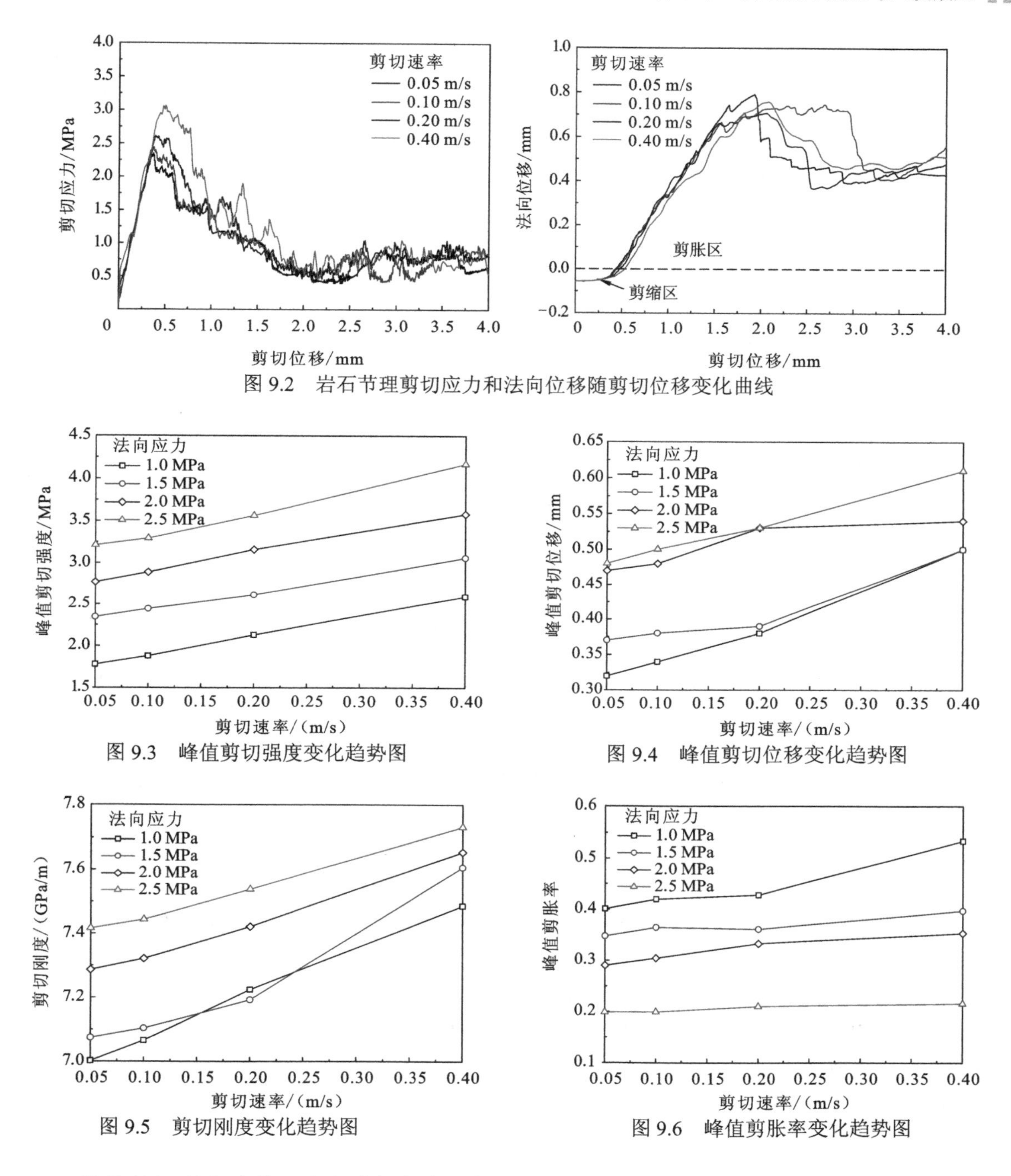

图 9.2　岩石节理剪切应力和法向位移随剪切位移变化曲线

图 9.3　峰值剪切强度变化趋势图

图 9.4　峰值剪切位移变化趋势图

图 9.5　剪切刚度变化趋势图

图 9.6　峰值剪胀率变化趋势图

峰值剪切强度随剪切速率增加的变化趋势见图 9.3：峰值剪切强度随剪切速率的增加而增加，与 Li 等（2021）的室内试验结果基本一致；当剪切速率从 0.05 m/s 增加到 0.40 m/s 时，上述 4 级法向应力下的峰值剪切强度增加幅度分别为 45.5%、30.8%、29.2%和 29.9%，峰值剪切强度的增加幅度随法向应力增加而整体呈下降趋势，说明低法向应力下峰值剪切强度的变化更为显著。

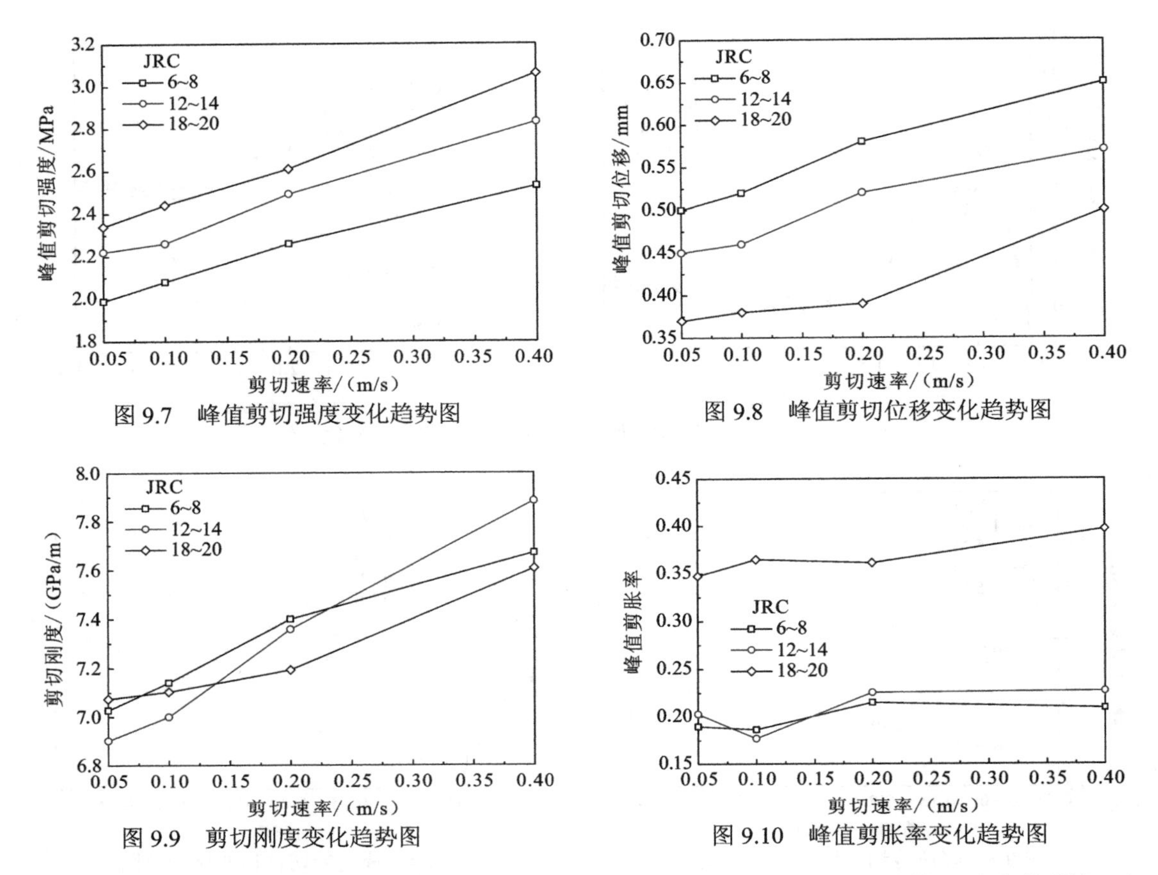

图 9.7　峰值剪切强度变化趋势图

图 9.8　峰值剪切位移变化趋势图

图 9.9　剪切刚度变化趋势图

图 9.10　峰值剪胀率变化趋势图

峰值剪切位移随剪切速率增加的变化趋势见图 9.4：峰值剪切位移随剪切速率的增加而增加，上述 4 级法向应力下的峰值剪切位移增加幅度分别为 53.1%、29.7%、14.9%和 27.1%，与峰值剪切强度变化趋势类似；当法向应力较低时，剪切速率峰值对剪切位移的影响更为显著。

切线剪切刚度随剪切速率增加的变化趋势见图 9.5：剪切刚度随剪切速率的增加而增加；上述 4 级法向应力下的剪切刚度增加幅度分别为 6.9%、7.5%、5.1%和 4.3%；整体而言，剪切速率对剪切刚度的影响不太明显。

峰值剪胀率定义为峰值剪切强度对应的剪胀曲线的斜率，随剪切速率增加的变化趋势见图 9.6：峰值剪胀率随剪切速率的增加而增加；上述 4 级法向应力下的峰值剪胀率增加幅度分别为 33.2%、14.2%、22.0%和 8.5%；低法向应力下，剪切速率对峰值剪胀率的影响更为显著，原因可能在于高法向应力更能抑制剪胀的发生。

不同粗糙度岩石节理峰值剪切强度随剪切速率变化的趋势见图 9.7：峰值剪切强度均随剪切速率的增加而增加，其增长幅度分别为 27.1%（JRC=6～8）、27.5%（JRC=12～14）和 30.8%（JRC=18～20）；粗糙度越大，峰值剪切强度随剪切速率增加而增加的幅度也越大，这表明剪切速率对峰值剪切强度的影响随粗糙度增加而更为显著，与王刚等（2015）的试验研究结果一致。

不同粗糙度岩石节理峰值剪切位移随剪切速率变化的趋势见图 9.8：峰值剪切位移随

剪切速率的增加而增加，其增长幅度分别为 30.0%（JRC=6～8）、26.7%（JRC=12～14）和 29.7%（JRC=18～20）；粗糙度较低时，剪切速率对峰值剪切位移的影响更为明显。

不同粗糙度岩石节理剪切刚度随剪切速率变化的趋势见图 9.9：剪切刚度均随剪切速率的增加而增加，其对应的增幅分别为 9.1%（JRC=6～8）、14.2%（JRC=12～14）和 7.5%（JRC=18～20）。

不同粗糙度岩石节理峰值剪胀率随剪切速率变化的趋势见图 9.10：整体上，峰值剪胀率随剪切速率的增加而略有增加，增长幅度分别为 10.2%（JRC=6～8）、12.0%（JRC=12～14）和 14.2%（JRC=18～20），增长幅值随 JRC 的增加而增加。

9.1.2　细观破坏分析

微裂纹数量曲线在不同剪切速率下随剪切位移增加的变化趋势大致相同，如图 9.11 所示（以法向应力为 1.5 MPa、JRC=18～20 为例）。根据微裂纹数量的变化，可将微裂纹的发展阶段大致分为平静期（与峰前剪切阶段对应）、快速扩展期（与峰值点和峰后应力下降阶段对应）和稳定增长阶段（与残余剪切阶段对应）。微裂纹的大量萌生和扩展主要出现在峰值后；在微裂纹快速扩展期内，不同剪切速率下微裂纹数量较为接近，而随着剪切位移进一步增加，微裂纹数量差异趋于显著。

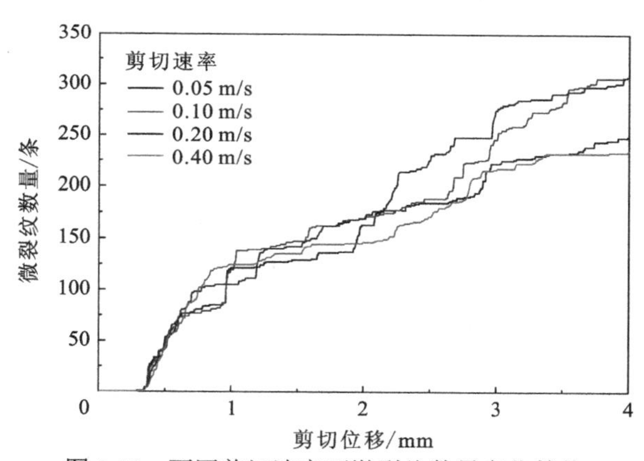

图 9.11　不同剪切速率下微裂纹数量变化趋势

以剪切位移分别为 0.4 mm、0.5 mm（峰值剪点附近）和 2.0 mm（残余阶段）为例分析说明岩石节理表面微裂纹在剪切过程中的演化特征，如图 9.12 所示（N_O 为微裂纹总数量、N_T 为张拉裂纹数量、N_S 为剪切裂纹数量），对应的力链演化特征如图 9.13 所示。

峰值点附近（剪切位移为 0.4 mm 和 0.5 mm），相同剪切位移下岩石节理表面总微裂纹数量随剪切速率的增加而明显降低。其原因可能是剪切速率的增加引起接触微凸体出现“变形滞后”现象，即能量释放不充分，从而裂纹数量减少（尹乾 等，2021）。在残余剪切阶段（剪切位移为 2.0 mm），微裂纹总数量并不一定随剪切速率的增加而降低。不同剪切阶段，微凸体的破坏主要是因张拉裂纹扩展而造成的，即抗拉强度较之于抗压强度更适

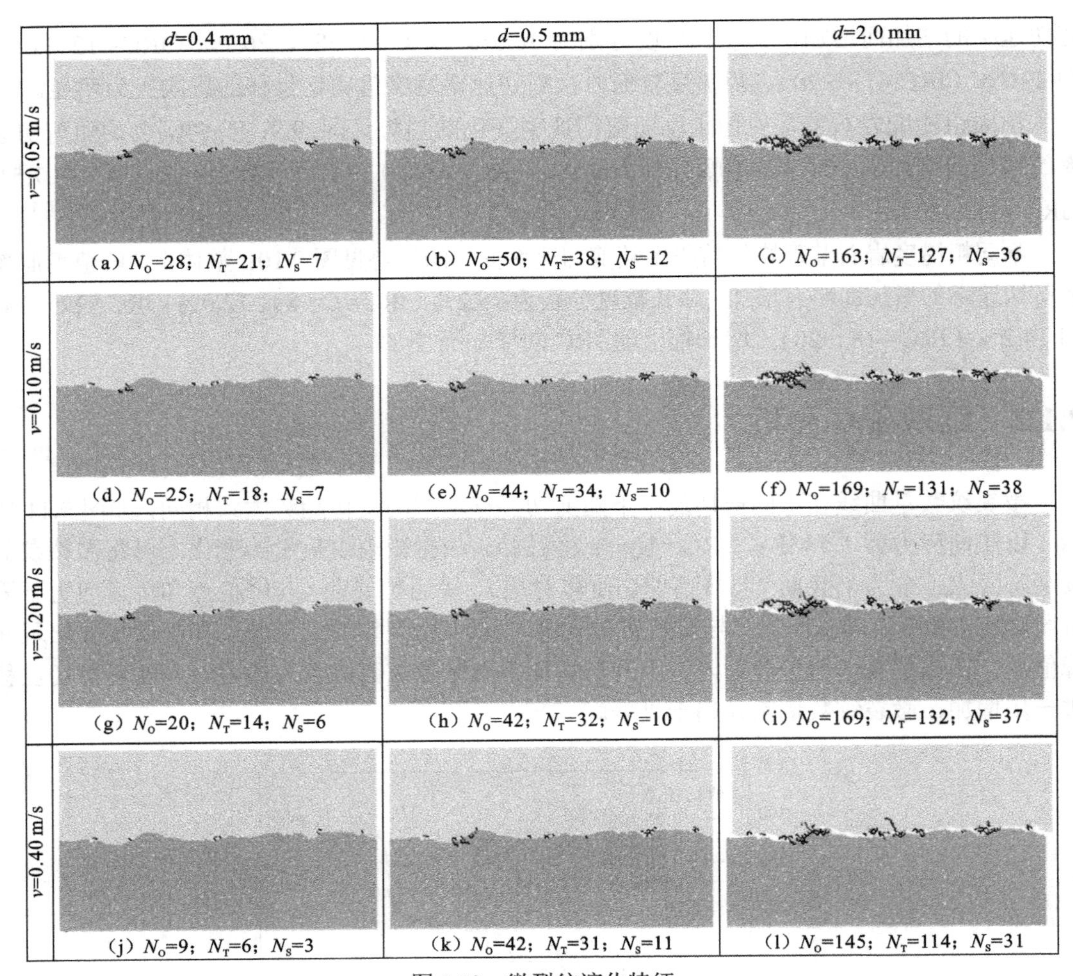

图 9.12 微裂纹演化特征

合描述岩石节理的剪切破坏。在峰值点附近，随着剪切速率增加上半试块左端部（加载端）的应力集中现象更显著（图 9.13）：剪切位移为 0.4 mm 时，上述 4 级剪切速率下最大的颗粒间接触力分别为 28.65 N、27.83 N、26.48 N 和 25.11 N；剪切位移为 0.5 mm 时，最大的颗粒间接触力分别为 29.11 N、32.16 N、31.51 N 和 31.88 N。剪切速率越大，颗粒间接触力更大（相互挤压趋势更为显著），残余阶段应力集中更为明显。

图 9.14 为不同法向应力下峰值处微裂纹数量随剪切速率增加的变化图，图 9.15 为不同法向应力下剪切位移 4.0 mm 处微裂纹数量随剪切速率增加的变化图。峰值处，不同法向应力下微裂纹总数量均随剪切速率增大而增加，表明参与抵抗剪切破坏的岩石基质增加，从而引起峰值剪切强度增加。剪切结束时，不同法向应力下微裂纹总数量与剪切速率增加而变化的规律性不太明显。结合图 9.12 和图 9.13，峰前阶段及峰值点附近，“变形滞后”效应导致相同剪切位移下微裂纹总数量随剪切速率的增加而降低，随剪切位移继续增加到残余阶段后，二者的变化关系不再明晰，这可能与残余剪切阶段碎屑颗粒物的破碎有关。

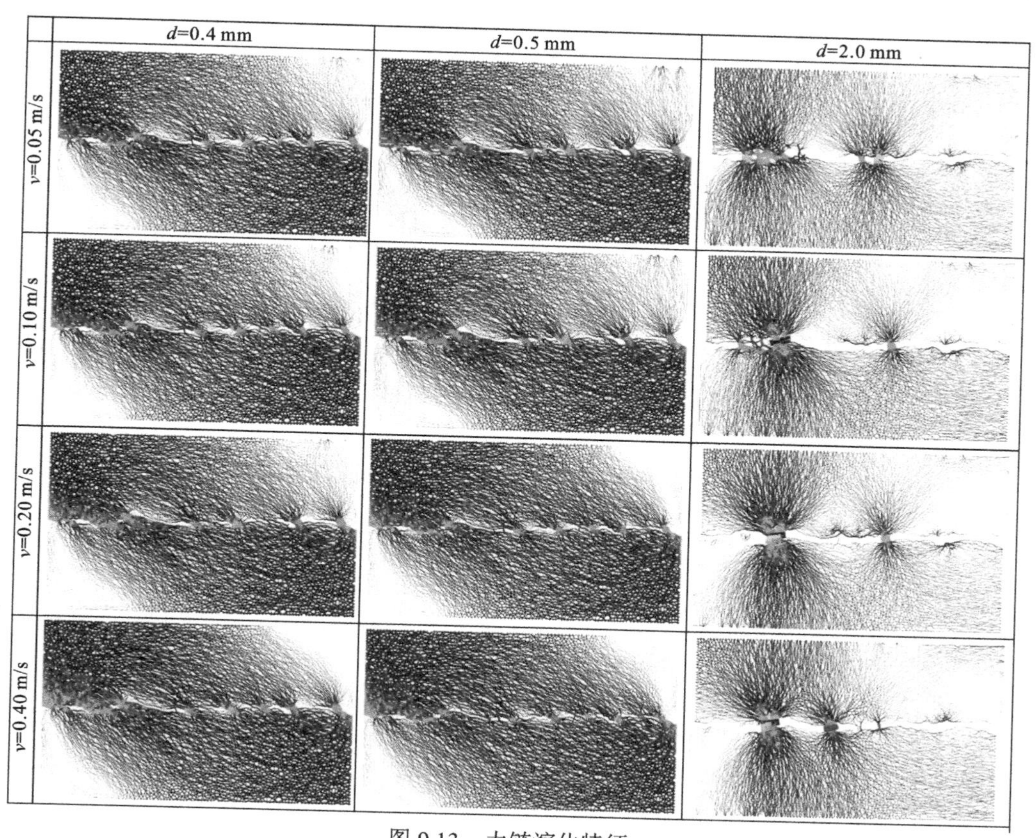

图 9.13 力链演化特征

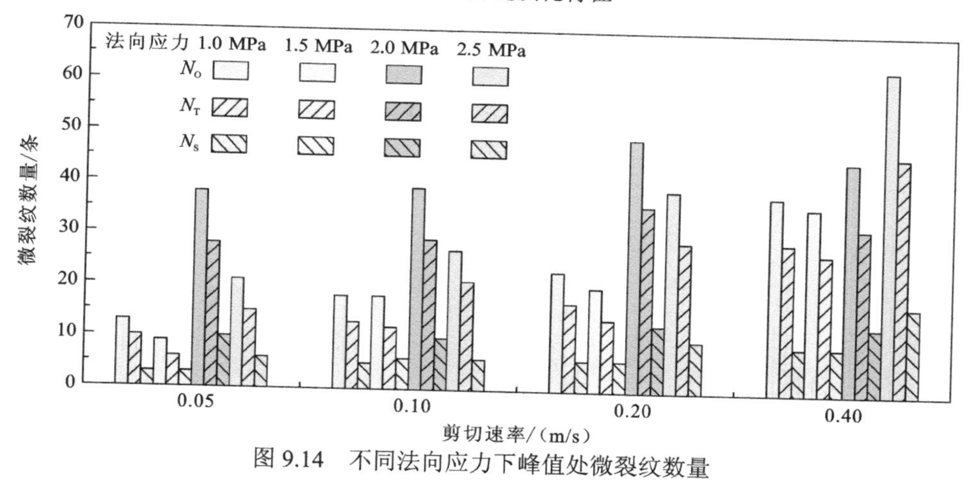

图 9.14 不同法向应力下峰值处微裂纹数量

图 9.16 为不同粗糙度峰值处微裂纹数量随剪切速率增加的变化图，图 9.17 为不同粗糙度剪切位移 4.0 mm 处微裂纹数量随剪切速率增加的变化图。粗糙度相同时，峰值处微裂纹总数量随剪切速率增加而增加，表明剪切速率增加导致更多的岩石基质参与抵抗剪切破坏；剪切结束时，与不同法向应力下的情况类似，微裂纹总数量随剪切速率增加的变化趋势不再明晰。相同剪切速率下，JRC＝12～14 的岩石节理微裂纹总数量明显更多，主要原因可能与岩石形貌相关。

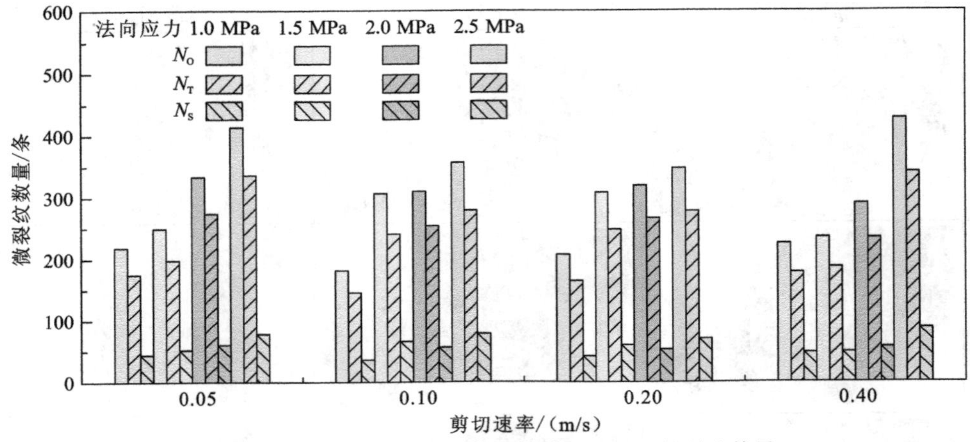

图 9.15　不同法向应力下剪切位移 4 mm 处微裂纹数量

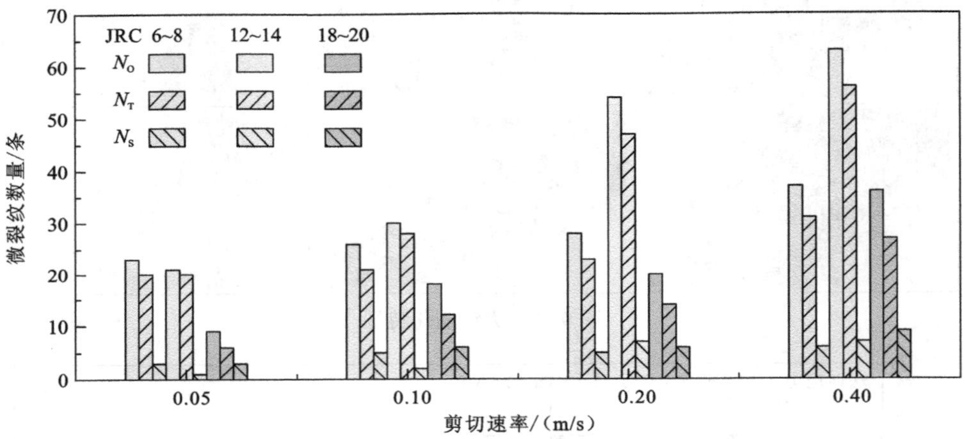

图 9.16　不同粗糙度峰值处微裂纹数量

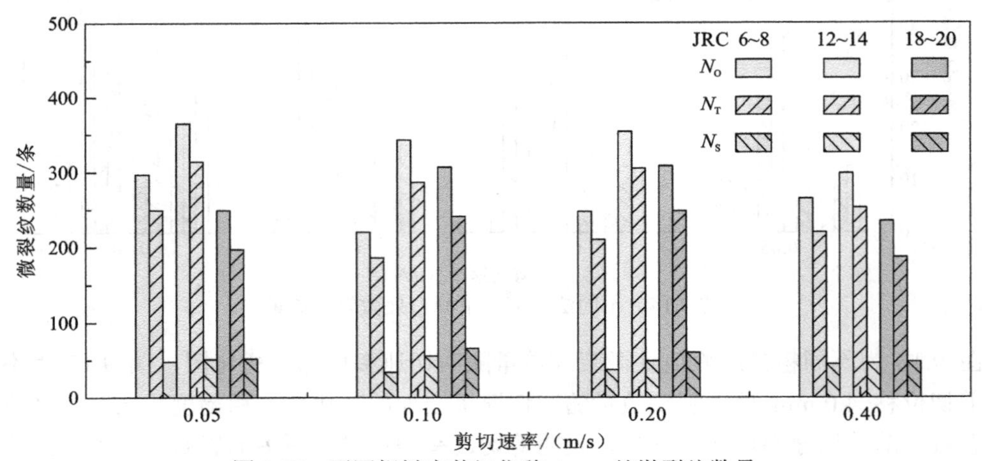

图 9.17　不同粗糙度剪切位移 4 mm 处微裂纹数量

9.2　剪切尺度效应

9.2.1　宏观剪切响应

通常采用两种方法构建不同尺度的岩石节理：一是将较长的岩石节理分割成多个较短的岩石节理，这种处理方法会导致较短岩石节理的粗糙度与初始较长岩石节理的粗糙度产生明显差异；另一种方法是“重复拼接”较短节理以生成较长节理，这种处理方法可确保不同尺度岩石节理试样具有相同的粗糙度值。如图 9.18 所示，以 10 cm 长度的节理试样为基准，以 JRC＝18～20 的 Barton 标准剖面（Barton and Choubey，1977）为例，采用“重复拼接”法，依次生成长度为 10 cm、20 cm、30 cm 和 40 cm 的节理试件。在法向应力分别为 1.0 MPa、1.5 MPa、2.0 MPa 和 2.5 MPa 的条件下进行直剪试验（剪切速率为 0.2 m/s）。

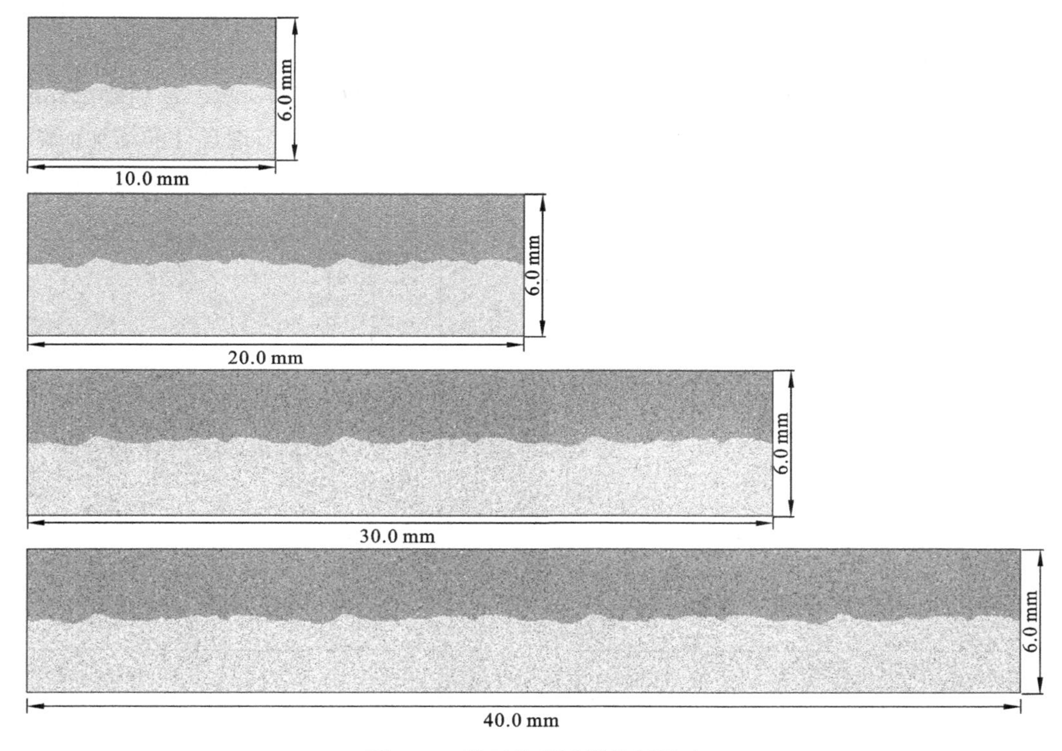

图 9.18　岩石节理试样几何尺寸

以法向应力为 2.0 MPa 为例，不同尺寸岩石节理的剪切位移曲线和剪胀曲线分别见图 9.19 和图 9.20：岩石节理尺寸增加，峰值剪切强度降低，其对应的峰值剪切位移明显增加，这与 Bandis 等（1981）和 Bahaaddini 等（2014）的研究结果基本一致；节理尺寸较小时，剪切应力到达峰值后下降较为迅速，表现出明显脆性破坏特征；当试件尺寸较大时，剪切应力在达到峰值前表现出塑性屈服特征；剪切刚度随试件尺寸增加显著降低；在残余剪切阶段，不同尺寸岩石节理的剪切应力趋于接近。在初始剪切阶段均发生剪缩现象；随

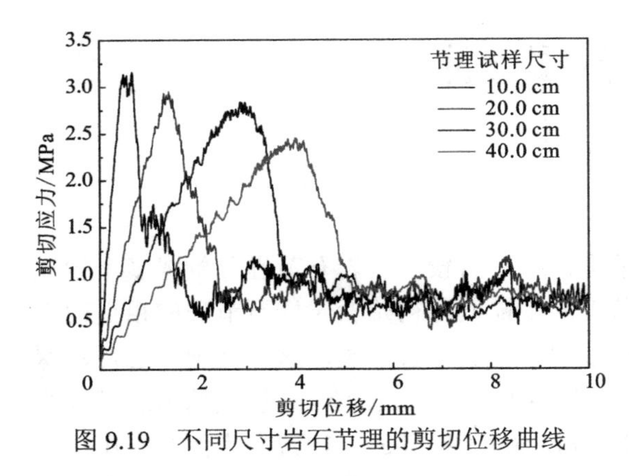

图 9.19　不同尺寸岩石节理的剪切位移曲线

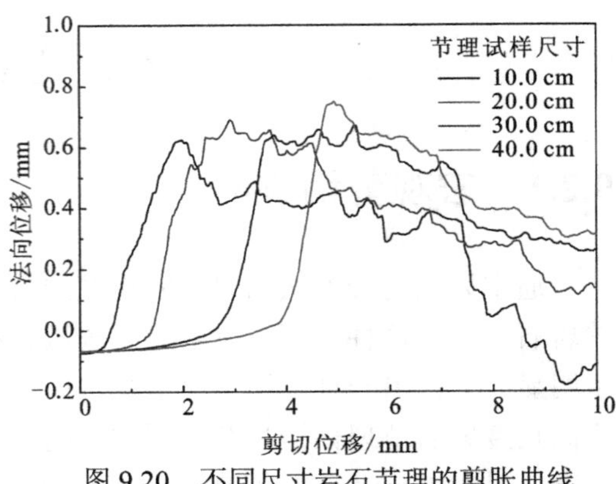

图 9.20　不同尺寸岩石节理的剪胀曲线

剪切位移增加，法向位移由负变正、剪胀趋于显著；剪胀发生时对应的剪切位移随节理尺寸的增加而增加。在剪切过程中，岩石节理的剪胀程度整体上随尺寸增加而增加。此外，长度为 10 cm 的节理试样在剪切结束时再次表现出剪缩特征，可能是因为剪切位移超过了某一较大凸起体的爬坡面尺寸。

岩石节理的几个典型剪切力学性质（峰值剪切强度、峰值剪切位移、剪切刚度和峰值剪胀率）的尺度效应分别见图 9.21～图 9.24。峰值剪切强度随岩石节理尺寸的增加而降低，上述 4 级法向应力下峰值剪切强度的下降量分别为 20.7%、16.9%、22.5%和 22.2%。峰值

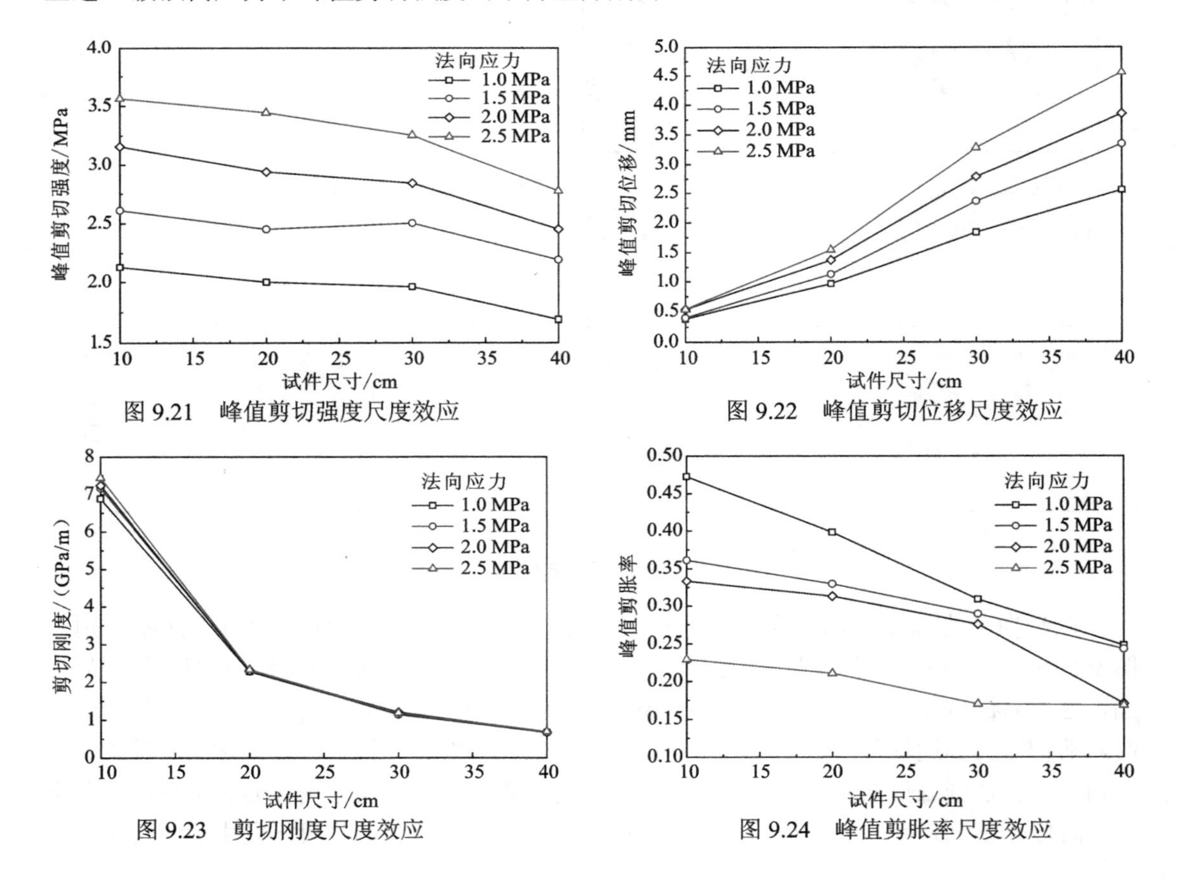

图 9.21　峰值剪切强度尺度效应

图 9.22　峰值剪切位移尺度效应

图 9.23　剪切刚度尺度效应

图 9.24　峰值剪胀率尺度效应

剪切位移随岩石节理尺寸的增加而明显增加，上述 4 级法向应力下峰值剪切位移的增长幅值分别为 573.7%、756.4%、626.4%和 760.4%。岩石节理尺寸增加，剪切刚度显著降低，不同法向应力下约降低 90%，即法向应力对其尺度效应的影响非常微弱。岩石节理尺寸增加，峰值剪胀率降低，下降量分别为 47.6%、32.8%、48.8%和 26.5%。

9.2.2　细观破坏分析

以法向应力 2.0 MPa 为例，不同尺寸岩石节理微裂纹数量随剪切位移增加的演化趋势如图 9.25 所示。总体上，剪切过程中微裂纹的演化大致可分为三个阶段：①缓慢增长阶段，大致对应峰前剪切应力线性增长阶段（OA 段）；②快速发展阶段，对应峰值前的塑性屈服及峰后剪切应力快速下降的阶段（AB 段），节理表面微凸体的破坏主要发生在该阶段；③平稳阶段，对应残余剪切阶段（B 点之后阶段）。岩石节理尺寸增加，微裂纹发展过程的 OA 段和 AB 段更为显著，且微裂纹数量也明显增加。

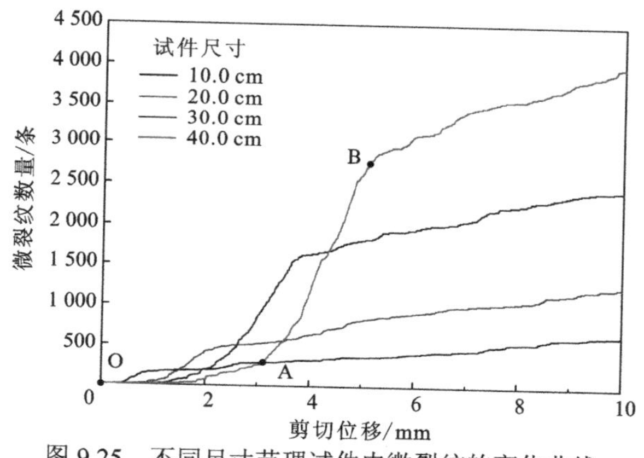

图 9.25　不同尺寸节理试件内微裂纹的变化曲线

微裂纹分布如图 9.26（黑色短线表示张拉裂纹、红色短线表示剪切裂纹）和图 9.27 所示。岩石节理尺寸较小时，微裂纹主要分布在节理表面附近；尺寸较大时，上、下试块的加载端也萌发了大量的微裂纹，这可能是试件长度增加造成端部应力集中，导致岩壁内部发生破坏，法向应力越大该现象越明显。上、下岩块颗粒间接触力随岩石节理长度的增加而明显增加，如图 9.27 所示；试件尺度增加，出现应力集中的接触点数量也增加，且颗粒间的最大接触力总体上增加。低法应力下微裂纹基本沿节理面分布，而当法向应力增加到 2.5 MPa 时，破坏主要发生在岩壁内部，微裂纹形成了宏观贯通的剪切面，如图 9.28 所示。

Bahaaddini 等（2014）指出较小且陡峭的微凸体对小尺度岩石节理的峰值剪切强度起控制作用，而较大尺寸试样在达到峰值前就已将其剪断，因而大尺度岩石节理的峰值剪切强度受其表面整体的起伏度控制。这一细观力学机制可用来解释低法向应力下剪切强度的尺度效应。

图 9.29 为不同法向应力下峰值点处对应的微裂纹总数量与试件长度的关系。整体上，微裂纹数量随试件尺寸增加而增加，且高法向应力下其影响更为显著；张拉裂纹数量明显多于剪切裂纹数量，但法向应力较高且节理较长时，张拉裂纹数量与剪切裂纹数量较为接近，这可能与前文中提到的岩石节理内部破坏方式的改变有关。

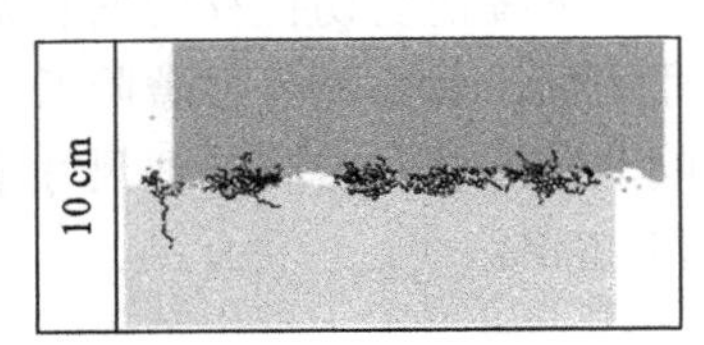

（a）尺寸为10 cm

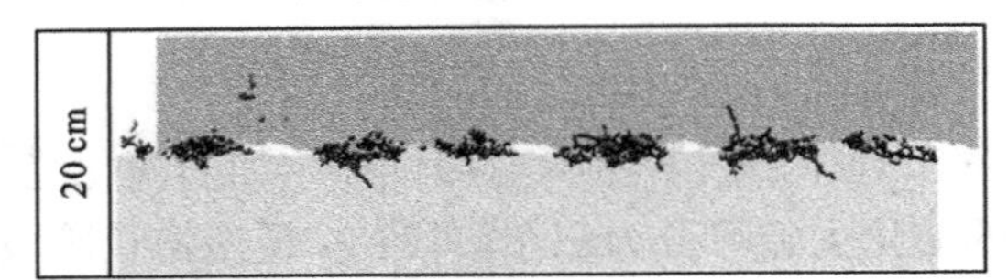

（b）尺寸为20 cm

（c）尺寸为30 cm

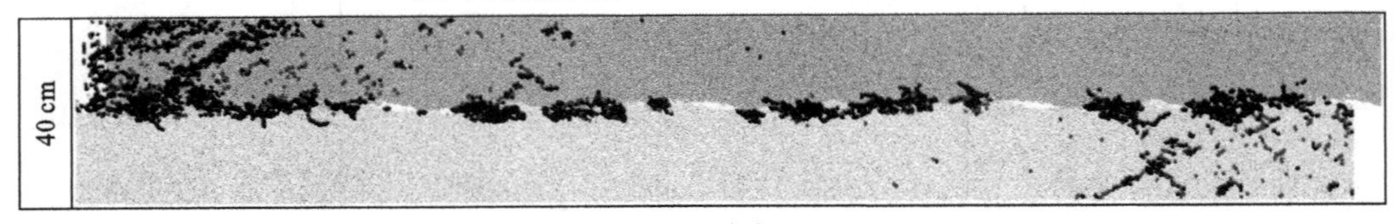

（d）尺寸为40 cm

图 9.26　不同尺度岩石节理微裂纹分布图

扫描封底二维码看彩图

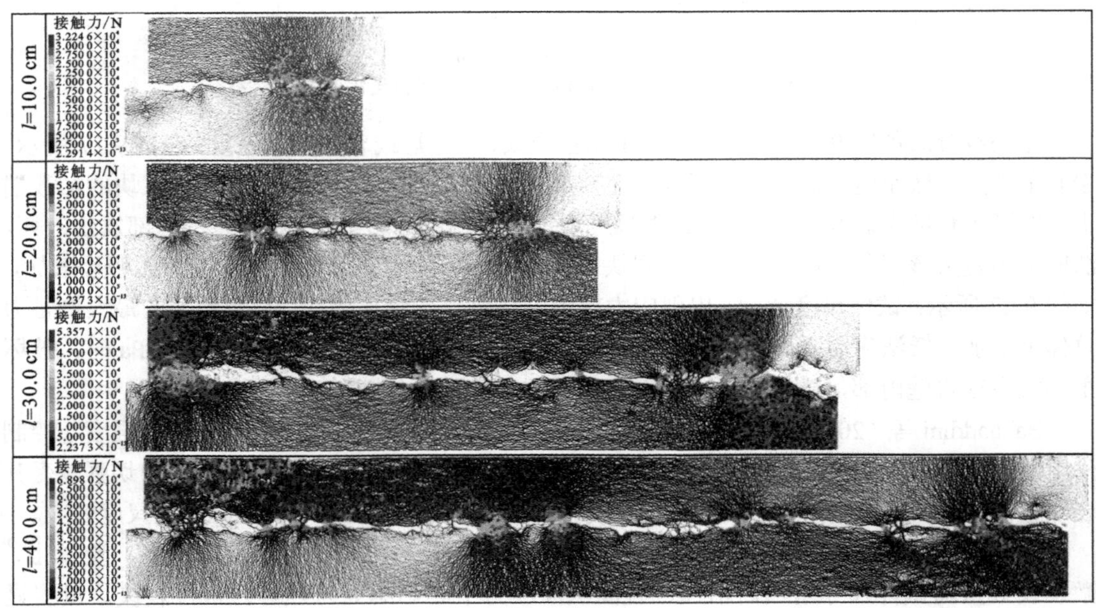

图 9.27　接触力链特征

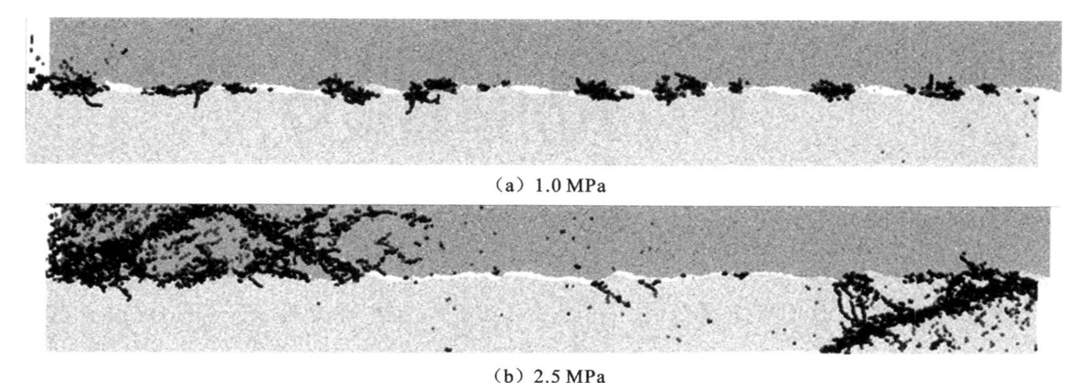

（a）1.0 MPa

（b）2.5 MPa

图 9.28　不同法向应力下长度为 40 cm 的岩石节理的破坏

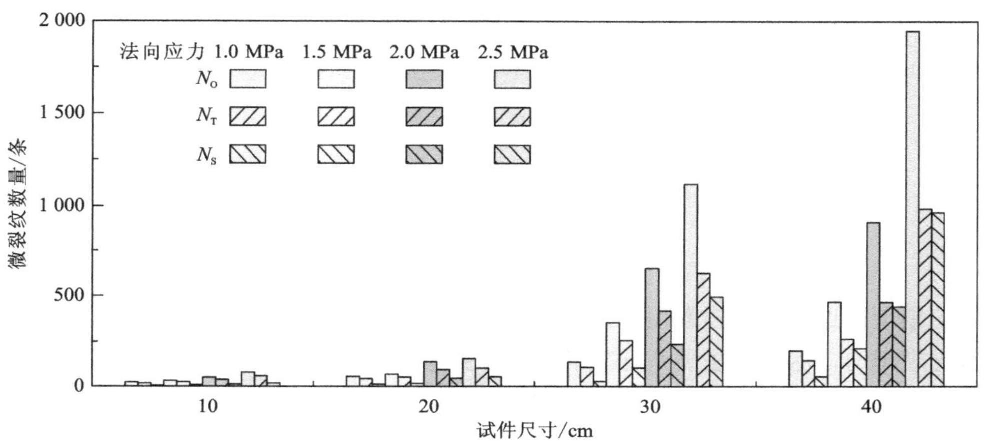

图 9.29　不同尺度岩石节理峰值点处的微裂纹数量

图 9.30 为剪切结束时微裂纹总数量与试件长度的关系。整体上，微裂纹数量随岩石节理尺寸增加而增加，张拉裂纹数量明显大于剪切裂纹数，表明不同尺度岩石节理的剪切破坏主要是由张拉裂纹的扩展导致的。

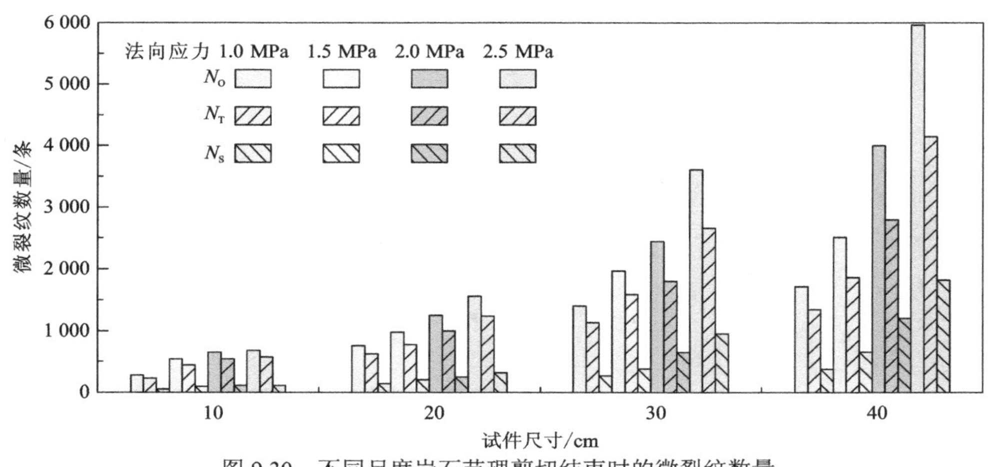

图 9.30　不同尺度岩石节理剪切结束时的微裂纹数量

第10章 颗粒剪切运移破碎

受地质构造或人类工程活动影响，岩石不连续面往往充填颗粒物（Zhao et al.，2012；Pereira and Freitas，1993；Sammis et al.，1987），如角砾岩和断层碎屑物等。剪切过程中充填颗粒物的运移破碎过程在很大程度上影响岩石不连续面的剪切性质（Chen et al.，2021；Zhao，2013；Mair and Abe，2008；Abe and Mair，2005；Mair et al.，2002；Amitrano and Schmittbuhl，2002）。本章采用 PFC2D 软件从细观角度研究压剪条件下单颗粒的运移破碎过程。

10.1 试验模型构建与方案

数值模型通过一系列圆盘颗粒构建，颗粒间黏结模型选用平行黏结模型，主要的宏细观参数见表 10.1，标定方法详见第 7 章，材料属性与砂岩较为匹配（Zhuang et al.，2014）。参考 Zhao（2013）的研究，颗粒物充填岩石不连续面示意图与数值模型构建如图 10.1 所示，长×宽为 8.5 mm×2.5 mm。充填颗粒物的形状为椭圆形，短半轴为 0.5 mm 且保持不变，改变长半轴以表示不同形状的充填颗粒物。充填颗粒物和岩壁接触的黏结强度为 0。由于球颗粒圆形特征，充填颗粒物与岩壁间的接触具有一定的细观粗糙度。通过伺服控制对上、下墙体施加法向应力σ_n，然后固定下剪切盒左、右墙体，对上剪切盒左、右墙体施加恒定的右向剪切速度 v，以上剪切盒左、右墙体受到水平方向的不平衡力除以岩石不连续面水平投影长度作为名义上剪切应力（Thornton and Zhang，2003），剪切位移为 1.5 mm 时终止试验。

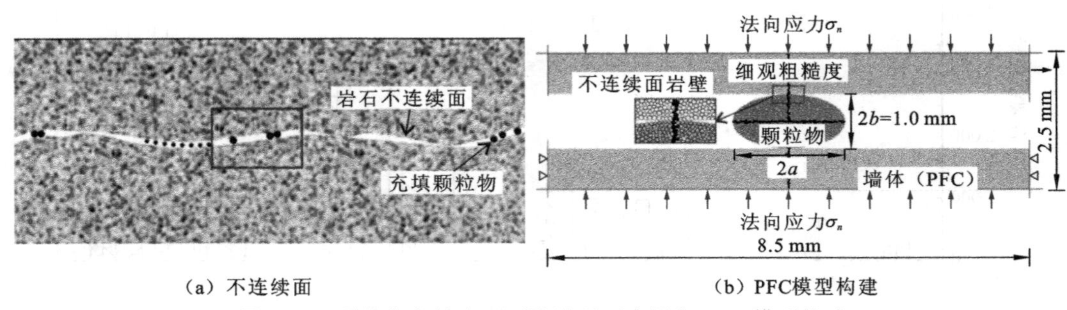

（a）不连续面　　（b）PFC模型构建

图 10.1　颗粒物充填岩石不连续面示意图与 PFC 模型构建

表 10.1　平行黏结模型细观参数与材料宏观参数

细观参数	数值	比较值	宏观参数	PFC2D	Zhuang 等（2014）
最小颗粒半径 R_{min}/mm	0.014	—	密度ρ/（g/cm^3）	2.34	2.2～2.71
最大/小颗粒半径比 R_{max}/R_{min}	1.60	—	单轴抗压强度σ_c/MPa	24.2	20～170
颗粒密度ρ/（g/cm^3）	2.6	—	弹性模量 E/GPa	3.1	3～35
颗粒摩擦系数 μ	0.6	0.1、0.3、0.9	泊松比γ	0.11	0.02～0.2
线性接触模量 E_c/GPa	1.5	0.15、15	抗拉强度σ_t/MPa	4.31	4～25
线性接触法/切向刚度比 k_n/k_s	1.0	0.5、1.5、2.0	黏聚力 c/MPa	12.4	4～40
平行黏结模量 $\bar{E}_c$/GPa	1.5	0.15、15	内摩擦角φ/（°）	31.2	25～60
平行黏结法/切向刚度比 $\bar{k}_n/\bar{k}_s$	1.0	0.5、1.5、2.0			
黏结抗拉强度 $\bar{\sigma}_c$/Mpa	12.0	6、18			
黏结剪切强度 $\bar{\sigma}_t$/MPa	12.0	6、18			

构建 3 个含不同形状的充填颗粒物数值直剪试验模型，长短半轴比值为 1.0、1.5 和 2.0（即充填颗粒物的扁率分别为 0、1/3 和 1/2），分别在 0.1 MPa、0.3 MPa、0.6 MPa 和 0.8 MPa 的法向应力下以 0.5 m/s 的剪切速率进行直剪试验；在 0.1 MPa 和 0.6 MPa 的法向应力下，再研究不同剪切速率（0.25 m/s、0.1 m/s 和 1.5 m/s）对上述不同形状充填颗粒物剪切性质的影响。记录剪切过程中充填颗粒物的运移破坏过程、破碎尺寸分布、岩壁磨损和岩石不连续面宏观剪切响应等性质。试验过程中对充填颗粒物采用黑色“十”字标记，以便观测充填颗粒物的运移过程。充填颗粒物尺寸与物理试验中观测到的充填颗粒物大小保持一致（Amitrano and Schmittbuhl，2002；Pereira and Freitas，1993）。“m/s”为 PFC 中加载速率的缺省单位，不代表真实的物理加载速率，但可通过时间步计算物理加载速率。以 0.5 m/s 为例，数值试验计算时步约为 6×10^{-7} s/步，则真实的加载速率约为 3×10^{-7} m/步。换言之，计算运行 33 000 步才能产生 1 mm 的剪切位移，因此 0.5 m/s 可认为是足够小的剪切速率，能确保试验处于准静态加载状态。相对地，0.25 m/s 是一个较慢的剪切速率，而 1.5 m/s 是一个较快的剪切速率。

10.2　充填颗粒物形状效应

10.2.1　扁率为 0

图 10.2 为不同法向应力下圆形充填颗粒物在岩石不连续面中的剪切运移破碎过程，其中最右列用色差图显示剪切位移为 1.5 mm 时充填颗粒物的破碎最终状态。当法向应力为 0.1 MPa 和 0.3 MPa 时：充填颗粒物在剪切位移为 1.5 mm 时的水平位移和转角分别为 0.76 mm 和 86°，据此计算其滚动弧长约为 2π×0.5 mm×(86°/180°)=1.5 mm，与剪切位移保持一致，说明圆形充填颗粒物随剪切位移增加发生滚动运动，见图 10.2（a）～（c）、（e）～（g）；充填颗粒物和岩壁仅产生轻微磨损，见图 10.2（d）、（h）。当法向应力为 0.6 MPa 和 0.8 MPa 时：充填颗粒物在剪切初始时发生滚动，但其内部开始出现微裂纹，0.6 MPa

下剪切位移在 0.09 mm 时贯通、0.8 MPa 下剪切位移在 0.03 mm 时贯通；剪切位移进一步增加，充填颗粒物被压碎成含角砾状碎块和粉末状碎屑的混合物，见图 10.2（i）～（k）、（m）～（o），表明剪切位移是引起充填颗粒物破碎的重要因素之一，与 Pereira 和 Freitas（1993）的试验结果保持一致；剪切结束时，岩壁产生严重磨损，见图 10.2（l）、（p）和表 10.2。

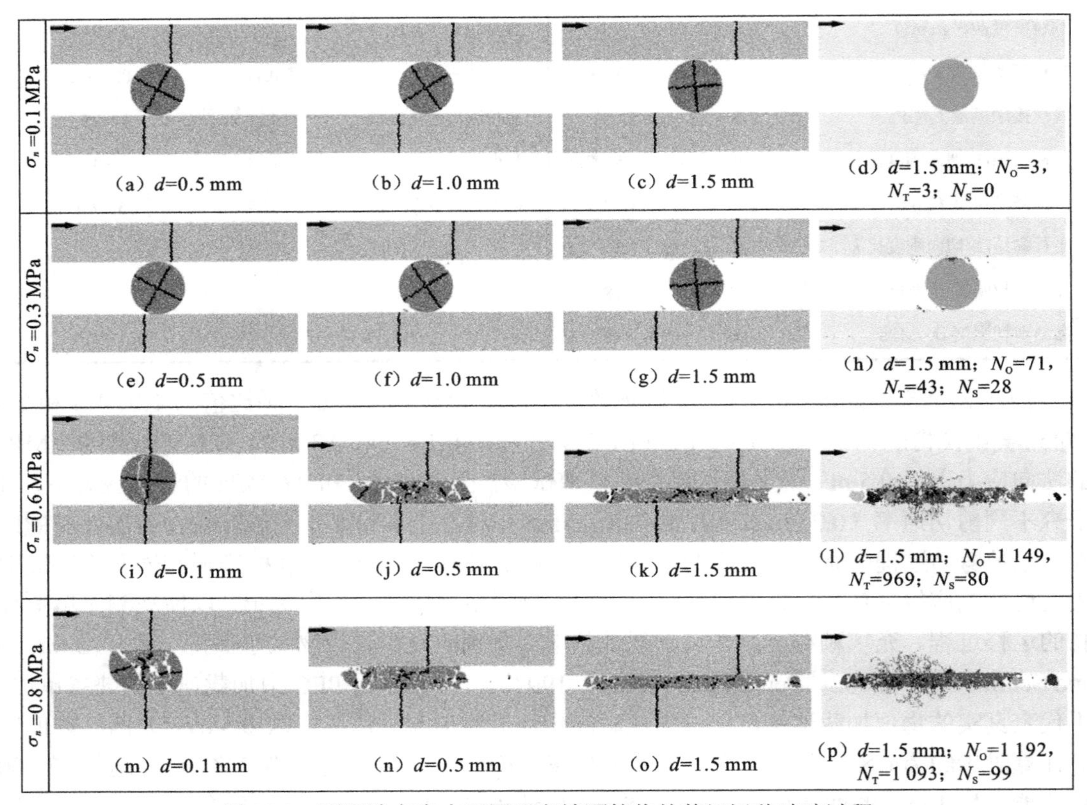

图 10.2　不同法向应力下圆形充填颗粒物的剪切运移破碎过程

表 10.2　不同法向应力下充填颗粒物在剪切位移 1.5 mm 时的破碎尺寸分布和岩壁磨损

扁率	法向应力/MPa	碎屑尺寸分布/%				岩壁磨损面积/（$\times10^{-9}$ m^2）
		$<10^{-9}$ m^2	10^{-9}～10^{-8} m^2	10^{-8}～10^{-7} m^2	$\geqslant10^{-7}$ m^2	
0	0.1	0.29	0	0	99.71	0
	0.3	2.50	0.30	0	97.20	2.31
	0.6	50.33	26.29	23.38	0	34.69
	0.8	65.61	20.04	14.35	0	31.22
1/3	0.1	0.10	0	0	99.90	0
	0.3	2.05	0.31	0	97.64	6.94
	0.6	28.72	16.49	23.35	31.44	56.65
	0.8	42.78	24.31	8.11	24.80	34.69

续表

扁率	法向应力/MPa	碎屑尺寸分布/%				岩壁磨损面积/（$\times 10^{-9}$ m²）
		$<10^{-9}$ m²	$10^{-9}\sim10^{-8}$ m²	$10^{-8}\sim10^{-7}$ m²	$\geqslant10^{-7}$ m²	
1/2	0.1	0.07	0	0	99.93	2.31
	0.3	5.25	4.24	10.77	79.74	24.28
	0.6	19.19	17.44	34.10	29.27	37.0
	0.8	29.26	20.83	29.06	20.85	50.08

法向应力增加，较大角砾状碎块（$>10^{-8}$ m²）的体积分数降低而较小粉末状碎屑（$<10^{-9}$ m²）的体积分数增加，即充填颗粒物的破碎程度增加。一般情况下，岩壁磨损程度随法向应力的增加而增加，然而 0.8 MPa 法向应力下岩壁磨损程度较 0.6 MPa 法向应力下略低，可能原因在于较高法向应力下角砾状碎块体积分数减小导致其对岩壁的磨蚀能力降低。

剪切位移增加，圆形充填颗粒物中微裂纹数量变化和岩石不连续面法向位移曲线见图 10.3，剪切应力曲线见图 10.4。高法向应力（0.6 MPa 和 0.8 MPa）下，充填颗粒物运移破碎过程微裂纹的增长可分为三个阶段：初始增长阶段（阶段 I）、快速增长阶段（阶段 II）和缓慢增长阶段（阶段 III）。剪切位移约 0.25～1.5 mm 时微裂纹增长速率逐渐降低，对圆形充填颗粒物而言阶段 I 不明显。

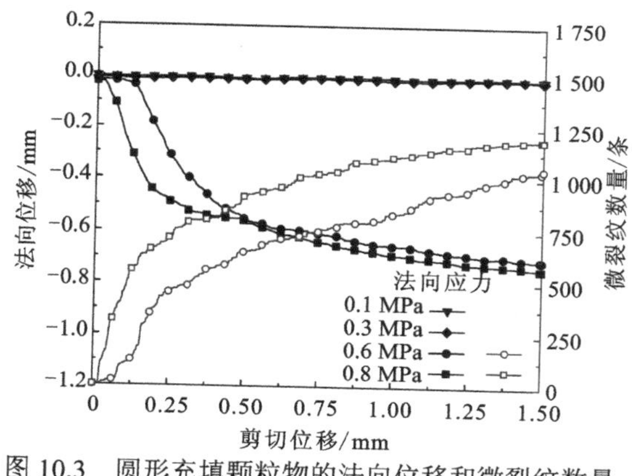

图 10.3　圆形充填颗粒物的法向位移和微裂纹数量

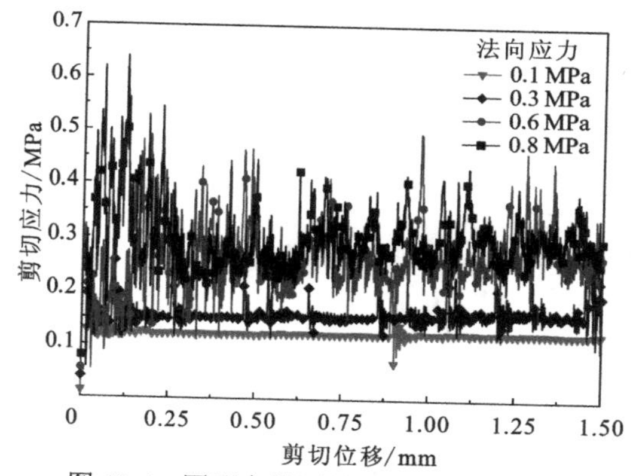

图 10.4　圆形充填颗粒物的剪切应力曲线

法向应力为 0.1 MPa 和 0.3 MPa 时：圆形充填颗粒物以滚动为主，法向位移基本保持不变；剪切应力在 0.1 MPa 法向应力下除初始和中间处产生小幅波动外基本保持稳定；相比之下，0.3 MPa 法向应力下岩石不连续面的剪切应力存在多处波动，波动峰值一般是因克服其与岩壁间的摩擦阻力而产生的。当法向应力为 0.6 MPa 和 0.8 MPa 时：剪切起始时法向位移基本保持不变，当充填颗粒物中微裂纹贯通引起破坏后负法向位移快速出现，产生明显的剪缩，充填颗粒物随剪切位移增加进一步破碎，但剪缩明显减缓；剪切应力产生剧烈波动。引起剧烈波动的原因较为复杂，角砾状碎块产生楔效应引起剪切应力增加，又因其破碎产生细小颗粒引起剪切应力降低，不断重复该过程直至较大的角砾状碎块被碾碎。

10.2.2 扁率为 1/3

法向应力为 0.1 MPa 时，扁率为 1/3 的椭圆形充填颗粒物在剪切过程中发生滚动，如图 10.5（a）～（c）所示。剪切位移为 1.5 mm 时，扁率为 1/3 的椭圆形充填颗粒物的水平位移和转角分别为 0.76 mm 和 69°，水平位移与圆形充填颗粒物基本相等，剪切过程中仅产生轻微磨损，见图 10.5（d）。当法向应力增加到 0.3 MPa 时，充填颗粒物在剪切位移为 0.45 mm 时产生宏观破坏，之后充填颗粒物逐步被压碎成 4 块较大的碎块和一些粉末状碎屑，较大的碎块仍以滚动为主，如图 10.5（e）～（g）所示。当法向应力为 0.6 MPa 和 0.8 MPa 时：充填颗粒物在剪切初始阶段以滚动为主，分别在剪切位移约 0.37 mm 和 0.34 mm 处发生宏观破坏；法向应力增加，角砾状碎块的体积分数和岩壁磨损程度均有所降低，但粉末状碎屑的体积分数增加，见图 10.5（l）、（p）和表 10.2。

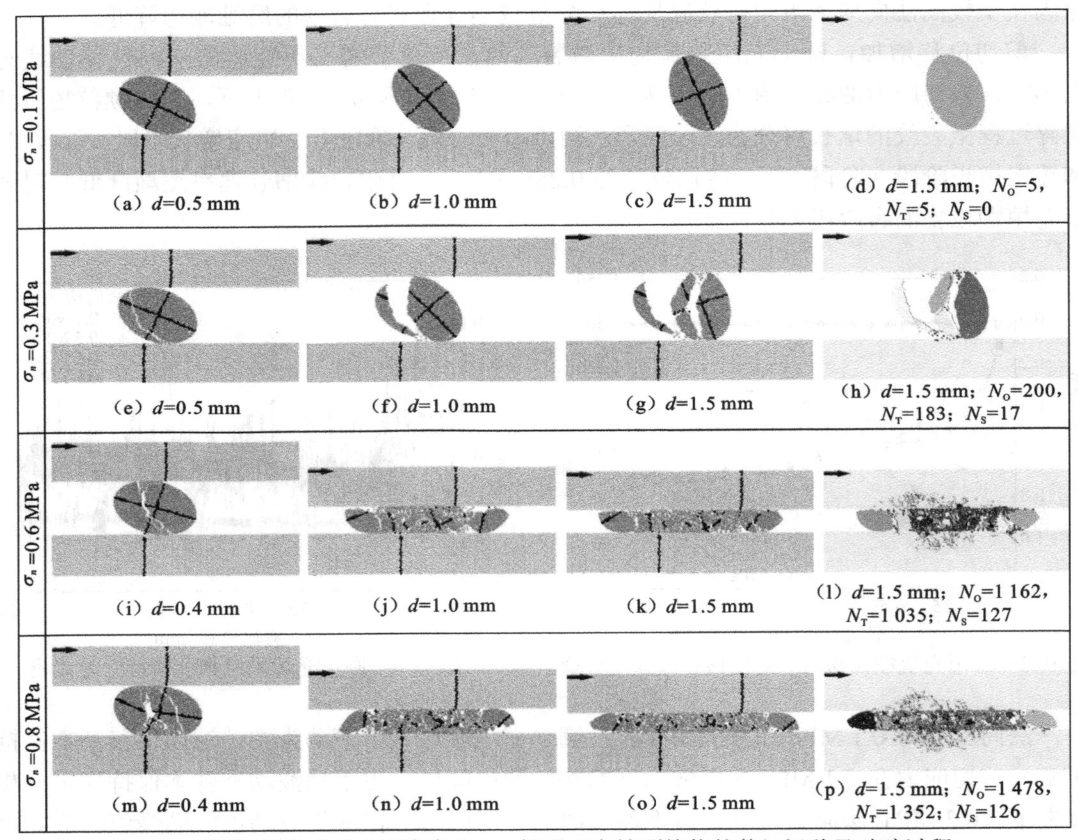

图 10.5　不同法向应力下扁率为 1/3 椭圆形充填颗粒物的剪切运移及破碎过程

剪切位移增加，椭圆形充填颗粒物微裂纹数量变化，岩石不连续面法向位移曲线见图 10.6，剪切应力曲线见图 10.7。微裂纹数量的初始增长阶段（阶段 I）较为明显，微裂纹数量随法向应力的增加而增加。此外，0.6 MPa 法向应力下，微裂纹数量快速增长阶段（阶段 II）存在阶梯增长现象。

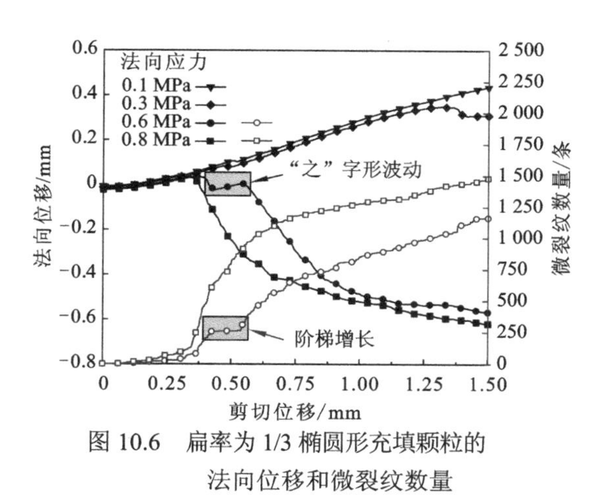

图 10.6　扁率为 1/3 椭圆形充填颗粒的法向位移和微裂纹数量

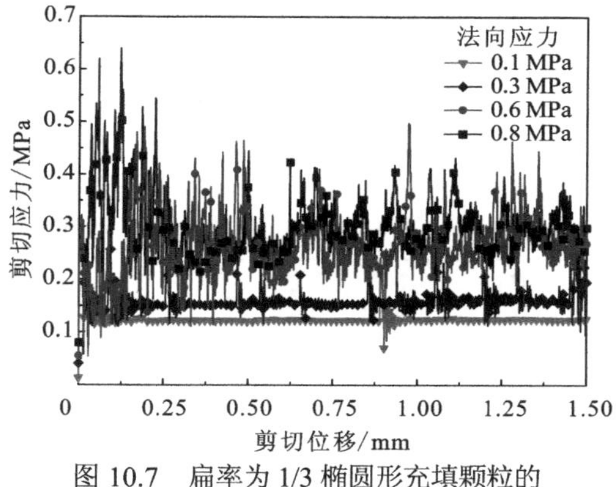

图 10.7　扁率为 1/3 椭圆形充填颗粒的剪切应力曲线

法向应力为 0.1 MPa 和 0.3 MPa 时，岩石不连续面的法向位移随剪切位移的增加而增加，产生明显的剪胀，如图 10.6 所示，主要是由椭圆形充填颗粒物或角砾状碎块的滚动引起的。剪切应力在 0.1 MPa 法向应力下基本保持稳定，而在 0.3 MPa 法向应力下存在多处波动，如图 10.7 所示，这与充填颗粒物的压碎及较大角砾状碎块的滚动有关。当法向应力增大到 0.6 MPa 和 0.8 MPa 时，剪切初始阶段均可观测到剪胀，之后因充填颗粒物产生贯通破坏引起剪缩，但剪缩速率逐步降低，剪缩程度随法向应力增加而增加，剪切应力产生明显的波动。法向位移曲线在 0.6 MPa 法向应力下出现"之"字形波动，与微裂纹增长曲线的阶梯相对应，这可能与颗粒物压碎后形成的较大碎块的滚动有关。

10.2.3　扁率为 1/2

法向应力为 0.1 MPa 时，扁率为 1/2 的椭圆形充填颗粒物在初始剪切过程中以滚动为主，见图 10.8（a）、（b），剪切位移超过 1.2 mm 时，扁率为 1/2 的椭圆形充填颗粒物与上岩壁间存在滑动[图 10.8（c）]。当法向应力增加到 0.3 MPa、0.6 MPa 和 0.8 MPa 时，剪切初始阶段充填颗粒物也是以滚动为主，但在剪切位移分别为 0.40 mm、0.25 mm 和 0.18 mm 时微裂纹贯通形成宏观破坏，之后充填颗粒物进一步被压碎，分别见图 10.8（e）～（g）、（i）～（k）、（m）～（o）。法向应力增加，角砾状碎块的体积分数降低、粉末状碎屑的体积分数增加，岩壁磨损程度显著增加，见图 10.8（h）、（l）、（p）和表 10.2。

剪切位移增加，扁率为 1/2 的椭圆形充填颗粒物微裂纹数量变化和岩石不连续面法向位移曲线见图 10.9，剪切应力曲线见图 10.10。0.3 MPa 和 0.6 MPa 法向应力下微裂纹数量曲线的阶段 III 均存在阶梯增长，微裂纹数量随法向应力的增加而显著增加。

法向应力为 0.1 MPa 时：岩石不连续面的法向位移随剪切位移的增加而逐渐增加，剪胀越来越明显；剪胀量在剪切位移为 1.2 mm 处逐步降低（即在充填颗粒物与上岩壁间产生相对滑动的位置）；剪切过程中整体表现为剪胀；剪切位移小于 1.2 mm 时，剪切应力除产生几处波动外基本保持稳定；之后由于充填颗粒物与岩壁间产生滑动，剪切应力发生小幅剧烈波动。当法向应力为 0.3 MPa、0.6 MPa 和 0.8 MPa 时，剪切初始阶段岩石不连续面均产生剪胀，充填颗粒物产生宏观破坏后剪胀被抑制，法向位移开始下降直至剪缩，总体

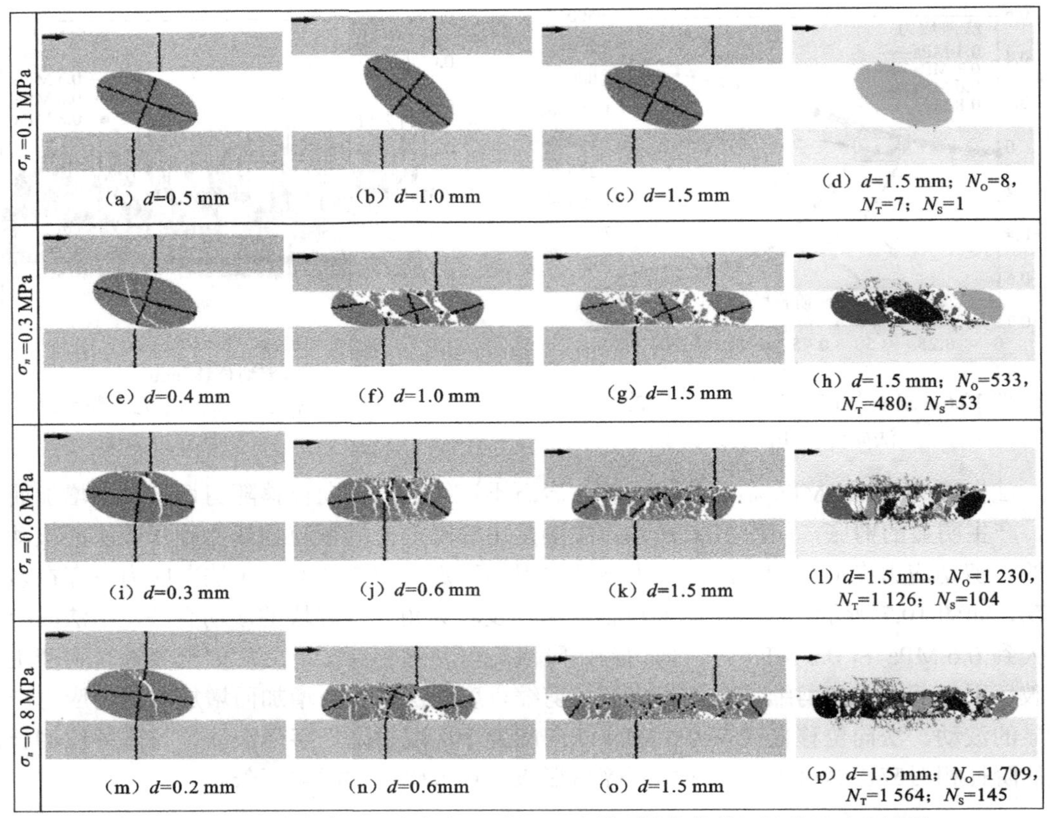

图 10.8　不同法向应力下扁率为 1/2 椭圆形充填颗粒物的剪切运移及破碎过程

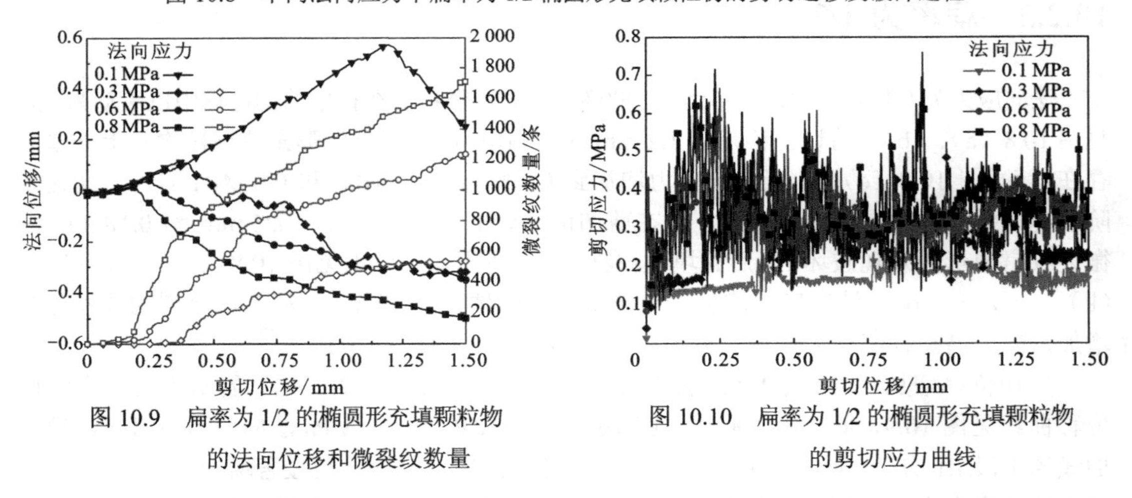

图 10.9　扁率为 1/2 的椭圆形充填颗粒物的法向位移和微裂纹数量

图 10.10　扁率为 1/2 的椭圆形充填颗粒物的剪切应力曲线

上法向应力越大剪缩越明显。在 0.3 MPa 和 0.6 MPa 法向应力下，法向位移曲线的“之”字形波动与微裂纹曲线的阶梯增长相对应，说明混合物中较大的碎块在剪切过程中存在滚动，但整体以滑动为主。在 0.3 MPa、0.6 MPa 和 0.8 MPa 法向应力下，剪切过程中剪切应力均表现为剧烈波动，整体随法向应的增加而增加，但 0.8 MPa 法向应力下的剪切应力相较于 0.6 MPa 法向应力下增加不明显，这可能与充填颗粒物破碎后形成的角砾和碎屑混合物的分布有关，高法向应力下粉末状碎屑体积分数的增加导致了以滚动为主的碎屑物成分增加（Pereira and Freitas，1993）。

充填颗粒物的剪切演化特性在一定程度上取决于法向应力水平。低法向应力下，充填颗粒物以滚动为主，岩壁仅产生轻微磨损，剪切应力基本保持稳定；高法向应力下，充填颗粒物随剪切位移增加以滚动方式运动直至被压碎，岩壁产生较为严重的磨损，剪切应力也存在较为剧烈的波动，这与 Zhao（2013）的研究结果保持一致。充填颗粒物的形状会对其剪切运移破碎过程产生重要影响。低法向应力下，扁率较小的颗粒物（如圆形颗粒）在剪切过程中与岩壁间产生滑动，甚至发生贯通破坏；高法向应力下，充填颗粒物微裂纹贯通时的剪切位移随扁率的增加先增加后减小，前者主要是由充填颗粒物与岩壁间接触面积的增加导致应力集中效应减弱造成的，后者则与两者间切向作用的进一步增强有关。高法向应力下充填颗粒物压碎后，较大角砾状碎块的体积分数增加，粉末状碎屑的体积分数降低，微裂纹数量增加，岩石不连续面剪缩程度降低，充填颗粒物压碎后的演化特征也更为复杂。较大角砾状碎块含量的增加一方面导致其对岩壁磨蚀能力的增强，另一方面相同法向荷载下单个碎块承担的法向应力降低导致其磨蚀能力下降，因此岩壁磨损整体有随扁率的增加而增加的趋势，但 0.6 MPa 法向应力下扁率为 1/3 时岩壁磨损较扁率为 1/2 时严重。

10.3　剪切速率效应

10.3.1　扁率为 0

图 10.11 为用色差图显示剪切位移在 1.5 mm 时圆形充填颗粒物在不同剪切速率下的破碎状态（剪切速率为 0.5 m/s 时的破碎状态见图 10.2）。法向应力为 0.1 MPa 时，在 0.25 m/s、0.5 m/s 和 1.0 m/s 剪切速率下圆形颗粒物在剪切位移为 1.5 mm 时的水平位移为 0.76 mm、转角为 86°，即为纯滚动，仅产生轻微磨损，如图 10.2（d）和图 10.11（a）、（b）所示；1.5 m/s 剪切速率下，圆形颗粒物在剪切位移为 1.5 mm 时的水平位移为 0.63 mm、转角为 72°，表明二者之间产生滑动现象，充填颗粒物表面发生碎块剥落现象，如图 10.11（c）所示。如图 10.12 和图 10.13 所示，不同剪切速率下，岩石不连续面法向位移基本保持不变且相互重合；剪切应力除初始和中间处波动外基本保持稳定（剪切速率为 1.5 m/s 时除外），初始波动峰值和波动时长随剪切速率增加而增加，这主要是由剪切加载开始时试样内部惯性力引起的，其中 1.5 m/s 的高剪切速率下试样内部较大的惯性力造成了初始阶段（剪切位移小于 0.8 mm 时）的不稳定剪切，因此其波动尤为显著，颗粒物与岩壁间的滑动可能发生在该阶段；剪切应力整体随剪切速率的增加而增加，低剪切速率下增加较为轻微而在高剪切速率下增加显著。

当法向应力为 0.6 MPa 时，不同剪切速率下，岩石不连续面均在剪切位移约 0.09 mm 时开始产生负的法向位移，且随剪切位移进一步增加而发生明显的剪缩（图 10.14），这表明颗粒物中微裂纹均在剪切位移约 0.09 mm 时贯通并产生破坏；剪切速率增加，角砾状碎块的体积分数增加、粉末状碎屑颗粒的体积分数降低[表 10.3，图 10.2、图 10.11（d）～（f）]。高剪切速率下，颗粒物变形滞后效应显著，即剪切过程中的微裂隙扩展不充分，微裂纹数量减少[图 10.11（c）]，颗粒物破碎程度降低。岩壁的磨损与混合物的磨蚀能力及岩壁浅

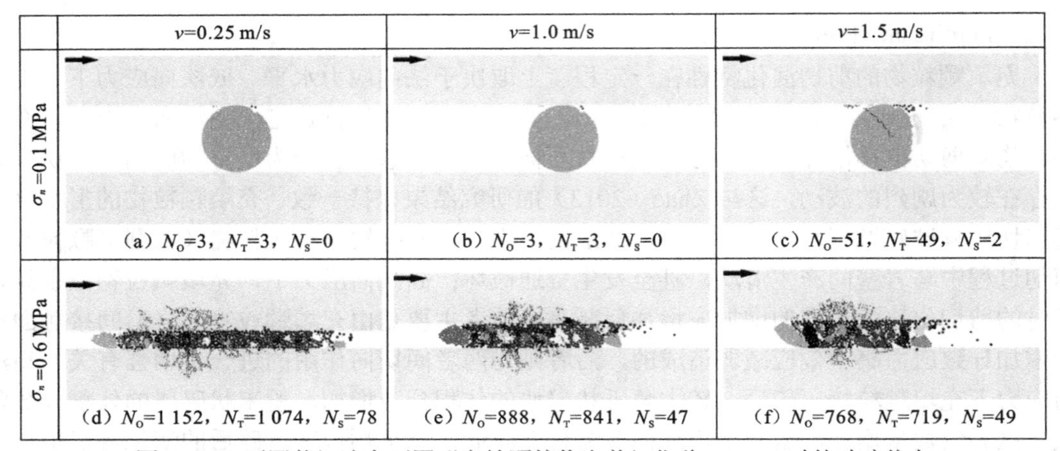

图 10.11　不同剪切速率下圆形充填颗粒物在剪切位移 1.5 mm 时的破碎状态

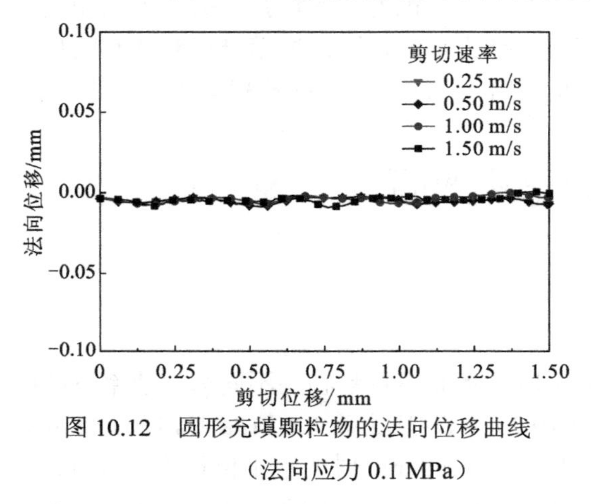

图 10.12　圆形充填颗粒物的法向位移曲线

（法向应力 0.1 MPa）

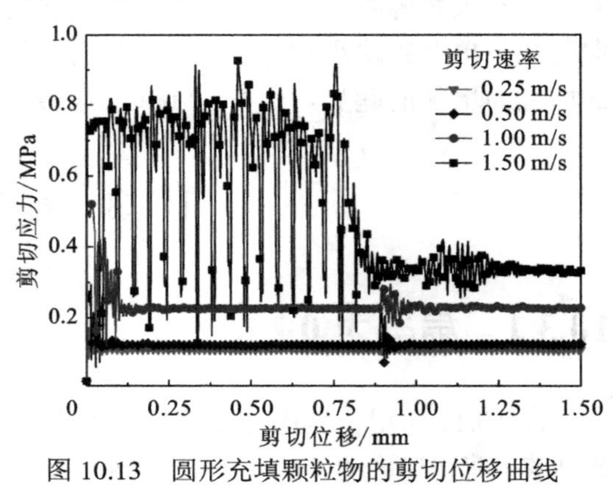

图 10.13　圆形充填颗粒物的剪切位移曲线

（法向应力 0.1 MPa）

层变形滞后效应有关，其随剪切速率的增加先轻微增加后明显降低（表 10.3）。不同剪切速率下法向位移和微裂纹数量变化曲线大致相同，如图 10.14 所示。剪切速率增加：岩石不连续面的剪缩程度和微裂纹数量均明显降低，剪切应力整体增加，且波动幅值也显著增加（图 10.15），引起这一现象的原因可能与高剪切速率下混合物中接触力链的形成与破坏更为剧烈有关（Mair et al.，2002；Sammis et al.，1987），也从侧面说明高剪切速率下充填颗粒物的岩石不连续面具有不稳定滑动性质。

表 10.3　不同剪切速率下碎屑尺寸分布与岩壁磨损（法向应力 0.6 MPa）

扁率	剪切速率/（m/s）	碎屑的尺寸分布/%				岩壁磨损面积/（$\times10^{-9}$ m^2）
		<10^{-9} m^2	10^{-9}～10^{-8} m^2	10^{-8}～10^{-7} m^2	≥10^{-7} m^2	
0	0.25	59.55	19.45	21.00	0	31.22
	0.5	50.33	26.29	23.38	0	34.69
	1.0	44.23	15.83	39.94	0	33.53
	1.5	36.48	15.79	47.73	0	4.62

续表

扁率	剪切速率/（m/s）	碎屑的尺寸分布/%				岩壁磨损面积/（$\times10^{-9}$ m^2）
		<10^{-9} m^2	10^{-9}～10^{-8} m^2	10^{-8}～10^{-7} m^2	≥10^{-7} m^2	
1/3	0.25	33.27	14.37	26.86	25.50	52.03
	0.5	28.72	16.49	23.35	31.44	56.66
	1.0	20.82	15.52	26.09	37.57	40.69
	1.5	17.03	8.54	10.34	64.10	31.22
1/2	0.25	20.63	16.76	47.57	15.04	100.59
	0.5	19.19	17.44	34.11	29.26	37.00
	1.0	16.47	8.92	22.37	52.24	52.03
	1.5	12.64	8.29	22.86	56.21	31.22

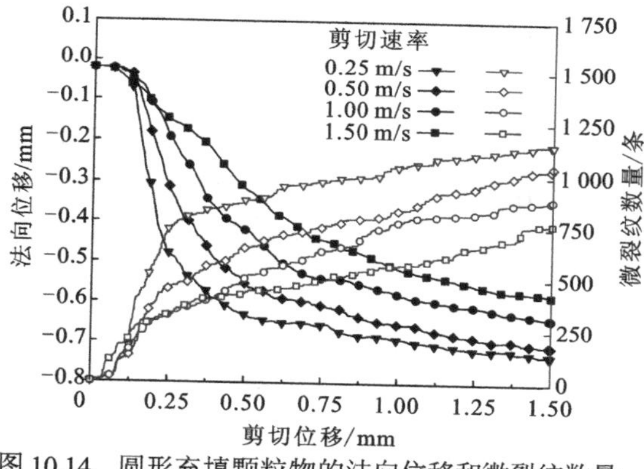

图 10.14　圆形充填颗粒物的法向位移和微裂纹数量（法向应力 0.6 MPa）

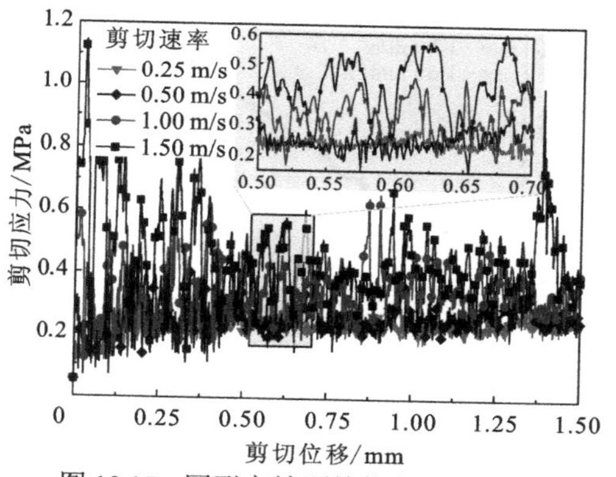

图 10.15　圆形充填颗粒物的剪切位移曲线（法向应力 0.6 MPa）

10.3.2　扁率为 1/3

不同剪切速率下扁率为 1/3 的椭圆形充填颗粒物在剪切位移为 1.5 mm 时的状态如图 10.16 所示（剪切速率为 0.5 m/s 的充填颗粒物破碎状态见图 10.5），法向应力为 0.1 MPa 时，不同剪切速率下的扁率为 1/3 的椭圆形充填颗粒物在剪切位移为 1.5 mm 时的水平位移均为 0.76 mm、转角均为 69°，且仅发生轻微磨损，如图 10.5（d）和图 10.16（a）～（c）所示，表明剪切速率对该工况下充填颗粒物的运移过程无明显影响。不同剪切速率下，岩石不连续面的正法向位移均随剪切位移的增加而逐渐增加且基本重合，剪胀显著，如图 10.17 所示；剪切应力除几处波动外基本保持稳定，整体上随剪切速率的增加而增加，但其在低剪切速率下仅轻微增加，如图 10.18 所示。

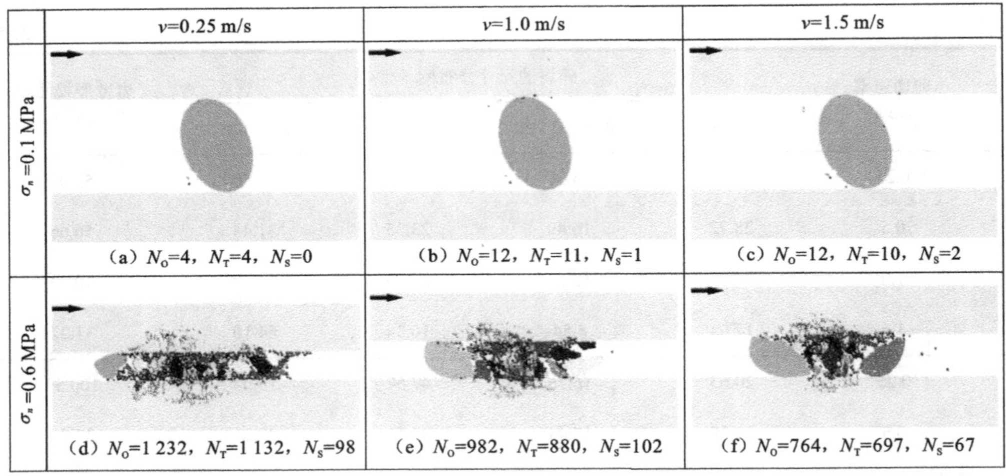

图 10.16　不同剪切速率下扁率为 1/3 椭圆形充填颗粒物在剪切位移 1.5 mm 时的破碎状态

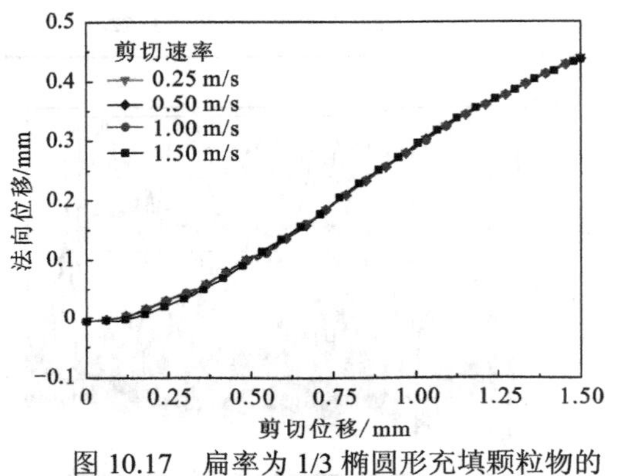

图 10.17　扁率为 1/3 椭圆形充填颗粒物的法向位移曲线（法向应力 0.1 MPa）

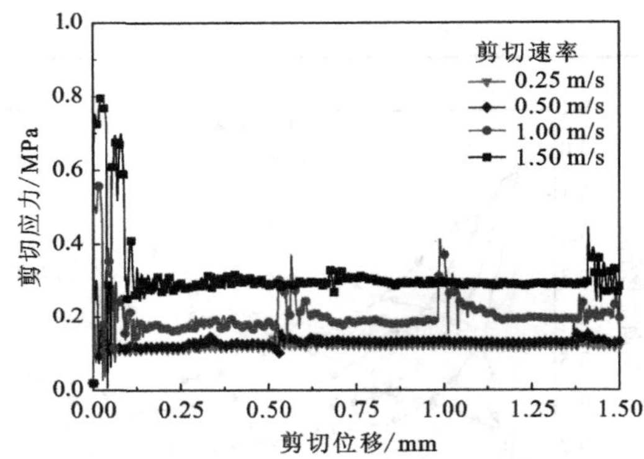

图 10.18　扁率为 1/3 椭圆形充填颗粒物的剪切位移曲线（法向应力 0.1 MPa）

当法向应力为 0.6 MPa 时，不同剪切速率下充填颗粒物在剪切位移约为 0.37～0.39 mm 处产生破坏。剪切速率增加，角砾状碎块的体积分数增加、粉末状碎屑的体积分数降低，见表 10.3 和图 10.16（d）～（f），岩壁磨损程度先轻微增加后明显降低。如图 10.19 和图 10.20 所示，微裂纹数量随剪切速率的增加而减少，较大的剪切速率下岩石不连续面剪

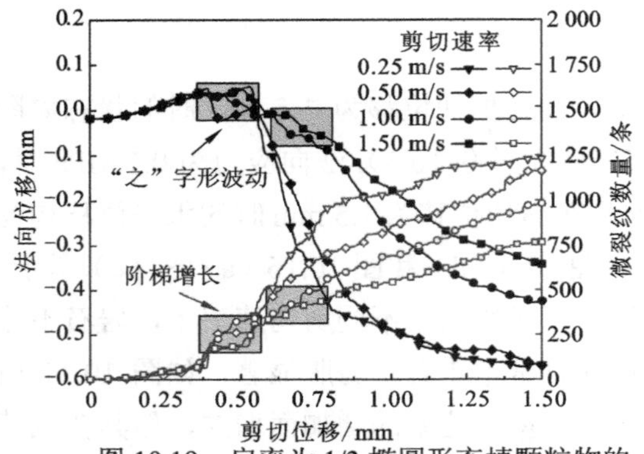

图 10.19　扁率为 1/3 椭圆形充填颗粒物的法向位移和微裂纹数量（法向应力 0.6 MPa）

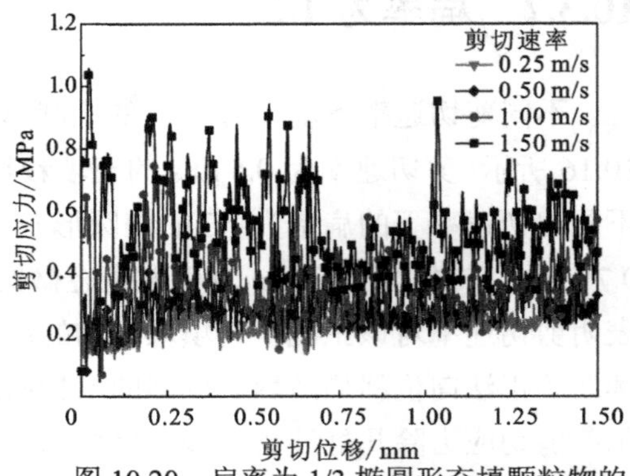

图 10.20　扁率为 1/3 椭圆形充填颗粒物的剪切位移曲线（法向应力 0.6 MPa）

缩程度明显降低。此外，不同剪切速率下，法向位移曲线的“之”字形波动和微裂纹数量曲线的阶梯增长现象均较为明显，表明充填颗粒物压碎后产生的较大碎块仍有一定程度的滚动；剪切应力整体随着剪切速率增加而增加，高剪切速率下岩石不连续面表现出明显的不稳定滑动性。

10.3.3　扁率为 1/2

当法向应力为 0.1 MPa 时，扁率为 1/2 的椭圆形充填颗粒物在 0.25 m/s 的剪切速率下以滚动为主，见图 10.21（a）。剪切位移达到 1.5 mm 时，其水平位移为 0.74 mm、转角为 54°。剪切过程中，岩石不连续面正法向位移逐渐增加（图 10.22），剪胀趋于显著，剪切应力除几处波动外基本保持稳定（图 10.23）。剪切速率增加到 0.5 m/s 和 1.0 m/s 时，充填颗粒物的滚动趋势随剪切速率增加而降低，与岩壁间产生明显的滑动，见图 10.8（d）和图 10.21（b）。剪切过程中岩石不连续面正法向位移先增加后逐渐降低（图 10.22），整体仍表现出剪胀，但剪胀程度随剪切速率增加而降低；剪切应力在充填颗粒物与岩壁间发生滑动时产生小幅剧烈波动（图 10.23）。在 1.5 m/s 的剪切速率下，充填颗粒物在剪切位移为 0.24 mm 时发生破坏，整个剪切过程中仅有微剪胀（图 10.22），这与充填颗粒物破碎后产生的较大碎块的滚动有关，岩壁与碎块间仍以滑动为主；剪切应力保持小幅剧烈波动（图 10.23）。剪切应力整体随剪切速率增加而增加，颗粒物与岩壁间发生滑动时的剪切应力大于其发生滚动时的剪切应力。

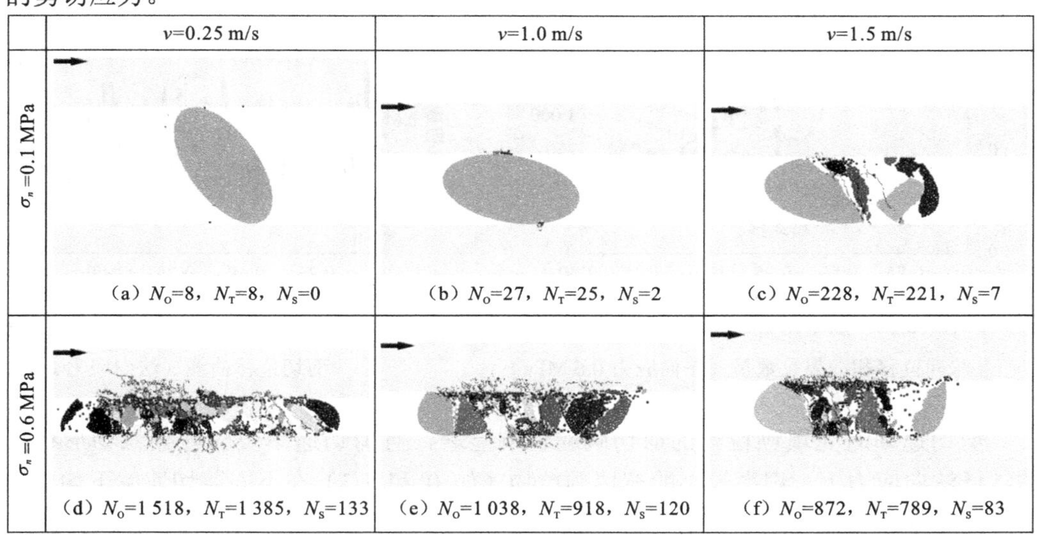

图 10.21　不同剪切速率下扁率为 1/2 椭圆形充填颗粒物在剪切位移 1.5 mm 时的破碎状态

当法向应力为 0.6 MPa 时，剪切速率为 0.25 m/s 和 0.5 m/s 时充填颗粒物微裂纹贯通而产生破坏的剪切位移较为接近，分别为 0.24 mm 和 0.25 mm，剪切速率为 1.0 m/s 和 1.5 m/s 时充填颗粒物微裂纹贯通而产生破坏的剪切位移明显减小，分别为 0.19 mm 和 0.09 mm。剪切速率增加，角砾状碎块的体积分数增加、粉末状碎屑的体积分数降低，见表 10.3、

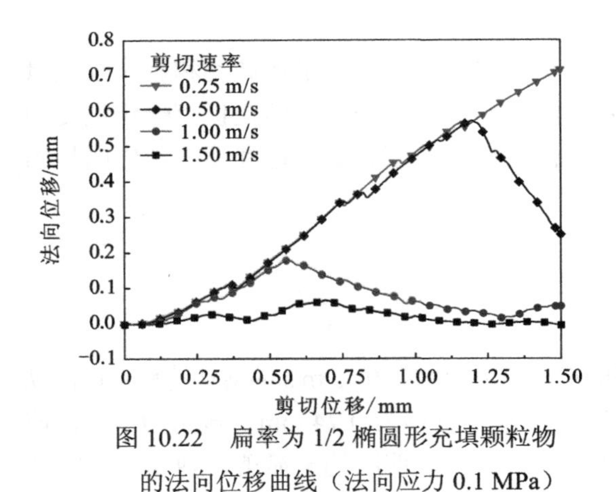

图 10.22　扁率为 1/2 椭圆形充填颗粒物的法向位移曲线（法向应力 0.1 MPa）

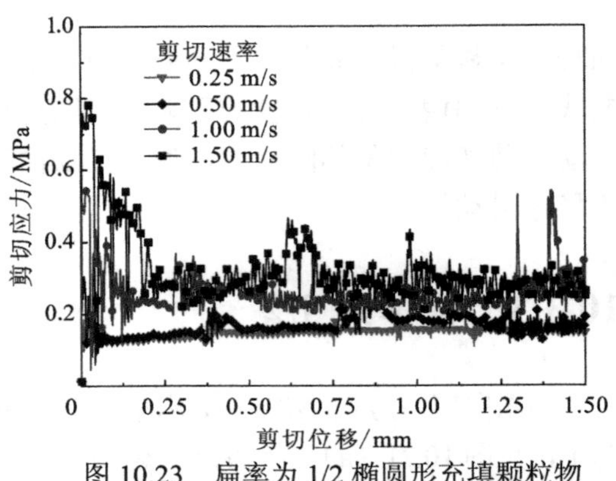

图 10.23　扁率为 1/2 椭圆形充填颗粒物的剪切位移曲线（法向应力 0.1 MPa）

图 10.8（d）和图 10.21（d）～（f）。剪切速率为 0.25 m/s 时岩壁磨损的程度最大，原因一方面可能与混合物的磨蚀能力较强有关（尺度为 10^{-8}～10^{-7} m^2 的角砾状碎块含量较高），另一方面与岩壁浅层变形滞后效应较弱、微裂隙充分扩展有关。剪切速率增加，岩石不连续面剪缩程度整体降低，微裂纹数量减少，如图 10.24 和图 10.25 所示。不同剪切速率下，法向位移曲线和微裂纹曲线均存在“之”字形波动和阶梯增长现象；剪切应力整体随剪切速率的增加不明显，但高剪切速率下剪切应力波动较为剧烈。

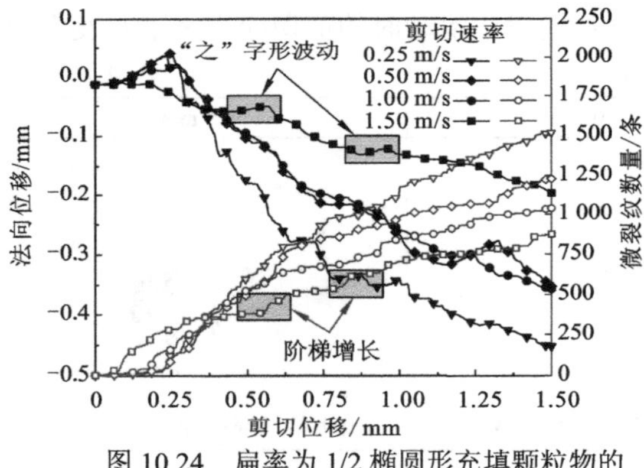

图 10.24　扁率为 1/2 椭圆形充填颗粒物的法向位移和微裂纹数量（法向应力 0.6 MPa）

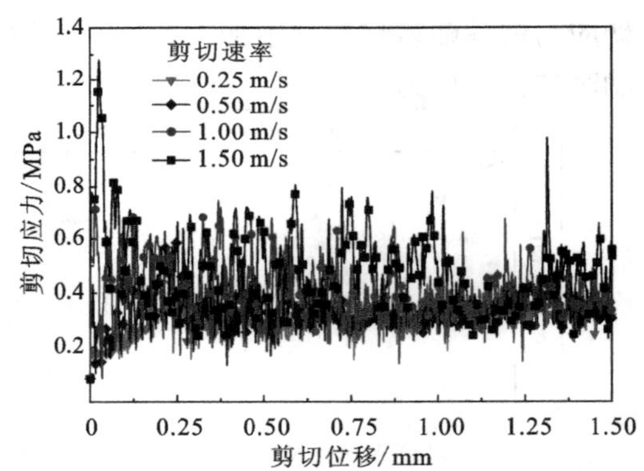

图 10.25　扁率为 1/2 椭圆形充填颗粒物的剪切位移曲线（法向应力 0.6 MPa）

剪切速率对充填颗粒物的剪切响应影响显著，且剪切速率效应与颗粒物形状密切相关。低法向应力下，扁率较小的充填颗粒物（如 0 和 1/3）在不同剪切速率下均以滚动为主，而扁率较大的充填颗粒物（如 1/2）随剪切速率的增加由滚动逐渐转变为滑动、甚至产生宏观破坏，含不同扁率充填颗粒物的岩石不连续面的剪切应力均随剪切速率的增加而增加。高法向应力下，剪切速率增加，不同扁率的充填颗粒物压碎后产生的角砾状碎块的体积分数均增加、粉末状碎屑的体积分数均降低。对扁率较小（如 0 和 1/3）的充填颗粒物，岩壁磨损先轻微增加后明显降低；而对扁率较大（如 1/2）的充填颗粒物，岩壁磨损在剪切速率较低（0.25 m/s）时较为显著，而在较大的剪切速率（1.5 m/s）下明显降低；高剪切速率下岩石不连续面均表现出不稳定滑动性。

10.4　参数敏感性分析

细观参数的标定对岩石及岩石不连续面的宏观力学属性至关重要（Asadi et al.，2012；Park and Song，2009；Potyondy and Cundall，2004）。表 10.1 中的细观参数虽能合理表征诸如砂岩类的沉积岩，但仍需进行参数敏感性分析以便将研究成果进行推广。此外，数值模型一般假定岩壁和充填颗粒物具有相同的力学属性（Zhao，2013；Mair and Abe，2008），但二者可能不是同一岩性。因此，本节将进一步探讨颗粒单元的摩擦系数、接触模量、法/切向刚度比及黏结强度等细观参数对充填颗粒物剪切运移破坏过程的影响。以表 10.1 中第 2 列参数作为参考，每次仅改变比较组的参数，以圆形颗粒为例探讨其在 0.1 MPa 和 0.6 MPa 法向应力下以 0.5 m/s 的剪切速率进行直剪试验获得的力学性质。

10.4.1　摩擦系数

图 10.26 为不同摩擦系数（0.1、0.3、0.6 和 0.9）下岩石不连续面法向位移和剪切应力的变化曲线。法向应力为 0.1 MPa 时：不同摩擦系数下颗粒物在剪切位移为 1.5 mm 时的水平位移和转角均分别为 0.76 mm 和 86°，即均为纯滚动；岩石不连续面法向位移基本保持不变且相互重合，剪切应力除初始和中间处波动外基本保持稳定，其中摩擦系数为 0.6 和 0.9 时的剪切应力整体略大于摩擦系数为 0.1 和 0.3 时的剪切应力。法向应力为 0.6 MPa 时，摩擦系数对充填颗粒物剪切响应的影响较为显著。摩擦系数为 0.1 时，充填颗粒物在法向伺服阶段发生破碎。摩擦系数为 0.3 和 0.6 时，充填颗粒物压碎后的尺寸分布较为接近，见表 10.4，但摩擦系数为 0.6 时的岩壁磨损更为严重、岩石不连续面剪缩程度较低。摩擦系数为 0.9 时，充填颗粒物在剪切初期以滚动为主，至剪切位移为 0.90 mm 时发生破坏，岩石不连续面剪缩程度明显降低，充填颗粒物发生滚动时的剪切应力小于压碎后与岩壁间发生滑动时的剪切应力。不同摩擦系数下充填颗粒物压碎后与岩壁间发生滑动时的剪切应力大体相等。

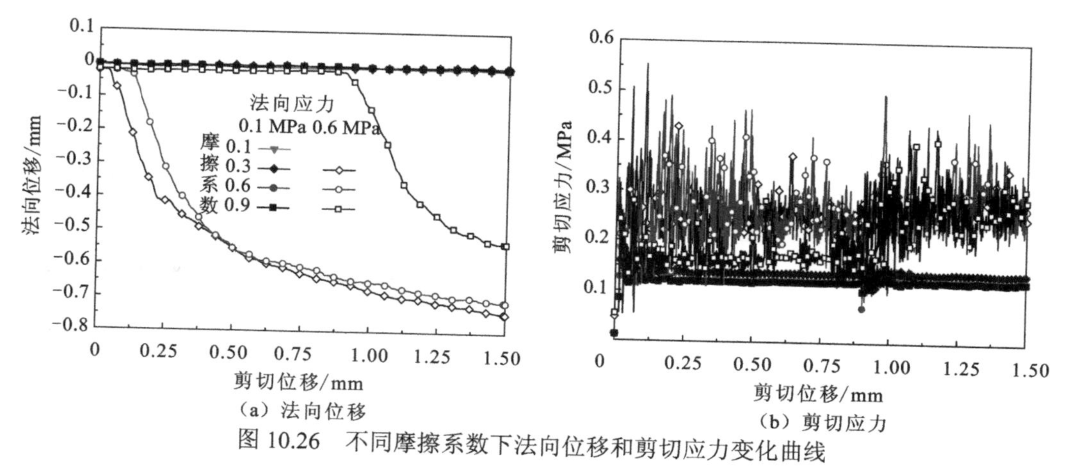

（a）法向位移　（b）剪切应力

图 10.26　不同摩擦系数下法向位移和剪切应力变化曲线

表 10.4　不同细观参数下碎块在法向应力 0.6 MPa 时的碎屑最终尺寸分布情况及岩壁的磨损

细观参数类型	数值	碎屑的尺寸分布/%				岩壁磨损面积/（$\times10^{-9}$ m²）
		$<10^{-9}$ m²	$10^{-9}\sim10^{-8}$ m²	$10^{-8}\sim10^{-7}$ m²	$\geqslant10^{-7}$ m²	
摩擦系数	0.3	47.69	27.02	25.29	0	10.41
	0.6	50.33	26.29	23.38	0	34.69
	0.9	43.22	16.38	40.40	0	28.91
接触模量/GPa	0.15	0	0	0	100	0
	1.5	50.33	26.29	23.38	0	34.69
法/切向刚度比	0.5	54.96	17.64	27.40	0	47.41
	1.0	50.33	26.29	23.38	0	34.69
	1.5	58.11	27.46	14.43	0	13.87
	2.0	54.87	19.29	25.84	0	18.50
黏结强度/MPa	12	50.33	26.29	23.38	0	34.69
	18	1.18	0.29	0	98.53	11.56

10.4.2　接触模量

一般假定平行黏结模型中的线性接触模量和平行黏结模量相等（Bahaaddini et al.，2016；Zhang and Wong，2012）。不同接触模量下（0.15 GPa、1.5 GPa 和 15 GPa）岩石不连续面的剪切力学响应如图 10.27 所示。法向应力为 0.1 MPa 时，不同接触模量下充填颗粒物在剪切位移为 1.5 mm 时的水平位移均为 0.76 mm。接触模量为 0.15 GPa 时充填颗粒物的转角为 88°，接触模量为 1.5 GPa 和 15 GPa 时的转角 86°。较大的转角可能是由充填颗粒物在剪切过程中产生了轻微的塑性变形、岩石不连续面产生轻微剪缩而引起的。剪切应力整体随接触模量的增加先减小后增加，但变化幅度不大。法向应力为 0.6 MPa 时，接

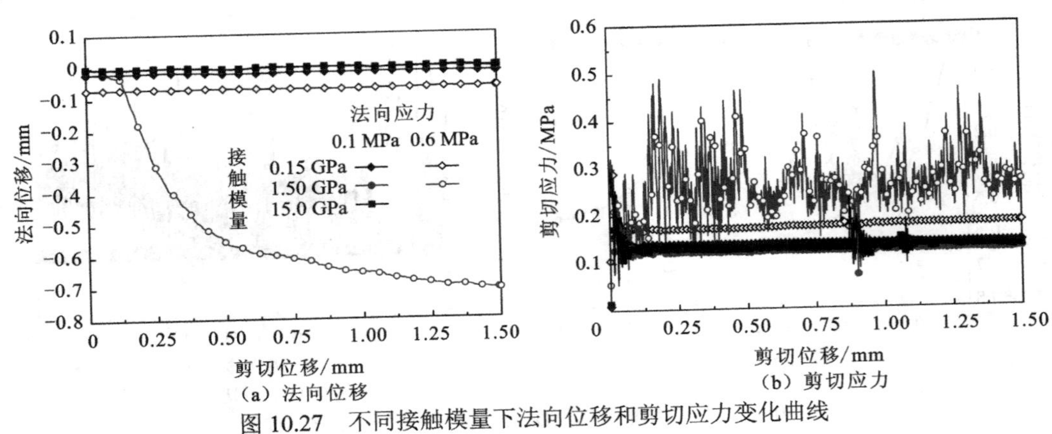

图 10.27　不同接触模量下法向位移和剪切应力变化曲线

触模量为 0.15 GPa 的充填颗粒物在剪切过程中保持滚动，岩石不连续面发生一定程度的剪缩，表明充填颗粒物在剪切过程中发生了较为明显的塑性变形；剪切应力在剪切过程中基本保持稳定。接触模量为 1.5 GPa 时，充填颗粒物随剪切位移的增加而被压碎，剪切应力剧烈波动，且明显大于接触模量为 0.15 GPa 时的剪切应力。接触模量为 15 GPa 时，充填颗粒物的宏观刚度增加，其脆性增强，在法向伺服阶段产生破碎。

10.4.3　法/切向刚度比

一般假定平行黏结模型的线性接触和平行黏结接触的法/切向刚度比相等（Bahaaddini et al.，2016；Zhang and Wong，2012）。不同法/切向刚度比下（0.5、1.0、1.5 和 2.0）岩石不连续面的剪切响应如图 10.28 所示。法向应力为 0.1 MPa 时，不同法/切向刚度比下充填颗粒物在剪切位移为 1.5 mm 时的水平位移和转角均为 0.76 mm 和 86°，即纯滚动，岩石不连续面法向位移和剪切应力基本保持稳定且相互重合。低法向应力（0.1 MPa）下，法/切向刚度比对充填颗粒物的剪切响应无明显影响。当法向应力为 0.6 MPa 时，随刚度比的增加，粉末状碎屑的体积分数较为接近，岩壁磨损程度先明显降低后轻微增加（表 10.4），刚度比为 1.5 时较大的角砾状碎块的体积分数最小、岩壁磨损程度最低。不同法/切向刚度比下，岩石不连续面法向位移和剪切应力曲线变化趋势大体相同，岩石不连续面的剪缩程度和剪切应力总体上也大致相等。

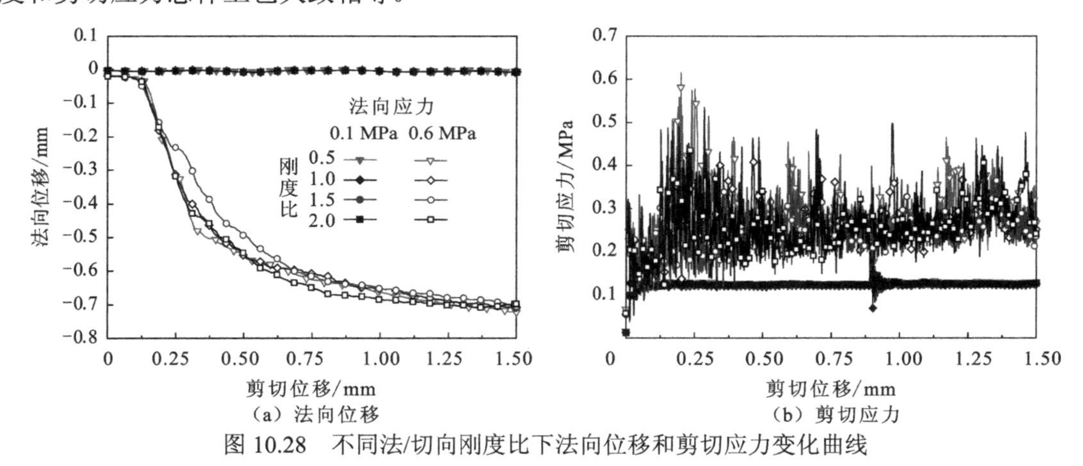

图 10.28　不同法/切向刚度比下法向位移和剪切应力变化曲线

10.4.4　黏结强度

不同黏结强度（6 MPa、12 MPa 和 18 MPa）下岩石不连续面的剪切响应如图 10.29 所示。法向应力为 0.1 MPa 时，黏结强度为 6 MPa 的充填颗粒物在剪切位移约 0.14 mm 处发生破坏，但较大的碎块与岩壁间仍保持滚动至剪切位移约 1.0 mm 处才产生明显的滑动。充填颗粒物中微裂纹贯通后，负法向位移缓慢增加，至剪切位移达到 0.6 mm 后才表现出明显的剪缩；剪切应力在剪切位移小于 1.0 mm 时除几处波动外基本保持稳定，之后发生小幅剧烈波动。黏结强度为 12 MPa 和 18 MPa 时，充填颗粒物在剪切位移为 1.5 mm 处的水平位移和转角均分别为 0.76 mm 和 86°，表明其发生纯滚动，岩石不连续面的法向位移和剪切应力基本保持稳定且相互重合，黏结强度为 18 MPa 时的剪切应力除初始波动外无明显其他波动，表明颗粒物和岩壁基本未发生磨损。法向应力为 0.6 MPa 时，黏结强度为 6 MPa 的充填颗粒物在法向伺服阶段破碎。黏结强度为 12 MPa 的充填颗粒物在剪切过程中被压碎。相比之下，黏结强度为 18 MPa 的充填颗粒物在剪切位移为 1.5 mm 时的水平位移和转角分别为 0.76 mm 和 86°，即纯滚动，充填颗粒物仅产生轻微磨损，岩壁磨损程度也明显较黏结强度为 12 MPa 时低。岩石不连续面法向位移和剪切应力基本保持稳定，剪切应力存在多处波动，但明显小于黏结强度为 12 MPa 时的剪切应力。

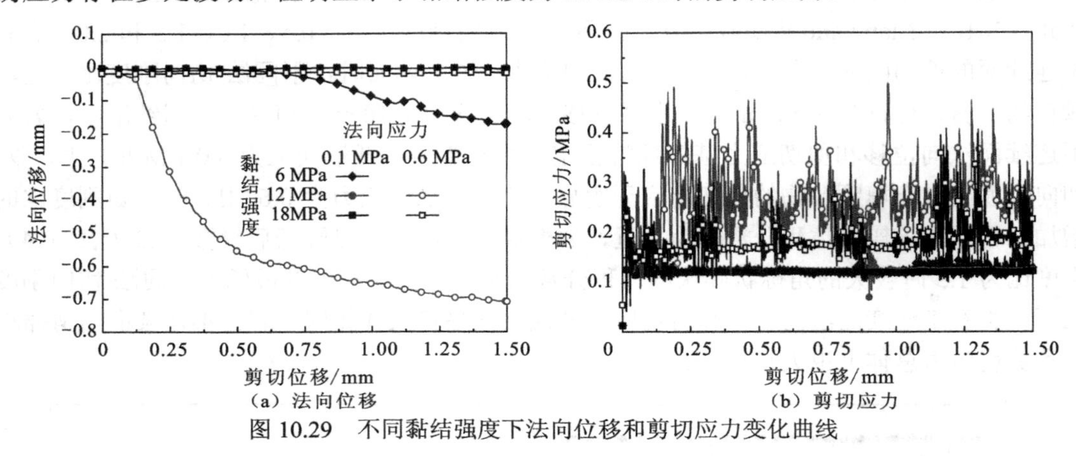

（a）法向位移　　（b）剪切应力

图 10.29　不同黏结强度下法向位移和剪切应力变化曲线

参考文献

常士骠, 张苏民, 2007. 工程地质手册. 北京: 中国建筑工业出版社.

陈世江, 朱万成, 张敏思, 等, 2012. 基于数字图像处理技术的岩石分形描述. 岩土工程学报, 34(11): 2087-2092.

陈世江, 朱万成, 王创业, 等, 2016. 考虑各向异性特征的三维岩体结构面峰值剪切强度研究. 岩石力学与工程学报, 35(10): 2013-2021.

陈曦, 2022. 基于三维形貌结构的岩体粗糙裂隙抗剪强度、长期溶蚀及灌浆驱水研究. 武汉: 武汉大学.

陈曦, 曾亚武, 孙翰卿, 等, 2019. 基于 Grasselli 形貌参数的岩石节理初始剪胀角新模型. 岩石力学与工程学报, 38(1): 133-152.

杜时贵, 1999. 岩体结构面的工程性质. 北京: 地震出版社.

杜时贵, 唐辉明, 1993. 岩体断裂粗糙度系数的各向异性研究. 工程地质学报, 2: 32-42.

杜时贵, 陈禹, 樊良本, 1996. JRC 修正直边法的数学表达. 工程地质学报, 2: 36-43.

桂洋, 2018. 岩石节理剪切的形貌演化与渗流耦合特性研究. 上海: 同济大学.

黄曼, 杜时贵, 罗战友, 等, 2013. 基于多尺度直剪试验的岩石模型结构面抗剪强度特征研究. 岩土力学, 34(11): 3180-3186.

江权, 宋磊博, 2018. 3D 打印技术在岩体物理模型力学试验研究中的应用研究与展望. 岩石力学与工程学报, 37(1): 23-37.

李海波, 冯海鹏, 刘博, 2006. 不同剪切速率下岩石节理的强度特性研究. 岩石力学与工程学报, 25(12): 2435-2440.

孙广忠, 1983. 岩体力学基础. 北京: 科学出版社.

孙宗颀, 1987. 不连续应力面-变形性质的研究. 岩石力学与工程学报, 6 (4): 287-300.

唐志成, 2013. 不同接触状态岩石节理和柱状节理岩体的力学性质. 上海: 同济大学.

陶振宇, 唐方福, 张黎明, 1992. 节理与断层岩石力学. 武汉: 中国地质大学出版社

王刚, 张学朋, 蒋宇静, 等, 2015. 一种考虑剪切速率的粗糙结构面剪切强度准则. 岩土工程学报, 37(8): 1399-1404.

温诗铸, 黄平, 2002. 摩擦学原理. 北京: 清华大学出版社.

吴顺川, 李利平, 张晓平, 2021. 岩石力学. 北京: 高等教育出版社.

吴月秀, 刘泉声, 刘小燕, 2011. 岩体节理粗糙度系数与统计参数的相关关系研究. 岩石力学与工程学报, 30(S1): 2593-2598.

夏才初, 1991. 岩石表面形貌学与节理力学研究. 长沙: 中南工业大学.

夏才初, 孙宗颀, 1995. RSP-I 型智能岩石表面形貌仪. 水利学报, 26(6): 62-66.

夏才初, 孙宗颀, 2002. 工程岩体节理力学. 上海: 同济大学出版社.

夏才初, 孙宗颀, 潘长良, 1993a. 节理表面形貌的测量及其剪切性质的预计. 勘察科学技术, 11(5): 14-17.
夏才初, 孙宗颀, 任自民, 等, 1993b. 岩石结构面表面形貌的现场量测及其分级. 中国有色金属学报, 3(4): 6-10.
夏才初, 唐志成, 宋英龙, 等, 2011. 节理峰值剪切位移及其影响因素分析. 岩土力学, 32(6): 1654-1658.
夏才初, 王伟, 丁增志, 2008. TJXW-3D型便携式岩石三维表面形貌仪的研制. 岩石力学与工程学报, 27(7): 1505-1512.
谢和平, 1995. 岩石节理的分形描述. 岩土工程学报, 17(1): 18-23.
谢和平, 1996. 分形-岩石力学导论. 北京: 科学出版社.
谢和平, PARISEAU W G, 1994. 岩石节理粗糙系数（JRC）的分形估计. 中国科学: B 辑, 24(5): 524-530.
徐开礼, 朱志澄, 1989. 构造地质学. 2 版. 北京: 地质出版社.
杨洁, 2018. 结构面剪切渗流试验及其模型研究. 武汉: 武汉大学.
杨洁, 荣冠, 程龙, 等, 2015. 节理峰值抗剪强度试验研究. 岩石力学与工程学报, 34(5): 884-894.
尹乾, 靖洪文, 孟波, 等, 2021. CNL 和 CNS 边界条件下砂岩宏细观剪切力学特性. 采矿与安全工程学报, 38(3): 615-624.
俞缙, 赵晓豹, 赵维炳, 等, 2008. 改进的岩石节理弹性非线性法向变形本构模型研究. 岩土工程学报, 30(9): 1316-1321.
张建明, 唐志成, 蒋景东, 等, 2015. 统计参数与 JRC 的定量关系研究. 科学技术与工程, 15(14): 1-5.
张小波, 2018. 岩石节理的细-宏观剪切机制、形貌结构和强度模型. 武汉: 武汉大学.
周创兵, 熊文林, 1996. 节理面粗糙度系数与分形维数的关系. 武汉水利电力大学学报, 29(5): 1-5.
周宏伟, 谢和平, KWASNIEWSKI M A, 等, 2001. 岩体节理表面形貌的各向异性研究. 地质力学学报, 7(2): 123-129.
ABE S, MAIR K, 2005. Grain fracture in 3D numerical simulations of granular shear. Geophysical Research Letters, 32(5): L05305.
ADLER R J, FIRMAN D, 1981. A non-Gaussian model for random surfaces. Philosophical Transactions of the Royal Society of London, 303(1479): 433-462.
ALEJANO L R, GONZÁLEZ J, MURALHA J, 2012. Comparison of different techniques of tilt testing and basic friction angle variability assessment. Rock Mechanics and Rock Engineering, 45(6): 1023-1035.
ALEJANO L R, MURALHA J, ULUSAY R, et al., 2018. ISRM suggested method for determining the basic friction angle of planar rock surfaces by means of tilt tests. Rock Mechanics and Rock Engineering, 51(12): 3853-3859.
AMADEI B, WIBOWO J, STURE S, et al., 1998. Applicability of existing models to predict the behavior of replicas of natural fractures of welded tuff under different boundary conditions. Geotechnical and Geological Engineering, 16: 79-128.
AMITRANO D, SCHMITTBUHL J, 2002. Fracture roughness and gouge distribution of a granite shear band. Journal of Geophysical Research: Atmospheres, 107(B12): 11-19.
ARCHARD J F, 1957. Elastic deformation and the laws of friction. Proceedings of Royal Society A, 243(1233): 190-205.
ASADI M S, RASOULI V, BARLA G, 2012. A bonded particle model simulation of shear strength and asperity

degradation for rough rock fractures. Rock Mechanics and Rock Engineering, 45(5): 649-675.

ASADOLLAHI P, TONON F, 2010. Constitutive model for rock fractures: Revisiting Barton's empirical model. Engineering Geology, 113(1-4): 11-32.

ASKARI M, AHMADI M, 2007. Failure process after peak strength of artificial joints by fractal dimension. Geotechnical and Geological Engineering, 25: 631-637.

ATAPOUR H, MOOSAVI M, 2014. The influence of shearing velocity on shear behavior of artificial joints. Rock Mechanics and Rock Engineering, 47(5): 1745-1761.

AYDAN Ö, SHIMIZU Y, KAWAMOTO T, 1996. The anisotropy of surface morphology characteristics of rock discontinuities. Rock Mechanics and Rock Engineering, 29: 47-59.

BABANOURI N, ASADIZADEH M, HASAN-ALIZADE Z, 2020. Modeling shear behavior of rock joints: A focus on interaction of influencing parameters. International Journal of Rock Mechanics and Mining Sciences, 134: 104449.

BABANOURI N, KARIMI N S, 2017. Proposing triangulation-based measures for rock fracture roughness. Rock Mechanics and Rock Engineering, 50(4): 1055-1061.

BAE D S, KIM K S, KOH Y K, et al., 2011. Characterization of joint roughness in granite by applying the scan circle technique to images from a borehole televiewer. Rock Mechanics and Rock Engineering, 44: 497-504.

BAHAADDINI M, HAGAN P C, MITRA R, et al., 2014. Scale effect on the shear behaviour of rock joints based on a numerical study. Engineering Geology, 181: 212-223.

BAHAADDINI M, HAGAN P C, MITRA R, et al., 2016. Experimental and numerical study of asperity degradation in the direct shear test. Engineering Geology, 204: 41-52.

BAHAADDINI M, SHARROCK G, HEBBLEWHITE B K, 2013. Numerical direct shear tests to model the shear behaviour of rock joints. Computers and Geotechnics, 51: 101-115.

BAN L, DU W, QI C, 2020a. A modified roughness index based on the root mean square of the first derivative and its relationship with peak shear strength of rock joints. Engineering Geology, 279: 105898.

BAN L, QI C, CHEN H, et al., 2020b. A new criterion for peak shear strength of rock joints with a 3D roughness parameter. Rock Mechanics and Rock Engineering, 53(1-2): 1755-1775.

BANDIS S C, 1980. Experimental studies of scale effects on shear strength, and deformation of rock joints. Leeds: University of Leeds.

BANDIS S C, LUMSDEN A C, BARTON N, 1981. Experimental studies of scale effects on the shear behavior of rock joints. International Journal of Rock Mechanics and Mining Sciences & Geomechanics Abstracts, 18(1): 1-21.

BANDIS S C, LUMSDEN A C, BARTON N R, 1983. Fundamentals of rock joint deformation. International Journal of Rock Mechanics and Mining Sciences & Geomechanics Abstracts, 20(6): 249-268.

BARBERO M, BARLA G, ZANINETTI A, 1996. Dynamic shear strength of rock joints subjected to impulse loading. International Journal of Rock Mechanics and Mining Sciences & Geomechanics Abstracts, 33(2): 141-151.

BARTON N, 1971. Estimation of in situ shear strength from back analysis of failed rock slopes. Proceeding of International Symposium of Rock Mechanics: Rock Fracture 2: 27.

BARTON N, 1973. Review of a new shear-strength criterion for rock joints. Engineering Geology, 7(4): 287-332.

BARTON N, 1976. The shear strength of rock and rock joints. International Journal of Rock Mechanics and Mining Science & Geomechanics Abstracts, 13(9): 255-279.

BARTON N, 1981. Some size dependent properties of joints and faults. Geophysical Research Letters, 8(7): 667-670.

BARTON N, 1982. Modeling rock joint behavior from in-situ block tests: Implications for nuclear waste repository design. Columbus: Office of Nuclear Waste Isolation.

BARTON N, 2013. Shear strength criteria for rock, rock joints, rockfill and rock masses: Problems and some solutions. Journal of Rock Mechanics and Geotechnical Engineering, 5(4): 249-261.

BARTON N, BAKHTAR K, 1983. Rock joint description and modelling for the hydro-thermomechanical design of nuclear waste repositories. MRS Online Proceedings Library, 26: 1047-1059.

BARTON N, BANDIS S, 1982. Effects of block size on the shear behavior of jointed rock//Proceedings of the 23rd US Rock Mechanics Symposium, Berkeley, CA: 739-760.

BARTON N, BANDIS S, 1990. Review of predictive capabilities of JRC-JCS model in engineering practice// BARTON N, STEPHANSSON O. Rock Joints: Proceedings of the International Symposium on Rock Joints, Rotterdam: A. A. Balkema: 603-610.

BARTON N, CHOUBEY V, 1977. The shear strength of rock joints in theory and practice. Rock Mechanics and Rock Engineering, 10(1): 1-54.

BARTON N, DE QUADROS E F, 1997. Joint aperture and roughness in the prediction of flow and groutability of rock masses. International Journal of Rock Mechanics and Mining Sciences, 34(3-4): 252. e1-252. e14.

BARTON N, LINGLE R, 1982. Rock mass characterization methods for nuclear waste repositories in jointed rock// Proceeding of ISRM Symposium, Rock Mechanics Related to Caverns and Pressure Shafts, Aachen, Germany.

BARTON N, QUADROS E, 2015. Anisotropy is everywhere, to see, to measure, and to model. Rock Mechanics and Rock Engineering, 48: 1323-1339.

BARTON N, BANDIS S C, BAKHTAR K, 1985. Strength, deformation and conductivity coupling of rock joints. International Journal of Rock Mechanics and Mining Sciences & Geomechanics Abstracts, 22(3): 121-140.

BEER A J, STEAD D, COGGAN J S, 2002. Estimation of the joint roughness coefficient (JRC) by visual comparison. Rock Mechanic and Rock Engineering, 35(1): 65-74.

BELEM T, HOMAND-ETIENNE F, SOULEY M, 2000. Quantitative parameters for rock joint surface roughness. Rock Mechanics and Rock Engineering, 33: 217-242.

BILGIN H A, PASAMEHMETOGLU A G, 1990. Shear behaviour of shale joints under heat in direct shear// ROSSMANITH H P. Mechanics of Jointed and Faulted Rock. Boca Raton: CRC Press.

BORRI-BRUNETTO M, CARPINTERI A, CHIAIA B, 2004. The effect of scale and criticality in rock slope stability. Rock Mechanics and Rock Engineering, 37: 117-126.

BORRI-BRUNETTO M, CHIAIA B, CIAVARELLA M, 2001. Incipient sliding of rough surfaces in contact: A multiscale numerical analysis. Computer Methods in Applied Mechanics and Engineering, 190(46-47):

6053-6073.

BOWDEN F P, TABOR D, 1950. The Friction and Lubrication of Solids. Oxford: Clarendon Press.

BROWN S R, SCHOLZ C H, 1985a. Broad bandwidth study of the topography of natural rock surfaces. The Journal of Geophysical Research: Solid Earth, 90: 12575-12582.

BROWN S R, SCHOLZ C H, 1985b. Closure of random elastic surfaces in contact. Journal of Geophysical Research: Soild Earth, 90(B7): 5531-5545.

BYERLEE J, 1978. Friction of rocks. Pure and Applied Geophysics, 116: 615-626.

BYERLEE J D, BRACE W F, 1968. Stick slip, stable sliding, and earthquakes-effect of rock type, pressure, strain rate, and stiffness. Journal of Geophysical Research, 73(18): 6031-6037.

CARBONE G, BOTTIGLIONE F, 2008. Asperity contact theories: Do they predict linearity between contact area and load? Journal of Mechanics Physics of Solids, 56(8): 2555-2572.

CARPICK R W, 2018. The contact sport of rough surfaces. Science, 359(6371): 38-38.

CARPINTERI A, PAGGI M, 2008. Size-scale effects on strength, friction and fracture energy of faults: A unified interpretation according to fractal geometry. Rock Mechanics and Rock Engineering, 41(5): 735-746.

CARR J R, WARRINER J B, 1989. Relationship between the fractal dimension and joint roughness coefficient. Environment and Engineering Geoscience, 26(2): 253-263.

CASTELLI M, RE F, SCAVIA C, et al., 2001. Experimental evaluation of scale effects on the mechanical behavior of rock joints// Rock Mechanics: A Challenge for Society, Finland: Taylor & Francis.

CHEN S J, ZHU W C, YU Q L, et al., 2016. Characterization of anisotropy of joint surface roughness and aperture by variogram approach based on digital image processing technique. Rock Mechanics and Rock Engineering, 49: 855-876.

CHEN T C, YEUNG M R, MORI N, 2004. Effect of water saturation on deterioration of welded tuff due to freeze-thaw action. Cold Regions Science and Technology, 38(2): 127-136.

CHEN X, ZENG Y, YE Y, et al., 2021. A simplified form of Grasselli's 3D roughness measure $\theta^{*}_{\max}/(1+C)$. Rock Mechanics and Rock Engineering, 54: 4329-4346.

CHEN Y D, LIANG W G, SELVADURAI A P S, et al., 2021. Influence of asperity degradation and gouge formation on flow during rock fracture shearing. International Journal of Rock Mechanics and Mining Sciences, 143: 104795.

CIAVARELLA M, DELFINE V, DEMELIO G, 2006. A "re-vitalized" Greenwood and Williamson model of elastic contact between fractal surfaces. Journal of the Mechanics and Physics of Solids, 54(12): 2569-2591.

COOK N G W, 1992. Natural joints in rock: Mechanical, hydraulic and seismic behaviour and properties under normal stress. International Journal of Rock Mechanics and Mining Sciences & Geomechanics Abstracts, 29(3): 198-223.

COULSON J H, 1972. Shear strength of flat surfaces in rock stability of rock slopes// Proceedings of 13th Symposium on Rock Mechanics, American Society of Civil Engineers, New York.

CRAVERO M, IABICHINO G, FERRERO A M, 2001. Evaluation of joint roughness and dilatancy of schistosity joints// SARKKA P, ELORANTA P. Rock mechanics: A challenge for society, Proceedings of Eurock 2001. Rotterdam: A. A. Balkema: 217-222.

CRAVERO M, IABICHINO G, PIOVANO V, 1995. Analysis of large joint profiles related to rock slope instabilities// 8th ISRM congress. Rotterdam: A. A. Balkema: 423-428.

CRAWFORD A M, CURRAN J H, 1981. The influence of shear velocity on the frictional resistance of rock discontinuities. International Journal of Rock Mechanics and Mining Sciences & Geomechanics Abstracts, 18(6): 505-515.

CUNDALL P, 2000. Numerical experiments on rough joints in shear using a bonded particle model// LEHNER F, URAI J. Aspects of tectonic faulting. Berlin: Springer.

CURRAN J H, LEONG P K, 1983. Influence of shear velocity on rock joint strength// Proceedings of the 5th Congress of the International Society for Rock Mechanics, Melbourne.

DANTAS NETO S A, INDRARATNA B, OLIVEIRA D A F, et al., 2017. Modelling the shear behaviour of clean rock discontinuities using artificial neural networks. Rock Mechanics and Rock Engineering, 50: 1817-1831.

DESAI C S, FISHMAN K L, 1991. Plasticity-based constitutive model with associated testing for joints. International Journal of Rock Mechanics and Mining Sciences & Geomechanics Abstracts, 28(1): 15-26.

DESAI C S, MA Y, 1992. Modelling of joints and interfaces using the disturbed-state concept. International Journal for Numerical and Analytical Methods in Geomechanics, 16(9): 623-653.

DEVELI K, BABADAGLI T, COMLEKCI C, 2001. A new computer-controlled surface-scanning device for measurement of fracture surface roughness. Computational Geosciences, 27: 265-277.

DOWDING C H, DICKINSON R M, 1981. Water jet cutting of experimental rock discontinuities. International Journal of Rock Mechanics and Mining Sciences & Geomechanics Abstracts, 18(3): 235-243.

FARDIN N, 2008. Influence of structural non-stationarity of surface roughness on morphologicalcharacterization and mechanical deformation of rock joints. Rock Mechanics and Rock Engineering, 41(2): 267-297.

FARDIN N, FENG Q, STEPHANSSON O, 2004. Application of a new in situ 3D laser scanner to study the scale effect on the rock joint surface roughness. International Journal of Rock Mechanics and Mining Sciences, 41: 329-335.

FARDIN N, STEPHANSSON O, JING L, 2001. The scale dependence of rock joint surface roughness. International Journal of Rock Mechanics and Mining Sciences, 38: 659-669.

FATHIPOUR-AZAR H, 2022. New interpretable shear strength criterion for rock joints. Acta Geotechnica, 17(6): 1327-1341.

FENG Q, FARDIN N, JING L, et al., 2003. A new method for in-situ non-contact roughness measurement of large rock fracture surfaces. Rock Mechanics and Rock Engineering, 36: 3-25.

FERRERO A M, MIGLIAZZA M, TEBALDI G, 2010. Development of a new experimental apparatus for the study of the mechanical behaviour of a rock discontinuity under monotonic and cyclic loads. Rock Mechanics and Rock Engineering, 43(6): 685-695.

GAO Y, WONG L N Y, 2015. A modified correlation between roughness parameter Z_2 and the JRC. Rock Mechanics and Rock Engineering, 48: 387-396.

GASC-BARBIER M, HONG T T N, MARACHE A, et al., 2012. Morphological and mechanical analysis of natural marble joints submitted to shear tests. Journal of Rock Mechanics and Geotechnical Engineering, 4(4): 296-311.

GE Y, KULATILAKE P H S W, TANG H, et al., 2014. Investigation of natural rock joint roughness. Computers and Geotechnics, 55: 290-305.

GENTIER S, BILLAUX D, VAN VLIET L, 1989. Laboratory testing of the voids of a fracture. Rock Mechanics and Rock Engineering, 22(2): 149-157.

GERRARD C, 1986. Shear failure of rock joints: Appropriate constraints for empirical relations. International Journal of Rock Mechanics and Mining Sciences & Geomechanics Abstracts, 23(6): 421-429.

GHAZVINIAN A H, AZINFAR M J, GERANMAYEH VR, 2012. Importance of tensile strength on the shear behavior of discontinuities. Rock Mechanics and Rock Engineering, 45(3): 349-359.

GHAZVINIAN A H, TAGHICHIAN A, HASHEMI M, et al., 2010. The shear behavior of bedding planes of weakness between two different rock types with high strength difference. Rock Mechanics and Rock Engineering, 43(1): 69-87.

GHIASSI K, 1998. Failure modes of asperities in rock discontinuities. Urbana, Illinois: University of Illinois at Urbana-Champaign.

GIANI G P, FERRERO A M, PASSARELLO G, et al., 1992. Scale effect evaluation on natural discontinuity shear strength//Fractured and Jointed Rock Masses, Rotterdam: A.A. Balkema: 447-452.

GILLETTE D R, STURE S, KO H K, et al., 1983. Dynamic behavior of rock joints//Proceedings of the 24th US Symposium on Rock Mechanics.

GOODMAN R E, 1976. Methods of Geological Engineering in Discontinuous Rocks. New York: West Group.

GRASSELLI G, 2001. Shear strength of rock joints based on quantified surface description. Lausanne, Switzerland: Swiss Federal Institute of Technology.

GRASSELLI G, 2006. Manuel rocha medal recipient shear strength of rock joints based on quantified surface description. Rock Mechanics and Rock Engineering, 39: 295-314.

GRASSELLI G, EGGER P, 2003. Constitutive law for the shear strength of rock joints based on three-dimensional surface parameters. International Journal of Rock Mechanics and Mining Sciences, 40(1): 25-40.

GRASSELLI G, WIRTH J, EGGER P, 2002. Quantitative three-dimensional description of a rough surface and parameter evolution with shearing. International Journal of Rock Mechanics and Mining Sciences, 39(6): 789-800.

GREENWOOD J A, 1984. A unified theory of surface roughness. Proceedings of the Royal Society of London, 393: 133-157.

GREENWOOD J A, TRIPP J H, 1971. The contact of two nominally flat rough. Archive Proceedings of the Institution of Mechanical Engineers, 185(1970): 625-633.

GREENWOOD J A, WILLIAMSON J B P, 1966. Contact of nominally flat surfaces. Proceedings of The Royal Society A Mathematical Physical and Engineering Sciences, 295: 300-319.

GUI Y, XIA C, DING W, QIAN X, et al., 2019. Modelling shear behaviour of joint based on joint surface degradation during shearing. Rock Mechanics and Rock Engineering, 52: 107-131.

HAKAMI E, LARSSON E, 1996. Aperture measurements and flow experiments on a single natural fracture. International Journal of Rock Mechanics and Mining Sciences & Geomechanics Abstracts, 33(4): 395-404.

HASSANI F P, SCOBLE M J, 1985. Frictional mechanism and properties of rock discontinuities//Proceedings of the International Symposium on Fundamental of Rock Joints, Bjorkliden, Sweden.

HENCHER S R, TOY J P, LUMSDEN A C, 1993. Scale dependent shear strength of rock joints//Second International Workshop on Scale Effects in Rock Masses. Lisbon: Taylor & Francis.

HOMAND F, BELEM T, SOULEY M, 2001. Friction and degradation of rock joint surfaces under shear loads. International Journal for Numerical and Analytical Methods in Geomechanics, 25(10): 973-999.

HONG E S, LEE J S, LEE I M, 2008. Underestimation of roughness in rough rock joints. International Journal for Numerical and Analytical Methods in Geomechanics, 32(11): 1385-1403.

HOPKINS D L, 2000. The implications of joint deformation in analyzing the properties and behavior of fractured rock masses, underground excavations, and faults. International Journal of Rock Mechanics and Mining Sciences, 37(1-2): 175-202.

HOSKINS E R, JAEGER J C, ROSENGREN K, 1968. A medium scale direct friction experiment. International Journal of Rock Mechanics and Mining Sciences & Geomechanics Abstracts, 5(2): 219-227.

HUANG M, HONG C, CHEN J, et al., 2021. Prediction of peak shear strength of rock joints based on back-propagation neural network. International Journal of Rock Mechanics & Mining Sciences and Geomechanics Abstracts, 33(8): 04021085.

HUANG M, HONG C, DU S, et al., 2020. Experimental technology for the shear strength of the series-scale rock joint model. Rock Mechanics and Rock Engineering, 53: 5677-5695.

HUANG S L, OELFKE S M, SPECK R C, 1992. Applicability of fractal characterization and modelling to rock joint profiles. International Journal of Rock Mechanics and Mining Sciences & Geomechanics Abstracts, 29(2): 89-98.

HUANG S, MISRA A, 2013. Micro-macro-shear-displacement behavior of contacting rough solids. Tribology Letters, 51(3): 431-436.

HUTCHINSON J N. 1972. Field and laboratory studies of a fall in Upper Chalk cliffs at Joss Bay, Isle of Thanet// Proceedings of the Roscoe Memorial Symposium, University of Cambridge. G. T. Foulis & Co, Yeovil: 692-706.

HUTSON R W, DOWDING C H, 1987. Computer controlled cutting of multiple identical joints in real rock. Rock Mechanics and Rock Engineering, 20(1): 39-55.

INDRARATNA B, HAQUE A, AZIZ N, 1999. Shear behavior of idealized infilled joints under constant normal stiffness. Géotechnique, 49(3): 331-355.

INDRARATNA B, PREMADASA W, BROWN E T, et al., 2014. Shear strength of rock joints influenced by compacted infill. International Journal of Rock Mechanics and Mining Sciences, 70: 296-307.

INDRARATNA B, THIRUKUMARAN S, BROWN E T, et al., 2015. Modelling the shear behaviour of rock joints with asperity damage under constant normal stiffness. Rock Mechanics and Rock Engineering, 48: 179-195.

ISRM, 1978. Suggested methods for the quantitative description of discontinuities in rock masses. International Journal of Rock Mechanics and Mining Sciences & Geomechanics Abstracts, 15(6): 319-368.

JAEGER J C, 1959. The frictional properties of joints in rock. Pure and Applied Geophysics, 43: 148-158.

JAEGER J C, 1971. Friction of rocks and stability of rock slopes. Géotechnique, 21: 97-134.

JAFARI M K, AMINI H K, PELLET F, et al., 2003. Evaluation of shear strength of rock joints subjected to cyclic loading. Soil Dynamics and Earthquake Engineering, 23(7): 619-630.

JANG H S, JANG B A, 2015. New method for shear strength determination of unfilled, unweathered rock joint. Rock Mechanics and Rock Engineering, 48(4): 1515-1534.

JANG H S, KANG S S, JANG B A, 2014. Determination of joint roughness coefficients using roughness parameters. Rock Mechanics and Rock Engineering, 47: 2061-2073.

JING L, NORDLUND E, STEPHANSSON O, 1992. An experimental study on the anisotropy and stress-dependency of the strength and deformability of rock joints. International Journal of Rock Mechanics and Mining Science & Geomechanics Abstracts, 29(6): 535-542.

JOHANSSON F, 2016. Influence of scale and matedness on the peak shear strength of fresh, unweathered rock joints. International Journal of Rock Mechanics and Mining Sciences, 82: 36-47.

JOHANSSON F, STILLE H, 2014. A conceptual model for the peak shear strength of fresh and unweathered rock joints. International Journal of Rock Mechanics and Mining Sciences, 69: 31-38.

JUANG C H, LEE D H, CHANG C I, 1993. A new model of shear strength of simulated rock joints. Geotechnical Testing Journal, 16(1): 70-75.

KELLER A, 1998. High resolution, non-destructive measurement and characterization of fracture apertures. International Journal of Rock Mechanics and Mining Sciences, 35(8): 1037-1050.

KHAMRAT S, THONGPRAPHA T, FUENKAJORN K, 2018. Thermal effects on shearing resistance of fractures in Tak granite. Journal of Structural Geology, 111: 64-74.

KIM D H, GRATCHEV I, BALASUBRAMANIAM A, 2013. Determination of joint roughness coefficient (JRC) for slope stability analysis: A case study from the Gold Coast area, Australia. Landslides, 10: 657-664.

KOSTAKIS K, HARRISON J P, HEATH S M, 2003. Silicone rubber castings for aperture measurement of rock fractures. International Journal of Rock Mechanics and Mining Sciences, 40(6): 939-945.

KRAHN J, MORGENSTERN N R, 1979. Ultimate frictional resistance of rock discontinuities. International Journal of Rock Mechanics and Mining Sciences & Geomechanics Abstracts, 16(5): 127-133.

KRSMANOVIC D, 1967. Initial and residual shear strength of hard rocks. Géotechnique, 17: 145-160.

KRSMANOVIC D, POPOVIC M, 1966. Large scale field tests of the shear strength of limestone//1st ISRM Congress, Laboratorio Nacional de Engenharia Civil, Lisbon, Portugal.

KULATILAKE P H S W, UM J, 1999. Requirements for accurate quantification of self-affine roughness using the roughness-length method. International Journal of Rock Mechanics and Mining Sciences, 36: 5-18.

KULATILAKE P H S W, UM J, PANDA B B, et al., 1999. Development of new peak shear-strength criterion for anisotropic rock joints. Journal of Engineering Mechanics-ASCE, 125(9): 1010-1017.

KUMAR R, VERMA A K, 2016. Anisotropic shear behavior of rock joint replicas. International Journal of Rock Mechanics and Mining Sciences, 90: 62-73.

KUTTER K H, OTTO F, 1990. Influence of parallel and cross joints on shear behaviour of rockdiscontinuities// Rock Joints, Loen, Norway: A. A. Balkema: 243-250.

KWON T H, HONG E S, CHO G C, 2010. Shear behavior of rectangular-shaped asperities in rock joints. KSCE

Journal of Civil Engineering, 14(3): 323-332.

LADANYI B, ARCHAMBAULT G, 1969. Simulation of the shear behavior of a jointed rock mass//Proceedings of the 11st U. S. Symposium on Rock Mechanics.

LANARO F, 2000. A random field model for surface roughness and aperture of rock fractures. International Journal of Rock Mechanics and Mining Sciences, 37(8): 1195-1210.

LANARO F, STEPHANSSON O, 2003. A unified model for characterisation and mechanical behaviour of rock fractures. Pure and Applied Geophysics, 160(5): 989-998.

LEAL G M J A, 2003. Some new essential questions about scale effects on themechanics of rock mass joints//10th ISRM Congress: Technology Roadmap for RockMechanics. South African Institute of Mining and Metallurgy, Vila Real.

LEE S D, HARRISON J P, 2001. Empirical parameters for non-linear fracture stiffness from numerical experiments of fracture closure. International Journal of Rock Mechanics and Mining Sciences, 38(5): 721-727.

LEE S W, HONG S E, BAE S I, et al., 2006. Modelling of rock joint shear strength using surface roughness parameter, Rs. Tunnelling and Underground Space Technology, 21(3): 239.

LEE Y H, CARR J R, BARR D J, et al., 1990. The fractal dimension as a measure of the roughness of rock discontinuity profiles. International Journal of Rock Mechanics and Mining Sciences & Geomechanics Abstracts, 27: 453-464.

LEE Y, PARK J, SONG J, 2014. Model for the shear behavior of rock joints under CNL and CNS conditions. International Journal of Rock Mechanics and Mining Sciences, 70: 252-263.

LEICHNITZ W, NATAU O, 1979. The influence of peak shear strength determination onthe analytical rock slope stability//4th International Congress on Rock Mechanics. Montreux: A. A. Balkema: 335-341.

LI H, DENG J, YIN J, Qi S, et al., 2021. An experimental and analytical study of rate-dependent shear behaviour of rough joints. International Journal of Rock Mechanics and Mining Sciences, 142(4): 104702.

LI Y, HUANG R, 2015. Relationship between joint roughness coefficient and fractal dimension of rock fracture surfaces. International Journal of Rock Mechanics and Mining Sciences, 75: 15-22.

LI Y, LIANG Z, TANG C, et al., 2019. Analytical modelling of the shear behaviour of rock joints with progressive degradation of two-order roughness. International Journal for Numerical and Analytical Methods in Geomechanics, 43(3): 2687-2703.

LI Y, OH J, MITRA R, CANBULAT I, 2017a. A fractal model for the shear behavior of large-scale opened rock joints. Rock Mechanics and Rock Engineering, 50(1): 67-79.

LI Y, OH J, MITRA R, HEBBLEWHITE B, 2015. Experimental studies on the mechanical behaviour of rock joints with various openings. Rock Mechanics and Rock Engineering, 49(3): 837-853.

LI Y, TANG CA, LI D, WU C, 2020. A new shear strength criterion of three-dimensional rock joints. Mechanics and Rock Engineering, 53(4): 1477-1483.

LI Y, WU W, LI B, 2018. An analytical model for two-order asperity degradation of rock joints under constant normal stiffness conditions. Rock Mechanics and Rock Engineering, 51(1): 1431-1445.

LI Y, XU Q, AYDIN A, 2017b. Uncertainties in estimating the roughness coefficient of rock fracture surfaces.

Bulletin of Engineering Geology and the Environment, 76: 1153-1165.

LI Y, ZHANG Y, 2015. Quantitative estimation of joint roughness coefficient using statistical parameters. International Journal of Rock Mechanics and Mining Sciences, 77: 27-35.

LIU Q, TIAN Y, LIU D, et al., 2017. Updates to JRC-JCS model for estimating the peak shear strength of rock joints based on quantified surface description. Engineering Geology, 228: 282-300.

LOCHER H G, RIEDER U G, 1970. Shear tests on layered Jurassic limestone//2nd Congress of International Society for Rock Mechanics. Belgrade: Institut za Vodoprivredu Jaroslav Cerni: 1-5.

MAERZ N H, FRANKLIN J A, 1990. Roughness scale effects and fractal dimension//Pinto Da Cunha A. Scale effects in rock masses, proceedings of the first international workshop on scale effects in rock masses, Rotterdam: A. A. Balkema: 121-125.

MAERZ N H, FRANKLIN J A, BENNETT C P, 1990. Joint roughness measurement using shadow profilometry. International Journal of Rock Mechanics and Mining Sciences & Geomechanics Abstracts, 27: 329-343.

MAGSIPOC E, ZHAO Q, GRASSELLI G, 2020. 2D and 3D roughness characterization. Rock Mechanics and Rock Engineering, 53(3): 1495-1519.

MAH J, SAMSON C, MCKINNON S D, et al., 2013. 3D laser imaging for surface roughness analysis. International Journal of Rock Mechanics and Mining Sciences & Geomechanics Abstracts, 58: 111-117.

MAIR K, ABE S, 2008. 3D numerical simulations of fault gouge evolution during shear: Grain size reduction and strain localization. Earth and Planetary Sciences Letters, 274(1-2): 72-81.

MAIR K, FRYE K, MARONE C, 2002. Influence of grain characteristics on the friction of granular shear zones. Journal of Geophysical Research Atmospheres, 107(10): 2219.

MAKSIMOVIĆ M, 1992. New description of the shear strength for rock joints. Rock Mechanics and Rock Engineering, 25(4): 275-284.

MAKSIMOVIĆ M, 1996, The shear strength components of a rough rock joint. International Journal of Rock Mechanics and Mining Sciences, 33(8): 769-783.

MALAMA B, KULATILAKE P H S W, 2003. Models for normal fracture deformation under compressive loading. International Journal of Rock Mechanics and Mining Sciences, 40(6): 893-901.

MANDELBROT B, 1967. How long is the coast of Britain? Statistical self-similarity and fractional dimension. Science, 156: 636-638.

MANDELBROT B, 1985. Self-affine fractals and fractal dimension. Physica Scripta, 32: 257.

MARACHE A, RISS J, GENTIER S, 2008. Experimental and modelled mechanical behavior of a rock fracture under normal stress. Rock Mechanics and Rock Engineering, 41(6): 869-892.

MATSUKI K, WANG E Q, GIWELLI A A, et al., 2008. Estimation of closure of a fracture under normal stress based on aperture data. International Journal of Rock Mechanics and Mining Sciences, 45(2): 194-209.

MATSUOKA N, 1990. Mechanisms of rock breakdown by frost action: An experimental approach. Cold Regions Science and Technology, 17(3): 253-270.

MEHRISHAL S, SHARIFZADEH M, SHAHRIAR K, et al., 2016. An experimental study on normal stress and shear rate dependency of basic friction coefficient in dry and wet limestone joints. Rock Mechanics and Rock Engineering, 49(12): 4607-4629.

MENG F, SONG J, WONG L N Y, et al., 2021. Characterization of roughness and shear behavior of thermally treated granite fractures. Engineering Geology, 293(1): 106287.

MINDLIN R D, DERESIEWICZ H, 1953. Elastic spheres in contact under varying oblique forces. Journal of Applied Mechanic, 20(3): 327-344.

MISRA A, 1997. Mechanistic model for contact between rough surfaces. Journal of Engineering Mechanics-ASCE, 123: 475-484.

MISRA A, 1999. Micromechanical model for anisotropic rock joints. Journal of Geophysical Research Atmospheres, 1042(B10): 23175-23187.

MISRA A, HUANG S, 2012. Micromechanical stress-displacement model for rough interfaces: Effect of asperity contact orientation on closure and shear behavior. International Journal of Solids and Structures, 49(1): 111-120.

MURALHA J, GRASSELLI G, TATONE B, et al., 2014. ISRM suggested method for laboratory determination of the shear strength of rock joints: Revised version. Rock Mechanics and Rock Engineering, 47(1): 291-302.

MURALHA J, PINTO DA CUNHA A, 1990a. About LNEC experience on scale effects inmechanical behavior// 1st International Workshop on Scale Effects in Rock Masses. Rotterdam: A. A. Balkema: 131-147.

MURALHA J, PINTO DA CUNHA A, 1990b. Analysis of scale effects in joint mechanical behavior//1st International Workshop on Scale Effects in Rock Masses. Rotterdam: A. A. Balkema: 191-200.

MYERS N O, 1962. Characterization of surface roughness. Wear, 5: 182-189.

NEMOTO K, WATANABE N, HIRANO N, et al., 2009. Direct measurement of contact area and stress dependence of anisotropic flow through rock fracture with heterogeneous aperture distribution. Earth and Planetary Science Letters, 281(1-2): 81-87.

ODEDRA A, OHNAKA M, MOCHIZUKI H, et al., 2001. Temperature and pore pressure effects on the shear strength of granite in the brittle-plastic transition Regime. Geophysical Research Letters, 28(15): 3011-3014.

ODLING N E, 1994. Natural fracture profiles, fractal dimension and joint roughness coefficients. Rock Mechanics and Rock Engineering, 27: 135-153.

OH J, CORDING E J, MOON T, 2015. A joint shear model incorporating small-scale and large-scale irregularities. International Journal of Rock Mechanics and Mining Sciences, 76: 78-87.

OH J, KIM G W, 2010. Effect of opening on the shear behavior of a rock joint. Bulletin of Engineering Geology and the Environment, 69(3): 389-395.

PARK J W, SONG J J, 2009. Numerical simulation of a direct shear test on a rock joint using a bonded-particle model. International Journal of Rock Mechanics and Mining Sciences, 46(8): 1315-1328.

PATTON F D, 1966. Multiple modes of shear failure in rock//Proceedings of the 1st Congress of International Society for Rock Mechanics, Lisbon, Portugal, 1: 509-513.

PEREIRA J, FREITAS M, 1993. Mechanisms of shear failure in artificial fractures of sandstone and their implication for models of hydromechanical coupling. Rock Mechanics and Rock Engineering, 26: 195-214.

PLESHA M E, 1987. Constitutive models for rock discontinuities with dilatancy and surface degradation. International Journal for Numerical and Analytical Methods in Geomechanics, 11(4): 345-362.

POON C Y, BHUSHAN B, 1995. Surface roughness analysis of glass-ceramic substrates and finished magnetic disks, and Ni-P coated Al-Mg and glass substrates. Wear, 190: 89-109.

POPOV V L, 2010. Contact mechanics and friction: Physical principles and applications. Berlin: Springer.

POTYONDY D O, CUNDALL P A, 2004. A bonded-particle model for rock. International Journal of Rock Mechanics and Mining Sciences, 41(8): 1329-1364.

POWER W L, TULLIS T E, 1991. Euclidean and fractal models for the description of rock surface roughness. Journal of Geophysical Research: Solid Earth, 96: 415-424.

PRATT H R, BLACK A D, BRACE W F, 1974. Friction and deformation of jointed quartz diorite//Advances in Rock Mechanics: 3rd Congress of the International Society for Rock Mechanics. National Academy of Sciences, Denver.

PYRAK-NOLTE L J, MORRIS J P, 2000. Single fractures under normal stress: The relation between fracture specific stiffness and fluid flow. International Journal of Rock Mechanics and Mining Sciences, 37(1-2): 245-262.

RASOULI V, HARRISON J P, 2010. Assessment of rock fracture surface roughness using Riemannian statistics of linear profiles. International Journal of Rock Mechanics and Mining Sciences, 47(6): 940-948.

RE F, SCAVIA C, 1999. Determination of contact areas in rock joints by X-ray computer tomography. International Journal of Rock Mechanics and Mining Sciences, 36(7): 883-890.

REEVES M J, 1985. Rock surface roughness and frictional strength. International Journal of Rock Mechanics and Mining Sciences & Geomechanics Abstracts, 22: 429-442.

RICHARDS L R, 1975. The shear strength of joints in weathered rock. London: University of London.

RIPLEY C F, LEE K L, 1962. Sliding friction tests on sedimentary rock specimens//The 7th International Congress of Large Dams (IV), Roma.

ROKO R O, DAEMEN J J K, MYERS D E, 1997. Variogram characterization of joint surface morphology and asperity deformation during shearing. International Journal of Rock Mechanics and Mining Sciences, 34: 71-84.

SAEB S, 1990. A variance on Ladanyi and Archambault's shear strength criterion//Proceedings International Symposium on Rock Joints. Rotterdam: A.A. Balkema: 701-705.

SAEB S, AMADEI B, 1992. Modelling rock joints under shear and normal loading. International Journal of Rock Mechanics and Mining Sciences & Geomechanics Abstracts, 29(3): 267-278.

SAMMIS C, KING G, BIEGEL R, 1987. The kinematics of gouge formation. Pure and Applied Geophysics, 125(5): 777-812.

SCHNEIDER H J, 1976. The friction and deformation behaviour of rock joints. Rock Mechanics, 8(3): 169-184.

SCHNEIDER H J, 1978. The laboratory direct shear test-an analysis and geotechnical evaluation. Bulletin of the International Association of Engineering Geology, 18: 121-126.

SCHOLZ C H, 1990. The mechanism of earthquakes and faulting. New York: Cambridge University Press.

SEIDEL J P, HABERFIELD C M, 1995. Towards an understanding of joint roughness. Rock Mechanics and Rock Engineering, 28: 69-92.

SEIDEL J P, HABERFIELD C M, 2002. A theoretical model for rock joints subjected to constant normal stiffness direct shear. International Journal of Rock Mechanics and Mining Sciences, 39(5): 539-553.

SHIRONO T, KULATILAKE P H S W, 1997. Accuracy of the spectral method in estimating fractal/spectral parameters for self-affine roughness profiles. International Journal of Rock Mechanics and Mining Sciences, 34: 789-804.

SINGH H K, BASU A, 2018. Evaluation of existing criteria in estimating shear strength of natural rock discontinuities. Engineering Geology, 232: 171-181.

SONG L, JIANG Q, LI L F, et al., 2020. An enhanced index for evaluating natural joint roughness considering multiple morphological factors affecting the shear behavior. Bulletin of Engineering Geology and the Environment, 79(6): 2037-2057.

SOULEY M, HOMAND F, AMADEI B, 1995. An extension to the Saeb and Amadei constitutive model for rock joints to include cyclic loading paths. International Journal of Rock Mechanics and Mining Sciences & Geomechanics Abstracts, 32(2): 101-109.

STIMPSON B, 1981. A suggested technique for determining the basic friction angle of rock surfaces using core. International Journal of Rock Mechanics and Mining Sciences & Geomechanics Abstracts, 18(1): 63-65.

SUN Z, GERRARD C, STEPHANSSON O, 1985. Rock joint compliance tests for compression and shear loads. International Journal of Rock Mechanics and Mining Science & Geomechanics Abstracts, 22(4): 197-213.

SWAN G, 1983. Determination of stiffness and other joint properties from roughness measurements. Rock Mechanics and Rock Engineering, 16(1): 19-38.

SWAN G, ZONGQI S, 1985. Prediction of shear behaviour of joints using profiles. Rock Mechanics and Rock Engineering, 18: 183-212.

TAM C Y C, 2008. Study of rock joint roughness using 3D laser scanning technique. Hong Kong: University of Hong Kong.

TAN X, REN Y K, LI T L, et al., 2021. In-situ direct shear test and numerical simulation of slate structural planes with thick muddy interlayer along bedding slope. International Journal of Rock Mechanics and Mining Sciences, 143(2): 104791.

TANG H, WASOWSKI J, JUANG C H, 2019a. Geohazards in the three Gorges Reservoir Area, China-Lessons learned from decades of research. Engineering Geology, 261: 105267.

TANG Z C, 2020. Experimental investigation on temperature-dependent shear behaviors of granite discontinuity. Rock Mechanics and Rock Engineering, 53(4): 4043-4060.

TANG Z, JIAO Y, 2020. Choosing appropriate appraisal to describe peak-spatial features of rock-joint profiles. International Journal of Geomechanics, 20(4): 04020021.

TANG Z C, JIAO Y Y, WONG L N Y, et al., 2016a. Choosing appropriate parameters for developing empirical shear strength criterion of rock joint: Review and new insights. Rock Mechanics and Rock Engineering, 49(11): 4479-4490.

TANG Z C, JIAO Y Y, WONG L N Y, 2017. Theoretical model with multi-asperity interaction for the closure behavior of rock joint. International Journal of Rock Mechanics and Mining Sciences, 97: 15-23.

TANG Z C, LI L, WANG X C, et al., 2020a. Influence of cyclic freezing-thawing treatment on shear behaviors of granite fracture under dried and saturated conditions. Cold Regions Science and Technology, 181: 103192.

TANG Z C, LIU Q S, XIA C C, et al., 2014. Mechanical model for predicting closure behavior of rock joints under normal stress. Rock Mechanics and Rock Engineering, 47: 2287-2298.

TANG Z C, PENG M H, XIAO S, 2022b. Basic friction angle of granite fracture after heating and rapid cooling treatments. Engineering Geology, 302(3): 106626.

TANG Z C, WONG L N Y, 2016a. New criterion for evaluating the peak shear strength of rock joints under different contact states. Rock Mechanics and Rock Engineering, 49(4) : 1191-1199.

TANG Z C, WONG L N Y, 2016b. Influences of normal loading rate and shear velocity on the shear behavior of artificial rock joints. Rock Mechanics and Rock Engineering, 49(6): 2165-2172.

TANG Z C, WU Z L, ZOU J, 2022a. Appraisal of the number of asperity peaks, their radii and heights for three-dimensional rock fracture. International Journal of Rock Mechanics and Mining Sciences, 153: 105080.

TANG Z C, YAN C Z, 2022. New empirical criterion for evaluating peak shear strength of unmatched discontinuity with different joint wall compressive strengths. Rock Mechanics and Rock Engineering, 55: 5323-5343.

TANG Z C, ZHANG Y, 2020. Temperature-dependent peak shear-strength criterion for granite fractures. Engineering Geology, 269(12): 105552.

TANG Z C, ZHANG Q Z, 2021. Elliptical Hertz-based general closure model for rock joints. Rock Mechanics and Rock Engineering 54: 477-486.

TANG Z C, ZHANG Q Z, PENG J, 2020b. Effect of thermal treatment on the basic friction angle of rock joint. Rock Mechanics and Rock Engineering, 53(4): 1973-1990.

TANG Z C, ZHANG Q Z, PENG J, et al., 2019b. Experimental study on the water-weakening shear behaviors of sandstone joints collected from the middle region of Yunnan province, P. R. China. Engineering Geology, 258: 105161.

TANG Z C, ZHANG Z F, JIAO Y Y, 2021a. Three-dimensional criterion for predicting peak shear strength of matched discontinuities with different joint wall strengths. Rock Mechanics and Rock Engineering, 54(4): 3291-3307.

TANG Z C, ZHANG Z F, ZUO C Q, et al., 2021b. Peak shear strength criterion for mismatched rock joints: Revisiting JRC-JMC criterion. International Journal of Rock Mechanics and Mining Sciences, 147(2): 104894.

TATONE B S A, 2009. Quantitative characterization of natural rock discontinuity roughness in-situ and in the laboratory. Toronto: University of Toronto.

TATONE B S A, GRASSELLI G, 2009. A method to evaluate the three-dimensional roughness of fracture surfaces in brittle geomaterials. Review of Scientific Instruments, 80: 125110.

TATONE B S A, GRASSELLI G, 2010. A new 2D discontinuity roughness parameter and its correlation with JRC. International Journal of Rock Mechanics and Mining Sciences, 47: 1391-1400.

TATONE B S A, GRASSELLI G, 2012. Modelling direct shear tests with FEM/DEM: Investigation of discontinuity shear strength scale effect as an emergent characteristic// 46th US Rock Mechanics/ Geomechanics Symposium, ARMA.

TATONE B S A, GRASSELLI G, 2013. An investigation of discontinuity roughness scale dependency using high-resolution surface measurements. Rock Mechanics and Rock Engineering, 46: 657-681.

TATONE B S A, GRASSELLI G, 2015. Characterization of the effect of normal load on the discontinuity morphology in direct shear specimens using X-ray micro-CT. Acta Geotechnica, 10: 31-54.

TATONE B S A, GRASSELLI G, COTTRELL B, 2010. Accounting for the influence of measurement resolution on discontinuity roughness estimates// Eurock 2010; rock mechanics in civil and environmental engineering, Lausanne, Switzerland. Rotterdam: A. A. Balkema: 203-206.

THORNTON C, ZHANG L, 2003. Numerical simulations of the direct shear test. Chemical Engineering and Technology, 26(2): 153-156.

TIAN Y, LIU Q, LIU D, et al., 2018. Updates to Grasselli's peak shear strength model. Rock Mechanics and Rock Engineering, 51: 2115-2133.

TSE R, CRUDEN D M, 1979. Estimating joint roughness coefficients. International Journal of Rock Mechanics and Mining Sciences & Geomechanics Abstracts, 16: 303-307.

TURK N, GREIG M J, DEARMAN W R, et al., 1987. Characterization of rock joint surfaces by fractal dimension// The 28th US Symposium on Rock Mechanics (USRMS). American Rock Mechanics Association, Tucson, Arizona.

UENG T S, JOU Y J, PENG I H, 2010. Scale effect on shear strength of computer-aided manufactured joints. Journal of Geoengineering, 5(2): 29-37.

ULUSAY R, KARAKUL H, 2016. Assessment of basic friction angles of various rock types from Turkey under dry, wet and submerged conditions and some considerations on tilt testing. Bulletin of Engineering Geology and the Environment, 75(4): 1683-1699.

USEFZADEH A, YOUSEFZADEH H, SALARI-RAD H, et al., 2013. Empirical and mathematical formulation of the shear behavior of rock joints. Engineering Geology, 164: 243-252.

VAKIS A I, YASTREBOV V A, SCHEIBERT J, et al., 2018. Modeling and simulation in tribology across scales: An overview. Tribology International, 125: 169-199.

VALLIER F, MITANI Y, BOULON M, ESAKI T, et al., 2010. A shear model accounting scale effect in rock joints behavior. Rock Mechanics and Rock Engineering, 43(5): 581-595.

VERMA A K, SHADAB K, KUMAR R, 2014. Influence of scale effect on rock anisotropic shear strength//8th Asian Rock Mechanics Symposium, Sapporo, Japan.

WANG G, ZHANG X, JIANG Y, et al., 2016. Rate-dependent mechanical behavior of rough rock joints. International Journal of Rock Mechanics and Mining Sciences, 83: 231-240.

WANG J G, ICHIKAWA Y, LEUNG C F, 2003. A constitutive model for rock interfaces and joints. International Journal of Rock Mechanics and Mining Sciences, 40(1): 41-53.

WANG L, CARDENAS M B, 2016. Development of an empirical model relating permeability and specific stiffness for rough fractures from numerical deformation experiments. Journal of Geophysical Research: Soild Earth, 121(7): 4977-4989.

WANG W, SCHOLZ C H, 1994. Micromechanics of the velocity and normal stress dependence of rock friction. Pure and Applied Geophysics, 143(1): 303-315.

WEISSBACH G, 1978. A new method for the determination of the roughness of rock joints in the laboratory. International Journal of Rock Mechanics and Mining Sciences & Geomechanics Abstracts, 15: 131-133.

WIBOWO J, 1994. Effect of boundary conditions and surface damage on the shear behavior of rock joints: Tests and analytical predictions. Boulder: University of Colorado.

WONG L N Y, MENG F, ZHOU H, et al., 2021. Influence of the choice of reference planes on the determination of 2D and 3D joint roughness parameters. Rock Mechanics and Rock Engineering, 54: 4393-4406.

WU Q, XU Y, TANG H, FANG K, et al., 2018. Investigation on the shear properties of discontinuities at the interface between different rock types in the Badong formation, China. Engineering Geology, 245: 280-291.

XIA C C, TANG Z C, XIAO W M, et al., 2014. New peak shear strength criterion of rock joints based on quantified surface description. Rock Mechanics and Rock Engineering, 47(2): 387-400.

XIA C C, YUE Z Q, THAM L G, et al., 2003. Quantifying topography and closure deformation of rock joints. International Journal of Rock Mechanics and Mining Sciences, 40(2): 197-220.

XIE H P, PARISEAU W G, 1994. Fractal evaluation of rock joint roughness coefficient (JRC). Science China, 24: 524-530.

XIE H P, WANG J A, KWAŚNIEWSKI M A, 1999. Multifractal characterization of rock fracture surfaces. International Journal of Rock Mechanics and Mining Sciences, 36: 19-27.

XU G, LI W, YU Z, et al., 2015. The 2 September 2014 Shanshucao landslide, Three Gorges Reservoir, China. Landslides, 12(6): 1169-1178.

YAMADA K, TAKEDA N, KAGAMI J, et al., 1978. Mechanisms of elastic contact and friction between rough surfaces. Wear, 48(1): 15-34.

YANG J, RONG G, HOU D, et al., 2016. Experimental study on peak shear strength criterion for rock joints. Rock Mechanics and Rock Engineering, 49(3): 821-835.

YANG Z Y, CHIANG D Y, 2000. An experimental study on the progressive shear behavior of rock joints with tooth-shaped asperities. International Journal of Rock Mechanics and Mining Sciences, 37(8): 1247-1259.

YANG Z Y, DI C C, YEN K C, 2001a. The effect of asperity order on the roughness of rock joints. International Journal of Rock Mechanics and Mining Sciences, 38: 745-752.

YANG Z Y, LO S C, 1997. An index for describing the anisotropy of joint surfaces. International Journal of Rock Mechanics and Mining Sciences, 34(6): 1031-1044.

YANG Z Y, LO S C, DI C C, 2001b. Reassessing the joint roughness coefficient (JRC) estimation using Z_2. Rock Mechanics and Rock Engineering, 34: 243-251.

YANG Z Y, TAGHICHIAN A, HUANG G D, 2011. On the applicability of self-affinity concept in scale of three-dimensional rock joints. International Journal of Rock Mechanics and Mining Sciences, 48: 1173-1187.

YEO C D, KATTA RR, POLYCARPOU A A, 2009. Improved elastic contact model accounting for asperity and bulk substrate deformation. Tribology Letters, 35(3): 191-203.

YEO I W, DE FREITAS M H, ZIMMERMAN R W, 1998. Effect of shear displacement on the aperture and permeability of a rock fracture. International Journal of Rock Mechanics and Mining Sciences, 35: 1051-1070.

YONG R, YE J, LI B, et al., 2018. Determining the maximum sampling interval in rock joint roughness measurements using Fourier series. International Journal of Rock Mechanics and Mining Sciences, 101: 78-88.

YOSHIOKA N, 1994. Elastic behavior of contacting surfaces under normal loads: A computer simulation using three-dimensional surface topographies. Journal of Geophysical Research: Soild Earth, 99(B8): 15549-15560.

YOSHINAKA R, YAMABE T, 1986. Joint stiffness and the deformation behavior of discontinuous rock. Journal of Canadian Petroleum Technology, 49(9): 19-28.

YOSHINAKA R, YOSHIDA J, ARAI H, et al., 1993. Scale effects on shear strength and deformability of rock joints//2nd International Workshop on Scale Effects inRock Masses. Lisbon: Taylor & Francis: 143-149.

YOSHINAKA R, YOSHIDA J, SHIMIZU T, et al., 1991. Scale effect in shear strength and deformability of rock joints//7th ISRM Congress. Aachen: A. A. Balkema: 371-375.

YOSHIOKA N, SCHOLZ C H, 1989. Elastic properties of contacting surfaces under normal and shear loads: 1, Theory. Journal of Geophysical Research: Soild Earth, 94(B12): 17681-17690.

YU X, VAYSSADE B, 1991. Joint profiles and their roughness parameters. International Journal of Rock Mechanics and Mining Sciences & Geomechanics Abstracts, 28: 333-336.

ZAVARISE G, BORRI-BRUNETTO M, PAGGI M, 2004. On the reliability of microscopical contact models. Wear, 257: 229-245.

ZHANG G, KARAKUS M, TANG H, et al., 2014. A new method estimating the 2D joint roughness coefficient for discontinuity surfaces in rock masses. International Journal of Rock Mechanics and Mining Sciences, 72: 191-198.

ZHANG X, JIANG Q, CHEN N, et al., 2016. Laboratory investigation on shear behavior of rock joints and a new peak shear strength criterion. Rock Mechanics and Rock Engineering, 49: 3495-3512.

ZHANG X, WONG L N Y, 2012. Cracking processes in rock-like material containing a single flaw under uniaxial compression: A numerical study based on parallel bonded-particle model approach. Rock Mechanics and Rock Engineering, 45(5): 711-737.

ZHAO J, 1997a. Joint surface matching and shear strength part A: Joint matching coefficient (JMC). International Journal of Rock Mechanics and Mining Sciences, 34: 173-178.

ZHAO J, 1997b. Joint surface matching and shear strength part B: JRC-JMC shear strength criterion. International Journal of Rock Mechanics and Mining Sciences, 34: 179-185.

ZHAO L, ZHANG S, HUANG D, et al., 2018. Quantitative characterization of joint roughness based on semivariogram parameters. International Journal of Rock Mechanics and Mining Sciences, 109: 1-8.

ZHAO Y, ZHANG C, WANG Y, et al., 2021. Shear-related roughness classification and strength model of natural rock joint based on fuzzy comprehensive evaluation. International Journal of Rock Mechanics and Mining Sciences, 137(16): 104550.

ZHAO Z H, 2013. Gouge Particle evolution in a rock fracture undergoing shear: A microscopic DEM study. Rock Mechanics and Rock Engineering, 46(6): 1461-1479.

ZHAO Z, DOU Z, XU H, et al., 2019. Shear behavior of Beishan granite fractures after thermal treatment. Engineering Fracture Mechanics, 213: 223-240.

ZHAO Z, JING L, NERETNIEKS I, 2012. Particle mechanics model for the effects of shear on solute retardation coefficient in rock fractures. International Journal of Rock Mechanics and Mining Sciences, 52: 92-102.

ZHAO Z, YANG J, ZHOU D, et al., 2017. Experimental investigation on the wetting-induced weakening of sandstone joints. Engineering Geology, 225: 61-67.

ZHUANG X, CHUN J, ZHU H, 2014. A comparative study on unfilled and filled crack propagation for rock-like brittle material. Theoretical and Applied Fracture Mechanics, 72(1): 110-120.